U0151166

电子与嵌入式系统设计丛书

嵌入式虚拟化技术与应用

ACRN开源项目实践

王洪波 ◎主编

曹剑波 曹明贵 陈红展 陈鹏 邓杰 董耀祖 高世青 江燕婷 李世奇
瞿好聪 单峻俊 沈溢 杨洪 杨湘 王稳超 吴向阳 张泉 邹皓　◎参编

EMBEDDED HYPERVISOR
TECHNOLOGY AND
APPLICATION

ACRN Open Source
Project Practice

机械工业出版社
CHINA MACHINE PRESS

图书在版编目（CIP）数据

嵌入式虚拟化技术与应用：ACRN 开源项目实践 / 王洪波主编 . —北京：机械工业出版社，2023.8
（电子与嵌入式系统设计丛书）
ISBN 978-7-111-73632-5

I. ①嵌⋯　Ⅱ. ①王⋯　Ⅲ. ①虚拟处理机　Ⅳ. ①TP338

中国国家版本馆CIP数据核字（2023）第146520号

机械工业出版社（北京市百万庄大街22号　邮政编码100037）
策划编辑：姚　蕾　　　　　　责任编辑：姚　蕾　　郎亚妹
责任校对：张亚楠　　陈　越　责任印制：张　博
保定市中画美凯印刷有限公司印刷
2023 年 11 月第 1 版第 1 次印刷
186mm × 240mm・22.5印张・517千字
标准书号：ISBN 978-7-111-73632-5
定价：99.00元

电话服务　　　　　　　　　　　网络服务

客服电话：010-88361066　　　　机　工　官　网：www.cmpbook.com
　　　　　010-88379833　　　　机　工　官　博：weibo.com/cmp1952
　　　　　010-68326294　　　　金　书　网：www.golden-book.com
封底无防伪标均为盗版　　　机工教育服务网：www.cmpedu.com

推荐序一

　　嵌入式系统随着物联网设备数量的爆炸式增长日显重要，虚拟化技术也随着云计算的蓬勃发展而不断壮大。而今，随着数字化转型的加速演进，嵌入式虚拟化技术这个跨界创新组合应运而生。

　　科技是第一生产力。摩尔定律开创了数字革命的先河，始终激励着英特尔这家世界百强科技企业不断迈向科技顶峰。英特尔开源软件技术中心一直致力于携手开源生态伙伴提供全面解决方案和定制化服务，共创数字化美好未来。开源联盟 Linux 基金会发布的开源物联网管理程序 ACRN，便得益于英特尔中国研发团队的主导和贡献。本书正是在这一背景下出版的，旨在让更多的业内合作伙伴全面认识并应用嵌入式虚拟化技术。水利万物而不争，我们秉持植根中国、服务中国的理念，推动共同发展，助力数字中国。

　　人才是第一资源。英特尔自成立之初便确立了人才在企业发展中的重要地位，注重人才培养和团队建设。本书的作者们正是一支来自研发一线、在虚拟化领域深耕多年、有着独到见解的专家团队，他们意欲通过本书同业界专家、读者倾情分享，力求将自身的研究成果落地转化。我相信，通过本书的抛砖引玉，一定能够启发和带动更多虚拟化行业高精尖人才，引领中国基础软件产业迈向新征程。

　　创新是第一动力。十多年前，英特尔开源软件技术中心联手复旦大学并行处理研究所合作出版了《系统虚拟化——原理与实现》一书，该书获得了广大读者的一致好评和业界权威的认可。本书作为英特尔开源软件技术中心的又一部力作，既是对上一本图书的传承与拓展，又是一次在内容和形式上大胆创新的新尝试。在内容上，本书从剖析现有虚拟化解决方案及其在嵌入式领域所面临的挑战出发，掀开了嵌入式虚拟化创新解决方案的篇章；在形式上，本书延续了上一本图书图文并茂特点的同时，还新增了大量开源软件代码解析、工业实际应用案例等。

　　借由本书的一系列守正创新，我们相信一定能够激发业界在嵌入式虚拟化技术领域创新的热情，让星星之火形成燎原之势，助力创新驱动数字中国在物联网、云边协同的高质量发展，全面推进中国经济的数字化转型。

谢晓清　博士

英特尔软件与先进技术事业部副总裁

英特尔亚太研发有限公司总经理

推荐序二

英特尔的开源理念（开源价值观）有三个关键词：开放、选择、信任。我们一贯倡导开放平台、开放标准，并积极践行其中。开源软件为软件定义的基础设施提供动力，改变了现代数据中心，开创了以数据为中心的时代，并将改变万物互联的设备，开创万物互联的时代。作为开源的领导者，我们相信让所有用户、开发人员、合作伙伴和企业都取得成功，才能激发整个产业界的巨大研发热情。英特尔相信一个强大、开放的生态系统将会不断获胜。

在这个"软件定义，芯片增强"的万物互联世界，软件的作用越来越重要，它给产品带来了与众不同的差异化、更好的用户体验，并且成为创新的加速器。

一个成功的开源软件生态系统会成为一个效能倍增器，发挥更强的辐射作用。它可以促使硬件的研发更加专业，硬件的使用场景更加广阔；它可以促使软件的应用更加普遍，软件的价值在产品中的占比越来越大，同时软件本身也可以货币化。它还能孵化出更多更炫的创新发明。

英特尔公司和 Linux 开源基金会合作的 ACRN 开源软件因此应运而生。我们希望嵌入式虚拟化这门技术能够释放出硬件的计算力，激发出更多更酷的应用场景，并给用户带来最终价值。这些场景可以是面向未来的智能驾驶舱、自主导航机器人、工业设备的机器视觉、设备的数字孪生等。但更多的创新和活跃的软件生态则需要芯片厂商、软件厂商、设备厂商和产品用户共同协作与努力。

希望嵌入式虚拟化技术助力中国物联网、工业 4.0 的成功，为中国的开源软件生态添砖加瓦。

李映　博士

英特尔（中国）有限公司副总裁

英特尔中国软件生态部总经理

前　言

　　嵌入式系统与虚拟化技术似乎是两个独立的技术领域，没有交集。但随着物联网设备的爆炸式增长和万物互联应用的快速发展，嵌入式虚拟化技术这个跨界创新组合应运而生，也越来越受到业界的关注和重视。本书将主要回答两个问题：为什么嵌入式系统需要虚拟化技术？如何在资源受限的嵌入式系统上实现虚拟化技术？

为什么嵌入式系统需要虚拟化技术

　　因为虚拟化技术已经来到了下一个风口——万物互联时代的虚拟化！

　　先从虚拟化技术的发展历史说起。虚拟化技术得益于分时操作系统和 PC 的蓬勃发展，现代虚拟化技术已经有了 20 多年的发展历史。而真正催生虚拟化技术快速部署和发展的是云时代春天的到来。开源虚拟化技术和 Linux 催生了基础设施即服务（Infrastructure as a Service，IaaS），开启了云计算时代的新篇章。虚拟机可以作为服务，提供一系列独特优势，例如弹性资源共享、快速部署、廉价方便、集中式 IT 管理等。这个起始于大型电商的内部技术革新，迅速成长为一种公共服务，构成了云计算时代的基础。云计算技术的发展使得作为标准化产品的虚拟机作为服务走入"寻常百姓家"。目前各大云服务厂商都不约而同地切换到基于 KVM 技术的云架构上，并发展出各种各样的应用技术。

　　进入新世纪后，计算机领域出现了另一个新的虚拟化应用场景——万物互联，进一步促进了虚拟化技术的应用落地和发展。万物互联是把百亿级别的嵌入式设备整合在一起，并通过云连接起来。虚拟化技术因此在嵌入式领域得到广泛的应用，以此整合各种单一功能设备，通过共同的网络接口接入互联网，构建更加高效、低成本的万物互联系统。这也是实现工业 4.0 的必由之路。

　　促使嵌入式设备支持虚拟化技术的原因有如下几点。第一，随着半导体技术的发展，摩尔定律推动硬件的性能提升，成本下降。今天的嵌入式 SoC 的性能甚至可能超过了昨天的服务器。第二，无处不在的 CPU 多核技术的发展自然地能够支持多个系统。第三是业务的负载整合、数字化互联的需求。出于节约成本考虑，系统整合并重用已有的软件系统，降低移植工作量，减少硬件系统的互连，降低整体硬件系统的复杂度，可以把多个"异构"的操作系统和业务整合在一套硬件系统上。这些都需要虚拟化技术在嵌入式设备上的支持。

如何在资源受限的嵌入式系统上实现虚拟化

"云"虚拟化和"物"虚拟化两种技术虽然同根同源,但是嵌入式虚拟化技术和传统虚拟化技术还是有很多不同的地方,例如应用场景和目标定位不同、可用的资源多寡不同、支持的物理硬件设备和外设不同、软件发布的模式不同、各自的生态系统不同。为此,本书专门选择了 Linux 开源基金会下支持 Intel x86 平台的开源嵌入式虚拟机管理程序 ACRN 进行架构剖析和代码实现的解读。主要原因有两点。第一,在嵌入式虚拟机市场上大多都是闭源的商用软件,以支持 Arm 平台为主,开源的、专门为嵌入式设备设计的虚拟机在市面上并不多见。第二,ACRN 具有如下特点:在 x86 平台上支持实时操作系统;小尺寸,额外开销小;能通过工业 IEC 61508 功能安全认证;具有 BSD 3.0 友好的许可证,完全开源。

虚拟化技术主要包括四部分核心内容:CPU 虚拟化、内存虚拟化、中断虚拟化和设备虚拟化。本书围绕这四个方面,以 ACRN 为例介绍如何在嵌入式系统上实现一个完整的虚拟机管理程序(VMM 或者 Hypervisor)。本书首先介绍最基本的、通用的虚拟化技术原理。考虑到云虚拟化技术和 KVM 的广泛流行,再以主流开源 KVM 为例来介绍其 CPU、内存、中断和设备虚拟化的实现。有了这两章的铺垫,当读者随后读到 ACRN 的架构设计和代码实现时,可以一边比较 KVM,一边理解嵌入式系统上虚拟化技术实现的要点。本书还有两章是针对 ACRN 的高级技术的,分别是性能调优和功能安全认证。因为嵌入式虚拟机 Hypervisor 是运行在嵌入式硬件和实时操作系统之间的薄薄的软件层,Hypervisor 的出现会对整机的实时性能带来额外的开销,对于如何最大限度地减少 Hypervisor 自身引入的实时开销,读者可以阅读性能调优相关章节。ACRN 还有另外一个独特优点,它是第一个能支持 IEC 61508 安全认证的开源虚拟机。以前只有商用虚拟机软件才能够完成的安全认证,开源虚拟机也能做到。本书讨论安全认证实现的章节将从技术和流程两个方面"解密"如何实现这一目标。

目标读者

在某种程度上可以将嵌入式系统的虚拟化技术看作一门跨领域的交叉技术。虚拟化技术本身涉及操作系统、计算机体系结构等领域知识。当把虚拟化技术"嫁接"到嵌入式系统上时,除了虚拟化技术背景之外,工作人员还必须具有良好的嵌入式系统设计经验。Hypervisor 要运行在资源受限的硬件平台上,性能调优又必须是整机系统(硬件 + 虚拟机 + 实时操作系统 + 应用程序)的调优,所以工作人员还需要一些"螺蛳壳里做道场"的系统调优能力。

另外,本书并没有定位成一本纯理论的学术书籍,而是一本综合了虚拟化原理知识和技术实践的图书。本书定位的读者包括:

- 从事嵌入式虚拟化领域开发的研发人员或专业技术人员。
- 从事嵌入式系统开发,但是对虚拟化技术感兴趣的研发人员。
- 从事虚拟化领域开发,但是希望扩展到嵌入式领域的研发人员。

全书结构

本书的逻辑主线是按照如下思路来组织的：为什么需要嵌入式虚拟化技术→如何实现嵌入式虚拟化→嵌入式虚拟化和主流的云虚拟化在实现上有何不同→嵌入式虚拟化技术在哪些领域可以带来价值。各章具体内容简介如下。

第 1 章主要介绍虚拟化技术的发展历史、虚拟机的三种模型、虚拟化技术的分类，并分析当前嵌入式虚拟化技术所面临的发展和挑战。

第 2 章介绍虚拟化技术的通用概念，并描述处理器虚拟化、内存虚拟化和 I/O 虚拟化的实现，比较"云"虚拟化和"物"虚拟化，以及嵌入式虚拟化技术的特征和必要性。

第 3 章主要介绍在服务器领域广泛使用的 KVM 的基本原理，并探讨其与嵌入式领域虚拟化技术的不同之处。通过实现一个极简版的用户态 VMM，进而描述 KVM 的主要功能实现：CPU 虚拟化、内存虚拟化、中断虚拟化和设备虚拟化。

第 4 章介绍一个 Linux 基金会下的专门为资源受限的嵌入式设备而设计的虚拟机 ACRN。它尺寸小，额外开销小，专门为实时系统进行了设计和优化，同时具有完全开源、友好的许可证。该章将深入介绍 ACRN 嵌入式虚拟机的具体实现，包括 CPU 虚拟化、内存虚拟化、中断虚拟化和 I/O 虚拟化的框架支持，并提供设计框图及部分流程图。

第 5 章继续介绍 ACRN 中的设备虚拟化。丰富的 I/O 设备虚拟化支持是 ACRN 的另一个优势，也是专门为嵌入式系统而设计实现的。

第 6 章主要介绍 ACRN 系统的使用和环境搭建过程，并配有完整的安装部署入门指南，方便读者了解和具体操作 ACRN。

第 7 章介绍嵌入式虚拟机如何能够支持实时性，以及如何做到性能调优，并结合 Intel 硬件平台和 ACRN 虚拟机介绍几种常用的实时优化思路及工具。

第 8 章介绍嵌入式实时操作系统。虽然本书主要介绍嵌入式虚拟机，但是也需要对运行在 Hypervisor 之上的嵌入式操作系统进行介绍，因为两者需要配合在一起才能实现业务应用程序的实时性能。ACRN 是在 x86 硬件平台上实现的，所以该章主要介绍三个比较流行的 x86 平台上的开源实时操作系统。

ACRN 是第一个能够通过功能安全认证的开源的虚拟机 Hypervisor。第 9 章主要从流程和技术两方面来分享 ACRN 的功能安全的工程实践。

第 10 章介绍智能数控系统和数字孪生的实现。借助虚拟化技术来实现智能数控系统，可以把传统数控系统设备端侧的各个分离的单独控制器整合到同一平台上，还可以通过数字孪生技术在云中构建设备的数字实例。

第 11 章介绍如何使用虚拟化技术进行工作负载整合。通过把机器视觉和机器控制整合在一个物理硬件平台上运行，可以使工业设备装上"眼睛"和"手臂"，既可以看到需要识别的物品，又可以使用机器控制执行相应的操作。

第 12 章主要介绍如何通过虚拟化方案使移动机器人、复合机器人的设计变得更从容，同时可以从控制器的体积、成本、功耗、性能、安全等角度满足机器人开发所需，为多样化的上层应用打好基础。

第 13 章介绍虚拟化技术在智能驾驶舱中的解决方案。通过虚拟化技术，数字仪表盘系统及车载娱乐系统现在可以同时运行在一颗 SoC 处理器上，从而降低整机成本和平台的集成复杂性。

如何阅读本书

本书大体上介绍了 5 部分技术内容，读者可以针对自己的兴趣点来阅读。
- 希望了解虚拟化技术基础知识的读者，可以阅读第 1、2 章。
- 希望了解服务器上常用的 KVM 虚拟机实现的读者，可以阅读第 3 章。
- 希望了解如何实现一个完整的嵌入式虚拟机的读者，可以阅读第 4～6 章。
- 希望了解如何进行实时性能调优的读者，可以阅读第 7 章。
- 希望了解常用 x86 平台的开源实时操作系统的读者，可以阅读第 8 章。
- 希望了解功能安全认证的读者，可以阅读第 9 章。
- 希望了解嵌入式虚拟机的应用场景和实际案例的读者，可以阅读第 10～13 章。

致谢

本书的作者都是英特尔公司的工程师。他们有的是来自开源技术中心部门的虚拟化开发工程师，有的是来自物联网事业部的开发工程师或市场经理。他们大都在虚拟化领域、嵌入式领域、工业领域沉浸和工作多年，具有丰富的技术实践经验。

写作本书主要有三个原因。第一，虚拟化技术的发展。在 2008 年，英特尔开源软件技术中心的虚拟化团队和复旦大学并行处理研究所合作并出版了《系统虚拟化——原理与实现》一书。十几年过去了，虚拟化技术依然发展迅猛，不仅使云计算资源唾手可得，而且伴随着万物互联时代的春风，虚拟化技术在嵌入式领域也迎来了新的大发展。所以，团队认为很有必要再续写一本书，来专门介绍新的嵌入式虚拟化技术的原理与实现。第二，本书的作者除了日常的技术开发工作，也负责客户的技术推广和产品落地，在与 OEM、ODM、车企、设备制造厂商打交道时，他们深刻体会到我国制造行业的"一手硬、一手软"，即硬件制造优势领先，但软件设计开发能力却缺乏技术积累，水平有待提高。所以也希望本书能扮演一个虚拟化技术入门和普及的"敲门砖"的角色。虽然它不能使人"21 天学会虚拟化"，但是通过 ACRN 开源软件的介绍（ACRN 只有 3 万多行代码），却可以让人们有机会从第一行代码来了解、学习虚拟化技术，甚至开发自己的虚拟机管理程序，从而能掌握嵌入式和虚拟化技术的要点。第三，本书的策划编辑专门为团队提供了读者需求、业界热点技术分析，并给出了写作方向。

本书的作者分工如下：第 1 章由董耀祖、沈溢合作撰写；第 2 章由王稳超撰写；第 3 章由王稳超、邓杰合作撰写；第 4 章由曹明贵、高世青、单峻俊合作撰写；第 5 章由邓杰撰写；第 6 章由邹皓、江燕婷合作撰写；第 7 章由曹明贵撰写；第 8 章由曹剑波、杨湘、陈鹏、陈红展合作撰写；第 9 章由吴向阳撰写；第 10 章由沈溢、李世奇合作撰写；第 11

章由王洪波撰写；第 12 章由瞿好聪、杨洪、李世奇合作撰写；第 13 章由张泉撰写。王洪波、曹明贵、王稳超、邓杰、高世青对全书做了审校。感谢本书的技术顾问茅俊杰、王禹、孙捷。还要感谢机械工业出版社的编辑进行了细致的审稿，并提出了宝贵的修改建议，最终促成了本书的出版。

最后，感谢你在茫茫书海中选择了本书，并衷心祝愿你能从中受益。

编者

2023 年 5 月

目 录

第 1 章
虚拟化技术概述

在正式介绍嵌入式虚拟化技术之前，让我们一起花一些时间，从宏观的角度了解一下虚拟化技术。本章将回顾虚拟化技术的发展历史、虚拟机监控器模型的分类、虚拟化技术的分类、云虚拟化与嵌入式虚拟化的对比，以及嵌入式虚拟化技术所面临的挑战。希望读完本章，读者将对虚拟化技术有初步的了解。

1.1 虚拟化技术的发展历史

计算机的运行通常都离不开合适的操作系统，而传统的操作系统都必须运行在一个具有特定的指令集（实现它的处理器）、内存系统和 I/O 系统的物理计算机上。随着计算机技术的飞速发展，计算机的系统架构、操作系统以及应用程序都变得越来越复杂，比如安装了 Linux 的计算机无法直接运行 Windows 的应用程序，同样安装了 Windows 的计算机也无法直接运行 Linux 的应用程序，更不用说在 Linux 上安装 Windows 和在 Windows 上安装 Linux 了。另外，传统操作系统上由于应用程序之间无法真正相互隔离，因此一个应用程序的错误可能导致整个系统的崩溃。这些都推动了 90 年代末期开始的新一轮虚拟计算机（Virtual Machine）技术的发展。一些基于 x86 架构的商用虚拟机产品的推出，如 VMware Workstation、Virtual PC 等，使得虚拟计算机技术的发展到了一个新的阶段。

进入 21 世纪后，计算机领域出现了两大新的虚拟化应用场景，即云计算和万物互联，进一步极大促进了虚拟化技术的发展和应用落地。云计算技术的发展，使得作为标准化产品的虚拟机作为服务成为各家 IT 企业的选择，大大降低了企业自建服务器的 IT 服务成本和投入，成为千千万万大中小型公司的 IT 服务的首选。万物互联更是把 100 亿数量级的嵌入式设备整合在一起，并通过云连接起来。虚拟化技术也因此在嵌入式领域得到广泛的应用，以此整合各种单一功能设备，通过共同的网络接口接入互联网，构建更加高效、低成本的万物互联系统。

虚拟计算机由 IBM 公司在 20 世纪六七十年代提出并运用于 VM/370 系统，以共享昂贵的 Main Frame 系统。如图 1-1a 所示，虚拟化技术通过在现有平台（机器）上添加一层虚拟机监控器（Virtual Machine Monitor, VMM）软件实现对系统的虚拟化，如虚拟处理器、虚拟内存管理器（MMU）和虚拟 I/O 系统等。虚拟机监控器也被称作超级管理者（Hypervisor），Hypervisor 逐渐取代 VMM 成为主流叫法（在本书中，Hypervisor 和 VMM 这两种说法并存，两者含义相同），对应操作系统中的（普通）管理者（Supervisor），但是 Hypervisor 比 Supervisor 权力更大、更加基础。从应用程序的角度看，程序运行在虚拟机上与运行在其对应的实体计算机上一样，都运行在某一特定的指令体系（Instruction Set Architecture，ISA）和 / 或操作系统上，如图 1-1b 所示。

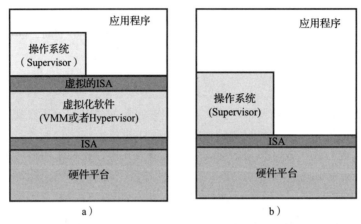

图 1-1　Hypervisor 将一个物理的 ISA 转化成一个虚拟机

　　根据应用程序、操作系统和硬件平台之间的关系与 Hypervisor 向客户机（Guest）抽象的层次不同，威斯康星大学麦迪逊分校电子与计算机工程系的 James E. Smith 教授和 IBM 公司的 Ravi Nair 将基于图 1-2a 所示指令体系接口抽象的虚拟机称为系统虚拟机（System VM），而将基于图 1-2b 所示应用程序二进制接口（Application Binary Interface，ABI）抽象的虚拟机称为进程虚拟机（Process VM）。Smith 和 Nair 认为从本质上说，现代 OS 所具有的多进程（Multiprogramming）机制提供给用户的独立进程就已经是一个完整的虚拟机（进程虚拟机）[⊖]。进程虚拟机的发展随着现代 OS 的发展而发展已经相当成熟，而系统虚拟机技术则直到 20 世纪 90 年代才开始迅猛发展。

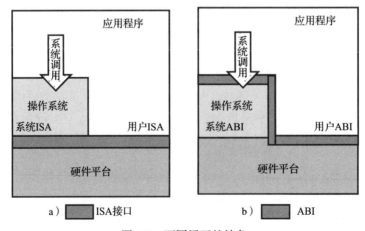

图 1-2　不同层面的抽象

　　⊖　James E. Smith 和 Ravi Nair, An Overview of Virtual Machine Architectures, https://personal.utdallas.edu/~muratk/courses/cloud11f_files/smith-vm-overview.pdf。

1.2　VMM 模型的分类

根据 VMM 在整个物理系统中（或上一层虚拟机系统中）实现位置及实现方法的不同，系统虚拟机的模型可以分为监控模型（Hypervisor Model）、宿主模型（Host-based Model）和混合模型（Hybrid Model），如图 1-3 所示。

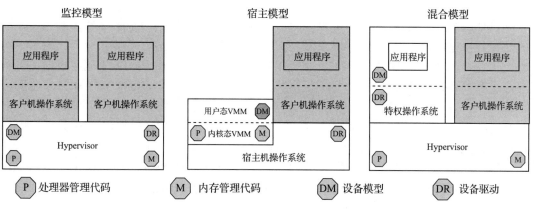

图 1-3　虚拟机监控器实现的三种模型

在监控模型中，VMM 直接运行在裸机上（没有操作系统）。采用这种模型的 VMM 运行在处理器的最高特权级，而所有的客户机则运行在较低的特权级，以便 VMM 可以截获所有客户机 OS 对系统资源的访问，从而实现对系统资源的虚拟化，如 VMware ESX Server。监控模型下的 VMM 需要实现各种设备驱动程序，因此具有很高的工程复杂性，同时基于裸机的 Hypervisor 在安装和部署上也具有较高的复杂性。监控模型也常常被称为一型虚拟机监控器（Type-1 Hypervisor）模型。

在宿主模型中，VMM 运行在宿主机 OS（Host OS）内，作为宿主机操作系统的一个扩充。这种方式的虚拟机也叫宿主虚拟机，它使得 VMM 可以充分利用宿主机 OS 所提供的设备驱动程序及底层服务，因此它的工程复杂性相对较低。但缺点是 VMM 的开发受制于宿主机 OS 的接口，有些功能的实现可能比较困难或者需要修改宿主机 OS，而后者在闭源操作系统中通常只有宿主机 OS 开发者才可以完成，因此局限性比较大。随着开源操作系统内核 Linux 的普及，基于 Linux 的宿主模型的 KVM Hypervisor 成为主流的服务器虚拟化解决方案和嵌入式虚拟化解决方案。宿主模型的 VMM 通常由内核态 VMM 和用户态 VMM 共同合作完成对虚拟平台的模拟，如 VMware Workstation⊖和 Linux 操作系统上的 KVM 虚拟机监控器⊖。宿主模型的 VMM 不需要去除原来机器上已经安装的操作系统，安装和部署也比较容易，因此容易被普通用户所接受。宿主模型常常被称为二型虚拟机监控器（Type-2 Hypervisor）模型。

⊖　M. Steil, Inside VMware, 2006, http://events.ccc.de/congress/2006/Fahrplan/attachments/1132-InsideVMware.pdf.
⊖　有些人也把 Linux + KVM 视作一个整体的 Hypervisor，因此认为 KVM 是 Type-1 Hypervisor。

混合模型集两者的优点，既可以利用宿主机 OS 的现成设备驱动实现虚拟机的设备模型，又可以实现不同的安全模型，它的典型代表是微软公司的 Hyper-V 和 Citrix 公司的 Xen 开源 Hypervisor。

1.3　虚拟化技术的分类

VMM 抽象的虚拟机的 ISA 可以等同于它运行的物理机，也可以做一些修改。当虚拟的 ISA 与物理的 ISA 相同时，该虚拟机可以运行没有任何修改的操作系统；而当两者不同时，就必须修改客户机的操作系统。根据 VMM 抽象的虚拟机的架构的不同或根据是否需要修改客户 OS，虚拟化技术又可以分为半虚拟化（Paravirtualization）技术和完全虚拟化（Full Virtualization）技术。早期基于 x86 体系结构的虚拟化实现方法因为体系结构的虚拟化漏洞问题，更多采用半虚拟化技术，但是早期的半虚拟化技术只能运行 Linux 等开源操作系统（作为客户机操作系统），而无法运行 Windows 等闭源操作系统。

随着硬件技术的提高，以 Intel 虚拟化技术（Intel Virtualization Technology，Intel VT）为代表的完全虚拟化方案的提出和进步极大地简化了 Hypervisor 的实现。另外，完全虚拟化由于不需要修改客户操作系统，因此可以更好地适用于各种场景。同时，硬件技术的进步使得完全虚拟化的额外性能开销更少，客户机操作系统上的主要应用的性能也优于半虚拟化技术。今天完全虚拟化已经成为主流。

必须要指出的是，是否修改客户操作系统不是一个严谨的学术问题，而是对现有操作系统生态的一种现状描述。早期的虚拟化技术社区工作者比较少，对操作系统社区的影响也小，因此只能采用全盘接受现有操作系统（未经修改的二进制代码）或者私下修改并发布的方法（即半虚拟化）。这种情况已经大大改善，经典的云操作系统和 Linux 操作系统内核都大量集成了来自虚拟化技术社区的改动代码，使得 Linux 为虚拟化而做的修改成为 Linux 内在的实现，而不需要特意强调新的"对操作系统的修改"。这种情况即使在私有的 Windows 上也是如此：Windows 操作系统定义的一整套的 API，让 Hypervisor 提供 Windows Hypercall 的实现，以便在完全虚拟化的情况下采用部分的半虚拟化技术，从而实现性能优化和代码功能优化等。

另外需要注意的是 I/O 的完全虚拟化和半虚拟化的争论。同样，一个 Hypervisor 可以模拟一个完全未经修改的 I/O 设备，让使用此设备的客户机操作系统直接使用现有设备的驱动程序而不需要做任何的修改。可以把这种情况理解为一种 I/O 设备的完全模拟或者完全虚拟化。相反，定义一个全新的设备，利用 Hypervisor 的特点开发一个新的设备驱动程序以及对应的设备模拟功能，让 I/O 子系统更加高效、更加方便。可以把这种情况理解为 I/O 的半虚拟化实现，比如由 KVM 社区最初基于 PCI Bus 定义的 virtio[⊖]设备模型已经成为现在常用的 I/O 虚拟化方法之一。

⊖　请参见 virtio 介绍：http://www.linux-kvm.org/page/virtio。

1.4　云虚拟化与嵌入式虚拟化

1.4.1　嵌入式虚拟化的背景与原因

真正催生虚拟化技术快速部署和发展的是云时代春天的到来。开源虚拟化技术和 Linux 开启了云计算时代的新篇章。虚拟机可以作为服务提供一系列独特功能，例如，弹性资源共享、快速部署、集中 IT 管理等。这个起始于大型电商的内部技术革新迅速成长为一种公共服务，替代了服务器托管模式，也构成了云计算时代的基础。

如果说"云"虚拟化是上一次的技术风口，那么"物"虚拟化将会是下一个不容错过的技术风口。物联网的核心是嵌入式设备，那么为什么一个嵌入式系统会需要虚拟化技术呢？

如图 1-4 所示，嵌入式虚拟化技术的兴起主要有三个因素。第一，随着半导体技术的发展，摩尔定律推动硬件的性能提升、成本下降，今天的嵌入式 SoC 的性能甚至会超过服务器。第二，无处不在的 CPU 多核技术的发展自然能够支持多个系统。第三，出于节约成本考虑，系统整合并重用已有的软件系统，降低移植工作量，减少硬件系统的互连，降低整体硬件系统的复杂度，可以把多个不同类型的操作系统和业务整合在一套硬件系统上，实现"异构"负载的整合，例如，可以是实时的和非实时的整合，也可以是安全的和非安全的整合，从而大大提高系统的灵活性、可扩展性及可维护性。

图 1-4　嵌入式虚拟化技术兴起的三个因素

这种业务整合依然得益于 20 年前的虚拟化技术思路。虚拟化技术可以完全隔离不同的操作系统，保证它们互不影响；虚拟化技术虚拟的硬件可以继续支持原来旧的操作系统，保护过去的软件投资并实现平滑的业务演进；虚拟化技术的多虚拟机操作系统支持可以让硬件充分发挥其算力，从而在整体上提高系统的投资回报率。

1.4.2　云虚拟化和嵌入式虚拟化的区别

虽然两种技术同根同源，但是嵌入式虚拟化技术和传统云虚拟化技术还是有区别的，如图 1-5 所示。

- 目标定位不同，云虚拟化技术关注服务器的热迁移、弹性资源分配、灵活管理；而嵌入式虚拟化技术关注实时性、功能安全（functional safety）、可确定性及小尺寸（foot print）等。

- 可用的资源多寡不同。云服务器系统的计算能力和内存等资源远远多于嵌入式系统，而后者对资源的使用"斤斤计较"。
- 软件发布模式不同。云服务器系统软件是同一个发布的二进制代码部署在所有的服务器上运行，而嵌入式系统软件和设备绑定，多数是定制系统。

目标定位不同	可用的资源多寡不同	软件发布模式不同
云虚拟化技术关注服务器的热迁移、弹性资源分配、灵活管理 嵌入式系统关注实时性、功能安全、可确定性和小尺寸	云服务器系统的计算能力和内存等资源远远多于嵌入式系统 嵌入式系统对资源的使用"斤斤计较"	云服务器系统软件是同一个发布的二进制代码在所有服务器上运行 嵌入式系统软件和设备绑定，多数是定制系统

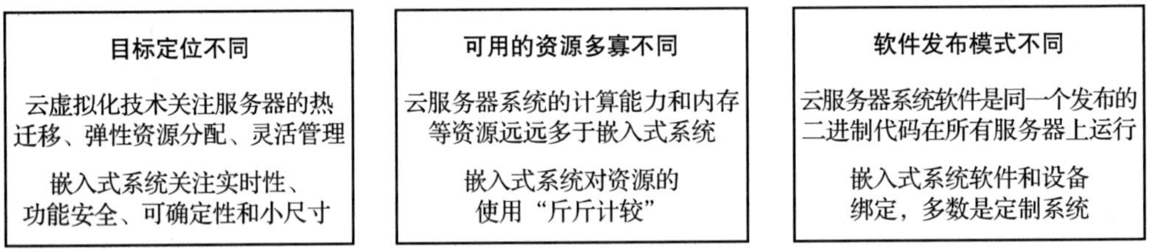

图 1-5　云虚拟化技术与嵌入式虚拟化技术的异同

1.5　嵌入式虚拟化技术的挑战

嵌入式技术是一项成熟的技术，无论是智能家电还是工业智能设备，嵌入式设备的工作寿命往往长达十余年甚至几十年，而使用虚拟化技术主要考虑兼顾不同时期运行在不同操作系统上的负载，因此嵌入式虚拟化技术的主流是虚拟机技术。嵌入式虚拟机发展的主要挑战可以总结为四个方面，即兼容性、实时性、隔离安全，以及小尺寸和低功耗。

- 兼容性：虚拟机往往需要整合数个不同操作系统上的负载，其开发周期可能间隔数年甚至数十年。机器控制的应用往往基于 Linux 操作系统，其应用软件在 2000 年左右就已稳定使用，工业客户的升级意愿不高；而人机交互（Human Machine Interaction，HMI）应用往往基于 Windows 操作系统，其应用软件对图形、机器视觉算法和深度学习算法依赖度较高，往往跟随 GPU 的升级步伐每 2～3 年就有一次重大更新。在整合不同应用时，兼容性是必须要考虑的问题。
- 实时性：在解决兼容性问题以后，实时性会成为另一个重要的难点。基于 Linux 的机器控制应用往往是通过在 Linux 的系统上打实时补丁，或者选用实时操作系统（Real Time Operation System，RTOS）来实现实时性。嵌入式虚拟机在系统设计架构中引入了一层虚拟机监控器（Hypervisor），那么如何能使 RTOS 保持其原来的软实时或者硬实时性能要求，则是对 Hypervisor 的设计挑战。
- 隔离安全：在嵌入式设备中，不同应用的安全等级也会不一样，需要构建混合关键系统[⊖]。一个嵌入式虚拟机需要能够充分隔离不同虚拟机之间的负载，在紧急情况下，如果有某一虚拟机因为故障退出，其余虚拟机上的负载不会受到影响。特别是在有

⊖　这种安全等级多样且需要隔离的系统，称为混合关键系统（Mixed Criticality System），https://en.wikipedia.org/wiki/Mixed_criticality。

功能安全需求的场景下（比如机床、机器手臂、激光焊接机等），隔离安全将直接影响人身安全。

- 小尺寸和低功耗：由于不少嵌入式设备受硬件限制，要求嵌入式虚拟机代码少、启动快、占用内存小。另外，如果设备是电池供电（如移动机器人、自主导航的小车等），出于节能的考虑，嵌入式虚拟机需要考虑支持低功耗设计。低功耗设计主要包括：单个虚拟机的快速唤醒和快速休眠（以及相应的数据存储、调用和传输）、多个虚拟机的负载均衡（高负载时，虚拟机可动态调用多个 CPU 核）和负载整合（低负载时，虚拟机可动态关闭某一个或者多个 CPU 核），也要进行通盘设计。

另外，嵌入式市场以 Arm 硬件平台为主，嵌入式虚拟机市场上大多都是闭源的商用软件，例如 QNX、VxWorks、Helix、Green Hill 和 Mentor Hypervisor 等。目前 ACRN 是唯一支持 Intel x86 平台的开源嵌入式虚拟机的技术。它还需要满足如下需求：

- 在 x86 平台上支持实时操作系统；
- 小尺寸，额外开销要小；
- 通过工业 IEC 61508 功能安全认证；
- 完全开源，友好的许可证。

本书将以 ACRN 为例介绍如何实现嵌入式虚拟机。

1.6　本章小结

本章从虚拟化技术的发展历史开始，主要介绍了虚拟机的三种模型：监控模型、宿主模型、混合模型，然后概要介绍了虚拟化技术的分类，即全虚拟化和半虚拟化，继而进一步介绍了虚拟化技术的市场需求和驱动力，最后介绍了当前嵌入式虚拟化技术所面临的发展和挑战。

在阅读完本章之后，读者应当对虚拟化技术有初步的了解。接下来将介绍虚拟化技术的基本原理，对比服务器虚拟化技术与嵌入式虚拟化技术实现上的不同，并介绍嵌入式虚拟化技术的实际案例。

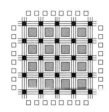

第 2 章
虚拟化技术原理

通过第 1 章的介绍，我们了解了虚拟化技术的历史、市场需求和挑战。本章内容将进一步揭开虚拟化技术的神秘面纱，对其内部架构做详细阐述。

传统的虚拟化技术一般是通过陷入再模拟的方式来实现的，而这种方式依赖于处理器的支持，也就是说，依赖于处理器本身是不是可虚拟化的。本章在介绍虚拟化的基本概念之后，会先从可虚拟化结构的定义入手，介绍 VMM 实现的基本原理。显然，某些处理器在设计之初并没有充分考虑虚拟化的需求，因此不具备一个完备的可虚拟化结构。如何填补这些结构上的缺陷，直接促成了本章即将提到的三种主要虚拟化方式的产生。不论采用何种虚拟化方式，VMM 对物理资源的虚拟可以归结为三种类型，即处理器虚拟化、内存虚拟化和 I/O 虚拟化。本章主要围绕这三种虚拟类型介绍虚拟化的基本原理。本章后面的部分着重介绍虚拟化的主要方式及 VMM 的分类，并且对目前市场上流行的虚拟化产品及其特点进行简单介绍，使读者对现阶段典型的虚拟化产品有一些了解。

在介绍通用虚拟化架构之后，本章会进一步引入嵌入式虚拟化的相关知识，为后面深入讨论 ACRN 虚拟化技术解决方案做铺垫。

2.1　通用虚拟化架构

2.1.1　虚拟化的基本概念

现代计算机系统是一个庞大的整体，整个系统的复杂性是不言而喻的。因而，计算机系统被分成自下而上的多个层次。每一个层次都向上一层次呈现一个抽象，并且每一层只需知道下一层抽象的接口，不需要了解其内部运作机制。本质上，虚拟化就是由位于下一层的软件模块，通过向上一层软件模块提供一个与它原先所期待的运行环境完全一致的接口的方法，抽象出一个虚拟的软件或硬件接口，使得上层软件可以直接运行在虚拟的环境上。

首先介绍虚拟化中两个重要的名词：宿主和客户。在虚拟化中，物理资源通常有一个定语，称为宿主（Host），而虚拟出来的资源通常有一个定语，称为客户（Guest）。根据资源的不同，这两个名词的后面可以接不同的名词。例如，如果是将一个物理计算机虚拟为一个或多个虚拟计算机，则这个物理计算机通常被称为宿主机（Host Machine），而其上运行的虚拟机被称为客户机（Guest Machine）。宿主机上如果运行有操作系统，则该操作系统通常被称为宿主机操作系统（Host OS），而虚拟机中运行的操作系统被称为客户机操作系统（Guest OS）。

系统虚拟化是指将一个物理计算机系统虚拟化为一个或多个虚拟计算机系统。每个虚拟计算机系统（简称为虚拟机）都拥有自己的虚拟硬件（如 CPU、内存和设备等），来提供一个独立的虚拟机执行环境。通过虚拟化层的模拟，虚拟机中的操作系统认为自己仍然独占系统硬件在运行。每个虚拟机中的操作系统可以完全不同，并且它们的执行环境是完全独立的。这个虚拟化层被称为虚拟机监控器（Virtual Machine Monitor，VMM），如图 2-1 所示。

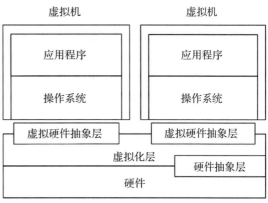

图 2-1　系统虚拟化

从本质上来说，虚拟计算机系统和物理计算机系统可以是两个完全不同的 ISA（指令集架构）的系统。例如，可以在一个 x86 物理计算机上运行一个安腾的虚拟计算机。但是，不同的 ISA 使得虚拟机的每一条指令都需要在物理机上模拟执行，从而造成性能上的极大降低。当然，相同体系结构的系统虚拟化通常会使 VMM 实现起来比较简单，也有比较好的性能。虚拟机的大部分指令可以在处理器上直接运行，只有那些需要虚拟化的指令才会由 VMM 进行处理。

1974 年，杰拉尔德·J. 波佩克（Gerald J. Popek）和罗伯特·P. 戈德堡（Robert P. Goldberg）提出可以将虚拟机看作物理机的一种高效隔离的复制。上面的定义蕴涵了三层含义（同质、高效和资源受控），这也是虚拟机所具有的三个典型特征。

- 同质，是指虚拟机的运行环境和物理机的运行环境在本质上需要是相同的，但是在表现上可以有一些差异。例如，虚拟机所看到的处理器个数可以和物理机上实际的处理器个数不同，处理器主频也可以与物理机不同，但是物理机上的处理器和虚拟机中的处理器必须是同一种类型。
- 高效，是指虚拟机中运行的软件需要具备在物理机上直接运行的性能。为了做到这一点，软件在虚拟机中运行时，大多数的指令要直接在硬件上执行，只有少量指令需要经过 VMM 处理或模拟。
- 资源受控，是指 VMM 需要对系统资源有完全控制能力和管理权限，包括资源的分配、监控和回收。

2.1.2　虚拟化技术的基本原理

传统的虚拟化技术一般是通过"陷入再模拟"的方式实现的，而这种方式依赖于处理器的支持。也就是说，处理器本身是否是一个可虚拟化架构决定了虚拟化实现的方式，那么什么是可虚拟化架构（Virtualizable Architecture）呢？

一般来说，虚拟环境由三个部分组成，即硬件、VMM 和虚拟机，如图 2-2 所示。在没有虚拟化的情况下，操作系统直接运行在硬件上，管理着底层物理硬件，这就构成了一个完整的计算机系统，也就是所谓的物理机。在虚拟环境里，虚拟机监控器抢占了操作系统的位置，变成了真实物理硬件的管理者，同时向上层的软件呈现出虚拟的硬件平台，"欺骗"着上层的操作系统。而此时操作系统运行在虚拟平台上，仍然管理着它认为是"物理硬件"的虚拟硬件，不知道下面发生了什么，这就是图 2-2 中的虚拟机。

图 2-2　虚拟环境的组成

或许硬件体系结构会有所限制，或许 VMM 的实现方式会有所不同，但如果虚拟机不具备 2.1.1 节介绍的三个典型特征，那么这个虚拟机是失败的，VMM 的"骗术"是不高明的。

虚拟机的三个典型特征也决定了不是任何系统都是可虚拟化的。给定一个系统，其对应的体系结构是否可虚拟化，要看能否在该系统上虚拟化出具备上述三个典型特征的虚拟机。

为了进一步研究可虚拟化的条件，先从指令开始介绍。大多数的现代计算机体系结构都有两个或两个以上的特权级，用来分隔系统软件和应用软件。系统中有一些操作和管理关键系统资源的指令会被定为特权指令（Privileged Instruction），这些指令只有在最高特权级上才能够正确执行。如果在非最高特权级上运行特权指令，会引发一个异常，处理器会陷入最高特权级，交由系统软件来处理。在不同的运行级上，不仅指令的执行效果是不同的，而且也并不是每个特权指令都会引发异常。假如一个 x86 平台的用户违反了规范，在用户态修改 EFLAGS 寄存器的中断开关位，这一修改将不会产生任何效果，也不会引起异常陷入，而是会被硬件直接忽略掉。

在虚拟化世界里，还有一类指令，被称为敏感指令（Sensitive Instruction），简言之就是操作特权资源的指令，包括：修改虚拟机的运行模式或者物理机的状态；读写敏感的寄存器或内存，例如时钟或者中断寄存器；访问存储保护系统、内存系统或地址重定位系统以及所有的 I/O 指令。

显而易见，所有的特权指令都是敏感指令，然而并不是所有的敏感指令都是特权指令。

VMM 为了完全控制系统资源，它不允许直接执行虚拟机上操作系统（即客户机操作系统）的敏感指令。也就是说，敏感指令必须在 VMM 的监控审查下进行，或者经由 VMM 来完成。如果一个系统上所有敏感指令都是特权指令，则能用一个很简单的方法来实现虚拟环境：将 VMM 运行在系统的最高特权级上，而将客户机操作系统运行在非最高特权级上，当客户机操作系统因执行敏感指令（此时，也就是特权指令）而陷入 VMM 时，VMM 模拟执行引起异常的敏感指令，这种方法被称为陷入再模拟。

总而言之，判断一个架构是否可虚拟化，其核心就在于该架构对敏感指令的支持。如果在某个架构上所有敏感指令都是特权指令，则它是可虚拟化架构；否则，如果它无法支持在所有的敏感指令上触发异常，则它不是一个可虚拟化架构，我们称其存在"虚拟化漏洞"。

我们已经知道，通过陷入再模拟敏感指令的执行来实现虚拟机的方法是有前提条件的：所有的敏感指令必须都是特权指令。否则，要么系统的控制信息会被虚拟机修改或访问，要么 VMM 会遗漏需要模拟的操作，影响虚拟化的正确性。如果一个架构存在敏感指令不属于特权指令，那么它就存在虚拟化漏洞。有些计算机架构是存在虚拟化漏洞的，就是说它们不能很高效地支持系统虚拟化。

虽然虚拟化漏洞有可能存在，但是可以用一些方法来填补或避免这些漏洞。最简单、最直接的方法是，如果所有虚拟化都通过模拟来实现，例如解释执行，即取一条指令，模拟出这条指令执行的效果，继续取下一条指令，那么就不存在所谓陷入不陷入的问题，从而避免了虚拟化漏洞。这种方法不但适用于模拟与物理机具有相同体系结构的虚拟机，而且能模拟不同体系结构的虚拟机。虽然这种方法保证了所有指令（包括敏感指令）执行受到 VMM 的监督审查，但是它不会对每条指令区别对待，其最大的缺点是性能太差，是不符合虚拟机"高效"特点的，导致其性能下降为原来的十分之一甚至几十分之一。

既要填补虚拟化漏洞，又要保证虚拟化的性能，只能采取一些辅助的手段。可以直接在硬件层面填补虚拟化漏洞，也可以通过软件的方法避免虚拟机中使用无法陷入的敏感指令。这些方法都不仅保证了敏感指令的执行受到 VMM 的监督审查，而且保证了非敏感指令可以不经过 VMM 而直接执行，从而相比解释执行来说，性能得到了极大的提高。

从以上对可虚拟化架构的分析不难看出，某些处理器在设计之初并没有充分考虑虚拟化的需求，不具备一个完备的可虚拟化架构。如何填补这些架构上的缺陷直接促成了三种主要虚拟化方式的产生，即基于软件的完全虚拟化（Full Virtualization）、硬件辅助虚拟化（Hardware Assisted Virtualization）和半虚拟化（Paravirtualization）。不论采取何种虚拟化方式，VMM 对物理资源的虚拟可以归结为三种主要类型：处理器虚拟化、内存虚拟化和 I/O 虚拟化。

1. 处理器虚拟化

处理器虚拟化是 VMM 中最核心的部分，因为访问内存或者 I/O 的指令本身就是敏感指令，所以内存虚拟化与 I/O 虚拟化都依赖于处理器虚拟化的正确实现。

VMM 运行在最高特权级，可以控制物理处理器上的所有关键资源；而客户机操作系统运行在非最高特权级，所以其敏感指令会陷入 VMM 中通过软件的方式进行模拟。处理器虚拟化的关键在于正确模拟指令的行为。当 VMM 接管物理处理器后，客户机操作系统试图访问关键资源的指令就成为敏感指令，VMM 会通过各种手段保证这些敏感指令的执行能够触发异常，从而陷入 VMM 进行模拟，VMM 会通过准确模拟物理处理器的行为，而将其访问定位到与物理寄存器对应的虚拟的寄存器上。虚拟寄存器往往实现为 VMM 内存中的数据结构。VMM 同时负责虚拟处理器的调度和切换，以保证在给定时间内，每个虚拟处理器上的当前进程可以在物理处理器上运行一段时间。但凡切换必然涉及保留现场，这个现场就是上下文状态。VMM 只有保存和恢复好上下文，才能让虚拟机看起来好像从未被中断过。既然谈及虚拟处理器，那么什么是虚拟处理器呢？虚拟处理器的本质是其需要模拟完成的一组功能集合。虚拟处理器的功能可以由物理处理器和 VMM 共同完成。对于非敏感指令，物理处理器直接解码处理其请求，并将相关的效果直接反映到物理寄存器上；而对于敏感指令，VMM 负责陷入再模拟，从程序的角度来看就是一组数据结构与相关处理代码的集合。数据结构用于存储虚拟寄存器的内容，而相关处理代码负责按照物理处理器的行为将结果反映到虚拟寄存器上。至此，我们基本了解了处理器虚拟化，其宗旨就是让虚拟机里执行的敏感指令陷入下来之后能被 VMM 模拟，而不要直接作用于真实硬件上。

当然，模拟的前提是能够陷入，VMM 陷入利用了处理器的保护机制，并利用中断和异常来完成，它有以下几种方式。

- 基于处理器保护机制触发的异常，处理器会在执行敏感指令之前，检查其执行条件是否满足，一旦特权级别、运行模式或内存映射（Memory Mapping）关系等条件不满足，VMM 得到陷入然后进行处理。
- 虚拟机主动触发异常，也就是通常所说的陷阱。当条件满足时，处理器会在触发陷阱的指令执行完毕后，再抛出一个异常。虚拟机可以通过陷阱指令来主动请求陷入 VMM 中去。
- 异步中断，包括处理器内部的中断源和外部的设备中断源。这些中断源可以是周期性产生中断的时间源，也可以是根据设备状态产生中断的大多数外设。一旦中断信号到达处理器，处理器会强行中断当前指令，然后跳到 VMM 注册的中断服务程序。

中断和异常机制是处理器提供给系统程序的重要功能，异常保证了系统程序对处理器关键资源的绝对控制，而中断提供了系统程序与外设之间更有效的一种交互方式。所以，VMM 在实现处理器虚拟化时，必须正确模拟中断与异常的行为。

VMM 对于异常的虚拟化需要完全遵照物理处理器对于各种异常条件的定义，再根据虚拟处理器当时的内容来判断是否需要模拟出一个虚拟的异常，并将其注入虚拟环境中。VMM 通常会在硬件异常处理程序和指令模拟代码中进行异常虚拟化的检查。无论是哪一条路径，VMM 需要区分两种原因：一是虚拟机自身对运行环境和上下文的设置违背了指令正确执行的条件；二是虚拟机运行在非最高特权级别，由于虚拟化的原因触发的异常。

虚拟中断的触发来自虚拟设备的模拟程序。当设备模拟器发现虚拟设备状态满足中断产生的条件时，会将这个虚拟中断通知给中断控制器的模拟程序。然后，VMM 会在特定的时候检测虚拟中断控制器的状态，来决定是否模拟一个中断的注入。这里的虚拟中断源包括：处理器内部中断源的模拟、外部虚拟设备的模拟、直接分配给虚拟机使用的真实设备的中断和自定义的中断类型。

不管怎样，当 VMM 决定向虚拟机注入一个中断或异常时，它需要严格模拟物理处理器的行为来改变客户指令流的路径，而且要包括一些必需的上下文保护与恢复。VMM 需要首先判断当前虚拟机的执行环境是否允许接受中断或异常的注入，假如客户机操作系统正好禁止了中断的发生，这时 VMM 就只能把中断事件先暂时缓存起来，直到某个时刻客户机操作系统重新允许了中断的发生，VMM 才立即切入来模拟一个中断的注入。当中断事件不能被及时注入时，VMM 还要进一步考虑中断合并、中断取消、同类型中断大量阻塞的情况以及正确性与效率等方面的因素。

总起来说，中断 / 异常的虚拟化由中断 / 异常源的定义、中断 / 异常源与 VMM 处理器虚拟化模块间的交互机制以及最终模拟注入的过程所组成。虚拟机与 VMM 通过中断和异常发生的交互机制如图 2-3 所示。

　　在 CPU 虚拟化方面，Intel VT 提供了面向 x86 的英特尔虚拟化技术（Intel Virtualization Technology for x86，简称 Intel VT-x）。Intel VT 中的 VT-x 技术扩展了传统的 IA32 处理器架构，为 IA32 架构的处理器虚拟化提供了硬件支持。VT-x 架构的基本思想如图 2-4 所示。

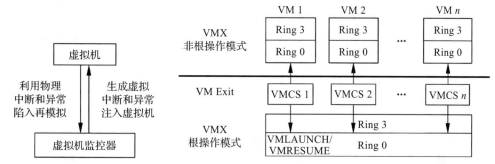

图 2-3　虚拟机与 VMM 通过中断　　　　图 2-4　VT-x 架构的基本思想
　　　　和异常发生的交互机制

　　首先，VT-x 引入了两种操作模式，统称为 VMX 操作模式。

- 根操作模式（VMX Root Operation）：VMM 运行所处的模式，以下简称为根模式。
- 非根操作模式（VMX Non-Root Operation）：客户机运行所处的模式，以下简称为非根模式。

　　这两种操作模式与 IA32 特权级 0 ～特权级 3 是正交的，即每种操作模式下都有相应的特权级 0～特权级 3。

　　VT-x 中，非根模式下敏感指令引起的"陷入"被称为 VM Exit。VM Exit 发生时，CPU 自动从非根模式切换为根模式。相应地，VT-x 也定义了 VM Entry，该操作由 VMM 发起，通常是调度某个客户机运行，此时 CPU 从根模式切换为非根模式。

　　其次，为了更好地支持 CPU 虚拟化，VT-x 引入了虚拟机控制结构（Virtual-Machine Control Structure，VMCS）。VMCS 保存虚拟 CPU 需要的相关状态，例如 CPU 在根模式和非根模式下的特权寄存器的值。VMCS 主要供 CPU 使用，CPU 在发生 VM Exit 和 VM Entry 时都会自动查询和更新 VMCS。VMM 可以通过指令来配置 VMCS，进而影响 CPU 的行为。

　　最后，VT-x 还引入了一组新的指令，VMLAUNCH/VMRESUME 用于发起 VM-Entry，VMREAD/VMWRITE 用于配置 VMCS 等。

　　在进行 CPU 虚拟化时，使用 vCPU 描述符来描述虚拟 CPU（Virtual CPU），它本质上是一个结构体，通常由以下几部分构成。

- vCPU 标识信息：用于标识 vCPU 的一些属性，例如 vCPU 的 ID 号、vCPU 属于哪个客户机等。
- 虚拟寄存器信息：虚拟的寄存器资源，在使用 Intel VT-x 的情况下，这些内容包含在 VMCS 中，例如客户机状态域保存的内容。

- vCPU 状态信息：类似于进程的状态信息，标识该 vCPU 当前所处的状态，例如睡眠、运行等，主要供调度器使用。
- 额外寄存器 / 部件信息：主要指未包含在 VMCS 中的一些寄存器或 CPU 部件，例如浮点寄存器和虚拟的 LAPIC 等。
- 其他信息：用于 VMM 进行优化或存储额外信息的字段，例如存放该 vCPU 私有数据的指针等。

由此可见，在 Intel VT-x 情况下，vCPU 可以划分成两个部分：一个是以 VMCS 为主由硬件使用和更新的部分，主要指虚拟寄存器；另一个是除 VMCS 之外，由 VMM 使用和更新的部分，主要指 VMCS 以外的部分。图 2-5 展示了 vCPU 的构成。

图 2-5　vCPU 的构成

当 VMM 创建客户机时，首先要为客户机创建 vCPU，整个客户机的运行实际上是 VMM 调度不同的 vCPU 运行。

创建 vCPU 实际上是创建 vCPU 描述符，由于本质上 vCPU 描述符是一个结构体，因此创建 vCPU 描述符简单来说就是分配相应大小的内存。

vCPU 描述符被创建之后，需要初始化才能使用。物理 CPU 在上电之后，硬件会自动将 CPU 初始化为特定的状态。vCPU 的初始化也是一个类似的过程，将 vCPU 描述符的各个部分置成可用的状态。通常初始化包含如下内容。

- 分配 vCPU 标识：首先要标识该 vCPU 属于哪个客户机，再为该 vCPU 分配一个在客户机范围内唯一的标识。
- 初始化虚拟寄存器组：主要指初始化 VMCS 相关域。这些寄存器的初始化值通常是根据物理 CPU 上电后各寄存器的值设定的。
- 初始化 vCPU 状态信息：设置 vCPU 在被调度前需要配置的必要标志，具体情况依据调度器的实现决定。
- 初始化额外部件：将未被 VMCS 包含的虚拟寄存器初始化为物理 CPU 上电后的值，并配置虚拟 LAPIC 等部件。
- 初始化其他信息：根据 VMM 的实现初始化 vCPU 的私有数据。

vCPU 被创建并初始化之后，就可以通过调度程序被调度运行。调度程序会根据一定的策略算法来选择 vCPU，然后将 vCPU 切换到物理 CPU 上运行。前面提到，在 Intel VT-x 的支持下，vCPU 的上下文可以分为两部分。故上下文的切换也分为硬件自动切换（VMCS 部分）和 VMM 软件切换（非 VMCS 部分）两个部分。

图 2-6 描述了 VT-x 支持的 CPU 上下文切换的过程，可以归纳为下列几个步骤。

- VMM 保存自己的上下文，主要是保存 VMCS 不保存的寄存器，即宿主机状态域以外的部分。
- VMM 将保存在 vCPU 中由软件切换的上下文加载到物理 CPU 中。
- VMM 执行 VMRESUME/VMLAUNCH 指令，触发 VM-Entry，此时 CPU 自动将 vCPU 上下文中 VMCS 部分加载到物理 CPU，CPU 切换到非根模式。

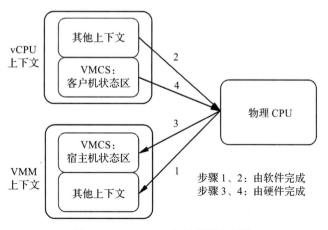

图 2-6　VM-Entry 中的上下文切换

此时，物理 CPU 已经处于客户机的运行环境，rip/eip 也指向了客户机的指令，这样 vCPU 就被成功调度并运行了。

当然，vCPU 作为调度单位不可能永远运行，vCPU 退出在 VT-x 中表现为发生 VM-Exit。对 vCPU 退出的处理是 VMM 进行 CPU 虚拟化的核心，例如模拟各种特权指令。

图 2-7 描述了 VMM 处理 vCPU 退出的典型流程，可以归纳为下列几个步骤。

- 发生 VM Exit，CPU 自动进行一部分上下文的切换。
- 当 CPU 切换到根模式开始执行 VM Exit 的处理函数后，进行另一部分上下文的切换。

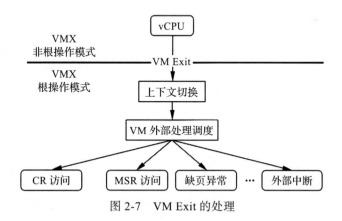

图 2-7　VM Exit 的处理

图 2-7 列举了一些较为典型的 vCPU 退出的原因。总起来说，vCPU 退出的原因大体上有三类：访问了特权资源、引发了异常或发生了中断。

VMM 在处理完 vCPU 的退出后，会负责将 vCPU 投入再运行。从 VT-x 的角度来看，需要额外考虑以下几点。

- 如果 vCPU 继续在相同的物理 CPU 上运行，可以用 VMRESUME 来实现 VM-Entry。VMRESUME 比 VMLAUNCH 更轻量级，执行效率更高。

- 如果由于某种原因（如负载均衡），vCPU 被调度程序迁移到了另一个物理 CPU 上，那么 VMM 需要将 vCPU 对应的 VMCS 迁移到另一个物理 CPU，这通常可以由一个 IPI 中断实现；迁移完成后，在重新绑定的物理 CPU 上执行 VMLAUNCH 发起 VM-Entry。

由此可见，整个虚拟化的内容就是在 VMM →客户机→ VMM →……中完成的。这里再细化一下，客户机的顺利运行就是在 vCPU 运行→ vCPU 退出→ vCPU 再运行 →……的过程中完成的。

2. 内存虚拟化

在介绍完处理器虚拟化的基本原理之后，接着来看一下内存虚拟化。首先操作系统对物理内存有两个主要认识：物理地址从 0 开始和内存地址连续性。而内存虚拟化的产生主要源于 VMM 与客户机操作系统对物理内存的认识存在冲突，造成了物理内存的真正拥有者——VMM 必须对客户机操作系统所访问的内存进行一定程度上的虚拟化。VMM 的任务就是模拟使得虚拟出来的内存仍然符合客户机操作系统对内存的假定和认识。

因此，在虚拟环境里，内存虚拟化面临的问题是：物理内存要被多个客户机操作系统同时使用，但物理内存只有一份，物理起始地址 0 也只有一个，无法同时满足所有客户机操作系统内存从 0 开始的要求；由于使用内存分区方式，把物理内存分给多个客户机操作系统使用，客户机操作系统的内存连续性要求虽能得到解决，但是内存的使用效率非常低。在面临这些问题的情况下，VMM 所要做的就是"欺骗"客户机操作系统，以满足客户机操作系统对内存的上述两点要求，这种欺骗过程就是内存虚拟化。

内存虚拟化的核心在于引入一层新的地址空间——客户机物理地址空间。

在图 2-8 中，VMM 负责管理和分配每个虚拟机的物理内存，客户机操作系统所看到的是一个虚构的客户机物理地址空间，其指令目标地址也是一个客户机物理地址。这样的地址在无虚拟化的情况下，其实就是实际物理地址。但是，在有虚拟化的情况下，这样的地址是不能被直接发送到系统总线上去的，需要 VMM 负责将客户机物理地址转换成一个实际物理地址后，再交由物理处理器来执行。

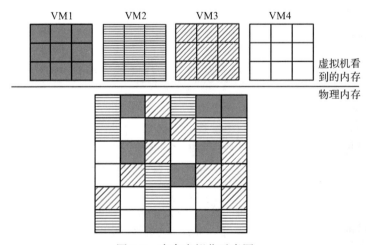

图 2-8　内存虚拟化示意图

值得一提的是，为了更有效地利用空闲的物理内存，尤其是系统长期运行后产生的碎片，VMM 通常会以比较小的粒度（如 4KB）进行分配，这就导致给定一个虚拟机的物理内存实际上是不连续的，其具体位置完全取决于 VMM 的内存分配算法。

由于引入了客户机物理地址空间，内存虚拟化就主要处理以下两个方面的问题。

- 给定一个虚拟机，维护客户机物理地址到宿主机物理地址之间的映射关系。
- 截获虚拟机对客户机物理地址的访问，并根据所记录的映射关系将其转换成宿主机物理地址。

第一个问题相对比较简单，因为只是一个数据结构的映射问题。在实现过程中，客户机操作系统采用客户页表维护该虚拟机里进程所使用的虚拟地址到客户机物理地址的动态映射关系，可以用一个简单的公式表示：$GPA = f_1(GVA)$。其中，GVA 是客户机虚拟地址（Guest Virtual Address），GPA 是客户机物理地址（Guest Physical Address）。而 VMM 负责维护客户机物理地址到宿主机物理地址之间的动态映射关系，可以用一个简单的公式表示：$HPA = f_2(GPA)$。这里，HPA 是宿主机物理地址（Host Physical Address）。虚拟机里一个进程所使用的客户机虚拟地址要变成物理处理器可以执行的宿主机物理地址，需要经过两层转换，即 $HPA = f_2(f_1(GVA))$。

VMM 内存虚拟化任务就是跟踪客户页表，当其发生变化时，及时地切入，构造一个有效的客户机虚拟地址到宿主机物理地址间的映射关系，并将其添加到物理处理器所遍历的真实页表上。

第二个问题从实现上来说更加复杂、更具有挑战性，也是衡量一个虚拟机的性能最重要的因素。另外，地址转换一定要发生在物理处理器处理目标指令之前，否则一旦客户机物理地址被直接发送到系统总线上，就会对整个虚拟环境，包括其他虚拟机以及 VMM 自身，造成严重的破坏和巨大的漏洞。

一个最简单的方法就是设法让虚拟机对客户机物理地址空间的每一次访问都触发异常，然后由 VMM 来查询地址转换表模拟其访问。这种方法的完备性和正确性没有任何问题，但是性能上绝对是最差的。为了解决这个问题，VT-x 提供了扩展页表（Extended Page Table，EPT）技术，直接在硬件上支持 GVA → GPA → HPA 的两次地址转换，大大降低了内存虚拟化的难度，也进一步提高了内存虚拟化的性能。

3. I/O 虚拟化

现实中的外设资源也是有限的，为了满足多个客户机操作系统的需求，VMM 必须通过 I/O 虚拟化的方式来复用有限的外设资源。VMM 截获客户操作系统对设备的访问请求，然后通过软件的方式来模拟真实设备。模拟软件本身作为物理驱动程序众多客户端中的一个，有效地实现了物理资源的复用。由于从处理器的角度看，外设是通过一组 I/O 资源（端口 I/O 或者内存映射 I/O）来进行访问的，因此设备相关的虚拟化又被称为 I/O 虚拟化。基于设备类型的多样化，以及不同 VMM 所构建的虚拟环境上的差异，I/O 虚拟化的方式和特点纷繁复杂，不一而足。

I/O 端口、内存映射 I/O（Memory-Mapped I/O，MMIO）与中断模块组成了一个典型外设呈现给软件的基本资源。I/O 虚拟化并不需要完整地虚拟化出所有外设的所有接口，怎样做完全取决于设备与 VMM 的策略以及客户机操作系统的需求。其中主要涉及虚拟芯片组、虚拟 PCI 总线布局、虚拟系统设备（如 PIC、IO-APIC、PIT 和 RTC 等）以及虚拟基本输入输出设备（如显卡、网卡和硬盘等）。VMM 提供某种方式，让客户机操作系统发现虚拟设备以加载相关的驱动程序，然后 VMM 设法截获客户机操作系统对虚拟设备的访问并进行模拟，这样完成 I/O 虚拟化。虚拟化完毕后，只要客户机操作系统中有驱动程序遵守该虚拟设备的接口定义，它就可以被客户机操作系统使用。

至于虚拟化方式，虚拟设备可以与物理设备具有完全相同的接口定义，从而允许客户机操作系统中的原有驱动程序无须修改就能驱动这个虚拟设备。在这种情况下，物理设备具备哪些资源，设备模拟器需要呈现出同样的资源。另一种方式是把客户机操作系统中特定的驱动程序进行简化，并将客户机操作系统中的驱动程序称为前端（Front-End，FE）设备驱动，而将 VMM 中的驱动程序称为后端（Back-End，BE）设备驱动。简化就是前端程序将来自其他模块的请求通过客户机之间的特殊通信机制直接发送给后端程序，而后端程序在处理完请求后再发回通知给前者。这种方式是基于请求 / 事务的，能在很大程度上减少上下文切换的频率，提供更大的优化空间，可以把这种方式看作上一种方式的衍生。还有一种方式，如果直接将物理设备分配给某个客户机操作系统，由客户机操作系统直接访问目标设备，VMM 不需要为这种方式提供模拟，客户机操作系统中原有的驱动程序也可以无缝地操作目标设备，这种 I/O 虚拟化的方式从性能上来说是最优的。目前与此相关的技术有 Intel VT-d 和 PCI 组织制定的 SR-IOV 等。

本节主要针对 x86 架构阐述了虚拟化技术的基本原理，至于其他指令集架构，如 Arm6[⊖]等，限于篇幅，在此不再赘述，感兴趣的读者可以参考相关资料。

2.1.3　虚拟化的主要方式

前面提及了三种主要的虚拟化方式，下面来简要介绍三种不同方式的原理。

1. 基于软件的完全虚拟化

我们知道，所有的虚拟化形式都可以用模拟技术来实现。在模拟技术中，最简单最直接的模拟技术是解释执行，即取一条指令出来，模拟出这条指令执行的效果，再继续取下一条指令，周而复始。由于是一条一条地取指令而不会漏过每一条指令，在某种程度上即每条指令都"陷入"了，所以解决了陷入再模拟的问题，进而避免了虚拟化漏洞。这种方法通常可以被用于不同体系结构的虚拟化中，也就是在一种硬件体系结构上模拟出另一种不同硬件体系结构的运行环境。而在同一种体系结构的模拟中，情况会变得更容易，因为大多数指令是不需要被模拟执行而直接放在真实的硬件上执行的，于是一条指令一条指令地解释执行在这里就没有必要了。可以采用改进的代码扫描与修补（scan-and-patch）技术和二进制代码翻译技术来完成 CPU 虚拟化，基于影子页表来完成内存虚拟化，以及借助设备模型并对其软件接口进行拦截和模拟来完成 I/O 虚拟化，从而尽可能地提高虚拟化的性能。

2. 硬件辅助虚拟化

硬件辅助虚拟化技术，顾名思义，就是在 CPU、芯片组及 I/O 设备等硬件中加入专门

⊖　参见 Arm 架构白皮书 https://developer.arm.com/documentation/ddi0487。

针对虚拟化技术的支持，使系统软件可以更容易、更高效地实现虚拟化功能。只要为硬件本身加入足够的虚拟化功能，就可以截获操作系统对敏感指令的执行或者对敏感资源的访问，从而通过异常的方式报告给 VMM，这样就解决了虚拟化的问题。Intel 的 VT-x 技术就是这一方向的代表。VT-x 技术在处理器上引入了一个新的执行模式，用于运行虚拟机。当虚拟机运行在这个特殊模式中时，它仍然面对的是一套完整的处理器寄存器集合和执行环境，只是任何特权操作都会被处理器截获并报告给 VMM。VMM 本身运行在正常模式下，在接收到处理器的报告后，通过对目标指令的解码，找到对应的虚拟化模块进行模拟，并把最终的效果反映在特殊模式下的环境中。硬件虚拟化是一种完备的虚拟化方法，因为内存和外设的访问本身也由指令来承载，对处理器指令级别的截获就意味着 VMM 可以模拟一个与真实主机完全相同的环境。在这个环境中，任何操作系统只要能够在现实中的等同主机上运行，就可以在这个虚拟机环境中无缝地运行。

3. 半虚拟化

在计算机硬件不能改变的情况下，VMM 提供给虚拟机的硬件抽象是可以修改的。这里所说的硬件抽象，是指硬件平台掩去了内部的具体实现，暴露给软件的抽象接口。半虚拟化（Paravirtualization）技术的主要思想就是通过修改暴露给虚拟机的硬件抽象以及上层操作系统，使操作系统与 VMM 配合工作，避开虚拟化漏洞，从而实现系统虚拟化。半虚拟化技术修改了硬件抽象，操作系统也需要做相应的修改，这些修改主要包括指令集、外部中断、内存空间及内存管理方式、I/O 设备驱动、时钟等。事实上，不同的半虚拟化系统为了实现不同的目的，对于硬件抽象层和操作系统的修改都是不同的。当然，虚拟硬件抽象与实际硬件的差别越大，客户机操作系统和应用程序需要做的修改也越多。从操作系统的角度来看，半虚拟化的硬件抽象是一种与 x86 架构有所不同的体系结构，因此，对操作系统的修改就是对这种体系结构进行移植的过程。修改后的操作系统能够意识到虚拟环境的存在。

2.1.4　VMM 的分类

通过 1.2 节的介绍，相信读者已经对 VMM 模型的分类有了初步的认识，这里进一步对各模型中模块的功能进行深入剖析。我们知道，根据虚拟化技术实现结构的不同，通常将虚拟机监控器分为以下两类。

1. 原生型虚拟机监控器（Native Hypervisor）

在原生型虚拟机监控器中，VMM 可以被看作一个完备的操作系统，不过和传统操作系统不同的是，VMM 是为虚拟化而设计的，因此还具备虚拟化功能。从架构上来看，首先，所有的物理资源（如处理器、内存和 I/O 设备等）都归 VMM 所有，因此，VMM 承担着管理物理资源的责任；其次，VMM 需要向上提供虚拟机，用于运行客户机操作系统，因此，VMM 还负责虚拟环境的创建和管理。此类型通常被称为一型虚拟机监控器（Type-1 Hypervisor），又被称为裸机虚拟机监控器（Bare-metal Hypervisor）。

图 2-9 展示了此类模型中较为典型的监控模型（Hypervisor Model）架构，其中处理器管理代码（Processor，P）负责物理处理器的管理和虚拟化，内存管理代码（Memory，M）负责

物理内存的管理和虚拟化，设备模型（Device Model，DM）负责 I/O 设备的虚拟化，设备驱动（Device Driver，DR）则负责 I/O 设备的驱动，即物理设备的管理。VMM 直接管理所有的物理资源，包括处理器、内存和 I/O 设备，因此，设备驱动是 VMM 的一部分。此外，处理器管理代码、内存管理代码和设备模型也是 VMM 的一部分。典型的产品为 VMware ESXi⊖。

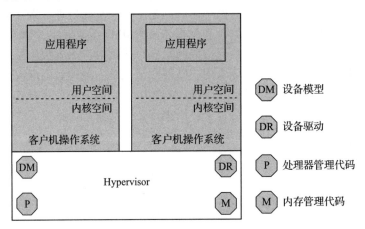

图 2-9　监控模型架构

对于上述模型来说，设备驱动开发的工作量是一个很大的挑战。一种改进实现是，VMM会主动让出大部分 I/O 设备的控制权，把它们交由一个运行在特权虚拟机中的特权操作系统来控制。相应地，VMM 虚拟化的职责也被分担。处理器和内存的虚拟化依然由 VMM 来完成，而 I/O 的虚拟化则由 VMM 和特权操作系统共同合作来完成。包含特权系统的原生型虚拟机监控器架构，由于其本质上仍属于一型虚拟机监控器，同时兼具后面即将介绍的另一类模型的某些特征，因此是两种模式的汇合体，我们权且将其称为混合模型。

图 2-10 展示了混合模型（Hybrid Model）的架构。在这一模型中，I/O 设备由特权操作系统控制，因此，设备驱动模块位于特权操作系统内核空间中。其他物理资源的管理和虚拟化由 VMM 完成，因此，处理器管理代码和内存管理代码处在 VMM 中。I/O 设备虚拟化由 VMM 和特权操作系统共同完成，因此，设备模型模块位于特权操作系统用户空间中，并且通过相应的通信机制与 VMM 合作。典型的产品有 Microsoft Hyper-V8⊜、Xen9⊜。

2. 宿主型虚拟机监控器（Hosted Hypervisor）

与原生型虚拟机监控器不同，在宿主模型中，物理资源由宿主机操作系统管理。宿主机操作系统是传统操作系统，如 Windows、Linux 等，这些传统操作系统并不是为虚拟化而设计的，因此本身并不具备虚拟化功能，实际的虚拟化功能由 VMM 来提供。VMM 通常是宿主机操作系统独立的内核模块，有些实现中还包括用户态进程，如负责 I/O 虚拟化的用

⊖　参见 VMware 官方网站：https://www.vmware.com。

⊜　参见 Hyper-V 架构说明：https://learn.microsoft.com/en-us/windows-server/administration/performance-tuning/role/hyper-v-server/architecture。

⊜　参见 Xen 项目网站：https://xenproject.org。

户态设备模型。VMM 通过调用宿主机操作系统的服务来获得资源，实现处理器、内存和 I/O 设备的虚拟化。VMM 创建虚拟机之后，通常将虚拟机作为宿主机操作系统的一个进程参与调度。此类型通常被称为二型虚拟机监控器（Type-2 Hypervisor）。

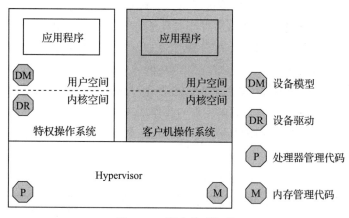

图 2-10　混合模型架构

图 2-11 展示了宿主模型（Host-based Model）的架构。由于宿主机操作系统控制所有的物理资源，包括 I/O 设备，因此，设备驱动位于宿主机操作系统中。VMM 则被拆分为两部分协同运作：内核态 VMM 和用户态 VMM。内核态 VMM 包含了处理器虚拟化模块和内存虚拟化模块。设备模型实际上也是 VMM 的一部分，在图中位于用户态 VMM 中，在具体实现时，既可以将设备模型放在用户态，也可以将其放在内核态。典型的产品有 VMware Workstation、VMware Fusion、KVM⊖、Intel HAXM⊖。

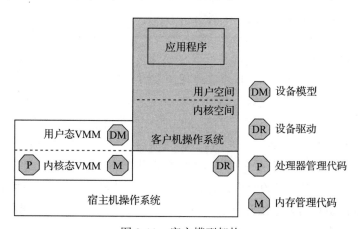

图 2-11　宿主模型架构

⊖　也有说法认为 KVM 已将宿主机操作系统 Linux 转化为一型虚拟机监控器，因此，KVM 是监控模型。KVM 项目的发起人和维护人倾向于认为 KVM 是监控模型。参见 KVM 项目网站：https://www.linux-kvm.org。

⊖　参见 HAXM 项目网站：https://github.com/intel/haxm。

2.2　云虚拟化和嵌入式虚拟化对比

云虚拟化和嵌入式虚拟化采用的虚拟化技术是一样的，但并不是把云平台上的 VMM 直接照搬运行在嵌入式系统上，它就变成了嵌入式虚拟化 VMM。

云虚拟化是指在数据中心采用服务器虚拟化技术构建云计算平台，主要用于数据中心物理资源的池化，从而可以弹性地分配资源给用户。虚拟服务器主要与客户端交互，处理并响应来自客户端的请求；嵌入式虚拟化是指在嵌入式终端设备上通过虚拟化技术构建终端计算平台，允许多个操作系统或者虚拟机同时运行在终端设备上来共享硬件资源，虚拟终端直接与用户进行交互，处理并响应用户的操作请求。

下面就两者在应用场景、作用目的、需求特征及关注因素等方面进行简单对比，如表 2-1 所示。

表 2-1　云虚拟化和嵌入式虚拟化的对比

对比项目	云虚拟化	嵌入式虚拟化
应用场景	应用于服务器，处理并响应来自客户端的请求	应用于移动设备，直接与用户交互，处理并响应来自用户的操作
作用目的	资源池化，将 IT 基础设施进行共享和配置管理	负载整合及应用的兼容性
需求特征	及时响应 多用户响应 需要更强的计算力	需要设备实时响应
关注因素	并发请求及响应处理 存在超大功耗及散热方面的预算成本	多用于工业控制、汽车驾驶舱人机交互等 关注实时控制、用户界面体验和当前活动应用 支持多种类型的 I/O 设备

目前，嵌入式虚拟化面临的挑战依然是虚拟化技术本身所带来的开销问题。首先，从硬件辅助虚拟化的角度来讲，能够提供硬件加速支持的设备颇为有限，以多媒体设备为例，日益增长的设备类型使各类多媒体设备层出不穷，造成 VT-d 或 SR-IOV 等技术对多媒体设备的支持远远不足，从这一点来讲，即便是在服务器端目前也尚未得到有效支持。其次，从软件完全虚拟化的角度来讲，由于 I/O 虚拟化所带来的巨大开销令 I/O 虚拟化软件解决方案难担重任，对于一般外设的虚拟化，通常在性能上有 10%～30% 的额外开销，而对于多媒体设备，这种额外开销更为突出，有时竟能达到超过 80% 的额外开销用于 I/O 虚拟化，与此同时，电量使用时间和电池寿命也会相应缩短 20% 左右，以上这些因素都给嵌入式虚拟化带来了不小的挑战。

表 2-2 尝试把服务器虚拟化和嵌入式虚拟化所需要的功能进行对比，可以看到现有的服务器虚拟化技术并不适应嵌入式设备的特殊需求，嵌入式虚拟化面临特殊的挑战，需要在现有虚拟化技术的基础上专门进行开发和定制。

表 2-2　服务器虚拟化和嵌入式虚拟化的功能的异同

功　能	服务器虚拟化	嵌入式虚拟化
实时	无需求	大部分场景需要
功能安全	无需求	部分场景需要
平台开放性	开放	大部分封闭
系统软件分布	一个二进制文件，用于各种产品	产品定制化
视频	很少	大部分场景需要
音频	很少	大部分场景需要
性能要求	有	有
隔离性	有	有
信息安全	有	有
热迁移	很重要	较少数场景需要

2.3　嵌入式虚拟化的场景

下面列出几种典型的嵌入式虚拟化场景，本书后面的章节也会进行具体案例分析。

- 数字孪生的实现。借助虚拟化技术来实现智能数控系统，不仅可以把传统数控系统在设备端侧各个分离的单独控制器整合到一个统一的设备中，还可以通过数字孪生技术和云计算技术在云中构建此设备的数字实例。
- 工业场景下的机器视觉和机器控制系统整合。通过虚拟机 VMM 来支持一个 Windows 的虚拟机运行机器视觉应用，而另一个实时操作系统 RTOS 可以进行伺服马达的实时控制。
- 自主行驶机器人。类似于工业场景下的机器视觉和机器控制系统的整合，自主行驶的机器人利用 VMM 技术，在同一个物理平台上同时运行两个实时操作系统，一个操作系统负责机器人底盘的自主移动，另一个操作系统用来支持机械臂的运动。
- 软件定义的数字驾驶舱。通过虚拟机 VMM 可以在一套 x86 SoC 上运行两个操作系统，一个 Linux 系统运行驾驶员需要的仪表盘系统，另一个 Android 系统运行车载娱乐系统，例如导航软件、音乐播放等。

2.4　嵌入式虚拟化技术的特征

如前文所述，虚拟化技术如今已经被广泛应用于嵌入式领域。嵌入式 VMM 是支持嵌入式系统要求的 VMM。与应用于服务器的 VMM 不同，嵌入式 VMM 具有以下特征。

- 体积小。出于对硬件成本以及技术实现的考量，嵌入式系统的硬件资源通常是比较受限的。因此，嵌入式 VMM 应当尽可能轻量级且高效，也就是说，它的代码库应当小而精，运行时占用的内存（foot print）也要尽可能小，不应占据过多的硬件资源。

- 功能全面。嵌入式系统的应用场景非常广泛，不同的应用场景通常需要不同的设备支持，这些设备包括 USB 设备、显卡、UART 串口、音频及视频设备、蓝牙设备、网络设备等。因此，嵌入式 VMM 需要支持这些设备在虚拟计算机中的使用，同时，当运行于不同虚拟计算机的操作系统需要访问相同设备时，嵌入式 VMM 还需要支持设备共享。

- 实时性。嵌入式系统通常有实时性的需求，这样的系统被称为实时系统。实时系统追求的是任务执行的时间确定性，即在特定的时间范围内，对某一事件 / 指令进行响应处理。因此，为了支持实时系统，嵌入式 VMM 需要具有良好的实时响应能力，尽可能降低由虚拟化引起的开销。

- 功能安全。功能安全对于嵌入式系统也非常重要，尤其是当这些系统被应用于汽车领域与工业领域时。因此，在设计嵌入式 VMM 时，功能安全同样应当被考虑在内。在嵌入式系统中，会存在一些对安全性要求比较高（Safety-critical）的应用，同时，也会存在一些对安全性要求不太高（Non-safety-critical）的应用，分配给这两类应用的硬件资源应当被有效隔离。非安全关键的应用不应当对安全关键的应用产生干扰，无论是空间上（Spatial）的干扰（例如恶意地修改内存）还是时间上（Temporal）的干扰（例如恶意地刷掉缓存）。嵌入式 VMM 的设计应当考虑这些功能安全的需求。

- 可适应性。在服务器领域，常见的操作系统主要是 Windows 与一些基于 Linux 的操作系统。但是，在嵌入式领域，VMM 通常需要支持很多不同类型的操作系统。其中，有些操作系统主要用于提供用户图形界面以及系统信息的管理与配置，例如 Windows、Ubuntu、Android；另外一些操作系统则主要用于实时任务的执行，例如 VxWorks、Zephyr、Xenomai、PREEMPT_RT Linux；还有一些操作系统主要用于检测系统运行状态，在故障发生时将系统置于安全状态，例如 Zephyr。因此，为了支持应用于嵌入式领域的多种多样的操作系统，嵌入式 VMM 需要具有较强的可适应性，它应当支持在不同的虚拟计算机内运行不同的操作系统，从而使嵌入式领域的供应商可以非常方便地移植运行在这些操作系统上的应用程序。

传统的应用于云服务器的 VMM 并不适用于嵌入式领域，主要有以下原因。

- 应用于服务器的 VMM 的代码库通常比较庞大，对系统资源的要求也高（比如对内存和 CPU 的计算能力的要求），同时也会占用较多的硬件资源。

- 应用于服务器的 VMM 在设计之初没有对功能安全的考量，它的代码体量也使得增加后续的功能安全考量几乎不可能。

- 对于嵌入式系统来说，应用于服务器的 VMM 会引起过多的虚拟化开销。虚拟机之间的性能隔离，特别是对于实时系统的实时性影响也是服务器的 VMM 难以克服的。

除此之外，友好的软件许可证对于嵌入式 VMM 来说也至关重要，它可以为嵌入式系统的供应商节约成本，同时为他们保守商业秘密。因此，一个具有包容的许可证（如 BSD/MIT）的开源的嵌入式 VMM 对于嵌入式领域的供应商来说会是一个很好的选择，可以大幅度地减少研发成本，他们可以更多关注于系统集成及其产品的商业化。

2.5　本章小结

　　本章首先介绍了虚拟化技术的一些通用概念，从可虚拟化架构与不可虚拟化架构分析入手，推出了三种主要的虚拟化方式，即软件完全虚拟化、硬件辅助虚拟化和半虚拟化。在这三种虚拟化方式中，归纳出虚拟化的三类主要任务，即处理器虚拟化、内存虚拟化和 I/O 虚拟化。又按照虚拟化技术实现的不同结构，对虚拟机监控器进行了分类，将其分为一型虚拟机监控器（Type-1 Hypervisor）和二型虚拟机监控器（Type-2 Hypervisor）。这些概念和原理为深入介绍服务器虚拟化和嵌入式虚拟化铺平了道路。

　　随着云计算的不断发展，虚拟化技术也得到了广泛的应用，本章先对比了云虚拟化和嵌入式虚拟化的异同，再从嵌入式虚拟化技术所面临的挑战阐述了其发展现状和需求方向，最后引出了嵌入式虚拟化技术的应用场景和特征，为后面要介绍的开源嵌入式虚拟化技术——ACRN 解决方案的实现、优化和应用做出铺垫。

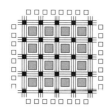

第3章
开源虚拟化技术——KVM

前面的章节概述了虚拟化技术及其原理，本章开始逐步探究虚拟化技术的实现方案。

从 20 世纪 90 年代至今，虚拟化软件已经取得了长足的发展，呈现出百花齐放的繁荣景象。第 2 章在对 VMM 进行分类时提到了 VMware、Xen 和 Hyper-V 等产品，这里不得不再次提及当前服务器上常用的开源虚拟化项目——KVM。KVM 是运行于 x86 硬件上的 Linux 操作系统的完整虚拟化解决方案。作为一款开源软件，KVM 能够运行多个虚拟机实例，客户机操作系统则可以直接采用未经修改的 Linux 或 Windows 镜像文件进行加载启动。

本章首先回顾 KVM 的发展历程，简要介绍 KVM 的软件架构以及用户态虚拟机所调用的应用编程接口，然后深入讲解 KVM 的实现，通过剖析关键代码引领读者逐步了解 KVM 的初始化、如何创建 KVM 虚拟机以及在 KVM 中如何实现虚拟化的三个主要任务：CPU 虚拟化、内存虚拟化和 I/O 虚拟化。I/O 虚拟化因涉及内容庞杂，我们将其中外设部分的虚拟化单独列出，在 3.4 节从设备不同的虚拟化方式来专门阐述设备虚拟化。

3.1 KVM 的历史

云计算是虚拟化技术最典型的应用场景，而云服务器上最为成功的开源虚拟化项目则是 KVM（Kernel-based Virtual Machine）。KVM 最初由初创公司 Qumranet 开发，后来该公司被红帽收购。KVM 从 2006 年 10 月诞生起便受到了 Linux 社区的关注与欢迎，仅在两个月后就被 Linux 内核主线接受[⊖]，并于 2007 年 2 月作为 Linux 内核 2.6.20 的一部分发布。经历了逾 16 年的发展，其支持的硬件平台从早期 Intel 和 AMD 的 x86 平台扩展到 Arm、PowerPC、S390、MIPS 等几乎所有硬件平台，目前支持 RISC-V 平台的代码也正在社区讨论中。随着这些硬件平台虚拟化功能的完善与发展，越来越多的硬件虚拟化特性也被添加到 KVM 中，例如 Intel 的 EPT、APIC-V、Posted Interrupt 等。与此同时，新的应用场景的需求也给 KVM 带来了更多软件特性，例如热迁移、嵌套虚拟化等。此外，在提升虚拟化性能的需求推动下，Linux 内核得以丰富和完善，与此同时 KVM 也获益匪浅。例如，通过半虚拟化手段来提升虚拟设备性能的 virtio、用于设备直通的 VFIO 等，这些虽然都是独立于 KVM 的驱动模块，但是应用场景和虚拟化密切相关，从一开始设计就考虑到了 KVM 的需求。KVM 的成功使得主流的开源虚拟化管理平台（例如 oVirt、OpenStack 等）将其作为默认的 Hypervisor。2017 年，最大的云计算厂商 AWS 从 Xen 切换到 KVM 作为其云计算的

⊖ 代码补丁参见 https://lkml.org/lkml/2006/10/19/146。

IaaS 引擎技术，KVM 逐渐成为主流云服务厂商 IaaS 产品的默认选择，同时也是函数即服务（Function as a Service，FaaS）安全容器的首选。每年一度的 KVM 论坛也已然成为虚拟化领域最受关注的盛会。

　　KVM 在服务器市场取得成功的同时，工业界也有人开始思考将 KVM 用于实时虚拟化的可能性。与通用操作系统不同的是，实时系统更强调任务的确定性，即要求任务总能在确定的时间限（通常是微秒级）之前做出响应。为了将传统 Linux 改造为实时系统，内核中做了大量的修改，比如支持实时调度器、内核抢占、优先级继承的互斥等，目前绝大多数修改已并入内核主线。此外，保证确定性往往意味着需要以牺牲资源共享为代价。要运行实时虚拟化，不仅需要宿主机操作系统 Linux 和客户机操作系统提供实时性支持，还意味着需要通过使用场景的定制化来尽可能地减少 VM Exit 的次数。众所周知，VM Exit 带来的上下文切换及在宿主机上进行模拟的开销是导致虚拟机响应延时的最主要因素，比如虚拟 CPU（vCPU）和物理 CPU（pCPU）的绑定、虚拟机内存预先分配、限制虚拟机仅使用直通设备等。尽管重构之后的 Linux 可以满足实时性要求，但 KVM 仍尚未在实时性要求很高的嵌入式平台上得到广泛应用，这其中还有一个不容忽视的原因是 Linux 内核庞大的代码量。目前，Linux 内核已有千万行代码，如此庞大的代码量不仅意味着更大的攻击面，同时其安全认证开销也是嵌入式平台难以负担的。

　　在接下来的章节中，我们将以 Intel 虚拟化平台为例来阐述 KVM 的架构与实现。

3.2　KVM 的原理

3.2.1　KVM 的架构

　　图 3-1 描绘了 KVM 的宏观架构。

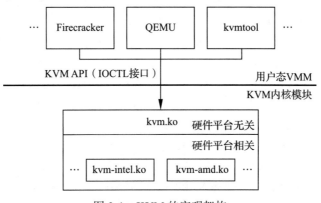

图 3-1　KVM 的宏观架构

　　如图 3-1 所示，以 KVM 为核心的宿主机主要分为以下三大部分。

- 用户态 VMM（User Mode VMM），如 QEMU、Firecracker、kvmtool 等。此类应用程序负责和上层虚拟机管理软件（如 virt-manager）的交互，包括解析虚拟机管理软件的配置参数、虚拟机的生命周期管理、虚拟机的迁移，还包括与 KVM API 模块交互进行虚拟设备的模拟等。值得指出的是，在 KVM 的宿主机中，每个虚拟机都是作为一个用户态 VMM 进程呈现的。目前最典型的用户态 VMM 就是 QEMU，当用它来创建虚拟机时，每个虚拟机即为一个 QEMU 进程，这意味着虚拟机的内存同时也是 QEMU 进程的内存；而虚拟机中的每个 vCPU 则是一个 QEMU 线程。用户态 VMM 通过 KVM API（即 KVM IOCTL 接口）与内核 KVM 交互。

- 通用 KVM 内核模块，即 kvm.ko。该模块是平台无关的通用虚拟化实现，负责提供 KVM API 以及与 Linux 其他模块进行交互。
- 平台相关 KVM 内核模块，如 kvm-intel.ko、kvm-amd.ko 等。这些模块是具体 CPU 平台的虚拟化实现。如 kvm-intel.ko 是基于 Intel VMX[⊖] 的虚拟化实现，而 kvm-amd. ko 则是基于 AMD 的 SVM[⊖]。

KVM 的分层设计带来诸多开发和管理上的便捷。从开发者的角度来看，KVM 作为内核模块，和其他驱动程序一样，可以很方便地利用 Linux 操作系统的特性，例如内存管理、调度器等。对 KVM 的更新不需要宿主机重启，只重新加载 KVM 及其相关的模块即可。将 KVM 分为通用内核模块与平台相关的内核模块，为新的硬件平台支持虚拟化提供了便捷。KVM 的 IOCTL 接口为用户态 VMM 提供了统一的 API，开发者遵循该 API 便可设计出更为简洁轻便的用户态 VMM。从管理者的角度来看，由于虚拟机仅仅是宿主机上的一个进程，而 Linux 系统有着丰富的进程管理工具，管理员完全可以利用这些工具来对虚拟机进行操作。例如，用 taskset 命令将处于用户态的 vCPU 与 pCPU 绑定，配置 pCPU 在多个 VMM 之间共享，从而获得更高的资源利用率，再如通过 perf 工具来查看虚拟机的性能。

3.2.2　KVM API 及示例

3.2.1 节讲到 KVM API 是通过 IOCTL 接口提供给用户态 VMM 来创建、配置、启动及运行虚拟机的。这些 IOCTL 接口大致可以分为以下三类。

- 系统全局接口：用于设置全局的信息，例如整个 KVM 模块的配置。此外，创建虚拟机的 IOCTL 也属于此类接口。
- 虚拟机相关接口：用于配置管理一台虚拟机，比如设置虚拟机的内存布局、创建 vCPU 等。
- 虚拟 CPU 相关接口：用于查询和设置 vCPU 的属性，例如 vCPU 的 CPUID 策略等；负责管理 vCPU 的运行，查询 vCPU 进出客户机的状态及原因，从而转交上层用户态 VMM 进行后续的处理，包括中断模拟、设备的模拟访问等。

前面提到，目前最典型的用户态 VMM 就是 QEMU，这是因为其原本就有着丰富的设备模拟代码实现。KVM 在诞生之初即复用了这些代码，并通过增加 KVM API 的调用使其能够与 KVM 进行交互。但是 KVM 作为虚拟化的核心模块并不依赖于 QEMU。这里给出

⊖　Virtual Machine eXtension，Intel VT 技术所支持的虚拟化扩展。

⊖　Secure Virtual Machine，AMD 虚拟化（AMD-V）技术所支持的虚拟化扩展。

一个示例来实现一个极简版的用户态 VMM，使读者对 KVM API 有一个较为直观的认识。在该示例中，我们首先提供一段精简的代码在虚拟机中运行：

📄 **guest_code.s**
```
1 start:
2 mov  $0x48, %al    ; AL = 'H'
3 outb %al, $0xf1
4 mov  $0x69, %al    ; AL = 'i'
5 outb %al, $0xf1
6 hlt
```

这段代码所做的事情非常简单，即向端口 0xf1 两次写入字符，然后执行 hlt 指令。通过以下命令将其编译成二进制文件：

```
root@linux:/root/kvm_demo# as -32 guest_code.s -o guest_code.o
root@linux:/root/kvm_demo# objcopy -O binary guest_code.o guest_code.bin
```

用户态 VMM 可以通过 KVM API 创建一台虚拟机，并加载 guest_code.bin 作为一个极简的内核，仅运行于虚拟机的实模式（Real Mode）下。简化版的用户态 VMM 实现如下。

📄 **vmm.c**
```
 1 #include <stdio.h>
 2 #include <fcntl.h>
 3 #include <string.h>
 4 #include <unistd.h>
 5 #include <linux/kvm.h>
 6 #include <sys/ioctl.h>
 7 #include <sys/mman.h>
 8
 9 int main()
10 {
11     int kvm_fd;
12     int vm_fd;
13     int vcpu_fd;
14     unsigned char* mem;
15     int guest_fd;
16     struct kvm_userspace_memory_region region = {
17         .slot = 0,
18         .guest_phys_addr = 0x1000,
19         .memory_size = 0x1000,
20     };
21     struct kvm_run *run;
22     int vcpu_mmap_size;
23     struct kvm_sregs sregs = {0};
24     struct kvm_regs regs = {
25         .rip = 0x1000,
26         .rflags = 0x2,
27     };
28     int ret;
29
30     kvm_fd = open("/dev/kvm", O_RDWR);
```

```
31    ret = ioctl(kvm_fd, KVM_GET_API_VERSION, 0);
32    if (ret != KVM_API_VERSION) {
33        printf("KVM version does not match.\n");
34        return -1;
35    }
36
37    mem = mmap(NULL, 0x1000,
38            PROT_READ | PROT_WRITE,
39            MAP_SHARED | MAP_ANONYMOUS, -1, 0);
40    guest_fd = open("guest_code.bin", O_RDONLY);
41    read(guest_fd, mem, 4096);
42
43    vm_fd = ioctl(kvm_fd, KVM_CREATE_VM, 0);
44
45    region.userspace_addr = (unsigned long)mem;
46    ioctl(vm_fd, KVM_SET_USER_MEMORY_REGION, &region);
47
48    vcpu_fd = ioctl(vm_fd, KVM_CREATE_VCPU, 0);
49    vcpu_mmap_size = ioctl(kvm_fd, KVM_GET_VCPU_MMAP_SIZE, 0);
50    run = mmap(NULL, vcpu_mmap_size,
51            PROT_READ | PROT_WRITE,
52            MAP_SHARED, vcpu_fd, 0);
53
54    ioctl(vcpu_fd, KVM_GET_SREGS, &sregs);
55    sregs.cs.base = 0;
56    sregs.cs.selector = 0;
57    ioctl(vcpu_fd, KVM_SET_SREGS, &sregs);
58    ioctl(vcpu_fd, KVM_SET_REGS, &regs);
59
60    while (1) {
61        ioctl(vcpu_fd, KVM_RUN, 0);
62
63        switch (run->exit_reason) {
64        case KVM_EXIT_IO:
65            putchar(*((char *)run + run->io.data_offset));
66            break;
67        case KVM_EXIT_HLT:
68            printf("\nVM halted.\n");
69            return 0;
70        default:
71            break;
72        }
73    }
74
75    return 0;
76 }
```

在运行以上代码之前，首先执行下面的一条命令，该命令的结果需要显示出此时 kvm.ko 和 kvm_intel.ko 已被加载：

```
root@linux:/root/kvm_demo# lsmod | grep kvm
kvm_intel          274432   0
kvm                737280   1 kvm_intel
```

然后编译 vmm.c，运行结果如下：

```
root@linux:/root/kvm_demo# gcc vmm.c -o vmm
root@linux:/root/kvm_demo# ./vmm
Hi
VM halted.
```

那么，这个 vmm.c 文件都做了哪些事情呢？下面来看一下。

1）首先，KVM 暴露给用户态 VMM 一个字符设备 "/dev/kvm"。vmm.c 中第 30 行代码通过打开该设备获得一个文件描述符 kvm_fd。对 kvm_fd 的 IOCTL 操作即是系统全局接口调用。第 31～35 行通过 KVM_GET_API_VERSION 来检查 KVM API 的版本信息（该版本号固定为 12）。

2）确认 KVM API 版本信息无误后，vmm.c 的第 37～41 行代码创建了一个大小为 4KB 的进程地址空间，然后打开 guest_code.bin 文件，并将其内容加载到该 4KB 页面中。在 3.2.1 节中，我们提到虚拟机的内存同时也是用户态 VMM 进程的内存，即客户机物理地址（GPA）空间同时也是用户态 VMM 的进程地址空间，即宿主机虚拟地址（Host Virtual Address，HVA）空间。这一点将在 KVM 内存虚拟化的章节中详细展开说明。

3）有了 kvm_fd，第 43 行通过 KVM_CREATE_VM 来创建虚拟机。该接口也是 KVM 系统全局接口，其返回值是一个虚拟机的文件描述符，即 vm_fd。对 vm_fd 的 IOCTL 操作即是虚拟机相关接口调用。

4）获得 vm_fd 之后，第 45、46 行通过 KVM_SET_USER_MEMORY_REGION 来为虚拟机设置一块内存区域（Memory Region）。内存区域是 KVM 内存虚拟化中的一个重要概念，用于描述一段 GPA 与 HVA 之间的映射关系以及相关的属性。本例中，我们将 GPA 首地址为 0x1000 的一个页面与 VMM 的虚拟地址 mem 关联起来。

5）除了为虚拟机设置内存布局以外，还有一个不可或缺的虚拟机相关接口 KVM_CREATE_VCPU。如第 48 行所示，VMM 使用该接口为虚拟机创建 vCPU，返回值为一个 vCPU 的文件描述符，即 vcpu_fd。对 vcpu_fd 的 IOCTL 操作即是 vCPU 相关接口调用。在第 49～52 行中，我们通过 vCPU 的接口 KVM_GET_VCPU_MMAP_SIZE 和后面的 mmap() 系统调用，为该 vCPU 分配一段 HVA，用于保存 VMM 和 KVM 之间的共享信息，在后面处理 VM Exit 时使用，从该共享内存 run 中识别 VM Exit 的原因、对应的地址等。

6）第 54～58 行通过 KVM_GET_SREGS、KVM_SET_SREGS 和 KVM_SET_REGS 这几个 vCPU 相关接口，来设置 vCPU 的 CS 段寄存器以及 RIP 寄存器，也就是客户机下的 CPU 寄存器，从而保证 vCPU 的第一条指令地址为 0x1000，且其模式为实模式。

7）设置好 vCPU 的初始状态后，就可以通过 KVM_RUN 来运行了，如第 61 行所示。此时 KVM vCPU 的模块就会进入客户机中执行对应的指令。在 vCPU 的运行过程中，会发生多次 VM Exit，比如发生外部中断、执行特权指令等。对于某些 VM Exit，KVM 还要交由用户态 VMM 来进行模拟，比如这里的第 63～72 行。当 vCPU 执行了对 I/O 端口的操作后，vmm 会将该端口的数据输出到终端；当 vCPU 执行了 hlt 指令后，vmm 会输出 "VM halted."并最终退出。

当然，本例中的代码是极简版的，对于 IOCTL 的返回值都未作检查，没有对文件的关闭操作，也没有将 vCPU 放在单独的线程中管理。但是至少可以看出，只要遵循 KVM API，就可以快速地实现一个用户态 VMM。对于没有大量模拟需求的场景，一个轻量级的用户态 VMM 可以带来诸多便捷，一个典型的例子便是 AWS Serverless 环境中使用的 Firecracker。限于篇幅，在接下来的章节中，我们将注意力更多地集中在 KVM 内核的实现上。

3.3　KVM 虚拟化实现

3.2 节介绍了 KVM 的架构以及 KVM API，并通过调用 KVM API 的示例展现了一台虚拟机在用户态 VMM 中的生命周期。那么，这些 KVM API 在内核 KVM 中是如何实现的呢？KVM 是如何支持 CPU、内存以及设备虚拟化的呢？

首先，我们来看一下 KVM/arch_x86 在 Linux 内核代码中的目录结构，如图 3-2 所示。

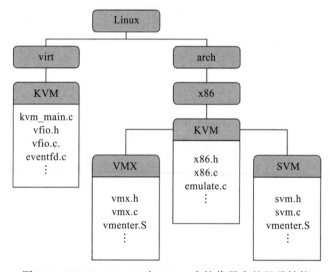

图 3-2　KVM/arch_x86 在 Linux 内核代码中的目录结构

其中，Linux 的 virt/kvm 目录下是通用 KVM 内核模块的代码，用于提供与平台无关的虚拟化框架，对应内核模块 kvm.ko。arch/x86/kvm 目录下则是 x86 平台相关的 KVM 实现，包括 Intel 和 AMD 公用的代码，如对 x86 指令的解码与模拟、型号特有寄存器（Model-Specific Register，MSR）及控制寄存器（Control Register，CR）的模拟、中断控制器的模拟等。此外，由于 Intel 和 AMD 平台的硬件虚拟化技术不同，其对应的虚拟化支持分别在 arch/x86/kvm 下的 vmx 和 svm 子目录中有各自的实现，例如 Intel VT-x 中对 VMCS 的管理、VMX Root 和 VMX Non-Root 模式间的切换等特有的代码则位于 vmx 子目录中，编译后为 kvm-intel.ko。kvm-intel.ko、kvm-amd.ko 等平台相关的模块依赖于通用 KVM 内核模块（kvm.ko）为其提供虚拟化基础设施的服务，同时为通用 KVM 内核模块提供具体的硬件虚拟化实现。

　　在接下来的章节中，我们基于 Linux 5.10 版本大致描述 KVM 在 Intel 虚拟化平台上（即基于 Intel VT 技术）的具体实现。

3.3.1　KVM 的初始化

　　KVM 的初始化包括平台相关部分与通用部分的初始化，在 kvm-intel.ko 模块加载时发起，其主要调用关系如图 3-3 所示。

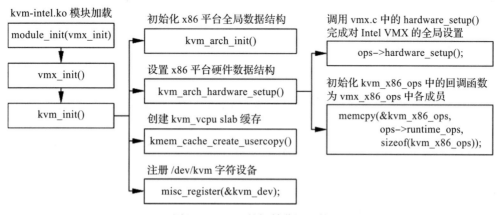

图 3-3　KVM 的初始化调用栈

　　由图 3-3 可以看出，kvm-intel.ko 模块的入口函数为 vmx_init()，其主要内容如下：

📄 **arch/x86/kvm/vmx/vmx.c**
```
1 static int __init vmx_init(void)
2 {
3     r = kvm_init(&vmx_init_ops, sizeof(struct vcpu_vmx),
4                 __alignof__(struct vcpu_vmx), THIS_MODULE);
5     return r;
6 }
7
8 static struct kvm_x86_init_ops vmx_init_ops = {
9     ...
10    .hardware_setup = hardware_setup,
11    .runtime_ops = &vmx_x86_ops,
12 };
```

　　在调用 kvm.ko 提供的 kvm_init() 函数来发起初始化时，vmx_init() 为其提供了一个重要的数据，即 vmx_init_ops。该变量中有两个重要的成员：一个是名为 hardware_setup 的函数指针，用于完成初始化阶段平台相关的设置；另一个是 runtime_ops，为 KVM 提供运行时平台相关的一组回调函数。在 Intel 平台上，这两个成员分别被设为 hardware_setup 和 &vmx_x86_ops，后者则会在初始化阶段将内容复制给 kvm_x86_ops。

　　简化后的 kvm_init() 函数内容如下：

📄 **virt/kvm/kvm_main.c**

```
 1 int kvm_init(void *opaque, unsigned vcpu_size, unsigned vcpu_align,
 2              struct module *module)
 3 {
 4     int r;
 5
 6     r = kvm_arch_init(opaque);
 7     ...
 8     r = kvm_arch_hardware_setup(opaque);
 9     ...
10     kvm_vcpu_cache = kmem_cache_create_usercopy("kvm_vcpu",
11                                                 vcpu_size, ...),
12     if (!kvm_vcpu_cache) {
13         r = -ENOMEM;
14     }
15
16     kvm_chardev_ops.owner = module;
17     r = misc_register(&kvm_dev);
18     return r;
19 }
```

首先，kvm_init() 调用 kvm_arch_init() 函数，检查处理器是否支持 Intel VMX 以及 BIOS 是否开启了该特性，并在检查通过后为 x86 平台相关的数据结构分配内存并初始化部分全局设置。然后，kvm_init() 会调用 kvm_arch_hardware_setup()，该函数通过调用 vmx.c 中的 hardware_setup() 完成针对 Intel VMX 的全局设置，并且将 kvm_x86_ops 的内容初始化为 vmx_x86_ops 中提供的各个回调函数。接下来，kvm_init() 创建一个名为 "kvm_vcpu" 的 slab 缓存，该缓存的每个对象大小为 sizeof(struct vcpu_vmx)，用于存放 vCPU 的结构体。最后，kvm_init() 创建字符设备 "/dev/kvm"，该设备提供的 IOCTL 接口即 3.2.2 节中所描述的系统全局接口，用户态 VMM 可以通过该接口完成整个 KVM 模块的配置以及创建虚拟机的操作。

需要特别指出的是 vmx.c 中的 hardware_setup() 函数。我们知道，Intel 处理器对于 VMX 的支持是通过 CPUID 指令体现的，而每代架构的 CPU VMX 中又有着各种各样的子特性，对于各个子特性的支持有一个演进过程。处理器是否支持某个子特性需要查看特定的 MSR，例如 IA32_VMX_PROCBASED_CTLS2 寄存器的第 33 位为 1，代表当前处理器上的 VMX 可以使用 EPT；IA32_VMX_EPT_VPID_CAP 寄存器的第 21 位为 1，代表 EPT 中的页表项（Page Table Entry，PTE）可以支持"既访"（Accessed）和"脏"（Dirty）标识。这些 MSR 统称为 VMX 能力 MSR（VMX Capability MSR）。KVM 在初始化阶段通过 vmx.c 中的 hardware_setup() 对 VMX 能力 MSR 进行一一遍历，并将检测结果保存在 vmcs_config、vmx_capability 等全局变量中，在后面创建 vCPU 时，就可以依据这些全局变量决定该 vCPU 对应 VMCS 中具体字段的设置，而不需要再次查询硬件 MSR[⊖]。

除了初始化 Intel VMX 的全局设置之外，hardware_setup() 还会通过调用 alloc_kvm_area() 函数为每个 pCPU 分配缓存，该缓存的物理地址将作为 VMXON 指令的参数，即 VMXON

⊖　具体的 VMX 能力 MSR 定义请参考《英特尔 64 位与 IA-32 架构软件开发人员手册》。

区域（VMXON Region）。处理器只有执行 VMXON 指令之后，才能进入 VMX 模式，但是 VMXON 指令的执行并不是发生在 KVM 的初始化阶段，而是在创建第一台虚拟机的时候。

3.3.2　KVM 虚拟机的创建

3.3.1 节讲到 KVM 在初始化阶段会创建字符设备"/dev/kvm"。通过对该设备的 ioctl（KVM_CREATE_VM）操作，用户态 VMM 可以创建虚拟机。KVM 中对于此类 IOCTL 的处理是函数 kvm_dev_ioctl()，并调用 kvm_dev_ioctl_create_vm() 完成虚拟机的创建。函数 kvm_dev_ioctl_create_vm() 的主要内容如下：

📄 **virt/kvm/kvm_main.c**
```
1 static int kvm_dev_ioctl_create_vm(unsigned long type)
2 {
3     int r;
4     struct kvm *kvm;
5     struct file *file;
6
7     kvm = kvm_create_vm(type);
8     if (IS_ERR(kvm))
9         return PTR_ERR(kvm);
10    ...
11    r = get_unused_fd_flags(O_CLOEXEC);
12    if (r < 0)
13        goto put_kvm;
14    file = anon_inode_getfile("kvm-vm", &kvm_vm_fops, kvm, O_RDWR);
15    fd_install(r, file);
16
17    return r;
18 }
19
20 static struct file_operations kvm_vm_fops = {
21    .release        = kvm_vm_release,
22    .unlocked_ioctl = kvm_vm_ioctl,
23    .llseek         = noop_llseek,
24    KVM_COMPAT(kvm_vm_compat_ioctl),
25 };
```

kvm_dev_ioctl_create_vm() 的主要任务是通过调用 kvm_create_vm() 创建一个虚拟机实例。每个虚拟机实例用一个 struct kvm 结构来描述，其核心作用就是描述客户虚拟机中的资源，包括 CPU 虚拟化的 vCPU 信息、内存虚拟化相关的内存槽信息等。此外，如果 kvm_create_vm() 要判断当前系统是否有正在运行的虚拟机，还会通过 hardware_enable_all() 在每个 pCPU 上执行 VMXON 指令，从而进入 VMX 根模式。接下来 kvm_dev_ioctl_create_vm() 通过 anon_inode_getfile() 来创建一个匿名文件，并将该文件的文件操作集设置为 kvm_vm_fops，最后将文件描述符 fd 返回给用户态 VMM。此后，用户态 VMM 就可以通过对该 fd 执行 IOCTL 操作来调用虚拟机相关接口了。KVM 收到此类 IOCTL 后，通过 kvm_vm_fops 中注册的 kvm_vm_ioctl() 对相关请求进行处理。需要强调的是，每个 VMM 都会对应一个

fd，有多个 VMM，就会在多个进程中分别调用 kvm_create_vm 来返回对应的虚拟机 fd。

3.3.3　CPU 虚拟化

本节将讨论如何创建并运行 KVM 虚拟 CPU，KVM 还为虚拟 CPU 实现了多处理器（Multiple Processor，MP）系统中的调度机制，限于篇幅，在此不再赘述，感兴趣的读者可以阅读相关资料。

1. KVM 虚拟 CPU 的创建

在创建 KVM 虚拟机之后，接下来的关键任务就是创建虚拟 CPU。在 3.2.2 节的示例代码中，没有将虚拟 CPU 放在单独的线程中管理，但在实际应用中，用户态 VMM 往往会为虚拟 CPU 创建一个线程，在该线程中通过对 vm_fd 执行 ioctl(KVM_CREATE_VCPU) 操作创建虚拟 CPU。KVM 中对于此类 IOCTL 的处理函数是 kvm_vm_ioctl()，并调用 kvm_vm_ioctl_create_vcpu() 完成虚拟 CPU 的创建。函数 kvm_vm_ioctl_create_vcpu() 的主要内容如下：

📄 **virt/kvm/kvm_main.c**

```
 1 static int kvm_vm_ioctl_create_vcpu(struct kvm *kvm, u32 id)
 2 {
 3     int r;
 4     struct kvm_vcpu *vcpu;
 5     struct page *page;
 6
 7     mutex_lock(&kvm->lock);
 8     kvm->created_vcpus++;
 9     mutex_unlock(&kvm->lock);
10
11     r = kvm_arch_vcpu_precreate(kvm, id);
12     vcpu = kmem_cache_zalloc(kvm_vcpu_cache, GFP_KERNEL_ACCOUNT);
13     page = alloc_page(GFP_KERNEL_ACCOUNT | __GFP_ZERO);
14     vcpu->run = page_address(page);
15
16     kvm_vcpu_init(vcpu, kvm, id);
17
18     r = kvm_arch_vcpu_create(vcpu);
19
20     mutex_lock(&kvm->lock);
21     kvm_get_vcpu_by_id(kvm, id);
22
23     vcpu->vcpu_idx = atomic_read(&kvm->online_vcpus);
24
25     /* Now it's all set up, let userspace reach it */
26     kvm_get_kvm(kvm);
27     r = create_vcpu_fd(vcpu);
28     kvm->vcpus[vcpu->vcpu_idx] = vcpu;
29
30     atomic_inc(&kvm->online_vcpus);
```

```
31
32        mutex_unlock(&kvm->lock);
33        kvm_arch_vcpu_postcreate(vcpu);
34
35        return r;
36 }
```

　　kvm_vm_ioctl_create_vcpu() 的主要任务是通过调用 kvm_arch_vcpu_create() 创建一个虚拟 CPU 实例。每个虚拟 CPU 实例用一个 kvm_vcpu 结构体来描述，该结构体的主要成员定义如下：

📄 **include/linux/kvm_host.h**
```
1 struct kvm_vcpu {
2      struct kvm *kvm;
3      int cpu;
4      int vcpu_id; /* id given by userspace at creation */
5      int vcpu_idx; /* index in kvm->vcpus array */
6      int mode;
7      u64 requests;
8      ...
9      struct list_head blocked_vcpu_list;
10     struct mutex mutex;
11     struct kvm_run *run;
12     ...
13     struct kvm_vcpu_stat stat;
14     bool preempted;
15     bool ready;
16     struct kvm_vcpu_arch arch;
17 };
```

　　这里的 kvm 指针指向创建该虚拟 CPU 的虚拟机，vcpu_id 存储用户态 VMM 创建时指定的虚拟 CPU 标识符，其他成员还包括模式、状态位等，arch 结构体变量则包含不同架构下一系列平台相关的变量，如寄存器、内存管理单元等，这里重点介绍 run 指针。

　　变量 run 是一个指向 kvm_run 结构体的指针，该结构体的典型成员定义如下：

📄 **include/uapi/linux/kvm.h**
```
1 struct kvm_run {
2      /* in */
3      __u8 request_interrupt_window;
4      ...
5      /* out */
6      __u32 exit_reason;
7      ...
8      /* in (pre_kvm_run), out (post_kvm_run) */
9      __u64 cr8;
10     __u64 apic_base;
11
12     union {
13         ...
14         /* KVM_EXIT_IO */
```

```
15          struct {
16              #define KVM_EXIT_IO_IN   0
17              #define KVM_EXIT_IO_OUT  1
18              __u8 direction;
19              __u8 size; /* bytes */
20              __u16 port;
21              __u32 count;
22              __u64 data_offset; /* relative to kvm_run start */
23          } io;
24          ...
25          /* Fix the size of the union. */
26          char padding[256];
27      };
28 };
```

该结构体是用于 KVM 和用户态 VMM 之间通信的数据结构，KVM 会为该结构指针分配整页大小的内存空间，并由用户态 VMM 通过内存映射的方式共享访问。其中的输入变量和输出变量是相对于 KVM 而言的，在两者传输数据的过程中，用户态 VMM 向 KVM 传递数据时写入输入变量，用户态 VMM 从 KVM 接收数据时读取输出变量，其中有些变量既用作输入又用作输出。不难理解，数据的传输是在根模式和非根模式之间切换时发生的，当发生 VM Exit 时，CPU 从非根模式切换为根模式，这时 KVM 会将 VM Exit 的原因记录于该结构体的 exit_reason 变量中，如果某些 VM Exit 还需要继续交由用户态 VMM 来处理的话，用户态 VMM 仍将通过读取作为输出变量的 exit_reason 来获取 VM Exit 原因，再进一步读取该结构后半部分的共用体中的相应变量进行处理。

现已介绍完 kvm_vcpu 结构，那么虚拟 CPU 究竟是如何被创建出来的呢？让我们回到之前提到的函数 kvm_arch_vcpu_create()。

📄 **arch/x86/kvm/x86.c**

```
1  int kvm_arch_vcpu_create(struct kvm_vcpu *vcpu)
2  {
3      struct page *page;
4      int r;
5
6      r = v_create(vcpu);
7      ...
8      r = static_call(kvm_x86_vcpu_create)(vcpu);
9      ...
10     vcpu_load(vcpu);
11     kvm_vcpu_reset(vcpu, false);
12     kvm_init_mmu(vcpu, false);
13     vcpu_put(vcpu);
14
15     return 0;
16 }
```

该函数完成的绝大部分任务是对 kvm_vcpu 的 arch 结构变量中平台相关的各成员进行初始化，如内存管理单元的创建及初始化等。既然是平台相关的结构变量，kvm_arch_ vcpu_create() 函数自然就会在不同平台上进行不同的实现，在此仅以 x86 平台实现为例进行简要介绍。在 x86 平台上最为关键的任务是调用 static_call(kvm_x86_vcpu_create) 宏，该宏最终会调用 vmx_create_vcpu() 函数创建 x86 平台虚拟 CPU，其关键代码如下：

📄 **arch/x86/kvm/vmx/vmx.c**

```
1  static int vmx_create_vcpu(struct kvm_vcpu *vcpu)
2  {
3      struct vcpu_vmx *vmx;
4      int i, cpu, err;
5
6      ...
7      vmx = to_vmx(vcpu);
8      vmx->vpid = allocate_vpid();
9      ...
10     err = alloc_loaded_vmcs(&vmx->vmcs01);
11     ...
12     cpu = get_cpu();
13     vmx_vcpu_load(vcpu, cpu);
14     vcpu->cpu = cpu;
15     init_vmcs(vmx);
16     vmx_vcpu_put(vcpu);
17     put_cpu();
18     ...
19
20     return 0;
21 }
```

在 3.3.1 节曾谈到，vmx_init() 会在调用 kvm_init() 函数时将 vcpu_vmx 结构体的大小传给参数 vcpu_size，vcpu_vmx 是 x86 平台相关的数据结构，该结构包含一个平台无关的 kvm_vcpu 结构体变量，以及平台相关的其他内容。前面阐述的内容大部分是虚拟 CPU 与平台无关的初始化，所访问的是 kvm_vcpu 的变量。现在进入平台相关的部分，首先调用 to_vmx() 将 kvm_vcpu 的指针转换成 vcpu_vmx 的指针类型，以便扩大指针访问范围对 x86 平台相关的其余变量继续进行初始化。以下是 vcpu_vmx 结构体的主要成员：

📄 **arch/x86/kvm/vmx/vmx.h**

```
1  struct vcpu_vmx {
2      struct kvm_vcpu vcpu;
3
4      unsigned long exit_qualification;
5      u32 exit_intr_info;
6
7      struct loaded_vmcs vmcs01;
8      struct loaded_vmcs *loaded_vmcs;
9      ...
10     int vpid;
11     union vmx_exit_reason exit_reason;
12     ...
13 };
```

我们看到，该结构体中的第一个变量 vcpu 正是平台无关的 kvm_vcpu 结构变量，不难理解，该变量的首地址与整个 vcpu_vmx 结构体变量的地址相同，故此在指针类型强制转换时地址不变，范围扩大。平台相关的其余变量主要包括虚拟 CPU 退出执行条件、VMCS 地址、CPU 切换为根模式时 VM Exit 原因等。

vmx_create_vcpu() 函数后面继续执行加载虚拟 CPU、初始化 VMCS 等任务，然后返回 kvm_arch_vcpu_create() 调用处继续后续的内存管理单元初始化，最后返回 kvm_vm_ioctl_create_vcpu() 继续完成剩余平台无关的初始化收尾任务，如为虚拟 CPU 分配文件描述符、计算虚拟 CPU 数组索引并追加虚拟 CPU 数组元素等，这样就完成了对虚拟 CPU 的全部初始化任务，用户态 VMM 对 ioctl(KVM_CREATE_VCPU) 的调用将得以返回并获得该虚拟 CPU 文件描述符。

2. KVM 虚拟 CPU 的运行

在创建 KVM 虚拟 CPU 之后，通过对虚拟 CPU 文件描述符执行 ioctl(KVM_RUN) 操作，用户态 VMM 进而可以将虚拟 CPU 运行起来。KVM 中对于此类 IOCTL 的处理函数是 kvm_vcpu_ioctl()，调用 kvm_arch_vcpu_ioctl_run() 运行虚拟 CPU，其主要调用关系如图 3-4 所示。

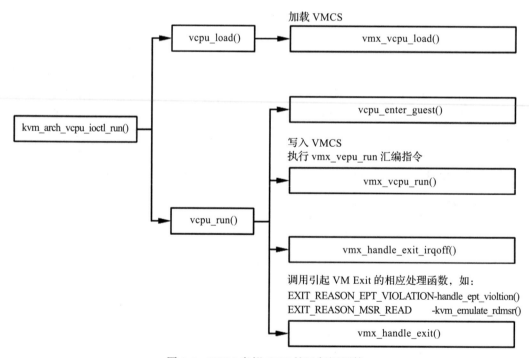

图 3-4　KVM 虚拟 CPU 的运行调用栈

函数 kvm_arch_vcpu_ioctl_run() 的主要内容如下：

📄 **arch/x86/kvm/x86.c**

```
1  int kvm_arch_vcpu_ioctl_run(struct kvm_vcpu *vcpu)
2  {
3      int r;
4
5      ...
6      vcpu_load(vcpu);
7      ...
8      r = vcpu_run(vcpu);
9
10     return r;
11 }
```

vcpu_load() 首先调用平台相关的函数 kvm_arch_vcpu_load()，再通过宏 static_call(kvm_x86_vcpu_load) 调到 x86 平台的 vmx_vcpu_load()，其主要任务就是通过 vmx_vcpu_load_vmcs() 调用 vmcs_load() 函数，最终执行 VMPTRLD 指令加载虚拟 CPU 的 VMCS。指令 VMPTRLD 用于加载指向 VMCS 的指针，该指令的参数是一个 VMCS 的地址。执行指令后，该 VMCS 在逻辑处理器上既处于活动状态又处于当前状态，指令调用代码如下：

📄 **arch/x86/kvm/vmx/vmx_ops.h**

```
1  static inline void vmcs_load(struct vmcs *vmcs)
2  {
3      u64 phys_addr = __pa(vmcs);
4
5      ...
6      vmx_asm1(vmptrld, "m"(phys_addr), vmcs, phys_addr);
7  }
```

vcpu_run() 函数的实现主要由一重循环构成，当虚拟 CPU 需要进入运行客户机状态时调用 vcpu_enter_guest()，该函数又由一重循环构成，通过宏 static_call(kvm_x86_run) 循环调用 x86 平台的 vmx_vcpu_run()，再由 vmx_vcpu_enter_exit() 调用 __vmx_vcpu_run() 执行 VMLAUNCH 或 VMRESUME 指令进入客户机运行所处的模式，即非根模式，相应的 VMCS 也是在这时配置并加载完成的，主要代码如下：

📄 **arch/x86/kvm/x86.c**

```
1  static int vcpu_run(struct kvm_vcpu *vcpu)
2  {
3      int r;
4      struct kvm *kvm = vcpu->kvm;
5
6      vcpu->srcu_idx = srcu_read_lock(&kvm->srcu);
7
8      for (;;) {
9          if (kvm_vcpu_running(vcpu)) {
10             r = vcpu_enter_guest(vcpu);
11         } else {
12             r = vcpu_block(kvm, vcpu);
13         }
14
```

```
15          if (r <= 0)
16              break;
17      }
18
19      srcu_read_unlock(&kvm->srcu, vcpu->srcu_idx);
20
21      return r;
22  }
23
24  static int vcpu_enter_guest(struct kvm_vcpu *vcpu)
25  {
26      int r;
27      fastpath_t exit_fastpath;
28
29      preempt_disable();
30      vcpu->mode = IN_GUEST_MODE;
31      srcu_read_unlock(&vcpu->kvm->srcu, vcpu->srcu_idx);
32
33      for (;;) {
34          exit_fastpath = static_call(kvm_x86_run)(vcpu);
35          if (likely(exit_fastpath != EXIT_FASTPATH_REENTER_GUEST))
36              break;
37
38          if (unlikely(kvm_vcpu_exit_request(vcpu))) {
39              exit_fastpath = EXIT_FASTPATH_EXIT_HANDLED;
40              break;
41          }
42      }
43
44      vcpu->mode = OUTSIDE_GUEST_MODE;
45      preempt_enable();
46      vcpu->srcu_idx = srcu_read_lock(&vcpu->kvm->srcu);
47
48      r = static_call(kvm_x86_handle_exit)(vcpu, exit_fastpath);
49      return r;
50  }
```

由上述代码可以看出，vcpu_enter_guest() 所实现的内层循环运行于虚拟 CPU 的 IN_
GUEST_MODE 状态，在执行 VMLAUNCH/VMRESUME 指令后切换至非根模式，CPU
转而运行客户机操作系统指令。那么，VMLAUNCH/VMRESUME 在进入 VMX 非根模式
的区别又是什么呢？VMLAUNCH 指令是当 VMCS 尚未在物理 CPU 上运行的情况下执行
的，而 VMRESUME 指令是当 VMCS 已经在该物理 CPU 上运行且状态已经保存的情况下
执行的，比较常见的就是虚拟 CPU 的 VMCS 在该物理 CPU 上反执行，用 VMRESUME 比
VMLAUNCH 会有着更小的延迟进入客户机系统。

　　无论是运行于 KVM 还是用户态 VMM 中，CPU 所处的 VMX 操作模式均为根模式，
只有当运行于客户机操作系统时，CPU 才处于非根模式。从以上代码不难看出，此时的客
户机是在用户态 VMM 的根模式下调用 ioctl(KVM_RUN) 进入 KVM 内核态根模式再执行

VMX 指令切至非根模式这样的调用栈上运行的，宿主机上运行的 KVM 虚拟 CPU 线程此时阻塞在 VMX 指令调用处直到 VM Exit 发生后切回根模式才继续执行，内层循环退出后，vcpu_run() 所实现的外层循环将运行于虚拟 CPU 的 OUTSIDE_GUEST_MODE 状态，如果外层循环再退出，vcpu_run() 将返回至起初的 kvm_arch_vcpu_ioctl_run() 函数，用户态 VMM 对 ioctl(KVM_RUN) 的调用将得以返回并退出到用户空间继续运行。在 3.2.2 节的示例中，用户态 VMM 中还有一重循环不断调用 ioctl(KVM_RUN) 来促使虚拟 CPU 执行客户机的指令。这三重循环周而复始、协同配合完成了 KVM 的 CPU 虚拟化运行过程。表 3-1 大致归纳了这三重循环层层深入的递进关系。

表 3-1　KVM 的 CPU 虚拟化运行过程

	CPU 运行空间	VMX 操作模式
用户态 VMM 外层循环	宿主机用户空间	根模式（用户态）
KVM 外层循环	宿主机内核空间（OUTSIDE_GUEST_MODE）	根模式（内核态）
KVM 内层循环	宿主机内核空间（IN_GUEST_MODE） 客户机操作系统空间	在根模式与非根模式之间切换

3.3.4　内存虚拟化

本节将详述 KVM 内存虚拟化的原理及其演进。

KVM 内存虚拟化的主要任务是向客户机操作系统提供符合其假定和认知的虚拟内存，让其如同正常访问物理内存一样，同时能够在访问用户态 VMM 所创建的虚拟机内存时将其正确转换为物理机的内存地址。

在阐述原理时，我们首先引入内存虚拟化中的一个重要概念——内存槽。这一重要机制搭建起虚拟机地址空间通往物理机地址空间的桥梁，是客户机物理地址向宿主机物理地址转换过程中的关键一环，它不仅为 KVM 内存虚拟化的实现提供了可行性，而且贯穿 KVM 内存虚拟化演进的整个过程，发挥着举足轻重的作用。本节后面将详细阐述 KVM 内存虚拟化的演进过程，从软件完全虚拟化的影子页表机制到硬件辅助虚拟化的 EPT 机制，让读者不仅能够了解 KVM 的代码现状，还能够从中领略 KVM 内存虚拟化的发展历程。

1. KVM 内存虚拟化原理

在 3.2.1 节中，我们提到虚拟机的内存同时也是用户态 VMM 进程的内存，这里再详细阐述一下。每个虚拟机作为用户态 VMM 的一个进程，虚拟机所虚拟出来的内存，其地址空间是由用户态 VMM 从该进程空间中申请并分配给客户机使用的，既然内存的申请发生在用户态 VMM，那么客户机物理地址空间自然会落在用户态 VMM 的进程地址空间内。我们知道，任何进程都运行于自己的虚拟地址空间，这样虚拟出来的用以"欺骗"客户机操作系统的物理地址显然不能被直接发送到系统总线上，否则破坏的就是宿主机物理地址（HPA）空间，换言之，这样的物理地址是瞒不过宿主机操作系统的。

因此 KVM 引入了内存槽（Memory Slot）机制来解决客户机物理地址到宿主机虚拟地

址的转换问题，图 3-5 描述了客户机和宿主机操作系统中四种地址的转换关系。

我们清楚地看到，客户机和宿主机的虚拟地址到物理地址的转换是由各自系统页表负责完成的，内存槽在这里充当连接客户机地址空间和宿主机地址空间的桥梁。那么究竟什么是内存槽？它又是如何进行地址转换的呢？

内存槽是被 KVM 引入用来建立从 GPA 到 HVA 映射关系的数据结构，该数据结构主要记录对应此映射区间的 GPA 起始页帧号、当前槽所包含的页面数目以及起始宿主机虚拟地址。内存槽所映射的内存以页面为单位对起始地址进行存储，无论是 GPA 还是 HVA 都是按页对齐的，映射区间的内存大小也是页面大小的整数倍。一个虚拟机的物理内存由多个内存槽组成，每个内存槽都有各自的一段映射区间，不同内存槽的映射

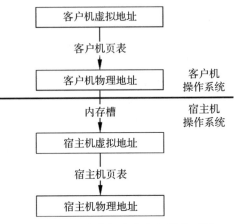

图 3-5 客户机和宿主机操作系统
中四种地址的转换关系

区间互不重叠，一个虚拟机的所有内存槽构成了完整的 GPA 空间，因此，从客户机的角度来看，"不重不漏、分段映射"是内存槽的显著特征。在 2.1.2 节中谈到，对于宿主机来说，客户机的物理内存实际上是不连续的，不同内存槽在映射前后的地址位置关系是不确定的，其具体位置完全取决于 KVM 的内存分配算法。最明显地，即便是在 GPA 空间相邻的两个内存槽，经映射后的 HVA 空间也不一定是相邻的。

前面谈到客户机物理内存的申请发生在用户态 VMM 中，用户态 VMM 会将 GPA 和申请得到的用户空间地址通过系统调用传递并注册到内核空间的 KVM 中，然后由 KVM 通过内存槽来保存并管理 GPA 到 HVA 的映射关系。2.1.2 节已经指出，这里的管理任务主要涉及两个方面——维护和转换。维护是指当用户空间内存区域发生变化时，KVM 会根据待更新的内存槽信息，包括起始客户机页帧号（Guest Frame Number，GFN）、页面数目、起始 HVA、内存属性等，处理同现有内存槽之间的空间位置重叠关系及属性变化，使之仍然满足前述特征，以便重新构造一个有效的 GPA 到 HVA 的映射关系。地址转换的过程是依照 GPA 遍历所有内存槽找到所属的映射区间，然后根据 GPA 在此映射区间内的偏移量计算得到相应的 HVA。

KVM 中的内存槽用 kvm_memory_slot 结构体来描述，该结构体的定义如下：

📄 **include/linux/kvm_host.h**

```
1 struct kvm_memory_slot {
2     gfn_t base_gfn;
3     unsigned long npages;
4     unsigned long *dirty_bitmap;
5     struct kvm_arch_memory_slot arch;
6     unsigned long userspace_addr;
7     u32 flags;
8     short id;
```

```
 9      u16 as_id;
10 };
```

这里的 base_gfn 是 GPA 对应的起始页帧号，其类型 gfn_t 定义为 64 位无符号整型，npages 是当前内存槽所包含的页面数目，userspace_addr 则用来存储起始 HVA，其他成员还包括脏页标识位图、架构相关的变量、标志位及标识符等。

kvm_memory_slot 结构体表示一段映射区间，KVM 以动态数组形式存储一个虚拟机的所有内存槽信息，用以覆盖全部 GPA 空间，这里用 kvm_memslots 结构体来对 kvm_memory_slot 进行封装，该结构体的定义如下：

📄 **include/linux/kvm_host.h**

```
1 struct kvm_memslots {
2      u64 generation;
3      /* The mapping table from slot id to the index in memslots[]. */
4      short id_to_index[KVM_MEM_SLOTS_NUM];
5      atomic_t last_used_slot;
6      int used_slots;
7      struct kvm_memory_slot memslots[];
8 };
```

我们看到，该结构体的最后一个变量 memslots 的类型是 kvm_memory_slot 结构的动态数组，其数组空间会在分配 kvm_memslots 结构空间的同时进行动态分配。至此，KVM 就得以完整存储 GPA 到 HVA 的映射关系了。下面具体介绍 KVM 所提供的用以构建内存槽数组的系统调用接口。

在 3.2.2 节的示例中，用户态 VMM 通过 mmap() 系统调用（一种内存映射文件的方法）在进程的虚拟地址空间映射了一段连续内存作为虚拟机的物理内存，在经过内存布局之后，用户态 VMM 通过对 vm_fd 执行 ioctl(KVM_SET_USER_MEMORY_REGION) 操作将内存区域信息传递给 KVM。不难看出，ioctl(KVM_SET_USER_MEMORY_REGION) 正是 KVM 提供给用户态 VMM 的这一系统调用接口，而内存区域信息则是该调用的参数。内存区域用 kvm_userspace_memory_region 结构体来描述，它包含 GPA 到 HVA 中的一段映射关系以及相关属性的信息，该结构体定义如下：

📄 **include/uapi/linux/kvm.h**

```
1 struct kvm_userspace_memory_region {
2      __u32 slot;
3      __u32 flags;
4      __u64 guest_phys_addr;
5      __u64 memory_size;
6      __u64 userspace_addr;
7 };
```

这里的 slot 用来存储内存槽编号，flags 为标志位，guest_phys_addr 即 GPA，memory_size 是以字节为单位的内存大小，userspace_addr 就是从用户态 VMM 进程地址空间中映射文件得到的内存起始地址，即 HVA。

上述信息传入 KVM 后，KVM 会根据这些信息构造一个内存槽并进行安装，安装过程需要计算与当前内存槽数组元素之间的空间位置关系及标志位变化，从而进行相应的创建、删除或修改内存槽等操作，最终在 KVM 中保存一份完整的 GPA 到 HVA 的映射关系。

综上所述，内存虚拟化的关键在于维护客户机物理地址（GPA）到宿主机虚拟地址（HVA）的映射关系。如果说客户机物理地址空间是在"欺骗"客户机操作系统的话，那么内存槽机制就是反过来为宿主机操作系统"圆谎"的，"欺"上"瞒"下并要做到天衣无缝是内存虚拟化最为形象的写照。

2. KVM 内存虚拟化的演进

有了内存槽，就从技术可行性的角度解决了 GPA 到 HVA 的转换问题，但当客户机操作系统真正运行时，客户机的进程每次要访问物理内存时需要经过从 GVA 到 GPA 到 HVA 再到 HPA 的层层转换，如果都用最原始的方式转换，正确性是没有问题的，但会发生大量 VM Exit，其效率非常低下。为此 KVM 设计了一套软件框架，并利用该框架实现了软件完全虚拟化的解决方案。下面就从这一解决方案的原理出发，逐步探究 KVM 内存虚拟化的演进。

（1）影子页表

在客户机进程第一次访问某个 GVA 时，KVM 通过上述方式得到 HPA 后，就将该 GVA 到 HPA 的映射记录下来，这样下次再访问该地址时直接将之前记录的映射结果返回，既不必重新进行转换计算也不会发生 VM Exit。这就是 KVM 解决地址转换效率问题的基本思路。

随着对 GPA 空间访问的逐渐增加，最终会在 KVM 中形成一张完整记录 GVA 到 HPA 的页表，该页表可以快速完成一个进程的 GVA 到 HPA 的转换而不会发生 VM Exit，从而使运行效率大大提高。这张逐渐形成的完整页表就是 2.1.3 节中提到的影子页表。影子页表是完成 GVA 到 HPA 转换的映射机制，如图 3-6 所示。

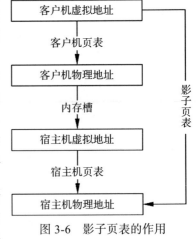

图 3-6　影子页表的作用

这里用到了 KVM 内存管理中一种至关重要的数据结构——KVM MMU 页面，KVM 通过该结构来管理影子页表，它本身是由 struct kvm 结构中 arch 变量所管理的链表的节点，但它管理的影子页表在页表项地址关系上呈现树形结构。KVM 中用 kvm_mmu_page 结构体来描述，该结构体的定义如下：

📄 **arch/x86/kvm/mmu/mmu_internal.h**

```
1 struct kvm_mmu_page {
2     struct list_head link;
3     ...
4     union kvm_mmu_page_role role;
5     u64 *spt;
6     ...
7 };
```

　　这里的 link 指针用于将生成的 KVM MMU 页面插入活动链表中；spt 指针指向一块页面大小的内存空间，该页面被称为影子页面（Shadow Page），用来存储影子页表项（Shadow Page Table Entry，SPTE），即对客户机页表项 GPA 翻译后的 HPA，每个 SPTE 占用 8 个字节，故一整页的 SPTE 共有 512 个，它们可以是叶子和非叶子页表项的混合；role 共用体占用 32 位的内存空间，各成员用以标明该页面的属性，其中 level 属性变量表示所管理的影子页面在影子页表中的层级。

　　下面简要描述影子页表是如何构建的。客户机进程在首次访问某个 GVA 时，KVM 会通过 GVA 着手建立影子页表，既然 KVM 在内核态根模式运行，那么一定已经发生 VM-Exit 了，客户机和宿主机分别处于两个不同的世界，彼此互不相知，那么 KVM 是如何得知客户机某进程 GVA 的呢？这要从 CPU 虚拟化说起。3.3.3 节讲过，虚拟 CPU 是用户态 VMM 在一个线程中通过 KVM 创建的，而 VMCS 保存了虚拟 CPU 的相关状态，既然创建发生在 KVM 中，那么 KVM 完全可以通过查询虚拟 CPU 的 VMCS 来获取数据。事实上，在退出非根模式之前，虚拟 CPU 会将控制寄存器 CR2 的值保存到 VMCS 的字段中，而 CR2 存储的正是 GVA。这样在 VM Exit 之后，KVM 就轻而易举地获得了客户机进程的 GVA。有了 GVA 之后，KVM 就会运用 3.3.3 节引入的概念想方设法地将其转换为 HPA，从而建立影子页表。但此时问题又来了，如前所述，从 GVA 到 GPA 的转换是由客户机页表负责完成的，而这时客户机已经退出，何谈页表呢？读者或许已经猜出，线索还得从 VMCS 中发掘。我们知道，CR3 是页目录基址寄存器（Page Directory Base Register，PDBR）保存当前进程页表的物理地址，它在整个地址转换过程中发挥着举足轻重的作用。KVM 获得客户机 CR3 的值之后，当仁不让地实现了对客户机页表的遍历，最终计算出 GPA。后面通过内存槽计算 HVA，再通过宿主机页表转换为 HPA。

　　通常，操作系统是通过页表将虚拟地址转换为物理地址的，现在面临着持有虚拟地址和物理地址，如何反推页表的问题。这里的虚拟地址是 GVA，物理地址则是 HPA，页表就是影子页表。如果能在客户机构造页表时，同步在 KVM 中构造一张拓扑结构与客户机页表完全一样的页表，然后用 GVA 不同位段索引各级页表内偏移，选取 HPA 反填至最后一级页表项中，把在 KVM 中分配的各级页表起始 HPA 反填至上一级页表项中，最后再用这张页表移花接木，被 KVM 真正载入物理内存管理单元（Memory Management Unit，MMU）模块中，取代原有的客户机页表，使客户机得以高效运行，这样就完成了影子页表的任务。图 3-7 展示了影子页表的工作流程，从 HPA 沿虚线箭头所指方向逆向溯源不难推导影子页表的构造过程。

　　上面谈到 KVM 实现了通过硬件寄存器遍历客户机页表，上面所说的是最为常见的用户进程页表，这时 CPU 处于保护模式（Protected Mode）。实际上，CPU 支持多种操作模式，不仅不同的操作系统运行于不同的 CPU 操作模式，而且即使在同一操作系统运行过程中该模式也会发生变化。众所周知，现代操作系统在刚开机时首先运行在实模式下，然后再切换到保护模式下运行。在不同的 CPU 操作模式下，内存寻址方式也大相径庭，表 3-2 大致描述了不同 CPU 操作模式下的内存寻址方式。

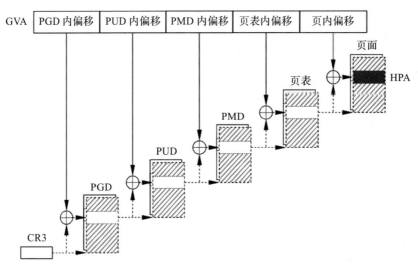

图 3-7　影子页表的工作流程

表 3-2　不同 CPU 操作模式下的内存寻址方式

CPU 操作模式			内存寻址方式
传统模式	保护模式 （含虚拟 8086 模式）	未启用分页	分段寻址——逻辑地址由段选择符和段内偏移组成，线性地址由段选择符在描述符表中确定段基址，线性地址由段基址和段内偏移相加得到，线性地址即物理地址
		启用分页	分页寻址——在分段寻址的基础上，由线性地址不同位段索引各级页表最终得到页基地址，物理地址由页基地址和线性地址的页内偏移相加得到
	实地址模式		分段寻址——逻辑地址由段基址和段内偏移组成，物理地址由两项相加得到
	系统管理模式		切换至独立内存空间，类似实地址模式，比实模式段界限提高至 4GB
长模式 （Long Mode，IA-32e 模式）	兼容模式		与保护模式基本相同
	64 位模式		分页寻址——逻辑地址即线性地址，页面大小可以是 4KB、2MB 或 1GB，由线性地址不同位段索引各级页表最终得到页基地址，物理地址由页基地址和线性地址的页内偏移相加得到

从表 3-2 可以看出，每种操作模式均有其相应的内存寻址方式，这势必导致 KVM 需要采用不同的算法才能正确遍历客户机页表。因此，在通过 GVA 计算 GPA 的过程中，不仅需要获取 CR3 的值，还需要根据虚拟 CPU 所处的操作模式按照正确的内存寻址方式对客户机页表进行遍历。KVM 为此设计了一套机制涵盖所有内存寻址方式以便进行遍历。在 3.3.3

节中提到，在虚拟 CPU 结构体 kvm_vcpu 的成员中有一个 arch 结构体变量，它包含内存管理单元相关变量，其中 mmu 指针是一个指向 kvm_mmu 结构体的指针，该结构体的主要成员定义如下：

📄 **arch/x86/include/asm/kvm_host.h**

```
1 struct kvm_mmu {
2     unsigned long (*get_guest_pgd)(struct kvm_vcpu *vcpu);
3     u64 (*get_pdptr)(struct kvm_vcpu *vcpu, int index);
4     ...
5     gpa_t (*gva_to_gpa)(struct kvm_vcpu *vcpu, gpa_t gva_or_gpa,
6                         u32 access, struct x86_exception *exception);
7 gpa_t (*translate_gpa)(struct kvm_vcpu *vcpu, gpa_t gpa,
8                         u32 access,
9                         struct x86_exception *exception);
10     int (*sync_page)(struct kvm_vcpu *vcpu, struct kvm_mmu_page *sp);
11     ...
12 };
```

我们看到，该结构体中包含一系列函数指针变量，KVM 在实现 MMU 机制时根据内存寻址方式的不同划分出不同的分页模式，这些函数指针是对不同分页模式下的关键操作进行的抽象，实际上是为各个模式提供回调函数接口层，由各个模式分别实现每个回调函数的处理逻辑，然后在运行时根据虚拟 CPU 的当前模式对相应系列处理函数进行回调，进而完成 GVA 到 GPA 的计算翻译。

在实现各模式下的回调函数时，KVM 发现其中有大部分函数在不同模式下的实现逻辑流程大体相同，只有部分常量、类型以及汇编指令等在字面上不同，如 gva_to_gpa()、sync_page()等，如果对各个模式逐一定义实现，势必造成代码重复冗余。于是，KVM 对这类函数进行归纳，为相同功能的函数定义了通用的模板，将函数名以及函数体中分页模式相关的常量、类型、汇编指令等用宏替代，然后在编译阶段对每种模式进行相应的宏展开，为函数名加上前缀得以区分，这样就用一段代码为不同模式定义多套函数，最终生成的函数诸如 paging64_gva_to_gpa()、paging32_sync_page()等。通用模板相关的宏定义代码如下：

📄 **arch/x86/kvm/mmu/paging_tmpl.h**

```
1 #if PTTYPE == 64
2     #define pt_element_t u64
3     ...
4     #define FNAME(name) paging##64_##name
5     #define PT_BASE_ADDR_MASK GUEST_PT64_BASE_ADDR_MASK
6     ...
7     #define CMPXCHG cmpxchg64
8     #endif
9 #elif PTTYPE == 32
10     #define pt_element_t u32
11     ...
12     #define FNAME(name) paging##32_##name
13     #define PT_BASE_ADDR_MASK PT32_BASE_ADDR_MASK
14     ...
```

```
15      #define CMPXCHG cmpxchg
16      ...
```

在为各个模式实现回调函数之后，KVM 会在初始化阶段将 mmu 指针指向的一系列回调函数与所实现或生成的回调函数相关联。3.3.3 节曾提到在 kvm_arch_vcpu_create() 中会调用 kvm_init_mmu()，就是为了对这部分逻辑进行初始化，该函数会按照如图 3-8 所示的流程完成各分页模式的初始化任务。

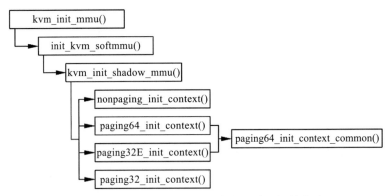

图 3-8   软件完全虚拟化下的内存管理单元初始化流程

如果说为各个模式实现回调函数是编译时多态，即所谓静态多态，那么根据当前模式调用回调函数则是运行时多态，即所谓动态多态。从中我们体会到，多态是一种编程思想，它并不局限于面向对象语言，反而面向对象语言是从大量编程实践中不断汇集先进思想并最终应运而生的。

（2）EPT

读者不禁会问，客户机操作系统会运行多个进程，如果按照上述方案解决 GVA 到 HPA 映射的话，那么是不是意味着要为每个进程建立这样一张影子页表呢？结果不出所料。影子页表正是通过利用空间换取时间的方式，在宿主机的内核空间存储了大量客户机进程的影子页表，并在客户机进程切换时对相应影子页表进行切换的，当客户机进程数量逐渐增多时，其影子页表所占据的内存空间也会逐渐增大，并且切换管理所带来的开销也同样逐渐增大。

历史经验告诉我们，当在软件层面难以解决某类问题时，人们就自然想到从硬件层面去寻求解决途径。在这一领域，英特尔是走在技术前沿的厂商之一，于是 EPT 技术应运而生。2.1.2 节中提到过，Intel VT-x 的 EPT 技术，直接在硬件上支持 GVA → GPA → HPA 的两次地址转换，大大降低了内存虚拟化的难度，显著提高了内存虚拟化的性能。此外，为了充分发挥旁路转址缓冲区（Translation Lookaside Buffer，TLB）[○]的使用效率，VT-x 还引入了虚拟处理器标识符（Virtual Processor ID，VPID）功能，进一步增强内存虚拟化的性能。

EPT 的原理

图 3-9 描述了 EPT 的基本原理。在原有的 CR3 页表地址映射的基础上，EPT 引入了 EPT

○ TLB 又称页表缓存。

页表来实现另一次映射。这样，GVA → GPA → HPA 两次地址转换都由 CPU 硬件自动完成。

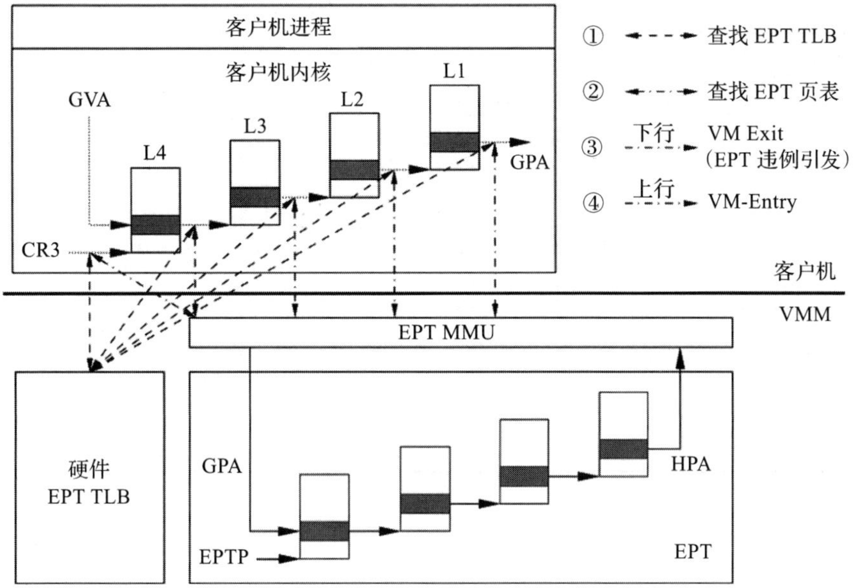

图 3-9　EPT 的基本原理

这里假设客户机页表和 EPT 页表都是四级页表，CPU 完成一次地址转换的基本过程如下。

CPU 首先会查找客户机 CR3 指向的 L4 页表。由于客户机 CR3 给出的是 GPA，因此 CPU 需要通过 EPT 页表来实现客户机 CR3 的 GPA 到 HPA 的转换。CPU 首先会查看硬件的 EPT TLB，如果没有对应的转换，CPU 会进一步查找 EPT 页表，如果还没有，则 CPU 抛出 EPT 违例（EPT Violation）异常交由 VMM 来处理。

获得 L4 页表地址后，CPU 根据 GVA 和 L4 页表项的内容来获取 L3 页表项的 GPA。如果 L4 页表中 GVA 对应的表项显示为"缺页"，那么 CPU 产生页面错误（Page Fault，PF），直接交由客户机内核处理。注意，这里不会产生 VM Exit。获得 L3 页表项的 GPA 后，CPU 同样要通过查询 EPT 页表来实现 L3 的 GPA 到 HPA 的转换，过程和上面一样。

同样地，CPU 会依次查找 L2、L1 页表，最后获得 GVA 对应的 GPA，然后通过查询 EPT 页表获得 HPA。从上述过程可以看出，CPU 需要查询 EPT 页表 5 次，每次查询都需要 4 次内存访问，因此最坏情况下总共需要 20 次内存访问。EPT 硬件通过增大 EPT TLB 来尽量减少内存访问次数。

EPT 的硬件支持

为了支持 EPT，VT-x 规范在 VMCS 的 VM 执行控制域（VM-Execution Control Field）中提供了启用 EPT（Enable EPT）字段。如果在 VM-Entry 的时候该字段被置位，EPT 功能就会被启用，CPU 会使用 EPT 功能进行两次转换。

EPT 页表的基地址是由 VMCS 的 VM 执行控制域的扩展页表指针（Extended Page Table Pointer，EPTP）字段来指定的，它包含了 EPT 页表的宿主机物理地址。

EPT 是一张多级页表，每级页表的表项格式是相同的，如表 3-3 所示。

表 3-3　EPT 页表的表项格式

字段名称	描述
ADDR	下一级页表的物理地址。如果已经是最后一级页表，那么就是 GPA 对应页的物理地址
SP	超级页（Super Page）：所指向的页是大小超过 4KB 的超级页。CPU 在遇到 SP = 1 时，就会停止继续往下查询。对于最后一级页表，这一位可以供软件使用
X	可执行。X = 1 表示该页是可执行的
R	可读。R = 1 表示该页是可读的
W	可写。W = 1 表示该页是可写的

EPT 页表转换过程和 CR3 页表转换是类似的。图 3-10 展现了 CPU 使用 EPT 页表进行地址转换的过程。

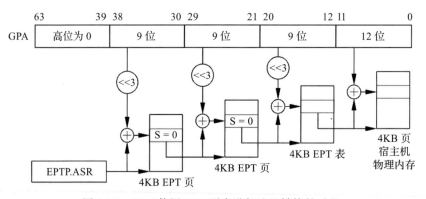

图 3-10　CPU 使用 EPT 页表进行地址转换的过程

EPT 通过 EPT 页表中的 SP 字段支持大小为 2MB 或者 1GB 的超级页。图 3-11 给出了 2MB 超级页的地址转换过程。与图 3-10 的不同点在于，当 CPU 发现 SP 字段为 1 时，就停止继续向下遍历页表，而是直接转换。

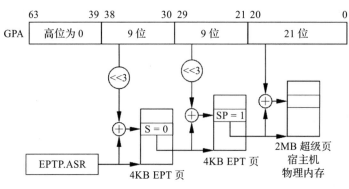

图 3-11　EPT 页表转换——超级页

EPT 同样会使用 TLB 缓存来加速页表的查找过程。因此，VT-x 还提供了一条新的指令 INVEPT，可以使 EPT 的 TLB 项失效。这样，当 EPT 页表有更新时，CPU 可以执行 INVEPT 使旧的 TLB 失效，让 CPU 使用新的 EPT 表项。

与 CR3 页表会导致页面错误一样，使用 EPT 之后，当 CPU 在遍历 EPT 页表进行 GPA→HPA 转换时，也会发生异常。

- GPA 的地址位数大于客户机地址宽度（Guest Address Width，GAW）。
- 客户机试图读一个不可读的页（R = 0）。
- 客户机试图写一个不可写的页（W = 0）。
- 客户机试图执行一个不可执行的页（X = 0）。

发生异常时，CPU 会产生 VM Exit，退出原因为 EPT 违例。VMCS 的 VM Exit 信息域（VM Exit Information Field）还包括如下信息。

- VM Exit 物理地址信息（VM Exit Physical Address Information）：引起 EPT 违例的 GPA。
- VM Exit 线性地址信息（VM Exit Linear Address Information）：引起 EPT 违例的 GVA。
- 触发条件（Qualification）：引起 EPT 违例的原因，如由读写引起等。

EPT 的软件使用

要使用 EPT，VMM 需要做如下事情。

首先需要在 VMCS 中将 EPT 功能打开，只需要写 VMCS 相应字段即可。

其次需要设置好 EPT 的页表。EPT 页表反映了 GPA 到 HPA 的映射关系。由于是 VMM 负责给虚拟机分配物理内存，因此，VMM 拥有足够的信息来建立 EPT 页表。此外，如果 VMM 给虚拟机分配的物理内存足够连续，VMM 可以在 EPT 页表中尽量使用超级页，这样有利于提高 TLB 的性能。

当 CPU 开始使用 EPT 时，VMM 还需要处理 EPT 违例。EPT 违例的来源通常有如下几种。

- 客户机访问 MMIO 地址。这种情况下，VMM 需要将请求转给 I/O 虚拟化模块。
- EPT 页表的动态创建。有些 VMM 采用惰性方法，一开始 EPT 页表为空，当第一次使用发生 EPT 违例的时候再建立映射。

下面重点看一下 KVM 的 EPT 内存管理单元的初始化实现，这里 EPT 所采用的模式被称为两级页映射（Two-Dimensional Paging，TDP）模式。在介绍影子页表的内存管理单元初始化流程时，我们提到了 kvm_init_mmu() 函数，当时调用了 init_kvm_softmmu() 函数来进行初始化，与之对应的 EPT 的初始化是 init_kvm_tdp_mmu()，其代码如下：

arch/x86/kvm/mmu/mmu.c
```
1 static void init_kvm_tdp_mmu(struct kvm_vcpu *vcpu)
2 {
3     struct kvm_mmu *context = &vcpu->arch.root_mmu;
4     ...
```

```
 5
 6      context->page_fault = kvm_tdp_page_fault;
 7      ...
 8      context->shadow_root_level = kvm_mmu_get_tdp_level(vcpu);
 9      ...
10
11      if (!is_paging(vcpu)) {
12          ...
13          context->gva_to_gpa = nonpaging_gva_to_gpa;
14          context->root_level = 0;
15      } else if (is_long_mode(vcpu)) {
16          ...
17          context->root_level = is_la57_mode(vcpu) ?
18                  PT64_ROOT_5LEVEL : PT64_ROOT_4LEVEL;
19          context->gva_to_gpa = paging64_gva_to_gpa;
20      } else if (is_pae(vcpu)) {
21          ...
22          context->root_level = PT32E_ROOT_LEVEL;
23          context->gva_to_gpa = paging64_gva_to_gpa;
24      } else {
25          ...
26          context->root_level = PT32_ROOT_LEVEL;
27          context->gva_to_gpa = paging32_gva_to_gpa;
28      }
29      ...
30  }
```

在调用上述函数之前，KVM 会首先通过 hardware_setup() 函数调用 setup_vmcs_config()（arch/x86/kvm/vmx/vmx.c）将 Enable EPT 字段置位，该字段位于基于处理器的虚拟机运行辅助控制域（Secondary Processor-Based VM-Execution Control）的第 1 位；当然，辅助控制域有效的前提是基于处理器的虚拟机运行基础控制域（Primary Processor-Based VM-Execution Control）的第 31 位被置位，它也是在 setup_vmcs_config() 函数中预先设置生效的。

在 init_kvm_tdp_mmu() 中，KVM 通过设置 kvm_tdp_page_fault() 回调函数来处理 EPT 违例，并在处理过程中逐渐形成 EPT 页表。该回调函数主要通过调用 direct_page_fault() 来完成缺页处理，direct_page_fault() 进而调用函数 __direct_map() 来建立 EPT 页表结构，而每个 EPT 页表项所使用的数据结构正是前面讲述影子页表时特别强调过的 kvm_mmu_page。因此，EPT 的实现是在影子页表的代码框架基础上完成的。有关 direct_page_fault() 的处理流程将后面进行详细描述。

然后，KVM 通过 kvm_mmu_get_tdp_level() 函数获取 EPT 页表的级数，该级数最终是通过读取 VMX 能力 MSR 中的 IA32_VMX_EPT_VPID_CAP 获得的，一般系统默认为 4 级。最后在不同的模式下，我们再次看到了似曾相识的回调函数，如 paging64_gva_to_gpa() 等。的确如此，EPT 正是沿用了前面深入讨论的各个模式下回调函数通用模板来完成 GVA 到 GPA 的转换的。

由此可以看出，相对于传统的"影子页表"方法，EPT 的实现大幅简化。而且，由于客户机内部的页面错误不会发生 VM Exit，因此大大减少了 VM Exit 的次数，提高了性能。此外，EPT 只需要维护一张 EPT 页表，不像"影子页表"机制那样需要为每个客户机进程的页表维护一张影子页表，也减少了内存的开销。

至此，我们通过以上两个章节清晰地再现了 KVM 内存虚拟化从影子页表到 EPT 的演进历程。虽然目前 EPT 技术已经成熟，但尚有一些应用场景依然使用影子页表的方案，因此 KVM 保留着两种不同的方式，展现了软件完全虚拟化和硬件辅助虚拟化两种截然不同的实现方案，在运行时会通过环境检测优先选择后者，并提供编译选项由用户指定转换方式。

如果说内存槽是穿梭于宿主机与客户机两岸间的江上扁舟，那么影子页表就是通过这些船只运送材料架设而成的跨江大桥，而 EPT 则是桥上风驰电掣的高速动车。这让我们不禁感慨于虚拟化技术在征服虚拟机到物理机之间的"天堑"的过程中日新月异的发展。

3. KVM 页面错误的处理流程

在客户机运行过程中，当需要访问的 GPA 在对应的页表中不存在时，则会产生页面错误从而发生 VM Exit。这时 CPU 切换至根模式，由 KVM 负责建立 GPA 到 HPA 之间的映射关系。

从本节前面的内容得知，KVM 的内存虚拟化实现有两种模式，即 EPT 和影子页表，相应地，KVM 页面错误也分为两种：EPT 违例和影子页表的页面错误（#PF）异常。当 KVM 运行于 EPT 所采用的 TDP 模式时，KVM 首先会在 kvm_init_mmu() 中调用 init_kvm_tdp_mmu() 函数来初始化内存管理单元（Memory Management Unit，MMU），然后指定页面错误的回调处理函数为 kvm_tdp_page_fault()，由该函数处理 EPT 违例引发的 VM Exit；当 KVM 运行于影子页表的软件映射模式时，KVM 则会调用 init_kvm_softmmu() 来初始化 MMU，然后根据 CPU 操作模式指定诸如 nonpaging_page_fault()、paging32_page_fault() 或 paging64_page_fault() 等回调函数处理页面错误，此类函数有些正是由前面提到的通用模板所生成。

下面重点介绍第一种情况，即 TDP 模式下页面错误的处理流程。当发生 EPT 违例时，KVM 首先根据 VM Exit 的触发条件计算引发 EPT 违例的原因，再通过 VMCS 获取引发 EPT 违例的 GPA，然后触发回调函数 kvm_tdp_page_fault()，其调用的 direct_page_fault() 函数将为虚拟机准备 EPT 页表，该函数主要流程如下。

1）先通过 GPA 计算出客户机页帧号（Guest Frame Number，GFN），然后调用 try_async_pf() 函数获取与 GFN 对应的宿主机物理页帧号（Physical Frame Number，PFN）及 HVA，这两个数值是该函数调用 __gfn_to_pfn_memslot() 来获取的。顾名思义，这个函数的功能通过内存槽将 GFN 转换为 PFN，主要分为两个步骤：一是通过 __gfn_to_hva_many() 函数调用 __gfn_to_hva_memslot() 遍历内存槽数组得到 GFN 对应的 HVA，在前面的 KVM 内存虚拟化原理中，我们提到过内存槽，它是在虚拟机建立内存布局的过程中，用户态 VMM 通过调用 kvm_vm_ioctl(KVM_SET_USER_MEMORY_REGION) 来设置 GPA 到 HVA 之间的映射关系并存放在内存槽数组中的；二是将获得的 HVA 通过 hva_to_pfn() 函数转换为与之对应的宿主机 PFN，该函数按不同情况下获取 PFN 的执行效率高低设计了三条路径，优先尝试高效路径是否可行，如果通过某条路径能够成功获得结果就不再执行后续方案，各路径最终均会调用 get_user_pages() 或其等价函数来获取 HVA 对应的内存页面，并调用 page_to_pfn() 函数返回宿主机 PFN。

2）调用 __direct_map() 或者 kvm_tdp_mmu_map() 函数，根据 GPA 和 HPA 准备好客户机系统要使用的 EPT 页表。两个函数都是用于 TDP 模式下 MMU 建立 EPT 页表结构从而完成 GPA → HPA 映射的，其核心算法都是根据 GPA 遍历当前的 EPT 页表，当遍历至中间层级的页表项时，将下一级页表起始 HPA 填入，如果遍历至叶子页表项则填入 GPA 所对应的 HPA。不同的是，两个函数分别隶属于两套不同的 TDP 模式 MMU 引擎。前者是基于影子页表机制框架衍生而来的实现方案，虽然影子页表与 EPT 机制相去甚远，但在 KVM 中建立 GPA → HPA 转换页表的过程却十分相似，因此该方案的实现沿用了影子页表的数据结构和主要函数，仅在建立转换页表时利用了 EPT 机制才产生分化；后者则是针对 TDP 模式 MMU 进行的优化，实现该方案是为了满足超大型虚拟机能够并行处理页面错误。与前者相比，后者具有更高的并行性和可扩展性，该方案能够得以实施的先决条件之一得益于 Linux 内核中的一个同步机制：读取–复制更新（Read-Copy Update，RCU$^{\ominus}$）。借助该机制，诸多 MMU 相关函数被重新实现，进一步满足了具有数百个虚拟 CPU 和十几 TB 内存的虚拟机实现热迁移的性能需求，在最新的 KVM 版本中已经取代前者成为默认的 TDP 模式 MMU 引擎。

3）在 EPT 页表准备完成后会再次进入客户机系统，并重新执行导致 EPT 违例的指令。由于此时 KVM 已经为其准备好从 GPA 到 HPA 的映射关系，从而保证客户机系统可以正常运行。

3.3.5 中断虚拟化

中断是指当紧急事件发生时 CPU 收到信号，立即中止当前指令流，转入相应的处理程序执行其他指令，处理完成后再回到之前的指令流继续执行。当有多个外部中断源时，它们将共享中断资源，由此会引发共享带来的一系列问题，如多个中断源如何与 CPU 的 INTR 输入端连接、如何区别中断向量、如何判定各个中断源的优先级等，我们把上述管理和判定等操作都交由专门的模块——中断控制器来完成。中断控制器是设备中断请求的管理者，它可以帮助 CPU 处理可能同时发生的来自多个不同中断源的中断请求。

x86 架构所采用的中断控制器被称为高级可编程中断控制器（Advanced Programmable Interrupt Controller，APIC）。APIC 中有两个组件，即本地 APIC（Local APIC，LAPIC）和输入 / 输出 APIC（Input/Output APIC，I/O APIC）。系统中的每个 CPU 有一个 LAPIC。LAPIC 具有传统中断控制器的功能及相关寄存器，如中断请求寄存器（Interrupt Request Register，IRR）、中断在服寄存器（In-Service Register）和中断屏蔽寄存器（Interrupt Mask

---

$\ominus$ RCU 机制允许共享数据的读取与更新同时发生，读取器几乎无须同步开销就可以随时访问共享数据，这是由于更新器在访问时会先复制一份数据副本，然后对副本进行修改，最后在适当时机将原有指针指向副本中更新过的数据并回收内存，它是针对共享数据"读多写少"的同步机制。

Register，IMR）。外部 I/O APIC 是英特尔系统芯片组的一部分，它的主要功能是从系统及其关联的 I/O 设备接收外部中断事件，并将它们作为中断消息中继到 LAPIC。系统中的每个外设总线通常都有一个 I/O APIC，所有的 CPU 共用该 I/O APIC，用于统一接收来自外部 I/O 设备的中断。下面着重介绍 LAPIC。

LAPIC 主要为处理器完成以下两个功能。

- 从处理器的中断引脚、内部源和外部 I/O APIC（或其他外部中断控制器）接收中断，将这些中断发送到处理器内核进行处理。
- 在多处理器系统中，向系统总线上的其他逻辑处理器发送处理器间中断（Inter-Processor Interrupt，IPI）消息并接收其他逻辑处理器的 IPI 消息。IPI 消息可用于在系统中的处理器之间分配中断或执行系统范围的功能，如启动处理器或在一组处理器之间分配工作。

LAPIC 的中断来源可以分为以下几类。

- 外部连接的 I/O 设备
- 处理器间中断
- APIC 定时器产生的中断
- 性能监测计数器中断
- 温度传感器中断
- APIC 内部错误中断

英特尔起初为了支持多核处理器，第一代 LAPIC 采用了 APIC 架构，通过专门的 APIC 总线与 I/O APIC 进行通信以及完成处理器间中断；之后便出现了 xAPIC，xAPIC 架构是 APIC 架构的扩展，在 xAPIC 架构中，LAPIC 和 I/O APIC 通过系统总线进行通信，此外，xAPIC 架构还扩展和修改了部分 APIC 功能；继 xAPIC 之后，又出现了 x2APIC，x2APIC 架构是对 xAPIC 架构的再次扩展，主要是为了提高处理器的寻址能力，从而能够实现超过 256 核的 CPU 之间的通信。x2APIC 架构提供对 xAPIC 架构的向后兼容性及对未来英特尔平台的向前扩展性。由此形成了对中断控制器的两种操作模式：xAPIC 模式和 x2APIC 模式。在 xAPIC 模式下，通过对内存映射输入 / 输出（Memory-Mapped I/O，MMIO）的访问方式来访问 LAPIC 上的寄存器；在 x2APIC 模式下，则通过对 MSR 的访问方式来对 LAPIC 上的寄存器进行访问。

在介绍了 APIC 的基本概念之后，下面简要阐述中断虚拟化的基本原理。

在虚拟化技术中，虚拟 CPU 要么共享物理 CPU 的真实硬件，附加必要的隔离保护措施，要么使用虚拟硬件。对于 APIC 部分，因为其硬件逻辑复杂，所以使用虚拟 APIC 来进行中断虚拟化。由于虚拟机并不具备真实的硬件单元，因此客户机对中断控制器的读写访问只能由 VMM 拦截后做特殊处理，并且，虚拟的中断控制器与物理 CPU 之间没有任何线路连接。这样问题也就随之而来，客户机 APIC 的处理逻辑可以由软件来模拟，但如何将中断传递给客户机 CPU？虚拟 CPU 在没有运行时中断事件暂时记录在哪里？外部中断到来时是由宿主机处理还是由客户机处理？

　　首先，客户机操作系统在对中断控制器进行读写访问时，VMM 会对这些访问操作进行拦截，发生 VM Exit，之后再由 VMM 将对应的信息写入虚拟中断控制器，进而判断如何响应虚拟设备的中断。其次，英特尔 x86 架构处理器在 EFLAGS 寄存器中的虚拟中断标志位（Virtual Interrupt Flag，VIF）和虚拟中断待决标志位（Virtual Interrupt Pending，VIP）共同提供了对虚拟中断的支持，VIP 置位时表示有中断待处理，复位时表示没有待处理的中断，这些标志位的结合使用可以解决虚拟 CPU 未运行时记录中断事件的问题。另外，英特尔在 VT-x 中引入的 VMCS 为支持中断虚拟化提供了相应的控制域，外部中断退出（External-Interrupt Exiting）控制域用于确定外部中断由谁来处理，如果该控制位为 1，则外部中断会导致 VM Exit，然后由宿主机操作系统进行处理；否则，外部中断将通过客户机的中断描述符表（Interrupt Descriptor Table，IDT）直接传递给客户机操作系统进行处理。

　　当虚拟设备完成相应的操作后，VMM 需要给客户机的 CPU 注入中断，要通知客户机系统进行后续的操作。VM-Entry 中断信息域（VM-Entry Interruption-Information Field）为事件注入（Event Injection）机制提供了可控性保障。如果 VMCS 中置位了中断标志，VMM 执行 VMRESUME 指令后客户机不会继续执行先前任务而是立即处理中断；如果对应的虚拟 CPU 正在另外的物理 CPU 上运行，仍先将中断写入 VMCS 中，然后向物理 CPU 发送 IPI 中断，这时物理 CPU 会从非根模式切换至根模式，接着通过检测 IPI 信息得知是虚拟 CPU 的中断，再通过 VMM 执行 VMRESUME 指令重新触发 VM-Entry，这样利用事件注入机制将中断传递给虚拟 CPU。

　　这里仅通过以上几个典型的场景简要介绍中断虚拟化的基本原理，限于篇幅，在此不做详细阐述。

　　在 VMM 中以软件方式实现 APIC 虚拟化势必造成 VM Exit 次数过多，客户机运行性能较差，硬件辅助中断虚拟化因此应运而生。APICv 是英特尔目前所提供的硬件辅助中断虚拟化技术，旨在减少客户机运行时的中断开销。APICv 主要完成如下功能。

- APIC 寄存器虚拟化（APIC Register Virtualization）：启用 VMCS 中的这个控制位，大部分客户机 APIC 寄存器会被映射至内存，当客户机操作系统对该内存中的地址空间进行读取时，APICv 会在硬件层面将虚拟 APIC 页面的相应内容返回，从而减少了读取过程中的 VM Exit 次数。APIC 访问页面也会被映射至内存，当客户机对该内存地址进行写入时，APICv 同样会将写入操作定向至虚拟 APIC 页面，但由于对 LAPIC 的写操作会触发一些硬件的操作，比如 ICI 写操作，此时就会产生 VM Exit，进而往其他虚拟 CPU 注入虚拟的 IPI 中断。这里的 APIC 访问页面和虚拟 APIC 页面的地址在 VMCS 中均有相应域进行记录，由于 VMCS 是与虚拟 CPU 相关联的，因此确保每个虚拟 CPU 可以访问到各自虚拟 APIC 地址上的数据。此类操作在中断虚拟化过程中非常频繁，有了 APICv 的硬件支持可以减少 VM Exit 的次数，很大程度上提升了客户机运行的性能。
- 虚拟化 x2APIC 模式（Virtualize x2APIC Mode）：在上述功能完成后，xAPIC 模式下的大部分 APIC 寄存器被虚拟化；再启用这个控制位，则 x2APIC 模式下的 APIC 寄存器都将被虚拟化，而该模式是基于 MSR 访问 APIC 的。

- 虚拟中断递送（Virtual-Interrupt Delivery）：启用该控制位并配置客户机状态区（Guest-State Area）的客户机中断状态（Guest Interrupt Status）控制域，完成对新中断注入的流程。

- 处理已发布的中断（Process Posted Interrupt）：该控制位允许软件发布虚拟中断并向另一个虚拟 CPU 发送通知；目标虚拟 CPU 收到通知后，将虚拟中断复制到虚拟 APIC 页面，然后对已发布的中断（Posted Interrupt）进行处理。借助 APICv 的支持，不需要目标虚拟 CPU 发生 VM Exit 就可以向其注入中断。另外，Posted Interrupt 提供了一个机制，允许外部的 PCI MSI 中断直接注入虚拟机，而不会导致目标虚拟 CPU 产生 VM Exit。

下面就 KVM 中断虚拟化的实现进行扼要分析。在 KVM 中有一个专有名词——中断请求芯片（Interrupt Request Chip，IRQ Chip），该模块相关的接口有 KVM_CREATE_IRQCHIP 和 KVM_IRQ_LINE 等。

KVM_CREATE_IRQCHIP 用于虚拟机在初始化阶段创建中断请求芯片，其主要任务如下：

📄 **arch/x86/kvm/x86.c**

```
1  long kvm_arch_vm_ioctl(struct file *filp, unsigned int ioctl,
2                         unsigned long arg)
3  {
4      struct kvm *kvm = filp->private_data;
5      void __user *argp = (void __user *)arg;
6      int r = -ENOTTY;
7      ...
8
9      switch (ioctl) {
10     case KVM_CREATE_IRQCHIP: {
11         mutex_lock(&kvm->lock);
12         ...
13         r = kvm_pic_init(kvm);
14         ...
15         r = kvm_ioapic_init(kvm);
16         ...
17         r = kvm_setup_default_irq_routing(kvm);
18         ...
19         /* Write kvm->irq_routing before enabling irqchip_in_kernel.
20          */
21         smp_wmb();
22         kvm->arch.irqchip_mode = KVM_IRQCHIP_KERNEL;
23         ...
24         mutex_unlock(&kvm->lock);
25         break;
26     ...
27     default:
28         r = -ENOTTY;
29     }
30
```

```
31      return r;
32  }
```

当 KVM 接收到虚拟机相关联的 IOCTL 调用时，会由函数 kvm_vm_ioctl()（virt/kvm/
kvm_main.c）进行处理进而调用上面的 kvm_arch_vm_ioctl() 函数。从代码中不难看出，该
函数在处理 KVM_CREATE_IRQCHIP 请求时主要完成了初始化 PIC（8259 芯片）和 I/O
APIC 控制器模块、配置中断请求默认路由等任务。其中 kvm_setup_default_irq_routing()
（arch/x86/kvm/irq_comm.c）会以默认中断请求路由入口表作为参数依次调用函数 kvm_set_
irq_routing()（virt/kvm/irqchip.c）和 setup_routing_entry()，最终调用下面的函数来完成路
由配置，其核心操作是将各个类型控制器中断置位函数与该类型控制器路由入口进行绑定，
以备后续发生中断请求时调用。

📄 **arch/x86/kvm/irq_comm.c**
```
 1  int kvm_set_routing_entry(struct kvm *kvm,
 2                            struct kvm_kernel_irq_routing_entry *e,
 3                            const struct kvm_irq_routing_entry *ue)
 4  {
 5      switch (ue->type) {
 6      case KVM_IRQ_ROUTING_IRQCHIP:
 7          ...
 8          e->irqchip.pin = ue->u.irqchip.pin;
 9          switch (ue->u.irqchip.irqchip) {
10          case KVM_IRQCHIP_PIC_SLAVE:
11              e->irqchip.pin += PIC_NUM_PINS / 2;
12              fallthrough;
13          case KVM_IRQCHIP_PIC_MASTER:
14              ...
15              e->set = kvm_set_pic_irq;
16              break;
17          case KVM_IRQCHIP_IOAPIC:
18              ...
19              e->set = kvm_set_ioapic_irq;
20              break;
21          default:
22              return -EINVAL;
23          }
24          e->irqchip.irqchip = ue->u.irqchip.irqchip;
25          break;
26      ...
27      default:
28          return -EINVAL;
29      }
30
31      return 0;
32  }
```

KVM_IRQ_LINE 用于虚拟机向 VMM 的虚拟 APIC 发送中断请求，再由 VMM 将中断
交付虚拟 CPU 处理，当 kvm_vm_ioctl() 函数被调用并处理 KVM_IRQ_LINE 请求时会调

用 kvm_vm_ioctl_irq_line()（arch/x86/kvm/x86.c），该函数调用下面的函数来完成中断注入，其核心任务正是根据控制器类型调用之前所绑定的中断置位函数。这些中断置位函数最终会将中断请求写入虚拟 CPU 的 VMCS 中。

📄 **virt/kvm/irqchip.c**

```
1  int kvm_set_irq(struct kvm *kvm, int irq_source_id, u32 irq,
2                  int level, bool line_status)
3  {
4      struct kvm_kernel_irq_routing_entry irq_set[KVM_NR_IRQCHIPS];
5      int ret = -1, i, idx;
6
7      ...
8      idx = srcu_read_lock(&kvm->irq_srcu);
9      i = kvm_irq_map_gsi(kvm, irq_set, irq);
10     srcu_read_unlock(&kvm->irq_srcu, idx);
11
12     while (i--) {
13         int r;
14         r = irq_set[i].set(&irq_set[i], kvm, irq_source_id, level,
15                         line_status);
16         if (r < 0)
17             continue;
18
19         ret = r + ((ret < 0) ? 0 : ret);
20     }
21
22     return ret;
23 }
```

这里之所以循环遍历设置而不直接调用相应的执行函数，是因为 KVM 无法检测客户机所使用的是 PIC 还是 I/O APIC，将两者进行置位操作，客户机届时会自行忽略无效的中断注入。

当需要注入的中断为 MSI 类型时，则 kvm_vm_ioctl() 会处理 KVM_SIGNAL_MSI 类型的请求。kvm_send_userspace_msi() 函数会根据传入的 MSI 消息类型，判断向哪个虚拟 CPU 发送对应的虚拟中断。具体的实现细节在 kvm_set_msi() 函数中。

3.4　设备虚拟化

设备虚拟化是虚拟机中复杂且难以普遍适用的部分。常见的虚拟化设备有仿真（全虚拟化）设备、半虚拟化设备和直通设备。后面会依次介绍其原理[⊖]。

3.4.1　仿真设备

虚拟化技术在刚开始的时候，虚拟机监视器开发商如 VMware 并不是操作系统供应商，

⊖ 董耀祖，《高性能虚拟化及其适用性研究》，https://www.ccf.org.cn/ccf/contentcore/resource/download?ID=48660。

VMM 开发商只能直接在客户机运行市面上现成的操作系统。这些商业操作系统采用的设备驱动程序都是市面上已经有具体硬件实现的设备驱动程序，如 NE2000 网卡驱动和 VGA 显卡驱动等。VMM 开发商通过在 VMM 层面模拟一个虚拟的 NE2000 网卡或者 VGA 显卡的方法，来实现对客户机网络设备和现实设备的支持。这种模拟方法就是全虚拟化的设备仿真（emulation），其模型如图 3-12 所示。

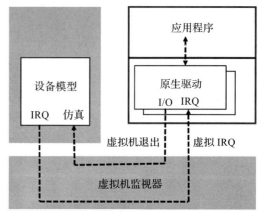

图 3-12　仿真设备模型

全虚拟化情况下的设备仿真可以使 Hypervisor 很容易实现对各种现成的商业操作系统（如 Windows）的支持，但是可能不是最高效的。传统设备（如 NE2000 和 VGA）的设计是为了设备硬件本身以及当时的计算机平台设计优化的，这些设计的接口并没有预测到虚拟化背景下的设备仿真需要，因此也不是最优的，甚至是很差的。举例来说，NE2000 是 20 世纪 90 年代中后期的产品，那时候的 PC 主频还只有几十兆赫，那时一个 MMIO 的访问相对于缓存和内存访问虽然慢一些，但是不像现在有这么大差距（现在一个面向 Cache 的内存访问大概只需要十几个 CPU 周期，面向内存的访问是几百个 CPU 周期，但是一个 MMIO 访问需要几千个 CPU 周期）。NE2000 的设计在处理一个网络包的时候，需要访问多个 MMIO 寄存器。这在当时的硬件上是没有问题的，但是在 VMM 情况下成为一个巨大瓶颈，因为 VMM 对一个 MMIO 访问的模拟一般需要几万甚至十几万个 CPU 周期。由于全虚拟化的模拟中存在大量的端口 I/O（Port I/O，PIO）以及 MMIO（Memory-Mapped I/O）的拦截模拟操作，因此全虚拟化的设备仿真性能很差。

3.4.2　半虚拟化设备

仿真设备不需要对客户机做任何改动，客户机运行已有设备的驱动程序，而 VMM 通过对客户机的 I/O（含 PIO 和 MMIO）访问的陷入和模拟（trap-and-emulate），使客户机感觉犹如运行在真实的原生系统中。图 3-12 显示了仿真设备的工作原理。仿真设备引入了大量的虚拟机陷入和模拟事件，因此性能是最差的，为了提高设备模拟的性能产生了半虚拟化（Paravirtualization）的设备模型。

VMM 设计人员从 VMM 的特点出发，发挥 VMM 的长处，如快速共享内存访问速度，避开 VMM 的短处，如过长的 MMIO 模拟开销，开始重新设计专门应用在 VMM 情况下的虚拟设备接口以便获得较高的性能。虚拟设备 I/O（virtio）就是在这样的背景下产生的，其概念最早在 Austin 举办的第一届 KVM 会议上提出，与会者确定了基于 PCIe 总线的设计思路（相对于 Xen 和 Hyper-V 基于自己专有的虚拟总线）。半虚拟化设备模型首先基于 VMM 定义设备接口，如虚拟 MMIO 寄存器和用于描述 I/O 请求的虚拟环，然后在这个接口的基础上同时开发运行在客户机中的前端设备驱动程序和运行在 VMM 上的后端设备仿真程序。与全虚拟化设备仿真相比，半虚拟化设备模型大大减少了客户机对 MMIO 的访问次数，节省了 VMM 的虚拟化开销，大幅提高了 I/O 虚拟化的性能。其工作模型如图 3-13 所示。

3.4.3 直通设备

虽然半虚拟化设备模型在很大程度上提高了虚拟 I/O 的性能，降低了客户机和 VMM 之间在 I/O 命令传递上的开销，但是在数据传输环节，仍需要从真实硬件接收数据并将数据复制到客户机内存中，即模拟虚拟 DMA 的过程。在数据流量大的情况下，虚拟 DMA 的模拟过程会成为整个系统的瓶颈，极大地阻碍虚拟机性能的进一步提高。直通设备和单根 I/O 虚拟化（Single Root I/O Virtualization，SR-IOV）由此产生。

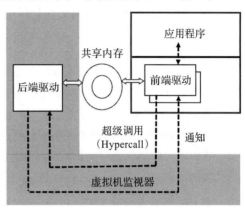

图 3-13　半虚拟化设备模型

VMM 对客户机设备 DMA 操作的模拟在高速设备上成为主要的性能瓶颈，这使得硬件辅助成为必需，于是 IOMMU 被引入虚拟化的计算机系统。IOMMU 对来自设备（客户机）的 DMA 请求的地址进行重新影射，使 VMM 不用介入每一个 DMA 操作本身。图 3-14 展示了 Intel 公司的 IOMMU 体系结构，AMD 公司的 IOMMU 体系结构基本类似。在 IOMMU 中，每一个设备可以被一个唯一的设备地址标识，即 32 位的 BDF（Bus，Device，Function）号码。

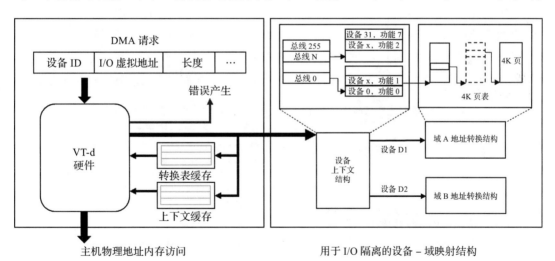

图 3-14　IOMMU 体系结构

如图 3-15 所示，直通设备模型完全消除了客户机设备驱动程序运行时对 DMA 和设备 I/O 访问的模拟导致的虚拟化开销，因此具有最好的性能。直通设备模型利用 IOMMU 在硬件层面实现对客户机编程的 DMA 地址到真实 DMA 地址（或者称为主机地址）的转换。在直通设备模型中，该硬件设备只能被一个客户机使用。客户机驱动程序运行时对 I/O 的访问（主要是 MMIO）可以直接传递到硬件设备，而不需要 VMM 的介入。这是因为该设备已经被客户机专用，同时客户机驱动程序编程的 DMA 地址可以被 IOMMU 重新影射到主机地址。直通设备模型具有最高的设备虚拟化性能，但是它牺牲了设备的共享特性。

单根 I/O 虚拟化在继承直通设备模型高性能的基础上，同时实现了设备共享。在单根 I/O 虚拟化中，设备硬件需要能够提供多个 PCIe 实例（PCIe Function），而每一个 PCIe 实例具有自己的 PCIe 标识地址即 BDF。这些 PCIe 实例共享大部分的设备硬件资源，由硬件实现内部各个 PCIe 实例之间的资源调度。单根 I/O 虚拟化在客户机上运行一个虚拟功能（Virtual Function，VF）实例驱动程序，控制 VF 设备，而在主机特权虚拟机上运行物理功能（Physical Function，PF）实例驱动程序，控制 PF 设备。PF 设备通常具有对 VF 设备的控制、配置等权限，从而在实现高性能共享的同时实现安全、隔离和管理性。图 3-16 显示了单根 I/O 虚拟化的原理。

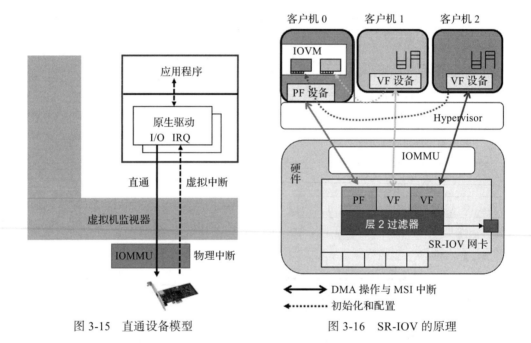

图 3-15 直通设备模型　　　　　图 3-16 SR-IOV 的原理

3.4.4 KVM 设备虚拟化实现

上述三种虚拟化设备模型其实是三种不同的实现方案。不难看出，三种方案不是简单的并列关系，而是从前一种方案面临性能瓶颈的角度出发，提出新的解决方案来对性能加以提升，这与 3.3.4 节所讲述的内存虚拟化的两种方案异曲同工，设备虚拟化的实现方案同样是一个逐渐演进的过程。

KVM 对各种设备虚拟化方式均有支持，其在设备虚拟化方面的代码实现可谓鸿篇巨制，本节无法逐一详述。在此仅以 KVM 对 MMIO 的模拟实现为例，阐述全虚拟化情况下 KVM 的模拟过程，使读者体会其性能瓶颈所在。这是进一步探究 KVM 对其他两种方案实现的基础，同时由于其访问方式是内存映射，因此也是对 KVM 内存虚拟化内容的一个补充。

内存映射 I/O（Memory-Mapped I/O，MMIO）是 PCI 规范的一部分，I/O 设备被放置在内存空间而不是 I/O 空间。从处理器的角度看，设备经内存映射后就像访问普通内存一样。KVM 中定义了多种内存区域类型，如随机存取存储器（Random-Access Memory，RAM）、MMIO、只读存储器（Read-Only Memory，ROM）等，MMIO 便是其中之一。KVM 在模拟 MMIO 时，一方面通过执行与客户机操作系统相同的指令，模拟客户机读写 MMIO 内存的行为，另一方面则要监控客户机对 MMIO 内存的访问，一旦有读写操作，就需要陷入 KVM 中来触发执行用户态 VMM 注册的回调函数。

MMIO 内存与普通 RAM 内存不同，客户机在写 MMIO 内存时每次都会引发页面错误（Page Fault）并发生 VM Exit，交由后端处理，类似于敏感指令。同样都是由于页面错误导致的退出，KVM 如何区分是由 MMIO 还是由普通内存产生的页面错误呢？

在前面曾经提到，用户态 VMM 是通过 ioctl(KVM_SET_USER_MEMORY_REGION) 这一系统调用来为 RAM 设置内存区域的，即将该内存 GPA 到 HVA 的映射关系传递给 KVM，KVM 在收到这些信息后，会为其分配内存槽。而对于模拟 MMIO 内存空间而言，用户态 VMM 虽然初始化了该内存区域，但在向 KVM 传递内存区域信息时确定它不是 RAM 则不会为其注册，KVM 接收不到调用通知，自然也不会为其分配相应内存槽。

然而，MMIO 毕竟直接将 I/O 设备映射到物理地址空间，而虚拟机物理内存的虚拟化又是通过 EPT 机制来完成的，那么 EPT 机制势必会在实现模拟 MMIO 的过程中发挥一定的作用。当客户机第一次访问 MMIO 地址时，发现它对应的 GPA 在 EPT 页表中不存在，这将导致 EPT 违例触发 VM Exit 退出到 KVM。KVM 发现该 GPA 对应的宿主机 PFN 不存在，显然这是由于当初用户态 VMM 根本没有为其进行注册，因此 KVM 推断这必然是一个 MMIO 地址，进而设置 PFN 为 KVM_PFN_NOSLOT。图 3-17 展示了当客户机第一次访问 MMIO 地址发生 EPT 违例时，KVM 创建 MMIO 的 EPT 页表项的一系列调用过程。

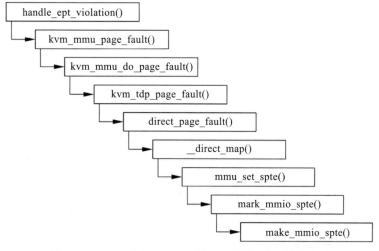

图 3-17　KVM 创建 MMIO 的 EPT 页表项的调用过程

KVM 最终通过 make_mmio_spte() 生成 MMIO 页表项，并对其进行特殊标记，代码如下：

📄 **arch/x86/kvm/mmu/spte.c**

```
1 u64 __read_mostly shadow_mmio_value;
2 ...
3 u64 make_mmio_spte(struct kvm_vcpu *vcpu, u64 gfn,
4                    unsigned int access)
5 {
6 u64 gen = kvm_vcpu_memslots(vcpu)->generation &
7              MMIO_SPTE_GEN_MASK;
8     u64 spte = generation_mmio_spte_mask(gen);
9     u64 gpa = gfn << PAGE_SHIFT;
10
11    ...
12    access &= shadow_mmio_access_mask;
13    spte |= shadow_mmio_value | access;
14    spte |= gpa | shadow_nonpresent_or_rsvd_mask;
15    ...
16
17    return spte;
18 }
```

这里的 64 位无符号整型变量 spte 就是用来存储 EPT 页表项值的。读者可能会问，spte 不是用来命名影子页表项的吗？的确如此，KVM 在 EPT 机制下依然沿用了影子页表的数据结构和变量名称，从而也再次印证了一套代码框架可以兼容两种不同的内存虚拟化方案。变量 shadow_mmio_value 存储 MMIO 的 EPT 页表项的特殊标记值，凡置位该特殊标记的 EPT 页表项将会被识别为 MMIO 地址空间，它最初是在 VMX 模块初始化过程中赋值的。图 3-18 展示了 KVM 初始化 MMIO 的 EPT 页表项特殊标记值的调用过程。

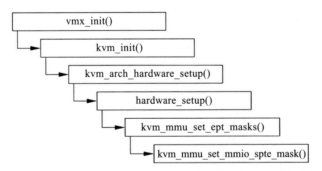

图 3-18　KVM 初始化 MMIO 的 EPT 页表项特殊标记值的调用过程

KVM 会将初始值 VMX_EPT_MISCONFIG_WX_VALUE 传递给 kvm_mmu_set_mmio_spte_mask() 函数并最终记录在变量 shadow_mmio_value 中，代码如下：

📄 **arch/x86/kvm/mmu/spte.c**

```
1 void kvm_mmu_set_ept_masks(bool has_ad_bits, bool has_exec_only)
```

```
 2 {
 3     ...
 4     /*
 5      * EPT Misconfigurations are generated if the value of bits 2:0
 6      * of an EPT paging-structure entry is 110b (write/execute).
 7      */
 8     kvm_mmu_set_mmio_spte_mask(VMX_EPT_MISCONFIG_WX_VALUE,
 9                                VMX_EPT_RWX_MASK, 0);
10 }
```

常量 VMX_EPT_MISCONFIG_WX_VALUE 的定义如下：

📄 **arch/x86/include/asm/vmx.h**
```
1 #define VMX_EPT_READABLE_MASK       0x1ull
2 #define VMX_EPT_WRITABLE_MASK       0x2ull
3 #define VMX_EPT_EXECUTABLE_MASK     0x4ull
4 ...
5 /* The mask to use to trigger an EPT Misconfiguration in order
6  to track MMIO */
7 #define VMX_EPT_MISCONFIG_WX_VALUE  (VMX_EPT_WRITABLE_MASK | \
8                                      VMX_EPT_EXECUTABLE_MASK)
```

从以上定义可知，KVM 将 MMIO 的特殊标记值设为可写可执行而不可读，即 110b。通过查阅《英特尔 64 位与 IA-32 架构软件开发人员手册》[○]得知，这是一种 EPT 谬置（EPT misconfiguration），是引发 VM Exit 的情形之一。在翻译 GPA 的过程中，当逻辑处理器遇到包含不支持的 EPT 页表项值时会发生 EPT 谬置。至此问题得以诠释，原来，KVM 正是借助 EPT 机制刻意构造了一类 EPT 谬置从而专门用来区分 MMIO 内存地址，以在客户机访问 MMIO 地址空间时触发由 EPT 谬置导致的 VM Exit，KVM 借此对其与普通内存加以区别。

在客户机首次访问 MMIO 地址发生 EPT 违例时，由 make_mmio_spte() 返回生成的页表项 spte 后，KVM 进而会通过 mmu_spte_set() 最终调用 __set_spte() 实际写入硬件，这样就结束了由 EPT 违例引发的 VM Exit 从而返回至客户机。与处理普通内存页面错误的流程类似，客户机会重新执行先前导致 EPT 违例的指令再次访问该 MMIO 的 GPA，但此次因 KVM 早已将该 GPA 对应的 EPT 页表项置位了特殊标记，则会直接产生由 EPT 谬置所引发的 VM Exit，进而由 KVM 对相应的 MMIO 捕获（MMIO Trap）做出处理。图 3-19 展现了当客户机再次访问该 MMIO 地址进而发生 EPT 谬置时 KVM 模拟 MMIO 指令的一系列调用过程。

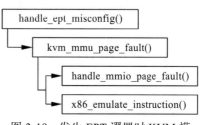

图 3-19　发生 EPT 谬置时 KVM 模拟 MMIO 指令的调用过程

与 handle_ept_violation() 开始的处理类似，handle_ept_misconfig() 也会调用 kvm_mmu_page_fault() 进行页面错误处理，与之不同的是在调用 handle_mmio_page_fault() 后分道扬

○ https://www.intel.com/content/www/us/en/developer/articles/technical/intel-sdm.html。

镳，该函数负责判断一个页面错误是否由 MMIO 引起，其主要代码如下：

📄 **arch/x86/kvm/mmu/mmu.c**
```
 1 static int handle_mmio_page_fault(struct kvm_vcpu *vcpu, u64
 2                                  addr, bool direct)
 3 {
 4     u64 spte;
 5     bool reserved;
 6
 7     ...
 8     reserved = get_mmio_spte(vcpu, addr, &spte);
 9     ...
10     if (is_mmio_spte(spte)) {
11         ...
12         return RET_PF_EMULATE;
13     }
14     ...
15     return RET_PF_RETRY;
16 }
```

函数 get_mmio_spte() 通过 addr 指定的 GPA 遍历 EPT 页表获取其对应的页表项，并将其内容返回至 spte 中，函数 is_mmio_spte() 根据之前在 spte 所置的特殊标记做出判断。通常情况下 spte 应为 MMIO 页表项，故函数会返回 RET_PF_EMULATE，表示需要 KVM 模拟 MMIO 内存的读写指令。

接下来便会执行 x86_emulate_instruction() 函数进行指令模拟，值得一提的是，当模拟指令的操作数是内存地址时，还需根据该地址遍历客户机页表，这是由于该操作数所记录的内存地址仍为客户机虚拟地址（GVA），遍历所调用的转址回调函数 gva_to_gpa() 就是在内存管理单元（MMU）初始化阶段准备完成的。因指令模拟的实现逻辑较为复杂，其中涉及指令解码、特殊指令的处理等，此处不再赘述，感兴趣的读者可以根据实际需要做进一步的研究。

KVM 完成 MMIO 读写指令模拟后，就会切入非根模式，返回用户态进入客户机系统。

3.5　本章小结

本章主要介绍虚拟化技术 KVM 的基本原理，探讨了在嵌入式领域和云计算领域虚拟化技术的不同之处。首先描述了服务器虚拟化开源项目 KVM 的发展历史和软件架构，然后通过实现一个极简版的用户态 VMM 来说明 KVM 主要 API 的调用过程，进而展开描述 KVM 的主要功能实现：CPU 虚拟化、内存虚拟化、中断虚拟化和设备虚拟化。

通过对 KVM 实现的探讨，希望能够帮助读者对虚拟化技术形成一个初步的印象。后续章节将深入介绍开源的嵌入式虚拟机——ACRN 的具体实现。

第 4 章
嵌入式虚拟化技术——ACRN 实现

前面的章节讲述了计算机虚拟化技术的发展和基本原理，介绍了云服务器上常用的主流虚拟机 KVM 的基本原理和实现。读者应该对虚拟化技术有了初步的认识。从本章开始，我们重点介绍一个开源的嵌入式虚拟机项目——ACRN。本章首先介绍 ACRN 项目的由来、发展、应用场景和实现架构，然后介绍在 Hypervisor 层的关键模块的设计和实现，包括 CPU 虚拟化、内存虚拟化、中断虚拟化和 I/O 虚拟化框架的支持等。后面的章节会继续介绍 ACRN 的各种设备虚拟化的实现。

4.1 ACRN 简介

4.1.1 ACRN 的由来

随着现代汽车、工业、物联网和计算机技术的快速发展，负载整合已经成为物联网嵌入式领域的趋势。所谓负载整合是指在一个通用的硬件计算平台上通过计算机技术实现不同负载的协同处理。分散独立的计算机系统被一个可扩展的高性能计算机替代。通过负载整合能有效降低成本，提升效率，增强系统灵活性。

同时伴随着计算机的发展，其单机的 CPU 核数不断增多，各种硬件性能不断提升，这也为负载整合创造了有利条件。嵌入式虚拟化技术在这种情形下应运而生，可用于汽车、工业或物联网边缘、端侧的各种负载整合场景。

另外，物联网和边缘侧的开发人员在他们构建的系统上面临着越来越高的需求，因为人们越来越期望连接的设备支持一系列硬件资源、操作系统以及软件工具和应用程序。虚拟化技术是满足这些需求的关键。现有的大多数虚拟机管理程序 Hypervisor 或 VMM 解决方案都无法为物联网和边缘系统提供合适的大小、启动速度、实时支持和灵活性。数据中心管理程序代码量太大，难以提供安全或硬实时功能，并且用于嵌入式开发时需要过多的性能开销。嵌入式虚拟化技术正是为满足这一需求而构建的，ACRN 项目也因此应运而生。

ACRN⊖是由英特尔发起的 Linux 基金会下面的一个开源项目，于 2018 年 3 月正式发

⊖ ACRN 的名字取自英文单词 acorn，意为橡树子，发音 ['eɪkɔːn]，寓意项目可以根深叶茂、苗壮成长。

布，它是一个专门为嵌入式系统设计的轻量级虚拟机 Hypervisor，具有灵活、轻量等特性，以实时性和关键安全性为出发点进行构建，是专门用来满足以上场景需求的嵌入式虚拟机参考方案。

ACRN 是一种一型（Type-1）Hypervisor，可在裸机硬件上直接运行，具有快速启动功能，并可针对各种物联网、边缘和嵌入式设备解决方案进行配置。它提供了一个灵活、轻量级的管理程序，在构建时考虑了实时性和安全性，并通过开源、可扩展的参考平台进行了优化以简化嵌入式开发。它的架构可以运行多个操作系统和虚拟机，并通过有效的虚拟化确保在一个系统硬件平台上共存的异构工作负载不会相互干扰。

ACRN 支持不同类型的外部设备是它的另一个优点。它可以支持嵌入式系统中常见的各种类型设备和总线，例如摄像头、音频、网络、存储、GPIO、I2C 总线等。ACRN 为虚拟设备仿真定义了一个参考框架实现，称为 ACRN 设备模型（Device Model，DM），专门支持丰富的 I/O 设备的共享。它也支持物理设备的直通访问，以满足实时应用程序的时间敏感要求和低延迟访问需求。为了使 Hypervisor 的代码库尽可能小且高效，大部分设备模型实现驻留在服务虚拟机中，以提供物理设备共享和其他功能。

4.1.2　ACRN 的关键技术特点

ACRN 具有以下关键功能和优势。

- 空间占用小：ACRN 专门针对资源受限的设备进行了优化，其代码行数（约 40KB）明显少于以数据为中心的 VMM 程序（KVM 超过 150KB）。
- 以实时为理念构建：低延迟、快速启动和响应式硬件设备通信，支持近乎裸机的性能。支持软实时或者硬实时的 VM 需求，包括运行实时任务期间避免产生 VM Exit、配置 LAPIC 和 PCI 设备直通、静态 CPU 核分配等。
- 为嵌入式物联网和边缘虚拟化而构建：ACRN 支持超越基础设备的虚拟化，包括 CPU、I/O 和网络虚拟化，提供一组丰富的 I/O 设备中介以实现多个 VM 共享设备。服务虚拟机或实时 VM 也可以直接与系统硬件和设备通信，确保低延迟访问。ACRN 由引导加载程序直接引导，以实现快速安全的引导。
- 构建时充分考虑到安全型 VM：安全型工作负载可以与其他 VM 隔离，并优先满足其设计需求。资源分区支持使用 Intel VT 技术，在同一个 SoC 上隔离出可以共存的安全关键域和非安全关键域。
- 适应性强且灵活：ACRN 支持多种操作系统，可根据针对各种应用程序用例的需要，对包括 Linux、Zephyr 和 Windows 在内的 VM 操作系统进行高效虚拟化。ACRN 场景配置支持共享、分区和混合 VM 模型，以支持各种应用程序用例。
- 真正的开源：凭借其宽松的 BSD 许可证和参考实现，ACRN 支持硬件平台和功能的不断扩展，同时显著节省了前期研发成本，有良好的代码透明度以及与行业领导者协作的软件开发社区。

4.1.3　许可证和社区

ACRN Hypervisor 和 ACRN 设备模型软件代码是在 BSD 3-Clause 许可证下提供的，该许可证允许"以源代码和二进制形式重新分发和使用，无论是否修改"以及许可中注明的完整版权声明和免责声明。

ACRN 项目社区的开发人员包括来自成员组织和一般社区的开发人员，他们都参与了项目内的软件开发。社区成员贡献和讨论想法，提交错误和错误修复。他们还通过邮件列表和 IRC 频道等社区论坛互相帮助。任何人都可以加入开发者社区，社区总是愿意帮助其成员和用户充分学习和利用 ACRN 项目。

4.2　ACRN 应用场景

ACRN 作为一个开源的虚拟机项目，目前主要运行在英特尔的 x86 硬件平台上⊖。在 ACRN 推出的主要版本中，主要适配了异构的负载整合用例，例如软件定义的驾驶舱（Software-Defined Cockpit，SDC）、人机界面（Human-Machine Interface，HMI）和工业实时操作系统。

在 ACRN 的开发过程中，其中 1.0 的版本主要支持 SDC 场景。SDC 由多个子系统组成：数字仪表盘（In-Vehicle Cluster，IC）、车载信息娱乐（In-Vehicle Infotainment，IVI）系统和一个或多个后座娱乐（Rear Seat Entertainment，RSE）系统。每个系统都作为 VM 运行，以实现更好的隔离。

其中数字仪表盘控制系统管理以下信息的显示：

- 行驶速度、发动机转速、温度、油位、里程表、行驶里程等。
- 低燃油或轮胎压力警报。
- 用于驾驶辅助的后视摄像头（Rear View Camera，RVC）和环绕摄像头视图。

典型的车载信息娱乐系统支持：

- 导航系统。
- 收音机、音频和视频播放。
- 通过语音识别和 / 或手势识别 / 触摸移动设备连接通话、音乐和应用程序。

后座娱乐系统提供如下功能，例如：

- 娱乐系统。
- 虚拟办公室。
- 连接 IVI 前端系统和移动设备（云连接）。

ACRN 1.0 上支持 Linux 和 Android 的用户虚拟机，如图 4-1 所示。OEM 厂商可以参考 Linux 或 Android 客户操作系统来实现自己的虚拟机，以实现定制的 IC/ IVI/ RSE。

⊖　ACRN 的结构化设计也可以支持其他处理器架构，并且 ACRN 的开源社区也非常欢迎来自其他社区的贡献。

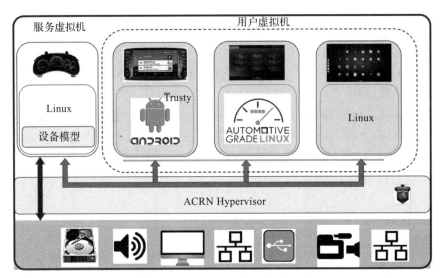

图 4-1 ACRN 1.0 车载虚拟化场景

ACRN 2.0/ 3.0 主要支持工业实时场景，如图 4-2 所示。一个典型的工业场景包含一个 Windows 系统（作为 HMI VM）和一个实时的 VM［如果客户机上运行的是一个实时系统，我们又称此 VM 为 Real-Time VM（RTVM）］。

- Windows 作为客户机操作系统提供人机交互界面。
- RTVM 包含一个实时操作系统和里面运行的实时任务负载，如 PLC 的控制。

也有的场景可能会包含一个安全虚拟机（Safety VM），专门用作整机系统的安全控制。普通的工业场景也可能不需要安全虚拟机，只需要 HMI + RTVM 即可。有的工业场景则需要多个 RTVM 来运行不同的实时任务。

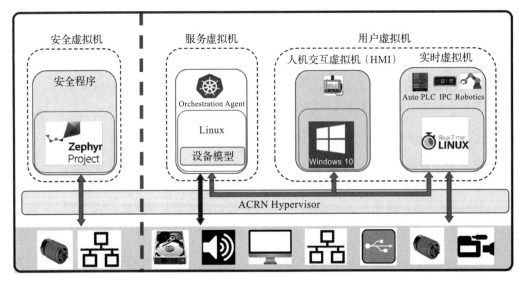

图 4-2 ACRN 2.0/3.0 的工业场景

除以上典型应用场景之外，ACRN 还可以用于其他场景，厂商或用户在熟悉 ACRN 的配置后可以自行适配。

4.3　ACRN 架构设计

ACRN 体系结构自 2018 年 7 月首次发布以来一直在不断演进。目前最新的 ACRN 体系结构可以支持逻辑分区、共享和混合模式的 VMM 架构，可以支持不同类型的 VM，例如实时的和非实时的、安全的和非安全的，支持各种常见的操作系统，例如 Ubuntu、Android、Windows 或各种 RTOS，其中 RTOS 又有 Zephyr、Preempt-Linux、Xenomai 等。ACRN 目前支持的场景越来越多，可扩展性和易用性也在不断提高。

下面介绍 ACRN 发展过程中支持的不同的整体架构和 Hypervisor 层的软件架构。

首先要解释几个 ACRN 中常用的术语，它们和 KVM 或者教科书里的名称略有不同。

- ACRN 虚拟机管理程序，可以简称为 ACRN、ACRN Hypervisor 或 ACRN VMM。
- 服务虚拟机（ACRN 术语），英文为 Service VM，对应于 Xen 项目里的 Dom0 或类似于 KVM 里的宿主机（Host）。
- 用户虚拟机（ACRN 术语），英文为 User VM，对应于 KVM 里的客户虚拟机（Guest VM）。
- 人机交互虚拟机，英文为 HMI VM，是指专门用于人机交互目的的虚拟机。
- 实时虚拟机，英文为 RTVM，是指专门运行实时操作系统的虚拟机。
- 设备模型，英文为 Device Model。可以简称为 DM、ACRN-DM，是运行在服务虚拟机里的模块，为 ACRN 提供设备模拟和共享服务。
- 安全虚拟机，英文为 Safety VM，专门用于功能安全目的的用户虚拟机。
- 预先启动虚拟机（ACRN 术语），英文为 Pre-launched VM。该虚拟机由 ACRN 直接启动，因为它比服务虚拟机启动的更早，所以称为预先启动虚拟机。
- 后启动虚拟机（ACRN 术语），英文为 Post-launched VM。该虚拟机在服务虚拟机之后启动，所以称为后启动虚拟机，由服务虚拟机进行启动和管理。

4.3.1　ACRN 1.0 整体架构

图 4-3 中的 ACRN 1.0 架构是为智能驾驶舱场景专门设计的，其中包括服务虚拟机、可以运行车载娱乐系统的 Linux VM 或者 Android VM。

- 服务虚拟机主要提供两类功能。其一是设备管理，它负责管理硬件平台上的大部分物理设备，而物理设备的硬件驱动安装和运行在服务虚拟机上，如果一个物理设备是被多个用户虚拟机共享的，则用户虚拟机对硬件设备的访问和操作都必须经过服务虚拟机，先经过设备模型，再通过物理设备驱动来访问硬件。其二是用户虚拟机的生命周期管理，VM 管理器负责用户虚拟机的启动 / 停止 / 暂停、虚拟 CPU 的暂停 / 恢复等。
- 用户虚拟机。可以是 Android VM 或者普通 Linux VM，里面主要运行车载信息娱乐程序。根据厂商需求和硬件平台的能力，可以支持多个娱乐系统 VM。

- 仪表盘控制应用程序，可以直接运行在服务虚拟机或者单独的 Linux VM 上。具体功能的配置划分可以根据需求来确定。

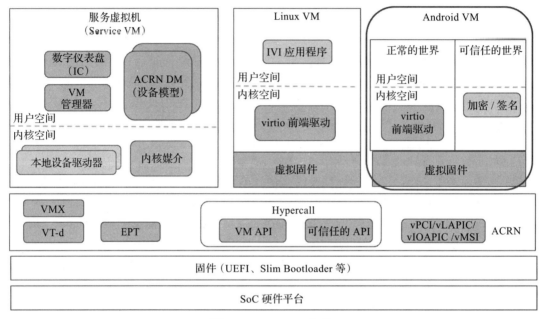

图 4-3   ACRN 1.0 架构

4.3.2   ACRN 2.0/3.0 整体架构

从 ACRN 2.0 开始，ACRN 扩展支持了预启动 VM（主要用于安全虚拟机）和实时虚拟机。图 4-4 是 ACRN 2.0/3.0 的架构图，与 ACRN 1.0 主要有如下区别。

- ACRN 2.0 支持预启动的虚拟机。这里的**预启动**（Pre-launched）意味着该虚拟机是由 ACRN Hypervisor 直接启动的，而且早于服务虚拟机启动。预启动的虚拟机独立于其他虚拟机运行，并拥有专用的硬件资源，如 CPU 核、内存和 I/O 硬件设备。其他虚拟机甚至可能不知道预启动的虚拟机的存在。因此，它通常被作为安全操作系统虚拟机使用。平台硬件故障检测代码可以在这个预启动的虚拟机中运行，并在发生系统关键故障时采取紧急措施。
- 用户虚拟机。服务虚拟机和用户虚拟机之间共享剩余的硬件资源。用户虚拟机都是通过服务虚拟机来启动的，因此也叫**后启动**虚拟机。用户虚拟机系统可以是 Ubuntu、Android、Windows 或 VxWorks。另外，还有一种特殊的用户虚拟机，称为实时虚拟机（RTVM），它运行的是实时操作系统，如 Zephyr、VxWorks、Xenomai 或者 PREEMPT_RT Linux。RTVM 通常用于各种工业控制，可编程逻辑控制器或机器人应用等对实时性有需求的场景。为了支持 RTVM 的实时性，ACRN 也从多个方面做了优化，这将在后面的章节中详细介绍。

- 服务虚拟机。如果没有预启动的虚拟机，则服务虚拟机是 ACRN 启动的第一个虚拟机。系统的硬件资源会首先分配给服务虚拟机，服务虚拟机可以通过设备驱动程序直接访问这些硬件资源。通过设备模型（ACRN-DM），服务虚拟机可以向用户虚拟机提供设备共享服务。服务虚拟机也可以把一些硬件设备直接分配给某一个用户虚拟机，让该虚拟机可以独占这些硬件设备进行直通访问，则此时就不用再经过服务虚拟机。目前 ACRN 项目中服务虚拟机的实现是基于 Linux 的，但只要将 ACRN 设备模型和其对应的内核模块移植到非 Linux 操作系统中，其他系统也可以扮演服务虚拟机的角色。
- ACRN Hypervisor 优化。ACRN 2.0 在 Hypervisor 中添加了一些必要的设备仿真支持，例如 vPCI 和 vUART，以避免不同虚拟机之间的干扰。另外，ACRN 2.0 支持在服务虚拟机上创建并运行 RTOS，具有 LAPIC 的直通和轮询模式的驱动程序（Polling Mode Driver，PMD）等功能。

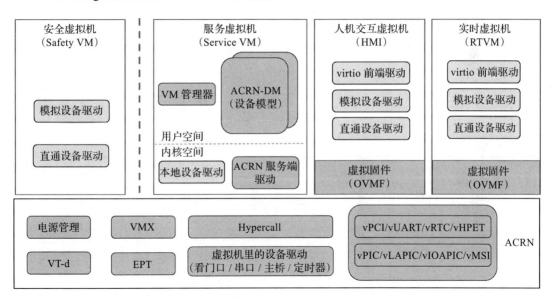

图 4-4　ACRN 2.0/3.0 架构

4.3.3　ACRN 的关键组成

ACRN 作为一个完整的开源项目，除了最重要的 Hypervisor 外，还包含其他关键部分。下面加以简单介绍，后面的章节会对此进行较详细的说明。

- 服务虚拟机：是 ACRN 软件架构中一个重要的客户操作系统。它以 non-root 模式运行，并包含许多关键组件，包括 VM 管理器、设备模型、ACRN 服务、CPU 内核以及 virtio 和 Hypercall 调用模块。设备模型管理用户虚拟机并为其提供设备仿真。用户虚拟机还通过 ACRN 服务和 VM 管理器提供系统电源生命周期管理服务，并通过 ACRN 日志 / 跟踪工具提供系统调试服务。
- ACRN 设备模型：设备模型是服务虚拟机中用户级的类似于 QEMU 的应用程序，负责创建用户虚拟机，然后根据命令行配置执行设备仿真。基于虚拟机监控器服务模块（Hypervisor Service Module，HSM），设备模型与 VM Manager 交互以创建用户虚拟机。然后，它通过设备模型用户级别的完全虚拟化、基于内核（如 virtio、GPU 虚拟化）的半虚拟化或基于内核 HSM API 的直通来做设备模拟。

- 虚拟机监控器服务模块：HSM 内核模块包含在服务虚拟机中，是用来支持用户虚拟机管理和设备模拟的服务虚拟机内核驱动程序。设备模型遵循标准 Linux 字符设备 API（IOCTL）来访问 HSM 功能。HSM 通过 Hypercall 或 upcall 中断与 ACRN 管理程序通信。

ACRN 还包含 Log/Trace 工具用来接收 Hypervisor 的 log/trace 信息；VM Manager（ACRN-Daemon /LIBVIRT）用来管理虚拟机的创建和销毁。从 ACRN 3.0 之后，还引入了一系列基于 Web 的图形化配置工具。

4.3.4　ACRN Hypervisor 的架构

ACRN 利用基于硬件的英特尔虚拟化技术（Intel VT）。ACRN Hypervisor 运行在虚拟机扩展（VMX）的根模式（root mode）下，而服务虚拟机和用户虚拟机则运行在 VMX 非根模式（non-root mode）下。图 4-5 所示为 ACRN Hypervisor 的分层架构，各模块的功能介绍如下。

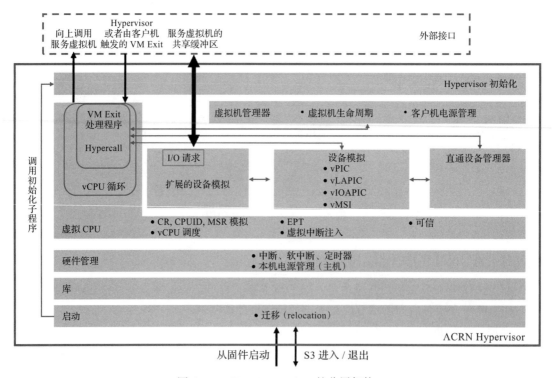

图 4-5　ACRN Hypervisor 的分层架构

ACRN Hypervisor 分层架构中各个模块的功能如下。
- Boot 执行最基本的硬件初始化，以启用 C 代码的执行。

- Library 由不需要显式初始化的子程序组成，包括标准内存和字符串操作函数，如 strncpy、原子操作函数和位图操作函数。该组件独立于其他组件并广泛用于其他组件。
- Hardware Management and Utilities 对硬件资源进行抽象，并向上层提供定时器和物理中断处理程序注册等服务。
- Virtual CPU 实现 CPU、内存和中断虚拟化。其中 vCPU 循环通过调用其他组件中的处理程序来处理 VM 退出事件。Hypercall 为一种特殊类型的 VM 退出事件处理过程。该组件还能够向 Service VM 注入上行调用中断。
- Device Emulation 实现在管理程序中仿真的设备，例如虚拟可编程中断控制器，包括 vPIC、vLAPIC 和 vIOAPIC 等。
- Passthrough Management 管理分配给某特定 VM 的物理 PCIe 设备。
- Extended Device Emulation 组件实现一种 I/O 请求机制，使管理程序能够将 I/O 访问从用户虚拟机转发到服务虚拟机以进行仿真。
- VM Management 组件管理虚拟机的创建、删除和其他生命周期操作。
- Hypervisor Initialization 组件调用其他组件中的初始化子例程，以启动 Hypervisor 并以共享模式启动 Service VM 或以分区模式启动所有 VM。

以上模块的具体的实现将在后面的章节中详细说明。

虚拟化技术主要包括 4 个技术领域，即 CPU 虚拟化、内存虚拟化、中断虚拟化和 I/O 虚拟化。后面的章节将介绍这 4 个技术领域及其实现。

4.4　CPU 虚拟化与实现

图 4-6 展示了 CPU 虚拟化的主要功能模块（以深色表示）。

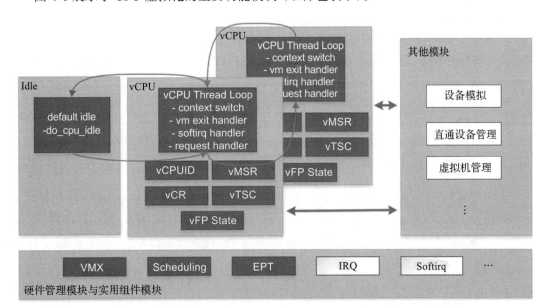

图 4-6　CPU 虚拟化的主要功能模块

ACRN Hypervisor 基于 Intel VT-x 虚拟化技术，通过以下方法模拟虚拟的处理器（virtual CPU，vCPU）。

- 物理处理器的管理：针对 vCPU，ACRN Hypervisor 支持两种模式的物理处理器（physical CPU，pCPU）的管理。
  - 处理器分区，一个 vCPU 拥有一个专用的 pCPU 并与其绑定，从而使大部分硬件寄存器的模拟只是透传，这为物理中断的处理和客户机虚拟机的执行提供了良好的隔离。
  - 处理器共享，两个或多个 vCPU 共享一个 pCPU。不同 vCPU 之间的切换需要更复杂的上下文切换，这为低性能需求的 vCPU 任务提供了灵活的计算资源共享。
- 简单的调度器：一个设计良好的调度器框架允许 ACRN Hypervisor 采用不同的调度策略，例如 NOOP（No-Operation）调度器、I/O 敏感的循环（Round Robin）调度器、基于优先级的调度器和 BVT（Borrowed Virtual Time）调度器。默认情况下，使用 BVT。
  - NOOP 调度器，只为一个 pCPU 维护两个线程循环：一个 vCPU 线程和一个默认空闲线程。pCPU 大部分时间都运行在 vCPU 线程中，用来模拟 vCPU，它会在 VMX 根操作模式（VMX Root Operation）和 VMX 非根操作模式（VMX Non-Root Operation）之间进行切换。当需要 pCPU 维持在 VMX 根操作模式时，pCPU 将调度到默认空闲线程，例如等待来自设备模型的 I/O 请求或准备销毁虚拟机时。
  - 循环调度器，允许更多 vCPU 线程循环在同样的 pCPU 上运行。当用完当前的时间片或需要调度出当前线程（例如等待 I/O 请求）时，它会在不同的 vCPU 线程和默认空闲线程之间切换。vCPU 也可以自行让步，例如当 vCPU 执行 "PAUSE" 指令时。
  - 基于优先级的调度器，基于优先级的调度器可以支持基于其预先配置的优先级的 vCPU 调度。只有当同一 pCPU 上没有更高优先级的 vCPU 运行时，vCPU 才能运行。例如，在某些情况下，我们有两台 VM，一台 VM 配置为使用 PRIO_LOW，另一台 VM 配置为使用 PRIO_HIGH。PRIO_LOW VM 的 vCPU 只能在 PRIO_HIGH VM 的 vCPU 自愿放弃 pCPU 使用时运行。
  - BVT 调度器，BVT（Borrowed Virtual Time）是一种基于虚拟时间的调度算法，它调度具有最早有效虚拟时间的可运行线程。
    - 虚拟时间：最先调度有效虚拟时间（EVT）最早的线程。
    - Warp：允许对延迟敏感的线程在虚拟时间中回滚以使其更早出现。它从未来的 CPU 分配中借用虚拟时间，因此不会中断长期 CPU 共享。
    - MCU：最小时间计算单元（Minimum Charging Unit，MCU），调度器以 MCU 为单位计算运行时间。
    - 加权公平共享：每个可运行线程在一定数量的 MCU 的调度窗口上按其权重比例获得处理器份额。

◆ C：上下文切换余量。允许当前线程超越另一个对 CPU 具有同等要求的可运行
线程的实时时间。C 类似于传统分时中的量子。

4.4.1　处理器管理

1. 静态的处理器分区

处理器分区是一种将虚拟处理器（vCPU）映射到物理处理器（pCPU）的策略。为了实现这一点，ACRN Hypervisor 可以配置一个 NOOP 调度器作为 pCPU 的调度策略。当为客户机操作系统创建 vCPU 时，ACRN 在 vCPU 和其专用的 pCPU 之间创建固定的 1∶1 映射。这样可以使 vCPU 的管理代码更加简单。

此时，ACRN Hypervisor 的虚拟机配置（VM Configuration）中的 cpu_affinity 有助于决定虚拟机（VM）中的 vCPU 关联到哪个 pCPU，然后完成固定映射。启动客户虚拟机时，需要从虚拟机的 cpu_affinity 中选择未被任何其他虚拟机使用的 pCPU。

2. 灵活的处理器共享

为了启用 pCPU 共享，ACRN Hypervisor 可以配置 IORR（I/O 敏感轮询）或 BVT（借用虚拟时间）调度程序策略。

此时，ACRN Hypervisor 的虚拟机配置（VM Configuration）中的 cpu_affinity 表示允许此 VM 运行的所有 pCPU。只要未在该客户虚拟机中启用 LAPIC 透传，就可以在服务虚拟机和任何用户虚拟机之间共享 pCPU。

3. Hypervisor 的处理器管理

正如前文所述，ACRN Hypervisor 的虚拟机配置（VM Configuration）中的 cpu_affinity 决定了 vCPU 与 pCPU 的关联关系。

目前，ACRN Hypervisor 不支持 vCPU 动态迁移到不同的 pCPU。这意味着在不首先调用 offline_vcpu 的情况下，vCPU 不会更改其运行所在的 pCPU。

4. 服务虚拟机的处理器管理

在 ACRN Hypervisor 中，所有 ACPI 表都传递到服务虚拟机，包括多中断控制器表（Multiple APIC Description Table，MADT）。当特权虚拟机内核启动时，特权虚拟机通过解析 MADT 来查看所有物理处理器（pCPU）。通过创建相同数量的虚拟处理器（vCPU），所有 pCPU 最初都分配给服务虚拟机。

当使用静态的处理器分区时，服务虚拟机启动完成后，它会释放供用户虚拟机使用的 pCPU。图 4-7 所示为多核平台上 CPU 分配的示例流程。

当使用灵活的处理器共享时，服务虚拟机可以与不同的用户虚拟机共享 pCPU，因此，服务虚拟机启动完成后，它不需要释放供用户虚拟机使用的 pCPU。

5. 用户虚拟机的处理器管理

ACRN Hypervisor 的虚拟机配置（VM Configuration）中的 cpu_affinity 定义了一组允许 VM 运行的物理 CPU。ACRN 设备模型可以选择仅在 cpu_affinity 的一个子集或 cpu_ affinity 中列出的所有 pCPU 上启动，但它不能分配任何未包含在 cpu_affinity 中的 pCPU 给用户虚拟机。

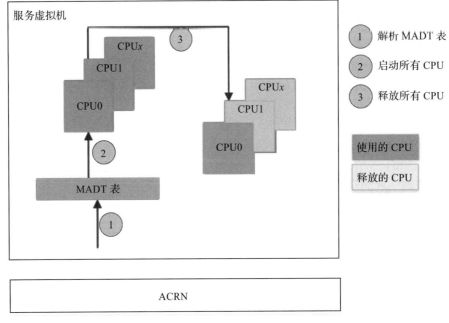

图 4-7   多核平台上 CPU 分配的示例流程

4.4.2   vCPU 生命周期

ACRN Hypervisor vCPU 生命周期如图 4-8 所示，其中主要状态为：

- VCPU_INIT，vCPU 处于初始化状态，其 vCPU 线程尚未准备好在其关联的 pCPU 上运行。
- VCPU_RUNNING，vCPU 正在运行，并且其 vCPU 线程已准备好（在队列中）或已经在其关联的 pCPU 上运行。
- VCPU_PAUSED，vCPU 已暂停，并且其 vCPU 线程未在其关联的 pCPU 上运行。
- VCPU_ZOMBIE，vCPU 正在被离线，并且其 vCPU 线程未在其关联的 pCPU 上运行。
- VCPU_OFFLINE，vCPU 已经离线。

4.4.3   vCPU 调度

本节以静态处理器分区模式为例讲述 vCPU 的调度。

在静态处理器分区下，ACRN Hypervisor 实现了基于两个线程的简单调度机制：vCPU 线程（vcpu_thread）和默认空闲线程（default_idle）。VCPU_RUNNING 状态的 vCPU 始终运行在 vcpu_thread 循环中，而 VCPU_PAUSED 或 VCPU_ZOMBIE 状态的 vCPU 运行在 default_idle 循环中。vcpu_thread 和 default_idle 线程中的详细行为如图 4-9 所示。

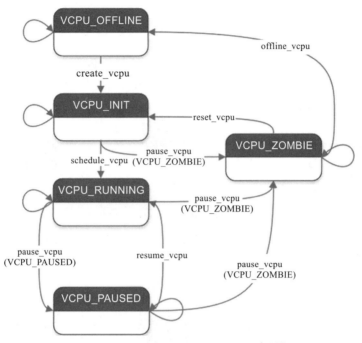

图 4-8　ACRN Hypervisor vCPU 生命周期

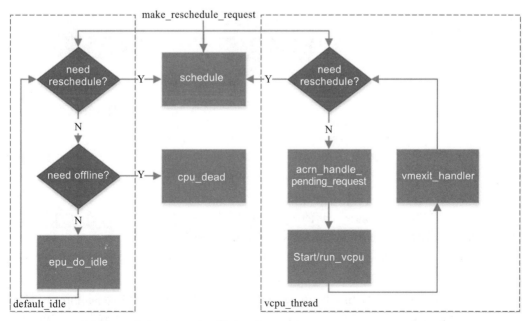

图 4-9　静态处理器分区模式下的 ACRN Hypervisor vCPU 调度流程

- vcpu_thread 循环将循环处理 VM Exit 以及一些待处理请求。它还将检查是否存在调度请求，然后在必要时调度到 default_idle。
- default_idle 循环主要循环执行 cpu_do_idle，同时还检查是否存在离线和调度请求。如果一个 pCPU 被标记为需要离线，它将转到 cpu dead。如果一个 pCPU 发出重新调度请求，它会在必要时调度到 vcpu_thread。
- 函数 make_reschedule_request 用于 vcpu_thread 和 default_idle 之间的线程切换。

图 4-10 展示了 ACRN Hypervisor 的 vCPU 调度场景和步骤。

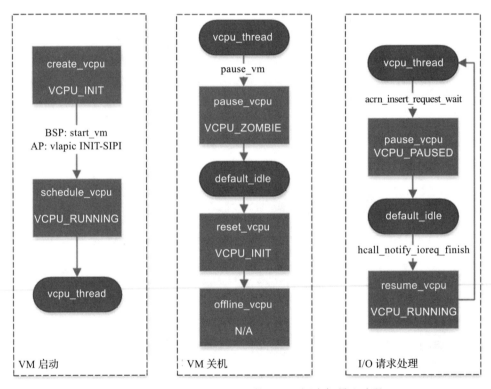

图 4-10 ACRN Hypervisor 的 vCPU 调度场景和步骤

1）启动虚拟机时，创建 vCPU 后，主启动处理器（Bootstrap Processor，BP）通过 start_vm 调用 launch_vcpu，应用处理器（Application Processor，AP）通过 vlapic 模拟 INIT-SIPI 从而调用 launch_vcpu，最后该 vCPU 会运行在 vcpu_thread 循环中。

2）在关闭虚拟机时，pause_vm 的调用会使得在 vcpu_thread 中运行的 vCPU 调度到 default_idle。之后的 reset_vcpu 和 offline_vcpu 重置并下线该 vCPU。

3）在处理 I/O 请求时，将 I/O 请求（IOReq）发送到设备模型进行模拟后，运行在 vcpu_thread 中的 vCPU 通过 acrn_insert_request 调度到 default_idle。设备模型完成对这个 I/O 请求的模拟后，调用 hcall_notify_ioreq_finish 并使 vCPU 调度回到 vcpu_thread 以继续其客户机操作系统的执行。

1. vCPU 线程

vCPU 线程是一个循环，它的工作流程如图 4-11 所示。

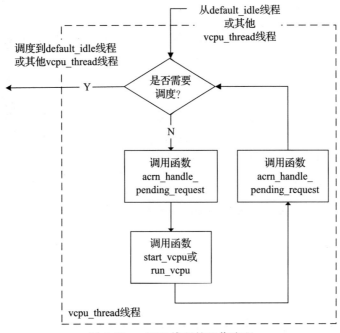

图 4-11　vCPU 线程的工作流程

其工作流程如下：

1）检查当前 vcpu_thread 是否需要通过重新调度请求切换到 default_idle 或其他 vcpu_thread。如果需要，则调度到 default_idle 或其他 vcpu_thread。

2）通过调用 acrn_handle_pending_request 处理未处理的请求，例如对 VMCS 的初始化、NMI 的处理等。

3）通过调用 start/run_vcpu 完成 VM Entry，然后进入 VXM 非根操作模式运行客户机操作系统。

4）当客户机操作系统在 VXM 非根操作模式下触发 VM Exit 时，VM 从 start/run_vcpu 退出。

5）根据引发 VM Exit 的原因处理 VM Exit。

6）循环回到步骤 1）。

2. vCPU 运行时上下文

在 VMX 根操作模式和 VMX 非根操作模式进行切换时，vCPU 的运行时上下文通过数据结构 struct run_context 来进行保存和恢复。

ACRN Hypervisor 按三种不同的类别处理运行时 vCPU 上下文的保存与恢复。

- 在 VM Exit/Entry 时始终需要保存与恢复。这些寄存器必须在每次 VM Exit 时保存，并在每次 VM Entry 时恢复。寄存器包括：通用寄存器、CR2 和 IA32_SPEC_CTRL。定义在 vcpu→run_context 中。通过 vcpu_get/set_xxx 获取 / 设置它们。
- VM Exit/Entry 时按需缓存 / 更新。这些寄存器经常使用。它们应该在 VM Exit 后的第一次访问时从 VMCS 中读取并缓存。如果其后被更改，那么应当在 VM Entry 时根据缓存下的值更新 VMCS。寄存器包括：RSP、RIP、EFER、RFLAGS、CR0 和 CR4。定义在 vcpu→run_context 中。通过 vcpu_get/set_xxx 获取 / 设置它们。
- 始终从 VMCS 中读取或者始终写入 VMCS。这些寄存器很少使用。对它们的访问总是通过 VMCS。寄存器包含在 VMCS 中，但未在上述两种情况中列出。没有定义在 vcpu→run_context 中。通过 VMCS 的读取接口获取 / 设置它们。

3. VM Exit 处理程序

ACRN Hypervisor 在 vcpu_thread 中使用函数 vmexit_handler 来处理 VM Exit。在 ACRN Hypervisor 中，静态数组 vm_exit_dispatch dispatch_table[] 被用来存储不同的 VM Exit 原因及其处理程序，当 VM Exit 发生时，ACRN Hypervisor 会依据 VM Exit 的原因在数组内查询到其对应的处理程序并进行相关处理。

4. 待处理的请求处理程序

ACRN Hypervisor 在 vcpu_thread 中使用函数 acrn_handle_pending_request 来处理 VM Entry 之前的请求。vCPU 结构中有一个位图（bitmap）"vcpu→arch→pending_req"被用来存储不同的请求。

目前，ACRN Hypervisor 支持以下请求。

- ACRN_REQUEST_EXCP：异常（Exception）注入请求。
- ACRN_REQUEST_EVENT：来自虚拟 LAPIC（vLAPIC）的中断注入请求。
- ACRN_REQUEST_EXTINT：来自虚拟 PIC（vPIC）的中断注入请求。
- ACRN_REQUEST_NMI：NMI 注入请求。
- ACRN_REQUEST_EOI_EXIT_BITMAP_UPDATE：更新 VMCS 中 EOI-exit bitmap 的请求。
- ACRN_REQUEST_EPT_FLUSH：刷掉缓存的 EPT 映射的请求。
- ACRN_REQUEST_TRP_FAULT：三重故障发生后申请将虚拟机关闭的请求。
- ACRN_REQUEST_VPID_FLUSH：刷掉缓存的 VPID 映射的请求。
- ACRN_REQUEST_INIT_VMCS：初始化 VMCS 的请求。

ACRN Hypervisor 提供了函数 vcpu_make_request 来发出不同的请求，在 bitmap 中设置对应请求的比特位，必要时通过 IPI 通知目标 vCPU（比如在目标 vCPU 当前没有运行时）。

4.4.4　VMX 初始化

ACRN Hypervisor 在 vCPU 首次启动前会初始化其对应的 VMCS，其中包含以下信息。

- 客户机（Guest）状态域：保存客户机运行时即非根模式时的 CPU 状态。当 VM-Exit 发生时，CPU 把当前状态存入客户机状态域，当 VM-Entry 发生时，CPU 从客户机状态域恢复状态。
- 宿主机（Host）状态域：保存 VMM 运行时即根模式时的 CPU 状态。当 VM-Exit 发生时，CPU 从该域恢复 CPU 状态。
- VM-Entry 控制域：控制 VM-Entry 的过程。
- VM-Execution 控制域：控制处理器在 VMX 非根模式下的行为。
- VM-Exit 控制域：控制 VM-Exit 的过程。

关于客户机（Guest）的状态初始化：

- 如果初始化的 vCPU 是客户机的主启动处理器（BP），Guest 状态域的配置在软件加载（SW Load）中完成，可以由不同的对象进行初始化。
  - 服务虚拟机的 BP：Hypervisor 会根据不同的启动模式在不同的软件加载中对其进行初始化。
  - 用户虚拟机的 BP：服务虚拟机与设备模型通过 Hypercall 对其进行初始化。
- 如果初始化的 vCPU 是客户机的应用处理器（AP），那么它总是从实模式启动，启动向量（start vector）将始终来自 vLAPIC 模拟的 INIT-SIPI 序列。

4.4.5　CPUID 虚拟化

在 ACRN Hypervisor 中，客户虚拟机执行 CPUID 指令（在 VMX 非根操作模式下）将无条件导致 VM Exit。ACRN Hypervisor 需要在 EAX、EBX、ECX 和 EDX 寄存器中返回模拟的处理器标识和功能信息。

为简化起见，ACRN Hypervisor 为大部分 CPUID 返回与物理处理器相同的信息，只会特殊处理一些与 APIC ID 相关的 CPUID 特性，例如 CPUID.01H。同时，ACRN Hypervisor 也针对 Hypervisor 模拟了一些额外的 CPUID 功能，例如 CPUID.40000000H 被用来提供 Hypervisor 供应商标识。

ACRN Hypervisor 为每个虚拟机都创建了一个 vcpuid_entries 数组，在虚拟机创建期间对其进行初始化，用于缓存每个虚拟机的大部分 CPUID 条目。在虚拟机运行期间，对 CPUID 进行虚拟化时，除了与 APIC ID 相关的 CPUID 之外，ACRN Hypervisor 都将从该数组中读取在初始化阶段缓存的值。

除此之外，ACRN Hypervisor 还需要处理一些可以在运行时更改的 CPUID 的值，例如 CPUID.80000001H 中的 XD 特性可能会被 MISC_ENABLE MSR 清除。

4.4.6　MSR 虚拟化

MSR 是型号特有寄存器。ACRN Hypervisor 始终启用在 VM-Execution 控制域中的 MSR Bitmap。MSR Bitmap 用来控制对 MSR 的访问是否触发 VM Exit。值得注意的是，对 MSR 的读写操作拥有各自的 MSR Bitmap。

- 对于在 MSR Bitmap 中未设置相关比特位的 MSR，客户虚拟机访问该 MSR 时将直接访问物理 MSR。
- 对于在 MSR Bitmap 中已设置相关比特位的 MSR，客户虚拟机读取或写入这些 MSR 的 VM Exit 原因分别为 VMX_EXIT_REASON_RDMSR 或 VMX_EXIT_REASON_WRMSR，其相应的 VM Exit 处理程序分别为 rdmsr_vmexit_handler 或 wrmsr_vmexit_handler。

4.4.7　CR 虚拟化

CR 是控制寄存器（Control Register，CR）。VMCS VM-Execution 控制域的 CR0/CR4 Guest/Host Mask 字段提供了客户机写 CR0/CR4 指令的加速。该字段每一位和 CR0/CR4 的每一位对应，表示 CR0/CR4 对应的位是否可以被客户软件修改。若为 1，表示 CR0/CR4 中对应的位隶属于宿主机（Host），当客户机（Guest）向该比特位写入一个与 Read Shadow 中对应比特位不同的值的时候，VM Exit 就会被触发；当客户机读取该比特位时，它将读到 Read Shadow 中对应比特位的值。若为 0，表示 CR0/CR4 中对应的位隶属于客户机，客户机可以直接读取或写入对应寄存器。

ACRN Hypervisor 将设置 CR0/CR4 Guest/Host Mask，用来标记特定比特位的修改是否会导致 VM Exit。

虚拟机操作系统可以 mov from CR0/CR4，而不会触发 VM Exit。这时读取的值是 VMCS 中相应寄存器的 Read Shadow，Read Shadow 的值由 ACRN Hypervisor 在 CR0/CR4 写入时进行更新。

由 mov to CR0/CR4 触发的 VM Exit 将由 cr_access_vmexit_handler 进行处理。首先，ACRN Hypervisor 会检查写入的值是否合法。如果该值不合法，Hypervisor 会向虚拟机注入 #GP；如果该值合法，Hypervisor 会基于特定比特位的修改进行相应的处理，比如对分页模式或缓存类型进行更改。最后，ACRN Hypervisor 会相应地更新 CR0/CR4 Read Shadow 以及 Guest CR0/CR4。

4.4.8　IO/MMIO 模拟

ACRN Hypervisor 始终启用 VMCS VM-Execution 控制域中的 I/O Bitmap 和 EPT。基于这两种机制，pio_instr_vmexit_handler 和 ept_violation_vmexit_handler 用于进行 IO/MMIO 模拟。模拟程序可以由 Hypervisor 完成，也可以由服务虚拟机中的设备模型完成。

对于在 Hypervisor 中实现的虚拟设备，ACRN 提供了一些基本的 API 来注册其 IO/MMIO 处理程序。

- 对于服务虚拟机，默认的 I/O Bitmap 都设置为 0，这意味着服务虚拟机默认会透传所有的 I/O 端口访问。为虚拟设备添加 I/O 处理程序需要首先将其对应的 I/O Bitmap 设置为 1。
- 对于用户虚拟机，默认 I/O Bitmap 都设置为 1，这意味着 Hypervisor 默认会捕获到用户虚拟机 对于所有 I/O 端口的访问。为虚拟设备添加 I/O 处理程序不需要更改其

I/O Bitmap。如果被捕获的 I/O 端口访问不属于 Hypervisor 虚拟设备，它将创建一个 I/O 请求并将其传递给服务虚拟机中的设备模型。

- 对于服务虚拟机，EPT 将除 ACRN Hypervisor 使用区域之外的所有内存范围映射给服务虚拟机。这意味着服务虚拟机将默认透传所有 MMIO 访问。为虚拟设备添加 MMIO 处理程序需要首先从 EPT 映射中删除其 MMIO 的内存范围。
- 对于用户虚拟机，EPT 仅将其系统 RAM 映射给用户虚拟机，这意味着用户虚拟机默认会捕获所有 MMIO 访问。为虚拟设备添加 MMIO 处理程序不需要更改其 EPT 映射。如果被捕获的 MMIO 访问不属于 Hypervisor 虚拟设备，它将创建一个 I/O 请求并将其传递给服务虚拟机中的设备模型。

4.4.9 指令模拟

ACRN Hypervisor 为 MMIO（EPT）和 APIC 访问模拟实现了一个简单的指令模拟基础设施。当由此导致的 VM Exit 被触发时，Hypervisor 需要解码来自 RIP 的指令，然后根据其指令和读 / 写尝试相应的模拟。指令模拟工作流程如图 4-12 所示。

ACRN Hypervisor 目前支持模拟 mov、movx、movs、stos、test 和 / 或 cmp、sub、bittest 指令，不支持指令的 lock 前缀与实模式模拟。

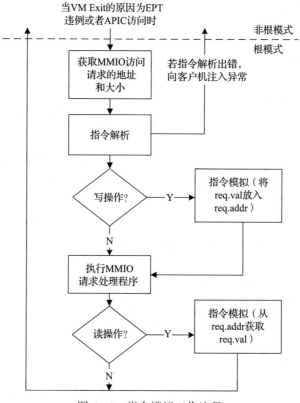

图 4-12　指令模拟工作流程

当 VM Exit 的原因为 EPT 违例（处理程序为 ept_violation_vmexit_handler）或者 APIC 访问（处理程序为 apic_access_vmexit_handler）时，ACRN Hypervisor 将：

1）获取 MMIO 访问请求的地址和大小。

2）解析当前 RIP 中的指令并做以下检查：

- 指令是否支持？如果不支持，将 #UD 注入客户虚拟机。
- 指令的目标操作数以及源操作数的 GVA（Guest Virtual Address）是否有效？如果无效，将 #PF 注入客户虚拟机。
- 堆栈是否有效？如果无效，将 #SS 注入客户虚拟机。

3）如果步骤 2）成功，检查访问方向。如果是写入，则执行 emulate_instruction 从指令操作数中获取 MMIO 请求的值。如果是读取，则执行 emulate_instruction 将 MMIO 请求的值放入指令操作数中。

4）执行 MMIO 请求处理程序。对于 EPT 违例来说，处理程序是 emulate_io，对于 APIC 访问来说，处理程序是 vlapic_write/read。它们将最终通过以下方式完成此 MMIO 请求模拟：

- 将 req.val 放入 req.addr 以进行写入操作。
- 从 req.addr 获取 req.val 以进行读取操作。

5）返回 Guest。

4.4.10　TSC 模拟

TSC 是时间戳计数器（Time Stamp Counter，TSC）。MSR_IA32_TSC_AUX 被用来记录处理器的 ID。因此，客户虚拟机可以通过修改 MSR_IA32_TSC_AUX 来修改处理器的 ID。在 ACRN Hypervisor 中，当 vCPU 执行 RDTSC/RDTSCP 或者访问 MSR_IA32_TSC_AUX 时，VM Exit 不会发生。ACRN Hypervisor 在每个 VM Exit/Entry 时保存 / 恢复 MSR_IA32_TSC_AUX 的值，它是基于 VMCS VM-Execution 控制域中的 MSR-store 与 MSR-load 的简单实现。VM-exit MSR-store count 指定了 VM Exit 发生时 CPU 要保存的 MSR 的数目，VM-exit MSR-store address 指定了要保存的 MSR 区域的物理地址；VM-exit MSR-load count 指定了 VM Exit 发生时 CPU 要装载的 MSR 的数目，VM-exit MSR-load address 指定了要装载的 MSR 区域的物理地址。

MSR IA32_TIME_STAMP_COUNTER 由 ACRN Hypervisor 模拟，它是基于 TSC offset 的简单实现（在 VMCS VM-Execution 控制域中启用）。

- 读取 MSR_IA32_TIME_STAMP_COUNTER 时，返回值通过以下公式计算：
  val = rdtsc() + exec_vmread64(VMX_TSC_OFFSET_FULL)。
- 写入 MSR_IA32_TIME_STAMP_COUNTER 时，ACRN Hypervisor 会更新 VMCS 中的 TSC offset：exec_vmwrite64(VMX_TSC_OFFSET_FULL, val - rdtsc())。

4.4.11　ART 虚拟化

不变的 TSC（Invariant TSC）基于不变计时硬件（Always Running Timer，ART），

ART 以核心晶体时钟频率运行。由 CPUID.15H 定义的比率表示 ART 硬件和 TSC 之间的频率关系。

如果 CPUID.15H.EBX[31:0] 不等于 0 且 CPUID.80000007H:EDX[8] 等于 1，则 TSC 和 ART 硬件之间存在以下线性关系：

TSC_Value = (ART_Value * CPUID.15H:EBX[31:0]) / CPUID.15H:EAX[31:0] + K

其中 K 是可由特权代理调整的偏移量。当 ART 硬件复位时，Invariant TSC 和 K 也被复位。

ART 虚拟化（vART）的原则是可以在裸机上运行的软件也可以在虚拟机中运行，解决方案如下。

通过 CPUID.15H:EBX[31:0] 和 CPUID.15H:EAX[31:0] 向 Guest 呈现 ART 功能。直通设备可以直接看到物理 ART 的值（vART_Value = pART_Value）Guest 中 ART 和 TSC 的关系为：vTSC_Value = (vART_Value * CPUID.15H:EBX[31:0]) / CPUID.15H:EAX[31:0] + vK
其中 vK = K + VMCS.TSC_OFFSET。如果 Guest 更改了 vK 或 vTSC_Value，我们会相应地调整 VMCS.TSC_OFFSET。K 永远不会被 ACRN Hypervisor 改变。

4.4.12　XSAVE 虚拟化

XSAVE 功能集主要由以下 8 个指令组成。

- XGETBV 和 XSETBV 允许软件读写扩展控制寄存器 XCR0，它控制着 XSAVE 功能集的操作。
- XSAVE、XSAVEOPT、XSAVEC 和 XSAVES 是将处理器状态保存到内存的四个指令。
- XRSTOR 和 XRSTORS 是从内存加载处理器状态的对应指令。

其中 XGETBV、XSAVE、XSAVEOPT、XSAVEC 和 XRSTOR 可以在任何权限级别执行；XSETBV、XSAVES 和 XRSTORS 只有在 CPL = 0 时才能执行。

启用 XSAVE 功能集由 XCR0（通过 XSETBV）和 IA32_XSS MSR 控制。图 4-13 描述了 ACRN Hypervisor 对 XSAVE 功能集的模拟。

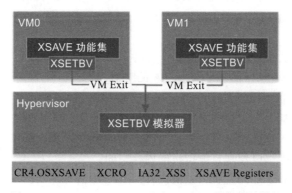

图 4-13　ACRN Hypervisor 对 XSAVE 功能集的模拟

默认情况下，ACRN Hypervisor 在 VMCS VM-Execution 控制域中启用 XSAVES/XRSTORS，

因此它允许 Guest 使用 XSAVE 功能。由于 Guest 执行 XSETBV 总是会触发 VM Exit，因此 ACRN Hypervisor 实际上需要处理 XCR0 的写入。

ACRN Hypervisor 通过以下规则模拟 XSAVE 功能。枚举 CPUID.01H 以查询物理上是否支持 XSAVE 功能；如果是，则通过 CR4.OSXSAVE 在 Hypervisor 中启用 XSAVE。模拟 XSAVE 相关的 CPUID.01H & CPUID.0DH 给 Guest，通过 xsetbv_vmexit_handler 模拟 XCR0 的访问，ACRNHypervisor 将 IA32_XSS MSR 的访问透传给 Guest，ACRN Hypervisor 不使用 XSAVE 的任何功能，vCPU 将完全控制非根操作模式下的 XSAVE 功能。

4.5　内存虚拟化及实现

4.5.1　概述

ACRN Hypervisor 将实际的物理内存虚拟化，因此在虚拟机中运行的未修改的操作系统（例如 Linux 或 Android）可以管理自己的连续物理内存。ACRN Hypervisor 使用虚拟处理器标识符（Virtual-Processor Identifier，VPID）和扩展页表机制将客户机物理地址转换为宿主机物理地址。Hypervisor 启用 EPT 和 VPID 硬件虚拟化特性，为服务虚拟机和用户虚拟机建立 EPT 页表，并且提供 EPT 页表操作接口。

在 ACRN Hypervisor 中，有一些不同的内存空间需要考虑。

从 Hypervisor 的角度来看，需要考虑：

- 宿主机物理地址（HPA）：宿主机物理地址空间。
- 宿主机虚拟地址（Host Virtual Address，HVA）：基于 MMU 的虚拟地址空间。MMU 页表用于将 HVA 转换为 HPA。

从在 Hypervisor 上运行的 Guest 操作系统来看，需要考虑：

- 客户机物理地址（GPA）：来自虚拟机的 Guest 物理地址空间。GPA 到 HPA 的转换通常基于类似 MMU 的硬件模块（x86 中的 EPT），并与页表相关联。
- 客户机虚拟地址（Guest Virtual Address，GVA）：来自基于 vMMU 的虚拟机的 Guest 虚拟地址空间。

ACRN Hypervisor 中的系统内存映射分为以下三类：

- 虚拟机中基于 vMMU 的 GVA 到 GPA 的映射。
- Hypervisor 中基于 EPT 的 GPA 到 HPA 的映射。
- Hypervisor 中基于 MMU 的 HVA 到 HPA 的映射。

本节将介绍 ACRN Hypervisor 的内存管理基础设施，以及它如何处理不同的内存空间，包含来自 Hypervisor 内部以及来自虚拟机的内存空间。

- ACRN Hypervisor 如何管理宿主机内存（HPA/HVA）。
- ACRN Hypervisor 如何管理服务虚拟机内存（HPA/GPA）。
- ACRN Hypervisor 和服务虚拟机中的设备模型如何管理用户虚拟机的内存（HPA/GPA）。

4.5.2 Hypervisor 物理内存管理

ACRN Hypervisor 会初始化 MMU 页表以管理所有物理内存。在平台初始化阶段初始化 MMU 页表后，除调用 set_paging_supervisor 外，不会对 MMU 页表进行任何更新。但是，由 set_paging_supervisor 更新的内存区域在此之前不应被 ACRN Hypervisor 访问，因为访问那些内存会在 TLB 中进行映射，而 ACRN Hypervisor 并没有 TLB 刷新机制。

1. 物理内存布局（E820 表）

ACRN Hypervisor 是管理系统内存的主要所有者。通常，启动固件（例如 EFI）将平台的物理内存布局（E820 表）传递给 Hypervisor。ACRN Hypervisor 使用 4 级分页基于此表进行内存管理。

BIOS/ 启动加载程序固件（例如 EFI）通过 multiboot 协议传递 E820 表。此表包含平台的原始内存布局。图 4-14 展示了一个简单的 E820 表的物理内存布局示例。

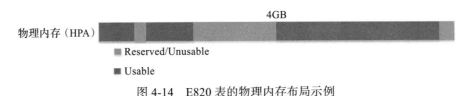

图 4-14 E820 表的物理内存布局示例

2. Hypervisor 内存初始化

ACRN Hypervisor 以分页模式运行。主启动处理器（BP）得到平台 E820 表后，BP 根据它创建 MMU 页表。这是由函数 init_paging() 完成的。应用处理器（AP）收到 IPI 启动中断后，使用 BP 创建的 MMU 页表。

为了使内存访问权限生效，ACRN Hypervisor 还提供了其他的 API：

- enable_paging 将启用 IA32_EFER.NXE 和 CR0.WP。
- enable_smep 将启用 CR4.SMEP。
- enable_smap 将启用 CR4.SMAP。

图 4-15 描述了 ACRN Hypervisor 中 BP 和 AP 的内存初始化。

ACRN Hypervisor 使用以下内存映射策略。

1）一对一的映射（HPA 与 HVA 相同）。

2）开始将所有地址空间映射为 UNCACHED 类型，拥有读 / 写权限，没有执行权限，处于 User 模式。

3）将 [0, low32_max_ram) 区域重新映射为 WRITE-BACK 类型。

4）将 [4G, high64_max_ram) 区域重新映射为 WRITE-BACK 类型。

5）对于 Hypervisor 需要访问的内存空间，将其分页结构表项中的 U/S 标志设置为 supervisor 模式。

6）对于 Hypervisor 代码所在的内存空间，将其分页结构表项中的 NX 位清零。

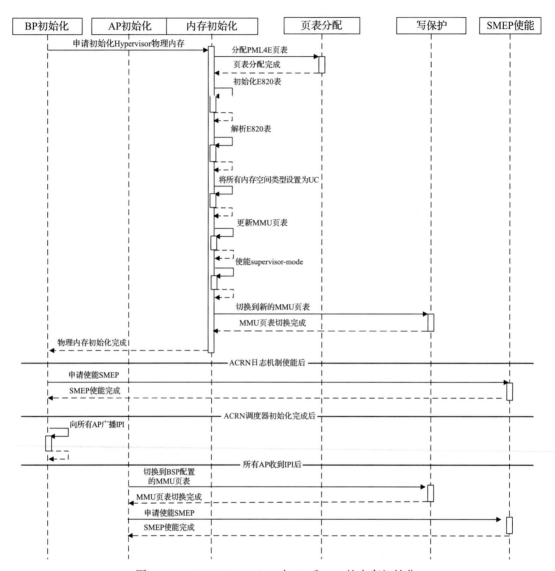

图 4-15　ACRN Hypervisor 中 BP 和 AP 的内存初始化

图 4-16 展示了 ACRN Hypervisor 虚拟内存布局。

- Hypervisor 可以查看并访问所有系统内存。
- Hypervisor 预留了 UNCACHED 类型的 MMIO/PCI 空洞（hole）。
- Hypervisor 的代码和数据所在的内存空间具有 WRITE-BACK 类型（在低于 1MB 的内存中存有用于应用处理器的启动代码）。

ACRN Hypervisor 使用最少的内存页来从虚拟地址空间映射到物理地址空间。所以 ACRN Hypervisor 只支持将线性地址映射到 2MB 的页表或者 1GB 的页表；它不支持将线性地址映射到 4KB 的页表。

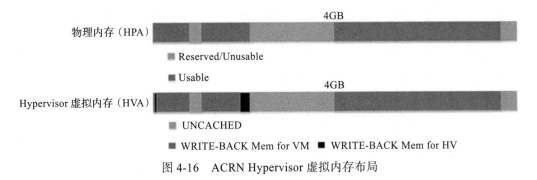

图 4-16　ACRN Hypervisor 虚拟内存布局

- 如果 2MB 的大页可以用于虚拟地址空间映射，则需要为这个 2MB 的大页设置相应的 PDPT 表项。
- 如果 2MB 的大页不能用于虚拟地址空间映射，而 2MB 的大页可以使用，则需要为这个 2MB 的大页设置相应的 PDT 表项。

3. 数据流设计

ACRN Hypervisor 物理内存管理单元为其他单元提供 4 级页表创建和服务更新、SMEP 使能服务以及 HPA/HVA 检索服务。图 4-17 展示了 ACRN Hypervisor 物理内存管理的数据流图。

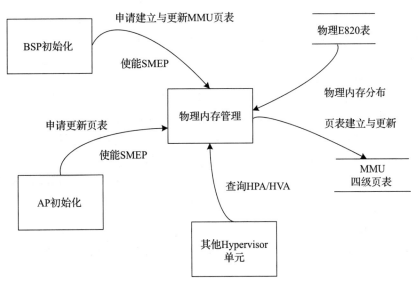

图 4-17　ACRN Hypervisor 物理内存管理的数据流图

4.5.3　Hypervisor 内存虚拟化

ACRN Hypervisor 为服务虚拟机和每个用户虚拟机提供一个连续的物理内存区域。ACRN Hypervisor 也保证了服务虚拟机和用户虚拟机不能访问 Hypervisor 的代码和内部数据。同时，每个用户虚拟机都不能访问服务虚拟机和其他用户虚拟机的代码和内部数据。

ACRN Hypervisor 会：

- 启用 EPT 和 VPID 硬件虚拟化功能。
- 为服务虚拟机和用户虚拟机建立 EPT 页表。
- 提供 EPT 页表操作服务。
- 为服务虚拟机和用户虚拟机虚拟化 MTRR。
- 提供 VPID 操作服务。
- 为 GPA 和 HPA 之间的地址空间转换提供服务。
- 为 Hypervisor 和虚拟机之间的数据传输提供服务。

1. 内存虚拟化功能检查

在 ACRN Hypervisor 中，内存虚拟化提供 EPT/VPID 的支持检查和 EPT 大页的支持检查。在 ACRN Hypervisor 使能内存虚拟化和使用 EPT 大页之前，需要首先检测是否支持这些功能。

2. 不同地址空间之间的数据传输

在 ACRN Hypervisor 中，为了实现空间隔离，Hypervisor、服务虚拟机和用户虚拟机使用不同的内存空间管理。在内存空间之间存在不同类型的数据传输，例如，服务虚拟机可以通过 Hypercall 请求 Hypervisor 来提供数据传输服务，或者，当 Hypervisor 进行指令模拟时，Hypervisor 需要访问 Guest 的 RIP 来获取 Guest 指令数据。

- 从 Hypervisor 访问 GPA（copy_from_gpa）。当 Hypervisor 需要访问 GPA 进行数据传输时，来自 Guest 的调用者必须确保此内存范围的 GPA 是连续的。但是对于 Hypervisor 中的 HPA，它可能是不连续的（尤其是对于 Hugetlb 分配机制下的用户虚拟机）。例如，4MB GPA 范围可能映射到两个不同的 Host 物理页面。ACRN Hypervisor 必须基于其 HPA 进行 EPT 页表遍历来处理这种数据传输。
- 从 Hypervisor 访问 GVA（copy_gva）。当 Hypervisor 需要访问 GVA 进行数据传输时，GPA 和 HPA 可能都是地址不连续的。ACRN Hypervisor 必须特别注意这种类型的数据传输，并基于其 GPA 和 HPA 进行页表遍历来进行处理。

3. EPT 页表操作

ACRN Hypervisor 使用最少的内存页从客户机物理地址（GPA）空间映射到宿主机物理地址（HPA）空间。

- 如果 1GB 的大页可以用于 GPA 空间映射，则需要为这个 1GB 的大页设置对应的 EPT PDPT 表项。
- 如果 1GB 的大页不能用于 GPA 空间映射，但是 2MB 的大页可以被使用，则需要为这个 2MB 的大页设置对应的 EPT PDT 表项。
- 如果 1GB 的大页和 2MB 的大页都不能用于 GPA 空间映射，则需要设置相应的 EPT PT 表项。

ACRN Hypervisor 为 Guest 提供地址映射添加（ept_add_mr）、修改（ept_modify_mr）、删除（ept_del_mr）服务。

4. 虚拟 MTRR

ACRN Hypervisor 只虚拟化固定范围（0～1MB）的 MTRR。

- 对于用户虚拟机来说，Hypervisor 将固定范围的 MTRR 设置为 Write-Back 类型。
- 对于服务虚拟机来说，它将直接读取由 BIOS 设置的物理的 MTRR（固定范围）。

如果客户机物理地址在固定范围（0～1MB）内，ACRN Hypervisor 根据上述固定的虚拟 MTRR 设置内存类型。

如果客户机物理地址不在固定范围（0～1MB）内，ACRN Hypervisor 将 MTRR 设置为默认类型（Write-Back）。

当 Guest 禁用 MTRR 时，ACRN Hypervisor 将 Guest 地址内存类型设置为 UC。

当 Guest 启用 MTRR 时，ACRN Hypervisor 首先通过 VM Exit 截获 Guest 对于 MTRR MSR 的访问，并根据 MTRR 选择的内存类型更新 EPT 中的内存类型字段。然后与 PAT MSR 相结合，以确定最终有效的内存类型。

5. VPID 操作

虚拟处理器标识符（VPID）是一种用于优化 TLB 管理的硬件功能。通过在硬件上为每个 TLB 项增加一个标志，来标识不同的虚拟处理器地址空间，从而区分 Hypervisor 以及不同虚拟机的不同虚拟处理器的 TLB。换而言之，硬件具备区分不同的 TLB 项属于不同的虚拟处理器地址空间（对应于不同的虚拟处理器）的能力。这样，硬件可以避免在每次 VM Entry 和 VM Exit 时，使全部 TLB 失效，提高了 VM 切换的效率。由于这些继续存在的 TLB 项，硬件也避免了 VM 切换之后的一些不必要的页表遍历，减少了内存访问，提高了 Hypervisor 以及虚拟机的运行速度。

在 ACRN Hypervisor 中，创建 vCPU 时为每个 vCPU 分配唯一的 VPID。当逻辑处理器启动 vCPU 时，逻辑处理器会刷掉与所有 VPID（除 VPID 0000H 外）及 PCID 相关联的线性映射和组合映射。当中断挂起请求的处理需要刷掉指定 VPID 的缓存映射时，逻辑处理器会刷掉与其相关联的线性映射和组合映射。

6. 数据流设计

ACRN Hypervisor 内存虚拟化单元支持地址空间转换功能、数据传输功能、VM EPT 操作功能、VPID 操作功能、由 EPT 违例和 EPT 错误配置引起的 VM Exit 处理以及 MTRR 虚拟化功能。该单元通过创建或更新相关的 EPT 页表来处理地址映射，通过更新相关的 EPT 页表来虚拟化 Guest VM 的 MTRR，通过遍历 EPT 页表来处理从 GPA 到 HPA 的地址转换，通过遍历访客 MMU 页表和 EPT 页表将数据从 VM 复制到 HV 或从 HV 复制到 VM。它为每个 vCPU 分配 VPID。图 4-18 描述了 ACRN Hypervisor 内存虚拟化单元的数据流图。

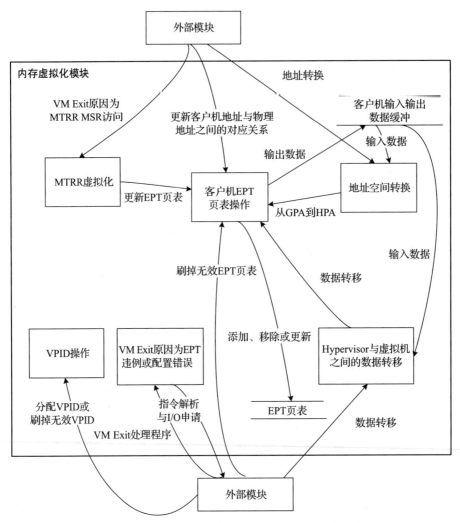

图 4-18 ACRN Hypervisor 内存虚拟化单元的数据流图

4.5.4 与 EPT 相关的 VM Exit

ACRN Hypervisor 中有用于处理 EPT 违例和 EPT 错误配置引起 VM Exit 的处理程序。

- 在 ACRN Hypervisor 中，为服务虚拟机与用户虚拟机配置的 EPT 页表始终正确。如果检测到 EPT 配置错误，ACRN Hypervisor 会报告一个错误并将 #GP 注入 Guest。
- ACRN Hypervisor 使用 EPT 违例来截获 MMIO 的访问从而用于设备模拟。

4.5.5 服务虚拟机内存管理

ACRN Hypervisor 启动后，它会创建服务虚拟机作为其第一个 VM。服务虚拟机运行自身的设备驱动程序，管理硬件设备，并为用户虚拟机提供 I/O 服务。服务虚拟机也负责为用户虚拟机分配内存，它可以访问除 Hypervisor 部分之外的所有系统内存。

1. Guest 内存布局（E820 表）

ACRN Hypervisor 过滤掉自己的部分后，将原始的 E820 表传递给服务虚拟机。因此，从服务虚拟机的角度几乎可以看到所有系统内存，如图 4-19 所示。

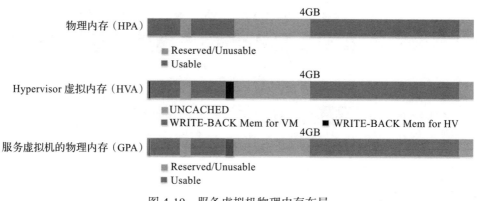

图 4-19　服务虚拟机物理内存布局

2. Host 到 Guest 映射

ACRN Hypervisor 在创建服务虚拟机时通过函数 prepare_sos_vm_memmap 创建服务虚拟机的 GPA 到 HPA 的映射，并遵循以下规则。

- 一对一的映射（HPA 与 GPA 相同）。
- 开始使用 UNCACHED 类型映射所有内存范围。
- 之后使用 WRITE-BACK 类型重新映射修改过的 E820 表中的 RAM 类别，取消映射 ACRN Hypervisor 内存范围，取消映射所有平台 EPC 资源，取消映射 ACRN Hypervisor 模拟的 vLAPIC/vIOAPIC MMIO 范围。

对于服务虚拟机，GPA 到 HPA 的映射是静态的；服务虚拟机可以更改 PCI 设备 BAR 的地址映射，除此之外的映射在服务虚拟机开始运行后都不会改变。EPT 违例用于 vLAPIC/vIOAPIC 模拟或者 PCI MSI-X table BAR 的模拟。

4.5.6　可信

对于 Android 用户虚拟机，有一个名为 trusty world support 的安全世界（secure world），其内存必须由 ACRN Hypervisor 保护，并且不能被服务虚拟机以及用户虚拟机的正常世界（normal world）访问。图 4-20 所示为用户虚拟机使用 Trusty 时的物理内存布局。

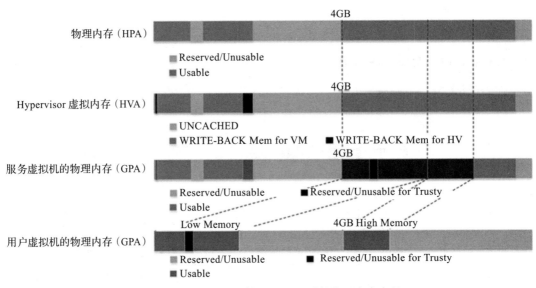

图 4-20　用户虚拟机使用 Trusty 时的物理内存布局

4.6　中断虚拟化及实现

4.6.1　概述

ACRN Hypervisor 实现了一个简单但功能齐全的框架来管理中断和异常，如图 4-21 所示。在其原生（native）层，它配置了物理 PIC、IOAPIC 和 LAPIC，以支持各种不同的中断源，包括来自处理器内部的 Local Timer、IPI，以及来自外部的 INTx/MSI。在其虚拟 Guest 层中，它模拟虚拟 PIC、虚拟 IOAPIC 、虚拟 LAPIC 以及直通 LAPIC。它提供了完整的 API，允许从模拟或直通设备注入虚拟中断。

在图 4-22 所示的软件模块视图中，ACRN Hypervisor 在其 HV 基础模块（例如 IOAPIC、LAPIC、IDT）层中设置物理中断。它将 HV 控制流层中的中断分派给相应的处理程序；这可以是预定义的 IPI 通知、计时器或运行时注册的直通设备。然后，ACRN Hypervisor 使用其基于 vPIC、vIOAPIC 和 vMSI 模块的 VM 接口，将必要的虚拟中断注入特定的 VM，或通过直通 LAPIC 直接将中断传递给特定的实时虚拟机。

ACRN Hypervisor 实现了以下处理物理中断的功能。

- 启动时配置中断相关的硬件，包括 IDT、PIC、LAPIC、IOAPIC。
- 提供 API 来操作 LAPIC 和 IOAPIC 的寄存器。
- 接收物理中断。
- 为 Hypervisor 中的其他组件设置回调机制以请求中断向量并为该中断注册处理程序。

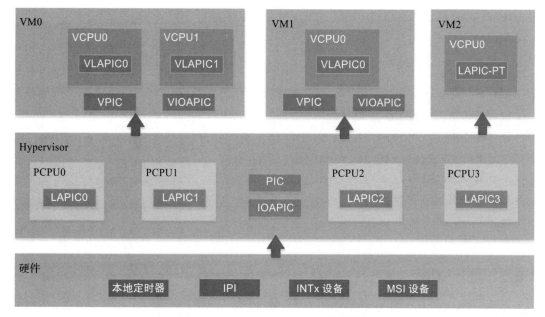

图 4-21　ACRN Hypervisor 中断模块

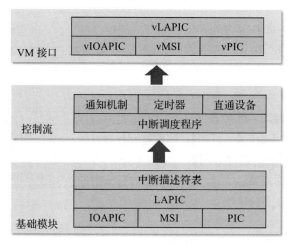

图 4-22　ACRN Hypervisor 中断软件模块视图

ACRN Hypervisor 拥有所有物理中断并管理每个处理器的 256 个中断向量。所有物理中断首先在 VMX 根操作模式下处理。为支持这一点，VM-Execution 控制域中的 "External-Interrupt Exiting" 位被设置为 1。同时，ACRN Hypervisor 还初始化所有与中断相关的模块，如 IDT、PIC、IOAPIC 和 LAPIC。

ACRN Hypervisor 不拥有任何物理设备（UART 除外）。默认情况下，将所有设备都分配给服务虚拟机。服务虚拟机或用户虚拟机设备驱动程序接收到的任何中断都是 Hypervisor（通过 vLAPIC）注入的虚拟中断。Hypervisor 管理 Host 到 Guest 的映射。当物理中断发生时，Hypervisor 决定是否将此中断转发到 VM 以及转发到哪个 VM（如果存在的话）。

ACRN Hypervisor 不拥有任何异常。虚拟机的 VMCS 配置为不因异常发生 VM Exit（除 #INT3 和 #MC 之外）。这主要是为了简化设计，因为 Hypervisor 本身不支持任何异常处理。Hypervisor 只支持静态内存映射，所以不应有 #PF 或 #GP 发生。如果 Hypervisor 收到异常，则执行 assert 函数并打印错误消息，然后系统会中止。

本机中断可以由以下中断源产生：

- GSI 中断。
  - PIC 或 Legacy 设备 IRQ (0～15)。
  - IOAPIC 引脚。
- PCI MSI/MSI-X 向量。
- 处理器之间的 IPI。
- LAPIC 计时器。

4.6.2 物理中断

ACRN Hypervisor 从 Bootloader 获得控制权后，它会为所有处理器初始化所有与物理中断相关的模块。ACRN Hypervisor 创建了一个框架来管理 Hypervisor 本地设备、直通设备和处理器之间的 IPI 的物理中断，如图 4-23 所示。

1. IDT 初始化

ACRN Hypervisor 在中断初始化期间构建其中断描述符表（IDT）并设置以下处理程序：

- 出现异常时，Hypervisor 打印其上下文（用于调试）并停止当前的物理处理器，因为 Hypervisor 中不应发生异常。
- 对于外部中断，Hypervisor 可能会屏蔽中断（取决于触发模式），然后确认中断并将其分派到已注册的处理程序（如果存在的话）。

大多数中断和异常在没有堆栈切换的情况下，处理除在 TSS 中设置了自己的堆栈的 #MC、#DF 和 #SS 异常。

2. PIC/IOAPIC 初始化

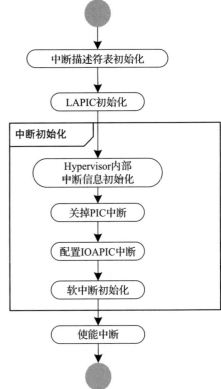

图 4-23　物理中断初始化

ACRN Hypervisor 屏蔽来自 PIC 的所有中断。来自 PIC（中断向量小于 16）的所有传统中断都将连接到 IOAPIC，如图 4-24 中的连接所示。

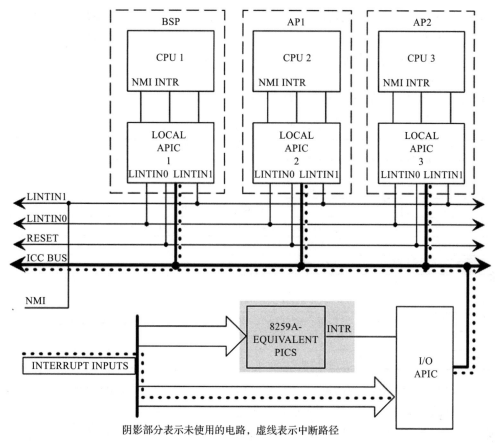

阴影部分表示未使用的电路，虚线表示中断路径

图 4-24　ACRN Hypervisor PIC/IOAPIC/LAPIC 配置

ACRN Hypervisor 将为 IOAPIC RTE 中的这些传统中断预先分配向量并设置它们。对于其他（中断向量大于等于 16），ACRN Hypervisor 将在 RTE 中将它们设置为向量 0，并且将根据需要动态分配有效向量。

根据 ACPI 的定义，所有外部 IOAPIC 引脚都被归类为 GSI 中断。 Hypervisor 支持多个 IOAPIC 组件。IRQ PIN 到 GSI 的映射在内部维护以确定 GSI 源 IOAPIC。

3. LAPIC 初始化

物理 LAPIC 在 ACRN Hypervisor 中处于 x2APIC 模式。Hypervisor 通过屏蔽本地向量表（Local Vector Table，LVT）中的所有中断、清除所有中断在服寄存器（In-Service Register）并启用 LAPIC 来为每个物理处理器初始化 LAPIC。

ACRN Hypervisor 会为其他软件组件提供 API 供其访问 LAPIC，旨在进一步使用 Local Timer（TSC Deadline）程序、IPI 通知程序等。

4. 中断向量

ACRN Hypervisor 中断向量的分配如表 4-1 所示。

- 向量 0x15～0x1F 是 Hypervisor 未处理的异常。如果确实发生了这样的异常，系统就会停止。
- 向量 0x20～0x2F 为 legacy IRQ0-15 静态分配的向量。
- 向量 0x30～0xDF 是为 PCI 设备 INTx 或 MSI/MIS-X 使用动态分配的向量。
- 向量 0xE0-0xFE 是 Hypervisor 为专用目的保留的高优先级向量。

表 4-1　ACRN Hypervisor 中断向量的分配

向量	用途
0x0～0x14	异常：NMI、INT3、Page Fault、GP、调试
0x15～0x1F	Reserved
0x20～0x2F	静态分配给外部 IRQ (IRQ0～IRQ15)
0x30～0xDF	为来自 PCI INTx/MSI 的 IOAPIC IRQ 动态分配
0xE0～0xFE	为 Hypervisor 静态分配
0xEF	定时器
0xF0	IPI
0xF2	已发布的中断
0xF3	用于通知服务虚拟机中的 HSM（Hypervisor Service Module）
0xF4	性能监控中断
0xFF	假（spurious）中断

来自 IOAPIC 或 MSI 的中断可以被传送到目标 CPU。默认情况下，它们被配置为最低优先级（FLAT 模式），即它们被传送到当前空闲或执行最低优先级的中断在服寄存器（In-Service Register）的 CPU。ACRN Hypervisor 不会保证设备的中断会传送到特定的 vCPU。定时器中断是一个例外，它们总是被传送到对 LAPIC 定时器进行编程的 CPU。

x86 的 64 位架构支持每个 CPU 都有自己的 IDT，但 ACRN Hypervisor 使用全局共享的 IDT，所有 CPU 上的中断 /IRQ 到向量的映射都相同。CPU 的向量分配如图 4-25 所示。

5. IRQ 描述符表

ACRN Hypervisor 维护一个在物理 CPU 之间共享的全局 IRQ 描述符表，因此相同的向量将链接到所有 CPU 的相同 IRQ 编号。

irq_desc[] 数组的索引代表 IRQ 编号。从 dispatch_interrupt 调用 do_irq 来处理 edge/level 触发的 IRQ 并调用注册的 action_fn。

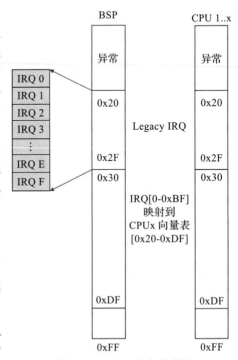

图 4-25　CPU 的向量分配

ACRN Hypervisor 除维护从 IRQ 到向量的映射的 IRQ 描述符表之外，还使用另一种从向量到 IRQ 的反向映射。

ACRN Hypervisor 在初始化时，Legacy IRQ 的描述符用适当的向量初始化，并建立相应的反向映射。其他 IRQ 的描述符在初始化时会被填充为无效向量（256），最终生效的向量将会在 IRQ 分配时进行更新。

例如，如果 Local Timer 使用 IRQ 编号 254 和向量 0xEF 注册中断，则设置将如下所示：

- irq_desc[254].irq = 254。
- irq_desc[254].vector = 0xEF。
- vector_to_irq[0xEF] = 254。

6. 外部中断处理

在 ACRN Hypervisor 中，当 CPU 在非根操作模式下收到物理中断时，VM Exit 就会被触发。VM Exit 发生后，Hypervisor 会将中断相关信息存储下来后做进一步处理。导致 vCPU VM Exit 到 Hypervisor 的外部中断并一定不意味着该中断属于该 VM。当 CPU 执行 VM Exit 进入根操作模式时，中断处理将被启用，中断将在 Hypervisor 内部会尽快处理。Hypervisor 也可以模拟虚拟中断并在必要时注入 Guest。

中断和 IRQ 处理流程如图 4-26 所示。

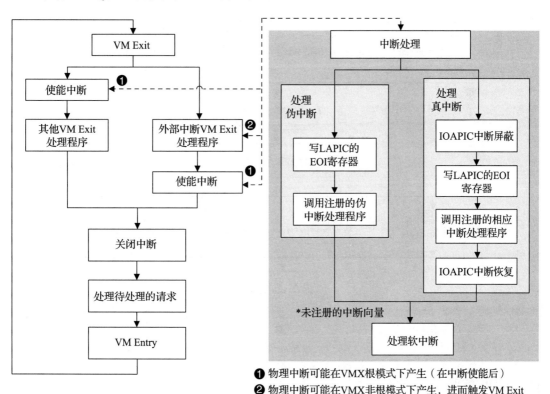

图 4-26　中断和 IRQ 处理流程

当物理中断被触发并传送到物理 CPU 时，CPU 可能在 VMX 根操作模式或非根操作模式下运行。

- 如果 CPU 在 VMX 根操作模式下运行，则按照标准的原生 IRQ 流程处理中断，dispatch_interrupt、IRQ 处理程序，最后注册的回调函数被调用。
- 如果 CPU 运行在 VMX 非根操作模式下，外部中断会以 external-interrupt 为由触发 VM Exit，然后 VM Exit 处理流程会调用 dispatch_interrupt() 来调度和处理该中断。

从图 4-26 所示的任一路径发生中断后，ACRN Hypervisor 将跳转到 dispatch_interrupt。该函数从上下文中获取产生的中断的向量，从 vector_to_irq[] 中获取 IRQ 号，然后获取对应的 irq_desc。

Hypervisor 内部的 IRQ 编号是一个用于识别 GSI 和向量的软件概念。每个 GSI 将映射到一个 IRQ，GSI 编号通常与 IRQ 编号相同，大于最大 GSI (nr_gsi) 编号的 IRQ 编号是动态分配的。例如，Hypervisor 为 PCI 设备分配一个中断向量，然后为该向量分配一个 IRQ 编号。当向量稍后到达 CPU 时，将定位并执行相应的 IRQ 操作函数。

不同条件下的 IRQ 控制流程如图 4-27 所示。

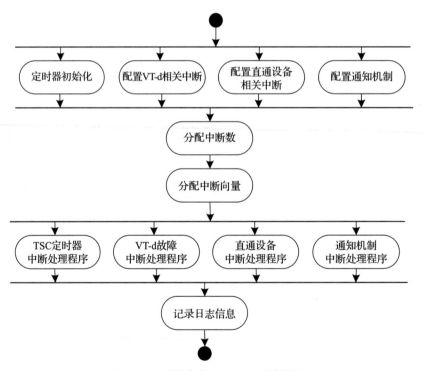

图 4-27　不同条件下的 IRQ 控制流程

7. IPI 管理

在 ACRN Hypervisor 中使用 IPI 的目的是将 vCPU 踢出非根操作模式然后进入根操作模

式。Hypervisor 会给 I/O 请求和虚拟中断注入分配不同的 IPI 向量。I/O 请求使用 IPI 向量 0xF3 进行 upcall。虚拟中断注入使用 IPI 向量 0xF0。

- 0xF3 upcall。EPT 违例或 I/O 指令会导致 VM Exit，它可能需要设备模型来模拟 MMIO/PIO 指令。但是，服务虚拟机 vCPU0 可能仍处于非根操作模式，因此，应将 IPI（0xF3 upcall 向量）发送到物理 CPU0（在服务虚拟机中使用非根操作模式作为 vCPU0）以强制 vCPU0 由于外部中断而退出 VM。然后将虚拟 upcall 向量注入服务虚拟机，服务虚拟机内的 vCPU0 将接收 I/O 请求并为其他 Guest 进行模拟。
- 0xF0 IPI。如果服务虚拟机内的设备模型需要向其他 Guest（例如 vCPU1）注入中断，它将首先发出 IPI 将 CPU1（假设 vCPU1 在 CPU1 上运行）踢到根操作模式。CPU1 将在 VM Entry 之前注入中断。

4.6.3　虚拟中断

本节介绍 ACRN Hypervisor 虚拟中断的管理，包括：

- vCPU 的虚拟中断请求；
- vPIC/vIOAPIC/vLAPIC 用于虚拟中断注入接口；
- 直通设备的中断映射（物理中断到虚拟中断）；
- VMX 中断 / 异常注入的过程。

客户机操作系统收到的所有中断都来自 vLAPIC、vIOAPIC 或 vPIC 注入的虚拟中断。此类虚拟中断由直通设备或服务虚拟机中的 I/O 中介设备通过 Hypercall 触发。中断重映射部分讨论了 Hypervisor 如何管理直通设备的物理和虚拟中断之间的映射。

设备模拟位于服务虚拟机中的用户空间设备模型中，即 acrn-dm。但是，出于性能考虑，vLAPIC、vIOAPIC 和 vPIC 直接在 HV 内部进行模拟。

1. vCPU 的中断注入请求

vCPU 请求机制被用来向某个 vCPU 注入中断。正如 IPI 管理中提到的，物理向量 0xF0 用于将 vCPU 踢出其 VMX 非根操作模式，用于发出虚拟中断注入请求或其他请求，例如刷新 EPT。

vcpu_make_request 是虚拟中断注入所必需的。如果目标 vCPU 在 VMX 非根操作模式下运行，ACRN Hypervisor 将发送一个 IPI 将其踢出非根操作模式，从而导致外部中断的 VM Exit。在某些情况下，发出请求时不需要发送 IPI，因为发出请求的 pCPU 本身就是目标 vCPU 运行所在的 pCPU。例如，透传（pass-through）设备的外部中断总是发生在该设备所属的 VM 的 vCPU 上，因此在触发外部中断 VM Exit 后，当前 pCPU 就是目标 vCPU 运行所在的 pCPU。

2. 虚拟 LAPIC

ACRN Hypervisor 针对所有 Guest 类型都进行了 LAPIC 虚拟化，包含服务虚拟机和用户虚拟机。如果物理处理器支持，则 ACRN Hypervisor 会启用 APICv 虚拟中断传递（Virtual Interrupt Delivery，VID）及 Posted-Interrupt 功能，否则，ACRN Hypervisor 将回退到传统的虚拟中断注入模式。

vLAPIC 提供与原生（native）LAPIC 相同的功能：

- 中断向量的 mask/unmask。
- 将虚拟中断（Level 或 Edge 触发模式）注入 vCPU。
- EOI 的处理。
- TSC 定时器服务。
- 更新 TPR。
- INIT/STARTUP 的处理。

如果物理处理器支持 APICv 虚拟中断传递，ACRN Hypervisor 就会启用 EOI 虚拟化。只有 Level 触发的中断才会因 EOI 引起 VM Exit。

如果物理处理器不支持 APICv 虚拟中断传递，则当一个向量被客户机确认和处理时，vLAPIC 都需要收到客户机操作系统发出的 EOI。vLAPIC 的行为与硬件上 LAPIC 的行为相同。收到 EOI 后，它会清除中断在服寄存器（In-Service Register）中最高优先级的向量，并更新 PPR 状态。如果 TMR 位设置为指示是 Edge 触发中断，则 vLAPIC 会向 vIOAPIC 发送 EOI 消息。

ACRN Hypervisor 基于 vLAPIC 支持 LAPIC 透传。客户机操作系统启动时通过 vLAPIC 处于 xAPIC 模式，之后它会切换到 x2APIC 模式以启用 LAPIC 透传。

如果使用基于 vLAPIC 的 LAPIC 透传，系统将具有以下特点。

- LAPIC 收到的中断可以由虚拟机直接处理，而不会产生 VM Exit。
- 出于安全的考虑，虚拟机始终看到的是虚拟的 LAPIC ID。
- 大多数 MSR 虚拟机都可以直接访问，除 XAPIC ID、LDR 和 ICR 之外。为了避免恶意的 IPI，对 ICR 的写操作会被捕获到 Hypervisor。为了保证虚拟机看到的是虚拟的 LAPIC ID 而不是物理的 LAPIC ID，对 XAPIC ID 和 LDR 的读取操作也会被捕获到 Hypervisor。

3. 虚拟 IOAPIC

当 Guest 访问 MMIO GPA 范围 0xFEC00000～0xFEC01000 时，ACRN Hypervisor 会模拟 vIOAPIC。

对于服务虚拟机，vIOAPIC 支持的引脚数量与硬件上的 IOAPIC 的引脚数量保持一致。对于用户虚拟机，vIOAPIC 支持的引脚数量是 48。

由于 vIOAPIC 始终与 vLAPIC 相关联，因此来自 vIOAPIC 的虚拟中断注入最终会通过调用 vLAPIC 提供的接口来触发对 vLAPIC 事件的请求。

4. 虚拟 PIC

在 ACRN Hypervisor 中，vPIC 对于 TSC 校准来说是必需的。通常客户机操作系统启动时将使用 vIOAPIC 和 vPIC 作为外部中断源。每次 VM Exit 发生时，Hypervisor 都会检查是否有任何未处理的外部 PIC 中断。

ACRN Hypervisor 根据 I/O 端口范围 0x20~0x21、0xa0~0xa1 和 0x4d0~0x4d1 为每个虚拟机模拟 vPIC。

5. 虚拟异常

ACRN Hypervisor 进行模拟时，可能会需要向 Guest 注入异常，例如：

- 如果 Guest 访问了一个无效的 MSR，Hypervisor 会向 Guest 注入 General Protection Exception（#GP）。
- 在进行指令模拟时，如果指令 rip_gva 对应的映射页表不存在，Hypervisor 会向 Guest 注入 Page Fault Exception（#PF）。

Hypervisor 提供了以下接口用于向 Guest 注入异常：

- vcpu_queue_exception。
- vcpu_inject_gp。
- vcpu_inject_pf。
- vcpu_inject_ud。
- vcpu_inject_ss。
- vcpu_inject_nmi。

6. 虚拟中断的注入

在 ACRN Hypervisor 中，虚拟中断可能来自设备模型，也可能来自透传设备。虚拟中断的处理如图 4-28 所示。

- 对于分配给服务虚拟机的设备，因为大多数设备直接透传给服务虚拟机，每当透传的设备出现物理中断时，相应的虚拟中断将通过 vLAPIC/vIOAPIC 注入服务虚拟机。
- 对于分配给用户虚拟机的设备，只有 PCI 设备可以分配给用户虚拟机。对于标准 VM 和支持软实时的实时虚拟机，虚拟中断注入方式与服务虚拟机相同。当设备的物理中断发生时，会触发虚拟中断注入操作。对于硬实时的实时虚拟机，物理中断直接传递给 VM，不会导致 VM Exit。
- 对于用户虚拟机中的虚拟设备，设备模型负责虚拟设备的中断生命周期管理。设备模型知道虚拟设备何时需要更新虚拟 IOPAIC/PIC 引脚或需要向 Guest 发送虚拟 MSI 向量，这些逻辑完全由设备模型处理。对于硬实时的实时虚拟机，不应有虚拟设备。

4.6.4　中断重映射

在 ACRN Hypervisor 中，当透传设备的物理中断发生时，Hypervisor 必须根据中断重映射关系将其分配给相应的 VM。ptirq_remapping_info 结构体用于定义物理中断与 VM 以及虚拟目的地等的从属关系。

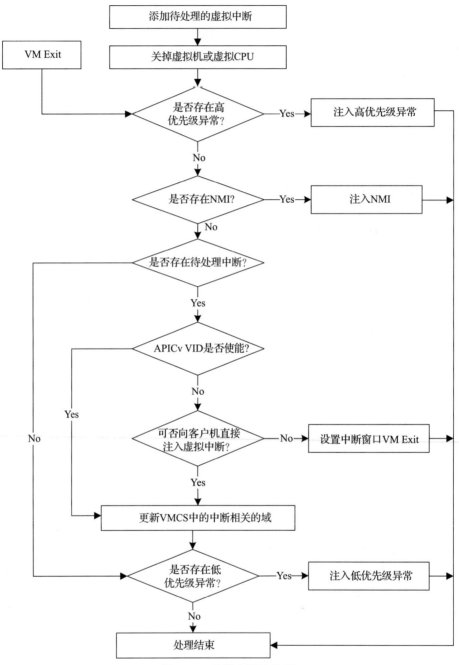

图 4-28　虚拟中断的处理

　　有两种不同类型的中断源：IOAPIC 和 MSI。Hypervisor 将记录用于中断分配的不同信息：IOAPIC 源的物理和虚拟 IOAPIC 引脚；MSI 源的物理和虚拟 BDF 以及其他信息。物理中断的重映射如图 4-29 所示。

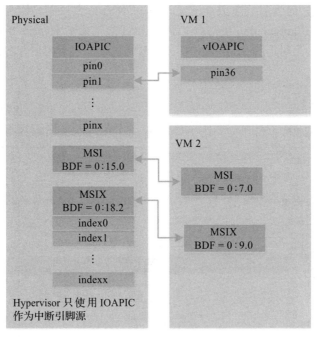

图 4-29　物理中断的重映射

　　图 4-30 说明了如何为服务虚拟机重映射 IOAPIC 中断。每当服务虚拟机尝试通过写入重定向表条目（Redirection Table Entry，RTE）来取消屏蔽虚拟 IOAPIC 中的中断时，VM Exit 就会发生。然后，Hypervisor 调用虚拟 IOAPIC 处理程序为要取消屏蔽的中断设置重映射。

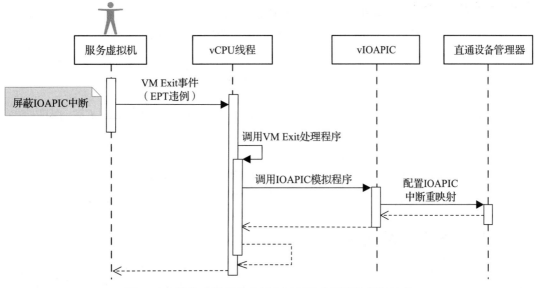

图 4-30　服务虚拟机的虚拟 IOAPIC 中断重映射初始化

图 4-31 说明了如何为服务虚拟机设置 MSI 或 MSI-X 的映射。服务虚拟机负责在配置 PCI 配置空间（PCI Configuration Space）以启用 MSI 之前发出 Hypercall 以通知 Hypervisor，Hypervisor 借此机会为给定的 MSI 或 MSI-X 设置重映射，然后再由服务虚拟机实际启用。

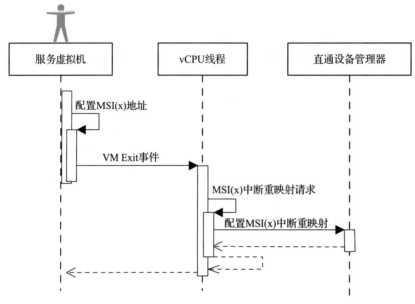

图 4-31　服务虚拟机的虚拟 MSI 中断重映射初始化

当用户虚拟机需要通过直通（passthrough）访问物理设备时，将使用以下步骤。

1）用户虚拟机收到一个虚拟中断。

2）VM Exit 发生，被捕获的 vCPU 为中断注入的目标。

3）Hypervisor 将根据 ptirq_remapping_info 处理中断并转换向量。

4）Hypervisor 将中断注入用户虚拟机。

当服务虚拟机需要使用物理设备时，直通也处于活动状态，因为服务虚拟机是第一个 VM。详细步骤如下。

1）服务虚拟机获取所有物理中断。它在初始化期间为不同的 VM 分配不同的中断，之后在创建或删除其他 VM 时重新分配中断。

2）物理中断会被捕获到 Hypervisor。

3）Hypervisor 将根据 ptirq_remapping_info 处理中断并转换向量。

4）Hypervisor 将虚拟中断注入服务虚拟机。

4.7　I/O 虚拟化及实现

在 ACRN Hypervisor 中，I/O 模拟有多种方式和处理位置，包括 Hypervisor、服务虚拟机中的内核 HSM（Hypervisor Service Module），以及服务虚拟机中的设备模型。

Hypervisor 中的 I/O 模拟提供以下功能。

- 在 Hypervisor 中维护两个列表，分别用来处理 I/O 端口和 MMIO，以模拟特定范围内被捕获的 I/O 访问。
- 当特定 I/O 访问无法由任何注册在 Hypervisor 中的处理程序处理时，Hypervisor 会将 I/O 访问转发到服务虚拟机。

图 4-32 所示为 Hypervisor 中 I/O 模拟的控制流程。

1）通过 VM Exit 捕获 I/O 访问，并从 VM Exit Qualification 或调用指令解码器对 I/O 访问进行解码。

2）如果 I/O 访问的范围与任何注册的 I/O 处理程序重叠，则在完全覆盖访问范围时调用该处理程序，如果访问跨越边界则忽略该访问。

3）如果 I/O 访问范围不与任何注册的 I/O 处理程序的范围重叠，则向服务虚拟机发送 I/O 处理请求。

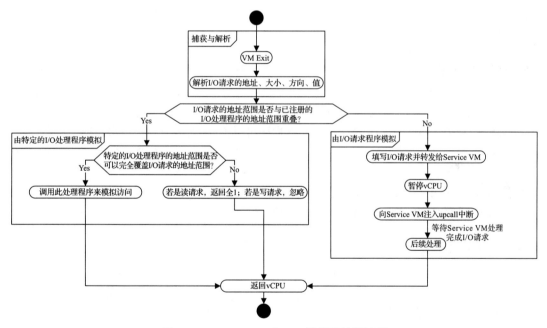

图 4-32　Hypervisor 中 I/O 模拟的控制流程

4.7.1　I/O 访问捕获路径

I/O 位图用于配置在被虚拟机访问时将触发 VM Exit 的 I/O 端口地址。

I/O 端口的访问会被 VM Exit 捕获，VM Exit 的原因是"I/O Instruction"。要访问的端口地址、大小和方向（读或写）从 VM Exit Qualification 中获取。

EPT 用于配置在被虚拟机访问时将触发 VM Exit 的 MMIO 内存地址。

MMIO 的访问会被 VM Exit 捕获，VM Exit 的原因是 EPT 违例。调用指令模拟器对触发 VM Exit 的指令进行解码，以获取被访问的内存地址、大小、方向（读或写）以及涉及的寄存器。

4.7.2　Hypervisor 中的 I/O 模拟

当 I/O 端口或 MMIO 访问被捕获时，ACRN Hypervisor 首先检查要访问的地址是否落在任何注册的处理程序的范围内，如果这样的处理程序存在，则调用该处理程序。

1. I/O 处理程序管理

在 ACRN Hypervisor 中，每个 VM 都有两个 I/O 处理程序列表，一个用于 I/O 端口，另一个用于 MMIO。列表中的每个元素都包含一个内存范围和一个指向处理程序的函数指针，该处理程序模拟落在该范围内的访问。

I/O 处理程序在 VM 创建时被注册，并且在该 VM 被销毁之前从未更改。VM 被销毁时，它的 I/O 处理程序会被取消注册。如果为同一个地址注册了多个处理程序，则最后注册的处理程序将生效。

2. I/O 调度

当 I/O 端口或 MMIO 访问被捕获时，ACRN Hypervisor 首先按照与注册相反的顺序遍历相应的 I/O 处理程序列表，寻找合适的处理程序来模拟访问，一般存在以下几种情况。

- 如果找到范围与 I/O 访问范围重叠的处理程序：
  - 如果 I/O 访问的范围完全落在处理程序可以模拟的范围内，则调用该处理程序；
  - 否则说明访问不合法，此时，不会调用处理程序，也不会将 I/O 请求传递给服务虚拟机。I/O 读取全为 1，I/O 写入被丢弃。
- 如果 I/O 访问的范围与处理程序的任何范围都不重叠，则 I/O 访问将作为 I/O 请求被传递给服务虚拟机以进行进一步处理。

4.7.3　I/O 请求

如上所述，如果 ACRN Hypervisor 未找到与捕获的 I/O 访问范围重叠的任何处理程序，则将 I/O 请求传送到服务虚拟机。本节将介绍 I/O 请求机制的初始化以及如何通过 Hypervisor 中的 I/O 请求模拟 I/O 访问。

1. 初始化

对于每个用户虚拟机，Hypervisor 与服务虚拟机共享一个页表用来交换 I/O 请求。4 KB 的页表由 16 个 256 字节的 slot 组成，由 vCPU 的 ID 进行索引。设备模型需要在创建 VM 时分配和设置请求缓冲区，否则服务虚拟机将无法模拟来自用户虚拟机的 I/O 访问，无法由 Hypervisor 中的 I/O 处理程序处理的 I/O 访问都将被丢弃（读取全为 1，写入被忽略）。

2. I/O 请求的类型

ACRN Hypervisor 与服务虚拟机的交互支持四种类型的 I/O 请求，如表 4-2 所示。

表 4-2　ACRN Hypervisor 与服务虚拟机交互支持的 I/O 请求类型

I/O 请求类型	描述
PIO	I/O 端口的访问
MMIO	MMIO 访问的 GPA 没有在 EPT 中映射
PCI	PCI 配置空间的访问
WP	MMIO 访问的 GPA 在 EPT 中的映射为只读模式

对于 I/O 端口的访问，ACRN Hypervisor 将始终向服务虚拟机传递 PIO 类型的 I/O 请求。

对于 MMIO 的访问，ACRN Hypervisor 将向服务虚拟机传递 MMIO 或 WP 的 I/O 请求，具体取决于访问的 GPA 在 EPT 中的映射。

Hypervisor 永远不会传递任何 PCI 类型的 I/O 请求，但会在完成时以与 I/O 端口访问相同的方式处理此类 I/O 请求。

3. I/O 请求状态转换

在 ACRN Hypervisor 中，I/O 请求缓冲区中的每个 slot 都由具有四种状态的有限状态机管理，图 4-33 说明了 I/O 请求的状态转换和触发它们的事件。

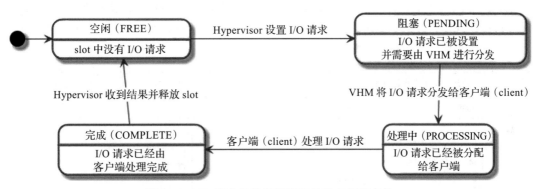

图 4-33　I/O 请求的状态转换和触发它们的事件

这四种状态是：

- 空闲（FREE），即 slot 中没有 I/O 请求，可以传递新的 I/O 请求。这是用户虚拟机创建的初始状态。
- 阻塞（PENDING），即 I/O 请求 slot 被服务虚拟机待处理的 I/O 请求占用。
- 处理中（PROCESSING），即 I/O 请求已分派给客户端，但客户端尚未完成处理。
- 完成（COMPLETE），即客户端已完成 I/O 请求，但 Hypervisor 尚未处理其返回结果。

当 I/O 请求 slot 的状态为 FREE 或 COMPLETE 时，I/O 请求 slot 的内容归 Hypervisor 所有。在这种情况下，服务虚拟机只能访问该 slot 的状态。类似地，当状态为 PENDING 或 PROCESSING 时，Hypervisor 只能访问该 slot 的状态，内容由服务虚拟机所有。

I/O 请求的状态转换过程如下。

- 为了传递 I/O 请求，Hypervisor 获取与触发 I/O 访问的 vCPU 相对应的 slot，填充 I/O 请求内容，将状态更改为 PENDING 并通过 upcall 通知服务虚拟机。

- 在 upcall 中，服务虚拟机将处于 PENDING 状态的每个 I/O 请求分派给客户端，并将状态更改为 PROCESSING。
- 分配了 I/O 请求的客户端在完成 I/O 请求的模拟后将状态更改为 COMPLETE。在状态更改后，进行 Hypercall 以在 I/O 请求完成时通知 Hypervisor。
- Hypervisor 在收到完成通知后完成 I/O 请求的后期工作，并将状态更改回 FREE。
- 服务虚拟机在无法处理 I/O 请求时，会返回全 1 以进行读取并忽略写入，并将请求的状态更改为 COMPLETE。

4. I/O 请求的后续工作（Post-work）

I/O 请求完成后，还需要为 I/O 读取做一些后续工作，以相应地更新 Guest 寄存器。每次调度回 vCPU 时，Hypervisor 都会重新进入 vCPU 线程，而不是切换到调度 vCPU 的位置，因此引入了后期工作。

在将 I/O 请求传送到服务虚拟机之前，Hypervisor 会暂停 vCPU。一旦 I/O 请求模拟完成，Client 就会通过 Hypercall 通知 Hypervisor。Hypervisor 将接收该请求，执行后续工作，并恢复 vCPU。后续工作负责更新 vCPU 状态以反映 I/O 读取的影响。

图 4-34 说明了完成 MMIO 的 I/O 请求的工作流程。一旦 I/O 请求完成，服务虚拟机通过 Hypercall 通知 Hypervisor，Hypervisor 将会恢复触发访问的用户虚拟机的 vCPU。用户虚拟机的 vCPU 恢复后，如果访问读取地址，它首先会更新 Guest 寄存器，将相应的 I/O 请求 slot 的状态更改为 FREE，并继续执行 vCPU。

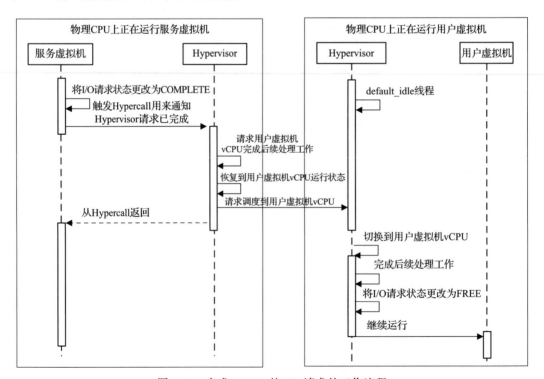

图 4-34　完成 MMIO 的 I/O 请求的工作流程

图 4-35 说明了完成 I/O 端口的 I/O 请求的工作流程，这与 MMIO 情况类似，只是在恢复 vCPU 之前完成了后期工作。这是因为 I/O 端口读取的后期工作需要更新 vCPU 的通用寄存器 EAX，而 MMIO 读取的后期工作需要进一步模拟被捕获的指令。

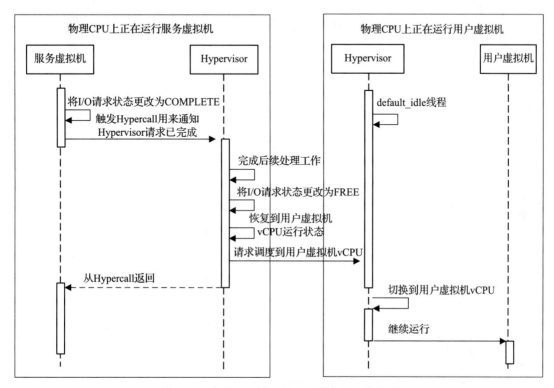

图 4-35　完成 I/O 端口的 I/O 请求的工作流程

4.8　本章小结

ACRN 是 Linux 基金会下设立的开源项目，是专门为资源受限的嵌入式设备设计的嵌入式虚拟化技术。它尺寸小、额外开销少，在 x86 平台上支持实时操作系统，专门为实时系统进行了设计和优化，能通过工业 IEC 61508 功能安全认证，同时具有完全开源、友好的许可证书。与此同时，ACRN 的架构设计使它能够支持三种不同的工作模式，除传统的分区模式之外，ACRN 还支持共享模式以及二者得兼的混杂模式，分别用于不同的业务场景。

本章深入介绍了 ACRN 嵌入式虚拟机的具体实现，包括 CPU 虚拟化、内存虚拟化、I/O 虚拟化以及中断虚拟化。

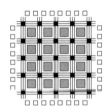

第 5 章
嵌入式虚拟化技术——ACRN 设备虚拟化

第 4 章介绍了 ACRN 如何实现 CPU 虚拟化、内存虚拟化、中断虚拟化以及 Hypervisor 层内的 I/O 虚拟化。本章继续详细介绍 ACRN 上支持的各种设备虚拟化，重点是服务虚拟机内 ACRN 设备模型的实现。丰富的设备虚拟化是嵌入式虚拟化领域较复杂的部分，也是 ACRN 的优势之一。

5.1　ACRN 设备模型介绍

ACRN 支持两种设备模型[⊖]：第一种是设备直通，即将一个设备完全给一个特定的虚拟机使用；第二种是基于共享的设备模型。设备直通具有最好的性能，但是受硬件资源的限制，在很多情况下无法实现（特别是对成本敏感的嵌入式设备）。设备模型可以通过软件模拟的方法模拟出多个虚拟的设备，让客户机操作系统可以通过共享的设备模型来访问虚拟的 I/O 设备，共享宝贵的物理资源。在客户机对 I/O 性能要求不高的情况下（比如不需要实时性和不需要很高带宽），设备模型可以节约硬件资源，带来更高的性价比。

ACRN 中的设备模型由 ACRN-DM（Device Model）实现，其架构原理如图 5-1 所示。

图 5-1 中显示了 ACRN 设备模型的一些重要组件。

设备模型（Device Model，DM）为前端客户机设备驱动程序提供后端设备仿真例程。这些例程将它们的 I/O 处理程序注册到 DM 内的 I/O 分配器程序。当客户机内部的驱动程序访问对应的 I/O 或 MMIO 时，就会产生 VM Exit，并进入 Hypervisor 中进行处理，从而通知 Service VM HSM 模块把 I/O 请求分配给 DM，I/O 分配器会将此请求分配给相应的设备仿真例程以进行仿真。

Service VM 中的 I/O 路径：

- Hypervisor 初始化 I/O 请求并通过上行调用通知 Service VM 中的 HSM 驱动程序。
- HSM 驱动程序将 I/O 请求分配给 I/O 客户端并通知客户端（此时客户端为 DM，通过字符设备通知）。
- DM I/O 分配器调用相应的 I/O 处理程序。
- I/O 分配器通过字符设备通知 HSM 驱动 I/O 请求完成。
- HSM 驱动程序通过超级调用（Hypercall）在完成时通知 Hypervisor。
- DM 通过超级调用将虚拟中断注入客户机来通知前端设备。

⊖　ACRN 官网上的设备模型介绍：https://projectacrn.github.io/latest/developer-guides/hld/hld-devicemodel.html。

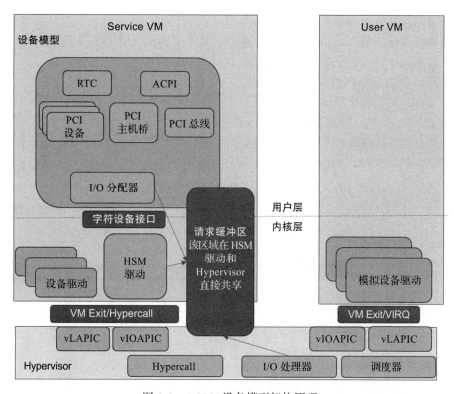

图 5-1　ACRN 设备模型架构原理

HSM（Hypervisor Service Module）支持 DM 的中间层。设备模型通过访问从 HSM 模块导出的接口来管理用户 VM。HSM 模块是一个 Service VM 内核驱动程序，其初始化时会创建 /dev/acrn_hsm 节点。设备模型遵循标准 Linux 字符设备 API（IOCTL）来访问 HSM 功能。服务虚拟机 HSM 内核模块架构图如图 5-2 所示。

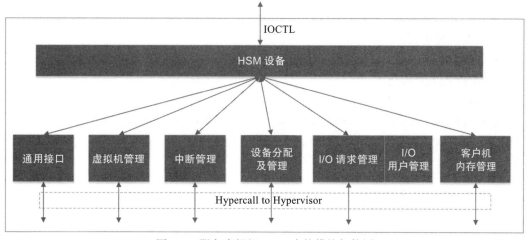

图 5-2　服务虚拟机 HSM 内核模块架构图

设备虚拟化一般有两种方式，即设备直通和设备模拟，其中设备模拟又可分全虚拟化实现以及半虚拟化实现。设备直通是将主机物理设备直接分配给虚拟机使用，这和物理机上使用设备相同。全虚拟化设备是通过对具体设备的寄存器进行完整模拟以呈现给客户机一个与物理设备完全相同的设备。而半虚拟化设备则是利用半虚拟化规范定义虚拟设备，通过前后端驱动来实现虚拟设备模拟。接下来，我们简单介绍设备直通的使用，5.2 节将介绍 ACRN 支持的各种全虚拟化设备，5.3 节将介绍 ACRN virtio 半虚拟化设备。

设备直通与设备模拟的区别如图 5-3 所示。

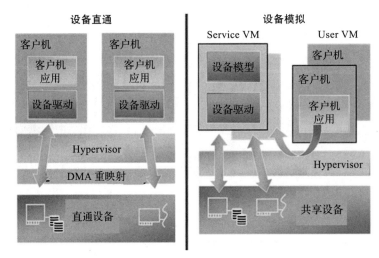

图 5-3　设备直通与设备模拟的区别

设备直通提供以下功能以允许 VM 直接访问 PCI 设备。

- PCI 设备的 VT-d DMA 重映射：管理程序将在 VM 初始化阶段设置 DMA 重映射。
- PCI 设备的 VT-d 中断重映射：出于安全考虑，虚拟机管理程序将为 PCI 设备启用 VT-d 中断重映射。
- 虚拟和物理 BAR 之间的 MMIO 重映射。
- 设备配置仿真。
- 重映射 PCI 设备的中断。
- ACPI 配置虚拟化。
- GSI 共享违规检查。

下面以 PTM（Precision Time Measurement）网卡为例介绍如何配置设备直通，代码如下。

📄 **passthru_ethptm.sh**

```
1 declare -A passthru_vpid
2 declare -A passthru_bdf
3 passthru_vpid=(
4     ["ethptm"]="8086 15f2"
5 )
6 passthru_bdf=(
```

```
 7      ["ethptm"]="0000:aa:00.0"
 8 )
 9 echo ${passthru_vpid["ethptm"]} \
10        > /sys/bus/pci/drivers/pci-stub/new_id
11 echo ${passthru_bdf["ethptm"]} \
12        > /sys/bus/pci/devices/${passthru_bdf["ethptm"]}/driver/unbind
13 echo ${passthru_bdf["ethptm"]} \
14        > /sys/bus/pci/drivers/pci-stub/bind
15
16 acrn-dm -A -m $mem_size -s 0:0,hostbridge \
17        -s 3,virtio-blk,guest_vm.img \
18        -s 4,virtio-net,tap0 \
19        -s 5,virtio-console,@stdio:stdio_port \
20        -s 6,passthru,a9/00/0,enable_ptm \
21        --ovmf /usr/share/acrn/bios/OVMF.fd
```

PCI Express（PCIe）规范定义了 PTM 精确时间测量机制，该机制支持同一系统内具有独立本地时钟的多个 PCI 组件之间的时间协调和事件同步。英特尔在其多个系统和设备上支持 PTM，例如 Whiskey Lake 和 Tiger Lake PCIe 根端口上的 PTM 根功能支持，以及英特尔 I225-V/I225-LM 系列以太网控制器上的 PTM 设备支持。

通过 lspci 命令在 User VM 中查看直通的网卡。

```
$ lspci -tv
-[0000:00]-+-00.0  Network Appliance Corporation Device 1275
           +-03.0  Red Hat, Inc. Virtio block device
           +-04.0  Red Hat, Inc. Virtio network device
           +-05.0  Red Hat, Inc. Virtio console
           \-06.0-[01]----00.0  Intel Corporation Device 15f2
```

5.2　ACRN 全虚拟化设备

本节介绍 ACRN 支持的全虚拟化设备，包括 PS/2 控制器、UART 串口、USB 设备、AHCI（Advanced Host Controller Interface，高级主机控制器接口）控制器、系统时钟、看门狗设备、Ivshmem 以及显卡设备。有兴趣的读者在读完本节内容后，可结合相关源代码进行更深入的学习。

5.2.1　PS/2 控制器

PS/2 接口是一种 PC 兼容型计算机系统上的接口，可以用来连接键盘及鼠标。PS/2 的命名来自 1987 年 IBM 所推出的个人计算机：PS/2 系列。PS/2 鼠标连接通常用来取代旧式的序列鼠标接口（DB-9 RS-232）；而 PS/2 键盘连接则用来取代为 IBM PC/AT 设计的大型 5-pin DIN 接口。目前 PS/2 接口已经慢慢被 USB 所取代，只有少部分的台式机仍然提供完整的 PS/2 键盘及鼠标接口。

ACRN 对 PS/2 接口的支持基于 ACPI 模拟。通过添加如下虚拟 DSDT 表给客户机，并截获对端口 0x60（数据寄存器端口）、0x64（地址寄存器端口）的访问，ACRN 实现了对 PS/2 设备的模拟，其 ACPI 配置代码如下所示。

📄 **PS2_keyboard_ACPI.config**

```
 1 Device (KBD)
 2 {
 3     // IBM Enhanced Keyboard (101/102-key, PS/2 Mouse)
 4     Name (_HID, EisaId ("PNP0303"))   // _HID: Hardware ID
 5     Name (_CRS, ResourceTemplate ()   // _CRS: Current Resource
 6     Settings
 7     {
 8         IO (Decode16,
 9             0x0060,    // Range Minimum
10             0x0060,    // Range Maximum
11             0x01,      // Alignment
12             0x01,      // Length
13             )
14         IO (Decode16,
15             0x0064,    // Range Minimum
16             0x0064,    // Range Maximum
17             0x01,      // Alignment
18             0x01,      // Length
19             )
20         IRQNoFlags ()
21             {1}
22     })
   }
```

PS2_mouse_ACPI.config

```
 1 Device (MOU)
 2 {
 3     // PS/2 Mouse
 4     Name (_HID, EisaId ("PNP0F13"))   // _HID: Hardware ID
 5     Name (_CRS, ResourceTemplate ()   // _CRS: Current Resource
 6     Settings
 7     {
 8         IO (Decode16,
 9             0x0060,    // Range Minimum
10             0x0060,    // Range Maximum
11             0x01,      // Alignment
12             0x01,      // Length
13             )
14         IO (Decode16,
15             0x0064,    // Range Minimum
16             0x0064,    // Range Maximum
17             0x01,      // Alignment
18             0x01,      // Length
19             )
20         IRQNoFlags ()
21             {12}
22     })
   }
```

其具体实现如图 5-4 所示。

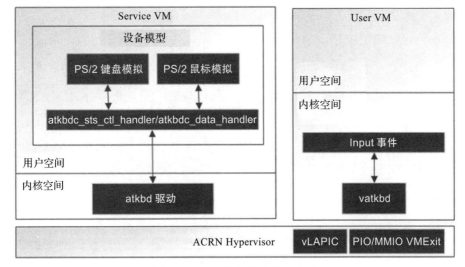

图 5-4　PS/2 控制器的具体实现

客户机对端口 0x60、0x64 的访问会被 ACRN 截获并传递给 ACRN 设备模型进行模拟。本节参考代码详见相关链接[⊖]。

5.2.2　UART 串口

串口被广泛用于各种调试，ACRN 在其虚拟机监控器（Hypervisor）以及设备模型（Device Model）中都实现了对该设备的模拟。Hypervisor 中实现了虚拟的 16550 vUART，它可以用作控制台或通信端口。vUART 映射到传统的 COM 端口地址。内核中的 UART 驱动程序可以自动检测端口基数和中断号。

如图 5-5 所示，vUART 可用作控制台端口，并且可以通过 ACRN Hypervisor 控制台中的 vm_console 命令激活任意一个 VM 使用物理串口。图 5-5 显示了 4 个虚拟 vuart 如何共享同一个物理 uart。ACRN Hypervisor 中的物理 uart 驱动工作在轮询模式，通过定时器每隔一定时间轮询，将收到的数据根据需要交给 ACRN Hypervisor 中的 shell 处理程序或转发给特定 User VM 处理，同时将 User VM 发出的数据转发到物理串口。

要为 User VM 配置 vUART 虚拟控制台，更改配置文件 configs/scenarios/<scenario name>/vm_configurations.c 中的 port_base 和 irq 两个变量。例如：

- COM1_BASE (0x3F8) + COM1_IRQ(4)
- COM2_BASE (0x2F8) + COM2_IRQ(3)
- COM3_BASE (0x3E8) + COM3_IRQ(6)
- COM4_BASE (0x2E8) + COM4_IRQ(7)

⊖　PS/2 控制器相关源码：https://github.com/projectacrn/acrn-hypervisor/blob/v3.0/devicemodel/hw/platform/atkbdc.c。

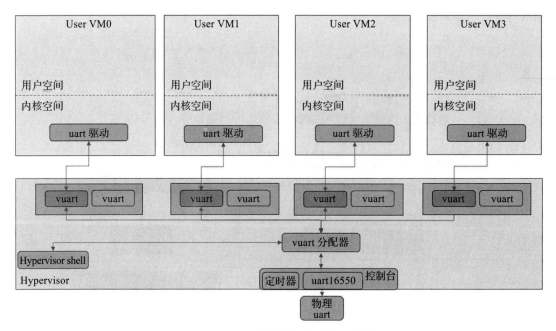

图 5-5   ACRN 设备模型中的串口模拟

代码如下所示：

📄 **vm_configurations.c**
```
1 .vuart[0] = {
2     .type = VUART_LEGACY_PIO,
3     .addr.port_base = COM1_BASE,
4     .irq = COM1_IRQ,
5 }
```

ACRN 启动后可通过其控制台的 vm_console 命令在不同的 User VM 之间切换。按下组合键 Ctrl + @ 可回到 ACRN 控制台。

```
ACRN:\> vm_console 0
----- Entering VM 0 Shell -----
```

本节参考代码详见相关链接⊖。

5.2.3　USB 设备

通用串行总线（USB）是一个行业标准，它可以为个人计算机与其外围设备之间提供连接、通信和供电。

ACRN USB 虚拟化架构如图 5-6 所示。

⊖　设备模型模拟 UART 串口相关源码：https://github.com/projectacrn/acrn-hypervisor/blob/v3.0/devicemodel/ hw/uart_core.c 和 https://github.com/projectacrn/acrn-hypervisor/blob/v3.0/devicemodel/hw/pci/lpc.c。 Hypervisor 模拟 UART 串口相关源码：https://github.com/projectacrn/acrn-hypervisor/blob/v3.0/hypervisor/dm/ vuart.c 和 https://github.com/projectacrn/acrn-hypervisor/blob/v3.0/hypervisor/debug/console.c。

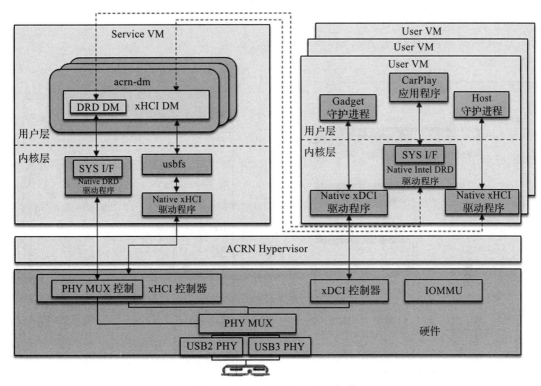

图 5-6   ACRN USB 虚拟化架构

其中，xHCI（Host Controller Interface）DM 提供多个虚拟 xHCI 控制器实例以在多个用户操作系统之间共享，每个 USB 端口可以通过用户设置分配给 VM 使用。xDCI（Device Controller Interface）控制器通过 IOMMU 直通给特定的 VM。DRD（Dual Role Device）DM 模拟 PHY MUX 控制逻辑。

来自客户机的 xHCI 寄存器访问会通过 EPT 配置从客户机陷入 DM 进行模拟，xHCI DM 或 DRD DM 将模拟硬件行为以使系统运行。

1. ACRN 支持的 USB 设备

表 5-1 列出了 ACRN 支持的 USB 设备，这些设备可以运行在 Windows 虚拟机及 Linux 虚拟机上，并且可以被多个虚拟机共享使用。

表 5-1   ACRN 支持的 USB 设备

USB 设备	Windows 虚拟机	Linux 虚拟机
USB 存储	支持	支持
USB 鼠标 / 键盘	支持	支持
摄像头	支持	支持
耳机	支持	支持
集线器	支持	支持

2. USB Host 虚拟化

USB Host 虚拟化的原理如图 5-7 所示。

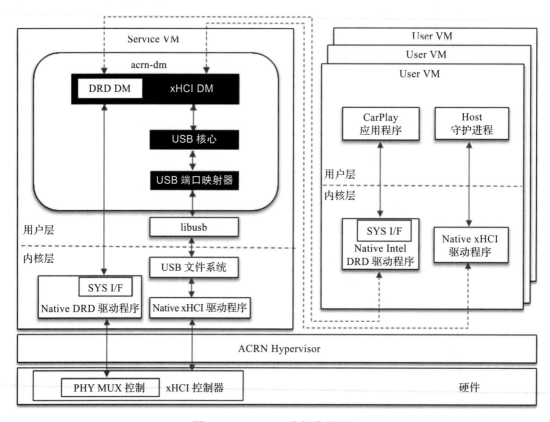

图 5-7　USB Host 虚拟化的原理

支持 xHCI 的 ACRN USB 软件栈由以下组件构成：

- xHCI 设备模型驱动（xHCI DM）：xHCI DM 按照 xHCI 规范模拟 xHCI 控制器。
- USB 核心（USB core）：USB 核心是一个中间抽象层，用于隔离 USB 控制器仿真器和 USB 设备仿真器。
- USB 端口映射器（USB Port Mapper）：USB 端口映射器将特定的物理 USB 端口映射到虚拟 USB 端口。

根据 xHCI 规范，来自用户 VM 的所有 USB 数据缓冲区都采用 TRB（传输请求块）的形式。当相关的 xHCI doorbell 寄存器被设置时，xHCI DM 从数据缓冲区获取相关数据。这些数据将被转换为 usb_data_xfer，并通过 USB 核心转发到 USB 端口映射器模块，该模块将通过 libusb 与主机 USB 堆栈进行通信。

3. USB DRD 虚拟化

USB DRD（Dual Role Device）虚拟化的原理如图 5-8 所示。

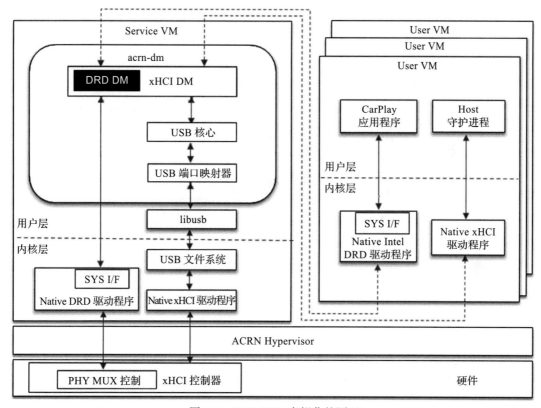

图 5-8　USB DRD 虚拟化的原理

　　DRD 功能是作为 xHCI 供应商扩展功能实现的。ACRN 以相同的方式进行模拟，因此可以在用户 VM 中重用物理驱动程序。当用户 VM DRD 驱动程序读取或写入相关的 xHCI 扩展寄存器时，这些访问将被 xHCI DM 捕获。xHCI DM 使用主机 DRD 相关的 sysfs 接口来执行 Host/Device 模式切换操作。

　　本节参考代码详见相关链接[⊖]。

5.2.4　AHCI 控制器

　　高级主机控制器接口（AHCI）是由英特尔制定的技术标准，是软件与 SATA 存储设备沟通的协议规范。AHCI 为硬件制造商详细定义了存储器架构规范，规范了如何在系统存储器与 SATA 存储设备之间传输资料。

　　在 ACRN 中的 AHCI 控制器模拟如图 5-9 所示。

　⊖　USB 设备相关源码：https://github.com/projectacrn/acrn-hypervisor/blob/v3.0/devicemodel/hw/pci/xhci.c。

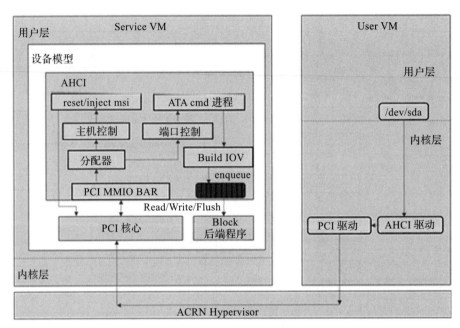

图 5-9　AHCI 控制器模拟

ACRN 设备模型会暴露一个 PCI 设备（厂商 ID 为 0x8086，设备 ID 为 0x2821）。当客户机操作系统被加载时，其会被加载为 /dev/sdX 块设备。当在客户机中对 /dev/sda 进行读写访问时，访问请求会被转发给客户机中的 AHCI 驱动，并根据 AHCI 的规范读写 AHCI MMIO 寄存器，最终转换为对 PCI BAR 的读写。这些访问会被 ACRN 虚拟机监控器截获，并转发给 ACRN 设备模型中的 AHCI 后端驱动处理，后端驱动模拟读写完成后，会通过 ACRN 虚拟机监控器给客户机注入中断来通知前端驱动（即客户机中的 AHCI 驱动），从而完成客户机中对 /dev/sda 的读写访问请求。

本节参考代码详见相关链接⊖。

5.2.5　系统时钟

ACRN 支持实时时钟（Real Time Clock，RTC）、可编程时钟（Programmable Interval Timer，PIT）和高精度事件时钟（High Precision Event Timer，HPET）作为系统时钟。相比 RTC 和 PIT，HPET 有更高的分辨率。

系统时钟虚拟化架构如图 5-10 所示。

通过对端口 I/O 和 MMIO 的模拟，客户机可以看到 vRTC、vPIT 和 vHPET。当客户机访问这些端口 I/O 和 MMIO 时，ACRN 会截获这些访问并将其转给 ACRN 设备模型来处理。

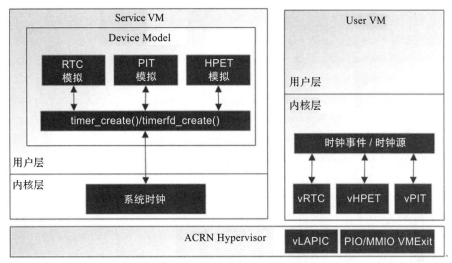

图 5-10　系统时钟虚拟化架构

系统时钟在设备模型中的初始化在 vm_init_vdevs 函数中完成，其初始化函数分别是 vrtc_init、vpit_init 和 vhpet_init，代码如下所示：

📄 **acrn-hypervisor/devicemodel/core/main.c**

```
1 static int vm_init_vdevs(struct vmctx *ctx)
2 {
3     int ret;
4     ...
5
6     ret = vrtc_init(ctx);
7     if (ret < 0)
8         goto vrtc_fail;
9
10     ret = vpit_init(ctx);
11     if (ret < 0)
12         goto vpit_fail;
13
14     ret = vhpet_init(ctx);
15     if (ret < 0)
16         goto vhpet_fail;
17     ...
18 }
```

1. PIT 模拟

ACRN 支持对 Intel 8253 可编程计时器进行模拟。该芯片具有三个独立的 16 位递减计数器，它可以通过前三个端口进行即时读取，第四个端口用来配置计时器模式。其关键定义代码如下：

📄 **acrn-hypervisor/devicemodel/include/pit.h**

```
1 #define IO_TIMER1_PORT 0x40 /* 8253 Timer #1 */
2 #define NMISC_PORT 0x61
```

```
3 #define TIMER_REG_CNTR0 0 /* timer 0 counter port */
4 #define TIMER_REG_CNTR1 1 /* timer 1 counter port */
5 #define TIMER_REG_CNTR2 2 /* timer 2 counter port */
6 #define TIMER_REG_MODE 3 /* timer mode port */
7
8 /*
9  * The outputs of the three timers are connected as follows:
10 *
11 * timer 0 -> irq 0
12 * timer 1 -> dma chan 0 (for dram refresh)
13 * timer 2 -> speaker (via keyboard controller)
14 *
15 * Timer 0 is used to call hard clock.
16 * Timer 2 is used to generate console beeps.
17 */
18 #define TIMER_CNTR0 (IO_TIMER1_PORT + TIMER_REG_CNTR0)
19 #define TIMER_CNTR1 (IO_TIMER1_PORT + TIMER_REG_CNTR1)
20 #define TIMER_CNTR2 (IO_TIMER1_PORT + TIMER_REG_CNTR2)
21 #define TIMER_MODE (IO_TIMER1_PORT + TIMER_REG_MODE)
```

vPIT 的初始化函数和处理函数分别为 vpit_init 和 vpit_handler，通过对上述端口的模拟，ACRN 可以给客户机呈现 vPIT。PIT 模拟参考代码详见相关链接[⊖]。

2. RTC 模拟

ACRN 对 RTC 的模拟是通过对端口 0x70 和 0x71 的模拟来实现的。其中 0x70 是 CMOS 地址寄存器，0x71 是 CMOS 数据寄存器，访问时应先指定地址，然后指定数据。

其初始化函数 vrtc_init 中注册了端口读写的模拟函数 vrtc_addr_handler 和 vrtc_data_handler。RTC 模拟参考代码详见相关链接[⊖]。

📄 **acrn-hypervisor/devicemodel/hw/platform/rtc.c**

```
1  int vrtc_init(struct vmctx *ctx)
2  {
3      ...
4      /*register io port handler for rtc addr*/
5      rtc_addr.name = "rtc";
6      rtc_addr.port = IO_RTC; /* 0x70 */
7      rtc_addr.size = 1;
8      rtc_addr.flags = IOPORT_F_INOUT;
9      rtc_addr.handler = vrtc_addr_handler;
10     rtc_addr.arg = vrtc;
11     if (register_inout(&rtc_addr) != 0) {
12         err = -EINVAL;
13         goto fail;
14     }
15
16     /*register io port handler for rtc data*/
17     rtc_data.name = "rtc";
```

⊖ PIT 模拟相关源码：https://github.com/projectacrn/acrn-hypervisor/blob/v3.0/devicemodel/hw/platform/pit.c。
⊖ RTC 模拟相关源码：https://github.com/projectacrn/acrn-hypervisor/blob/v3.0/devicemodel/hw/platform/rtc.c。

```
18    rtc_data.port = IO_RTC + 1; /* 0x71 */
19    rtc_data.size = 1;
20    rtc_data.flags = IOPORT_F_INOUT;
21    rtc_data.handler = vrtc_data_handler;
22    rtc_data.arg = vrtc;
23    if (register_inout(&rtc_data) != 0) {
24        err = -EINVAL;
25        goto fail;
26    }
27    ...
28 }
```

3. HPET 模拟

相比 RTC 和 PIT，HPET 有更高的精度，其时钟频率为 16.7MHz。HPET 通过 MMIO 访问，其寄存器基地址为 0xfed00000，长度为 1024B。

📄 **acrn-hypervisor/devicemodel/include/hpet.h**
```
1 #define VHPET_BASE (0xfed00000)
2 #define VHPET_SIZE (1024)
```

📄 **acrn-hypervisor/devicemodel/hw/platform/hpet.c**
```
1 #define HPET_FREQ (16777216) /* 16.7 (2^24) Mhz */
```

HPET 寄存器定义如下：

📄 **acrn-hypervisor/devicemodel/include/acpi_hpet.h**
```
 1 /* General registers */
 2 #define HPET_CAPABILITIES      0x0 /* General capabilities and ID
 3 */
 4 #define HPET_CAP_VENDOR_ID     0xffff0000
 5 #define HPET_CAP_LEG_RT        0x00008000
 6 #define HPET_CAP_COUNT_SIZE    0x00002000 /* 1=64-bit, 0=32-bit */
 7 #define HPET_CAP_NUM_TIM       0x00001f00
 8 #define HPET_CAP_REV_ID        0x000000ff
 9 #define HPET_PERIOD            0x4 /* Period (1/hz) of timer */
10 #define HPET_CONFIG            0x10 /* General configuration register
11 */
12 #define HPET_CNF_LEG_RT        0x00000002
13 #define HPET_CNF_ENABLE        0x00000001
14 #define HPET_ISR               0x20 /* Interrupt status register
15 */
16 #define HPET_MAIN_COUNTER      0xf0 /* Main counter register */
17
18 /* Timer registers */
19 #define HPET_TIMER_CAP_CNF(x)  ((x) * 0x20 + 0x100)
20 #define HPET_TCAP_INT_ROUTE    0xffffffff00000000
21 #define HPET_TCAP_FSB_INT_DEL  0x00008000
22 #define HPET_TCNF_FSB_EN       0x00004000
23 #define HPET_TCNF_INT_ROUTE    0x00003e00
24 #define HPET_TCNF_32MODE       0x00000100
25 #define HPET_TCNF_VAL_SET      0x00000040
```

```
26 #define HPET_TCAP_SIZE          0x00000020 /* 1=64-bit, 0=32-bit
27 */
28 #define HPET_TCAP_PER_INT       0x00000010 /* Supports periodic
29                                               interrupts */
30 #define HPET_TCNF_TYPE          0x00000008 /* 1=periodic, 0=one-shot
31 */
32 #define HPET_TCNF_INT_ENB       0x00000004
   #define HPET_TCNF_INT_TYPE      0x00000002 /* 1=level triggered,
                                                 0=edge */
   #define HPET_TIMER_COMPARATOR(x)  ((x) * 0x20 + 0x108)
   #define HPET_TIMER_FSB_VAL(x)     ((x) * 0x20 + 0x110)
   #define HPET_TIMER_FSB_ADDR(x)    ((x) * 0x20 + 0x114)
```

HPET 的 ACPI 描述如下：

📄 **acrn-hypervisor/devicemodel/hw/platform/acpi/acpi.c**

```
1 static int basl_fwrite_hpet(FILE *fp, struct vmctx *ctx)
2 {
3      EFPRINTF(fp, "/*\n");
4      EFPRINTF(fp, " * dm HPET template\n");
5      EFPRINTF(fp, " */\n");
6      EFPRINTF(fp, "[0004]\t\tSignature : \"HPET\"\n");
7      EFPRINTF(fp, "[0004]\t\tTable Length : 00000000\n");
8      EFPRINTF(fp, "[0001]\t\tRevision : 01\n");
9      EFPRINTF(fp, "[0001]\t\tChecksum : 00\n");
10     EFPRINTF(fp, "[0006]\t\tOem ID : \"DM \"\n");
11     EFPRINTF(fp, "[0008]\t\tOem Table ID : \"DMHPET  \"\n");
12     EFPRINTF(fp, "[0004]\t\tOem Revision : 00000001\n");
13
14     /* iasl will fill in the compiler ID/revision fields */
15     EFPRINTF(fp, "[0004]\t\tAsl Compiler ID : \"xxxx\"\n");
16     EFPRINTF(fp, "[0004]\t\tAsl Compiler Revision : 00000000\n");
17     EFPRINTF(fp, "\n");
18
19     EFPRINTF(fp, "[0004]\t\tHardware Block ID : %08X\n", \
20         (uint32_t)vhpet_capabilities());
21     EFPRINTF(fp, "[0012]\t\tTimer Block Register : \
22         [Generic Address Structure]\n");
23     EFPRINTF(fp, "[0001]\t\tSpace ID : 00 [SystemMemory]\n");
24     EFPRINTF(fp, "[0001]\t\tBit Width : 00\n");
25     EFPRINTF(fp, "[0001]\t\tBit Offset : 00\n");
26     EFPRINTF(fp, "[0001]\t\tEncoded Access Width: \
27         00 [Undefined/Legacy]\n");
28     EFPRINTF(fp, "[0008]\t\tAddress : %016X\n", VHPET_BASE);
29     EFPRINTF(fp, "\n");
30
31     EFPRINTF(fp, "[0001]\t\tSequence Number : 00\n");
32     EFPRINTF(fp, "[0002]\t\tMinimum Clock Ticks : 0000\n");
33     EFPRINTF(fp, "[0004]\t\tFlags (decoded below) : 00000001\n");
34     EFPRINTF(fp, "\t\t\t4K Page Protect : 1\n");
35     EFPRINTF(fp, "\t\t\t64K Page Protect : 0\n");
36     EFPRINTF(fp, "\n");
37
```

```
38      EFFLUSH(fp);
39
40      return 0;
41 }
```

vhpet_init 函数注册了 vHPET 相关的模拟函数 vhpet_handler 和 vhpet_timer_handler。通过对上述寄存器的模拟，ACRN 可以给客户机呈现 vHPET。HPET 模拟参考代码详见相关链接[⊖]。

5.2.6　看门狗设备

看门狗（watchdog）是一种硬件式的计时设备，当系统的主程序发生某些错误事件，如假死机或在给定的时间内未定时地清除看门狗计时器内含的计时值时，看门狗计时器就会对系统发出重置、重启或关闭的信号，使系统从悬停状态恢复到正常运行状态。

ACRN 模拟了一个 I6300ESB 看门狗设备给客户机使用，其原理如图 5-11 所示。

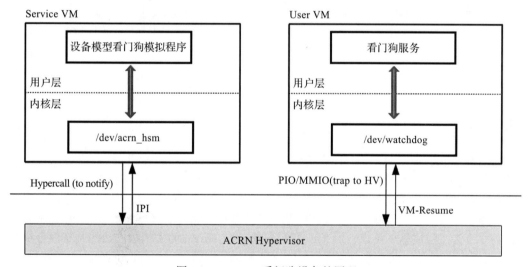

图 5-11　ACRN 看门狗设备的原理

客户机看门狗驱动给看门狗设备发送读写命令，这些命令会访问端口或 MMIO，这些命令被 ACRN 截获后被转发给设备模型做相应的处理。当设备模型完成模拟后，会通过 IOCTL 发送消息给 Service VM 中的 HSM 驱动，该驱动最终通过 Hypercall 通知 ACRN 虚拟机监控器。ACRN 虚拟机监控器进而根据模拟结果设置相应客户机的 vCPU 寄存器并将其恢复以完成模拟。ACRN 看门狗设备模拟流程如图 5-12 所示。

使用时通过给设备模型添加客户机启动参数 "-s pci_bdf,wdt-i6300esb"，来给客户机添加 I6300ESB 看门狗设备。在客户机内核中配置 "CONFIG_I6300ESB_WDT = y" 添加看门狗驱动。本节参考代码详见相关链接[⊖]。

⊖　HPET 模拟相关源码：https://github.com/projectacrn/acrn-hypervisor/blob/v3.0/devicemodel/hw/platform/hpet.c。
⊖　看门狗设备相关源码：https://github.com/projectacrn/acrn-hypervisor/blob/v3.0/devicemodel/hw/pci/wdt_i6300esb.c。

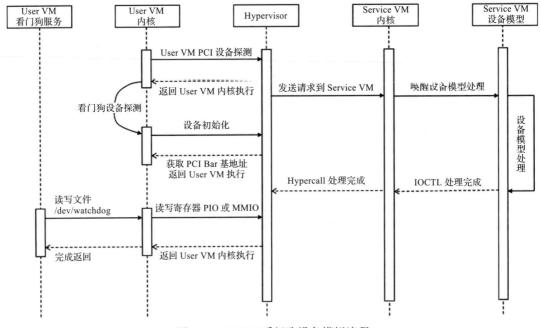

图 5-12   ACRN 看门狗设备模拟流程

5.2.7   Ivshmem

小身材、大能耐的 ACRN 可以工作在各个不同的场合，比如分区模式或者混合模式。在这些模式中，各虚拟机之间可能需要进行通信。虚拟串口是一种简单的可以被人们接受的方法。ACRN 实现了虚拟机之间基于虚拟串口的通信，但是基于虚拟串口的通信速度慢，不适合进行大量的数据交换。而 ACRN 的虚拟机之间可能存在高速、低延时和大量的数据通信需求。为了解决这一需求，ACRN 引入了基于 Ivshmem 的虚拟机之间的共享内存机制。

Ivshmem 是虚拟机间共享内存通信（Inter-VM Shared Memory Communication）的缩写。它是业界比较通用的一种 VM 间的通信方法，例如在 Linux 的宿主机上、QEMU 项目中也采用类似的方法⊖。Ivshmem 允许 VM 间通过共享内存机制相互通信。例如，在工业应用的场景中，用户可以使用共享内存区域在 Windows VM 和运行实时任务的实时 VM 之间交换命令和响应。

ACRN 通过实现一个虚拟 PCI 设备（称为 Ivshmem 设备）并将此 PCI 设备的共享内存地址和大小暴露给各个虚拟机，来支持虚拟机之间的通信。在 ACRN 项目中分别实现了两种不同的 Ivshmem 方法：在虚拟机监控器（Hypervisor）中实现；在设备模型（Device Model）中实现。

1. Ivshmem 设备介绍

Ivshmem 被设计成一个虚拟的标准 PCI 设备，其配置空间定义和设备 ID 值如表 5-2 所示，表中只列出了用到的寄存器部分。

⊖ QEMU 项目中 Ivshmem 的实现：https://www.qemu.org/docs/master/system/devices/ivshmem.html。

表 5-2　Ivshmem 的 PCI 设备配置空间定义和设备 ID 值

寄存器	地址偏移	值
Vendor ID	0x00	0x1AF4
Device ID	0x02	0x1110
Revision ID	0x08	0x1
Class Code	0x09	0x5
BAR 0	0x10	MMIO 或者 I/O 寄存器（未使用）
BAR 1	0x14	MSI-X 中断寄存器
BAR 2	0x18	指向一个共享内存的地址

有了这个 Ivshmem 虚拟 PCI 设备，运行在 VM 里的驱动程序就可以找到该设备，然后通过 BAR 2 的地址来访问和读写共享内存区域，进而进行 VM 之间的数据通信。

2. Ivshmem 设备模拟

图 5-13 所示为 Ivshmem 设备的原理图。图中标识为 Ivshmem vdev 的设备就是用来进行 VM 之间内存共享通信的虚拟 PCI 设备。在两个 VM 中，应用程序通过可以访问这个标准的 PCI 设备驱动，进而访问并操作该虚拟 PCI 设备所提供的共享内存区域。ACRN 项目中提供了以下两种不同的 Ivshmem 设备的实现方式（用户选择其中一种即可）。

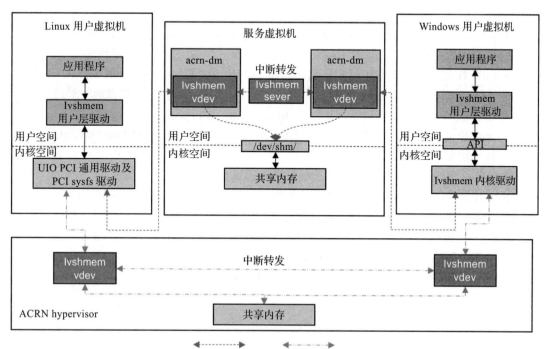

图 5-13　Ivshmem 设备原理图

- 在设备模型中的实现方法。该方法通过运行在 Service VM 中的设备模型来模拟 Ivshmem 设备实现。共享内存区域保留在 Service VM 的内存空间中。此解决方案仅支持后启动的用户 VM 之间的通信，并需要通过一个专门的 Ivshmem server 来进行两个虚拟 Ivshmem 设备的中断转发。
- 在 Hypervisor 中的实现方法。该方法是在 ACRN Hypervisor 中模拟实现 Ivshmem 设备。共享内存保留在 Hypervisor 的内存空间，由 Hypervisor 预先分配好。这种方式可以同时支持预启动虚拟机和后启动虚拟机。

本节参考代码详见相关链接⊖。

5.2.8　显卡设备

随着网络上视频流量的指数级增长，多媒体视频在网络流量中的占比越来越高。如果这些多媒体资源能得到有效管理与运用，对企业来说是一个获得新收入和降低成本的机会。如今，在云计算上由于缺乏显卡虚拟化技术，用户难以在云计算环境中使用 GPU 来处理这些多媒体负载并获得最佳性能。

为了应对这些挑战，显卡虚拟化技术不断发展，以允许多媒体负载运行在虚拟化的环境中⊖。Intel 的显卡虚拟化技术（Intel Graphics Virtualization Technology，Intel GVT）主要包括三种，分别是 GVT-s、GVT-d 以及 GVT-g。早期的 ACRN 版本采用 GVT-g 作为显示共享方案，ACRN 3.0 之后的版本已经启用 virtio-gpu 作为显卡共享方案，GVT-g 方案逐渐被 GPU 硬件虚拟化方案 SR-IOV 所替代。

- Intel GVT-s 是虚拟共享图形加速（virtual Shared Graphics Acceleration，vSGA），允许多个虚拟机共享一个物理 GPU。该技术也被称为虚拟共享图形适配器。
- Intel GVT-d 是虚拟专用显卡加速（virtual Dedicated Graphics Acceleration，vDGA），一个 GPU 可以直通给一个虚拟机使用。该技术有时也被称为虚拟直通图形适配器。
- Intel GVT-g 是虚拟图形处理单元（virtual Graphics Processing Unit，vGPU），允许多个虚拟机共享一个物理 GPU。该技术采用受控直通（Mediated PassThrough，MPT）技术实现 GPU 的共享。

对性能、功能与共享的权衡存在于每一种图形虚拟化技术中。如图 5-14 所示，这三种技术也都各有特点。GVT-d 由于直通给虚拟机使用，能提供最好的性能，特别适合对 GPU 敏感计算需求量大的负载。GVT-s 采用的是 API 转发技术，理论上该技术可以支持任意多个虚拟机，但由于没有虚拟化完整的 GPU，因此不能给虚拟机展现完整的 GPU 功能，而这些功能可能是某些负载需要的。GVT-g 能够虚拟化完整的 GPU 功能，性能比 GVT-d 稍差，可以在多个虚拟机（最多 8 个）之间共享硬件，可算作一种折中考量。

⊖ 设备模型模拟 Ivshmem 相关源码：https://github.com/projectacrn/acrn-hypervisor/blob/v3.0/devicemodel/hw/pci/ivshmem.c。

⊖ Hypervisor 模拟 Ivshmem 相关源码：https://github.com/projectacrn/acrn-hypervisor/blob/v3.0/hypervisor/dm/vpci/ivshmem.c。

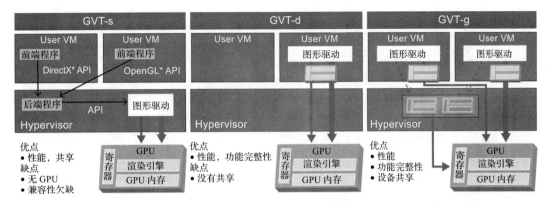

图 5-14　三种图形虚拟化技术 GVT-s、GVT-d 和 GVT-g 的比较

5.3　ACRN 的 virtio 设备

5.2 节介绍了全虚拟化设备，但全虚拟化设备性能相对较差。为此，ACRN 提供了基于 virtio⊖的半虚拟化设备。virtio 是半虚拟化的设备抽象层，由 Rusty Russell 于 2007 年在 IBM 研究部门工作时开发，以支持他的 lguest Hypervisor。virtio 很快成为 KVM 半虚拟化 I/O 设备事实上的标准。virtio 在虚拟 I/O 设备中非常受欢迎，因为它提供了一种简单、高效、标准和可扩展的机制。virtio 没有模拟具体设备，而是另辟蹊径，定义了一个通用的前后端驱动程序框架，该框架标准化了设备接口，方便跨不同虚拟化平台的代码重用。

采用 virtio 规范，我们可以重用许多基于 Linux 内核中已经可用的前端 virtio 驱动程序，从而大大减少前端 virtio 驱动程序的潜在开发工作。ACRN 设备模型中已支持许多常用的 virtio 设备模拟。接下来，我们将先介绍 virtio 的基本框架，再介绍 ACRN 中 virtio 设备的实现原理，例如网络设备（virtio-net）、virtio 存储设备（virtio-blk）、virtio 输入设备（virtio-input）、virtio 控制台设备（virtio-console）、virtio I2C 设备（virtio-i2c）、virtio 通用输入输出设备（virtio-gpio）、virtio 随机数设备（virtio-rnd）和 virtio 显卡设备（virtio-gpu）。

5.3.1　ACRN 的 virtio 框架实现

1. ACRN 的 virtio 基本概念

为了更好地理解 virtio，特别是 virtio 设备在 ACRN 中的实现，首先介绍 ACRN 中用到的 virtio 基本概念。

1）前端 virtio 驱动（frontend virtio driver）：virtio 采用了前后端架构，使前端和后端 virtio 驱动都有一个简单而灵活的框架。前端驱动只需要提供配置接口的服务、传递消息、产生请求并启动后端 virtio 驱动。因此前端驱动很容易实现，并且消除了设备模拟的性能开销。

⊖　virtio 官方文档：https://docs.oasis-open.org/virtio/virtio/v1.1/virtio-v1.1.pdf。

2）后端 virtio 驱动（backend virtio driver）：与前端驱动类似，后端驱动在主机操作系统的用户态或内核态运行，处理前端驱动的请求，并将其发送给本地主机的物理设备驱动。一旦本地主机的设备驱动完成了请求，后端驱动就会通知前端驱动该请求已经完成。

3）虚拟队列（virtqueue）：virtio 设备的前后端驱动共享一个标准的环形缓冲区和描述符机制，称为虚拟队列。如图 5-15 所示，虚拟队列是一个分散 / 聚集缓冲区（scatter-gather buffer）的队列，其主要由以下三部分构成。

- 描述符环（descriptor ring）：也称为描述符区，是一个由若干客户机处理的缓冲区组成的数组。
- 可用环（avail ring）：也称为驱动区，由驱动提供给设备的数据。
- 已用环（used ring）：也称为设备区，由设备提供给驱动的数据。

在虚拟队列上有发起（kick）和通知（notify）两个重要操作。

- 前端驱动的发起操作与后端处理：前端驱动用发起操作通知后端驱动在虚拟队列中已有可用请求，后端驱动收到前端驱动的发起操作通知后会进行相应处理。
- 后端驱动的通知操作与前端处理：后端驱动用通知操作回复前端驱动，虚拟队列中请求已被处理。通常以中断注入的方式来实现。前端驱动收到后端驱动的通知操作后也会进行必要的处理，以完成整个流程的闭环。

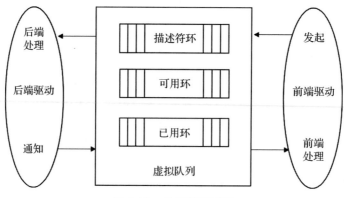

图 5-15　虚拟队列原理

4）特征比特位（feature bit）：每个虚拟设备和它的物理驱动程序都存在一个简单的可扩展的特征协商机制。每个虚拟设备可以要求其设备的特定功能，而相应的驱动程序可以用驱动程序理解的功能子集来响应设备。该功能机制使虚拟设备和驱动程序能够向前和向后兼容。

5）virtio 设备模式：virtio 规范定义了 virtio 设备支持的三种模式：旧式设备、过渡设备和现代设备。旧式设备兼容 virtio 规范 0.95 版本，过渡设备兼容 0.95 和 1.0 规范版本，现代设备只兼容 1.0 及之后的版本规范。

6）virtio 设备发现：virtio 设备通常被实现为 PCI 设备。在 PCI 总线上使用 virtio 的设备必须向客户操作系统暴露一个符合 PCI 规范的接口。按照 PCI 规范，一个 PCI 设备由厂商 ID

号和设备 ID 号共同组成。virtio 的厂商 ID 号为 0x1AF4，设备 ID 号的范围为 0x1000～0x107F，这样的 PCI 设备则是一个有效的 virtio 设备。在设备 ID 中，旧式 / 过渡模式的 virtio 设备占据前 64 个 ID，范围为 0x1000～0x103F，而 0x1040～0x107F 的 ID 则属于 virtio 现代设备。

2. ACRN 的 virtio 实现架构

ACRN 中的 virtio 实现架构如图 5-16 所示。它采用前后端实现的架构，virtio 前端驱动和 virtio 后端驱动通过 virtqueue 的共享内存相互通信。后端驱动对设备进行模拟，使前端驱动访问设备看起来像在访问物理的 PCI 设备一样。后端驱动处理来自前端驱动的请求，并在请求被处理后通知前端驱动。

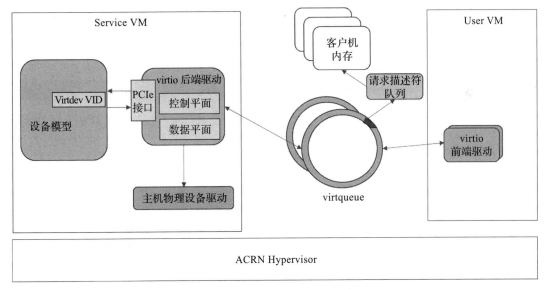

图 5-16　ACRN 中的 virtio 实现架构

除 virtio 的前后端架构外，前端驱动和后端驱动的实现都遵循分层架构，如图 5-17 所示。前后端驱动实现都分为三个层次：传输层、核心模型以及设备类型。所有 virtio 设备共享相同的 virtio 基础设施，包括 virtqueue 基础设施、特性比特交互机制、配置空间机制和总线基础设施。

ACRN 中的 virtio 的框架共有两种实现，根据后端驱动实现的方法不同，分别对应于用户态实现和内核态实现。基于用户态框架的驱动开发与维护较为方便，适用大部分情况，ACRN 中几乎所有的虚拟设备都支持用户态驱动。基于内核态框架的驱动开发比用户态框架的驱动开发复杂，但由于驱动在内核层，可以减少上下文切换带来的损耗，因此适合某些对性能要求较高的场景，比如基于内核态框架的 virtio-net 驱动。

（1）ACRN 用户态 virtio 框架

ACRN 用户态 virtio 框架（Virtio Backend Service in User-land，VBS-U）的架构如图 5-18 所示。前端驱动就像在访问一个物理 PCI 设备一样。这意味着对于"控制面"，前端驱动可以通过 PIO 或 MMIO 探测设备的寄存器，而当有事件发生时，设备会发送虚拟中断给前端驱动。对于"数据面"，前端驱动和后端驱动之间的通信通过共享内存以 virtqueue 的形式进行。

在后端驱动所在的服务虚拟机一侧，ACRN 中有几个关键组件，包括设备模型、虚拟机监控器服务模块（HSM）、VBS-U 框架和 vring 的用户态 API 接口。

设备模型是前端驱动和后端驱动的桥梁，因为每个 VBS-U 模块都模拟了一个 PCI 虚拟设备。HSM 通过提供远程内存映射 API 和通知 API 来连接设备模型和管理程序。VBS-U 通过调用 vring 的用户态 API 接口来访问 virtqueue。

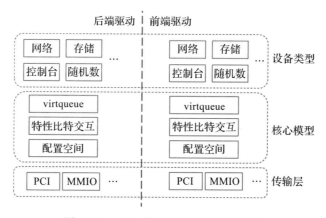

图 5-17　virtio 前后端驱动的分层架构

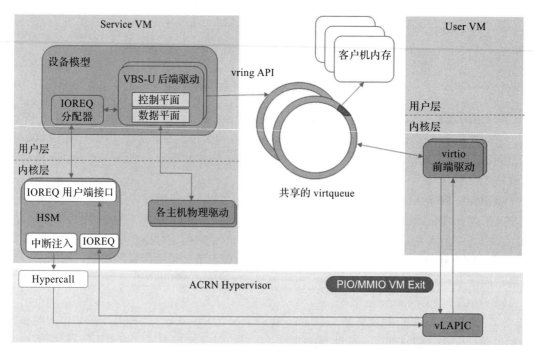

图 5-18　ACRN 中的 VBS-U 架构

（2）ACRN 内核态 virtio 框架

ACRN 也支持基于 vhost 的内核态 virtio 框架实现。当 virtio 在客户操作系统中作为前端驱动使用时，它通常被称为 virtio；而当其在主机操作系统中作为后端驱动使用时，则通常被称为 vhost。因此，vhost 是一种特殊的 virtio，其数据平面被放入内核空间，以减少处理 I/O 请求时的上下文切换来获取更优性能。因此，对性能要求高的设备可使用内核态 vhost 驱动。

ACRN 中的 vhost 架构如图 5-19 所示。虚拟设备的 VBS-U 后端驱动可通过设备模型中的 vhost 代理来配置使用对应的内核态 vhost 驱动。之后，HSM 模块就会将前端驱动的发起（kick）操作请求直接转至 vhost 内核态驱动（不再向上转至 VBS-U 用户态驱动）处理。vhost 内核态驱动完成处理后，会通过 HSM 模块将通知（notify）操作转至前端驱动，前端驱动再进行必要的处理以完成整个闭环流程。

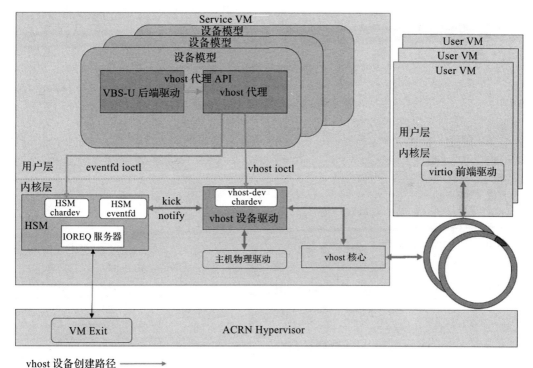

图 5-19　ACRN 中的 vhost 架构

5.3.2　virtio-net

virtio-net 是 ACRN 中用于联网的半虚拟化解决方案。ACRN 设备模型可模拟虚拟网卡供前端 virtio 网卡驱动使用，该模拟遵循 virtio 规范。

以下是 ACRN 中有关 virtio-net 的特性。

- 支持传统网卡设备，不支持现代设备。
- 在 virtio-net 中使用两个虚拟队列：RX 队列和 TX 队列。
- 支持 indirect 描述符。
- 支持 TAP[⊖]设备桥接。
- 不支持控制队列。
- 不支持多网卡队列。

1. 网卡虚拟化架构

ACRN 的 virtio-net 原理如图 5-20 所示。

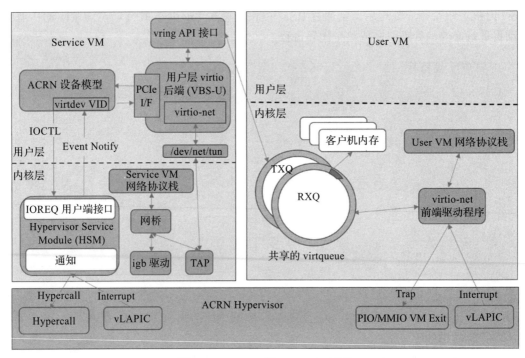

图 5-20　ACRN 的 virtio-net 原理

2. Service VM / User VM 网络协议栈

Service VM 与 User VM 的网络协议栈与 Linux 标准网络协议栈相同，请参考 Linux 中标准 TCP/IP 网络协议栈。

3. virtio-net 前端驱动

这是 Linux 内核中用于虚拟以太网设备的标准驱动程序。该驱动程序将匹配 PCI 供应商 ID 为 0x1AF4 和 PCI 设备 ID 为 0x1000（对于旧式设备）或 0x1041（对于现代设备）的

⊖　TAP 设备可以在不需要物理网卡设备参与的情况下进行虚拟的网络层点对点通信。参考 Linux 内核文档说明：https://www.kernel.org/doc/Documentation/networking/tuntap.txt。

设备。虚拟 NIC 支持两种虚拟队列，一种用于传输数据包，另一种用于接收数据包。前端
驱动程序将空缓冲区放入一个用于接收数据包的虚拟队列中，并将传出的数据包放入另一个用
于传输的虚拟队列中。每个虚拟队列的大小为 1024B，可在 virtio-net 后端驱动程序中配置。

4. ACRN Hypervisor

ACRN 虚拟机管理程序是一种一型虚拟机管理程序，可直接在裸机硬件上运行，适
用于各种 IoT 和嵌入式设备解决方案。它获取并分析客户机指令，将解码后的信息作为
IOREQ 放入共享页面，并通知 Service VM 中的 HSM 模块进行处理。

5. HSM 内核模块

虚拟机监控器服务模块（HSM）是 Service VM 中的内核模块，充当设备模型和虚拟机
管理程序的中间层。HSM 将 IOREQ 转发到 virtio-net 后端驱动程序进行处理。

6. ACRN 设备模型与 virtio-net 后端驱动程序

ACRN 设备模型从共享页面获取 IOREQ，并调用 virtio-net 后端驱动程序来处理请求。
后端驱动程序在共享虚拟队列中接收数据，并将其发送到 TAP 设备。

7. 网桥与 TAP 设备

网桥和 TAP 是内核中标准的虚拟网络基础设施。它们在 Service VM、User VM 和外界
之间的通信中起着重要作用。

8. Intel 网卡驱动程序

Intel 网卡驱动程序是物理网卡在 Linux 内核中的驱动程序，负责向物理网卡发送数据
和从物理网卡接收数据。

在 ACRN 设备模型中，Intel 物理网卡对应的虚拟网卡被实现为 virtio 旧式设备。它注
册为 User VM 的 PCI virtio 设备，并使用 Linux 内核中的标准 virtio-net 作为其驱动程序
（User VM 内核应使用 CONFIG_VIRTIO_NET = y 添加驱动程序）。

设备模型中的 virtio-net 后端将从前端接收的数据转发到 TAP 设备，然后将数据从 TAP
设备转发到网桥，最后将数据从网桥转发到物理网卡驱动程序；数据包的接收过程类似，
即将数据从物理网卡通过 TAP 设备转发到客户机中。

本节参考代码详见相关链接⊖。

5.3.3　virtio-blk

ACRN 支持 virtio-blk 块设备。ACRN 设备模型可模拟块存储设备供前端 virtio 存储驱
动使用，该模拟遵循 virtio 规范。

virtio-blk 支持如下特性。

⊖　virtio-net 相关源码：https://github.com/projectacrn/acrn-hypervisor/blob/v3.0/devicemodel/hw/pci/virtio/virtio_
net.c。

- VIRTIO_BLK_F_SEG_MAX：一个请求中的最大分片数。
- VIRTIO_BLK_F_BLK_SIZE：Block Size 配置。
- VIRTIO_BLK_F_TOPOLOGY：设备最佳 I/O 对齐的信息导出。
- VIRTIO_RING_F_INDIRECT_DESC：支持 indirect 描述符。
- VIRTIO_BLK_F_FLUSH：支持 Cache Flush 命令。
- VIRTIO_BLK_F_CONFIG_WC：设备可以在写回（writeback）模式和透写（write-through）模式之间切换缓存。

ACRN 的 virtio-blk 原理如图 5-21 所示。

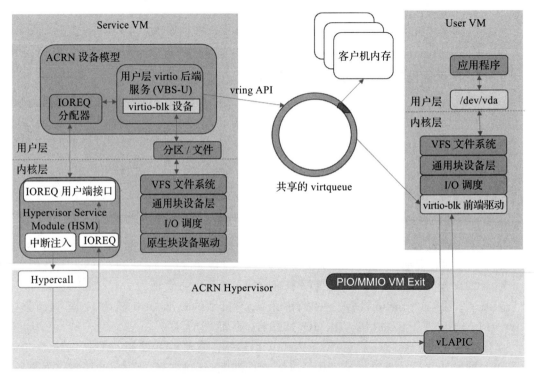

图 5-21　ACRN 的 virtio-blk 原理

virtio-blk 后端设备实现为 virtio 旧式设备。它的后端媒介可以是文件或分区。virtio-blk 设备支持写回和通过缓存模式写入。在写回模式下，virtio-blk 具有良好的读写性能。为了更高的安全性，透写模式被设置为默认模式，因为它可以确保排队到 virtio-blk 前端驱动层的每个写操作都被提交到硬件存储。

在初始化期间，virtio-blk 将在用于存储 I/O 请求的共享环中分配 64 个 IOREQ 缓冲区。每个 virtio-blk 设备启动 8 个工作线程来异步处理请求。

本节参考代码详见相关链接⊖。

⊖　virtio-blk 相关源码：https://github.com/projectacrn/acrn-hypervisor/blob/v3.0/devicemodel/hw/pci/virtio/virtio_block.c。

5.3.4　virtio-input

virtio-input 输入设备可用于创建虚拟人机界面设备，如键盘、鼠标和平板计算机。前端驱动通过 virtio 发送输入层事件给后端。

ACRN virtio-input 模拟原理如图 5-22 所示。

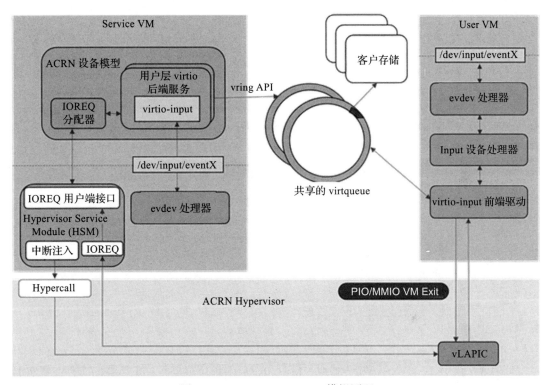

图 5-22　ACRN virtio-input 模拟原理

在 ACRN 设备模型中，virtio-input 被实现为 virtio 现代设备。它注册为客户机操作系统的 PCI 虚拟设备。前端 Linux virtio-input 不需要进行任何更改，内核必须使用 CONFIG_VIRTIO_INPUT=y 构建。

两个 virtqueue 用于在前端驱动和后端驱动之间传输输入事件。一个用于将后端驱动从硬件接收到的输入事件传给前端程序，另一个用于将状态信息从前端驱动传给后端驱动，最终将它发送到后端物理硬件设备。

在前端 virtio-input 输入驱动程序的探测阶段，一个缓冲区（用于容纳 64 个输入事件）与驱动程序数据一起分配。64 个描述符被添加到事件 virtqueue 中。一个描述符指向缓冲区中的一个条目。

设备模型中的 virtio-input 后端驱动使用 mevent 通过 evdev 字符设备轮询来自输入设备的输入事件的可用性。当有输入事件时，后端驱动程序从字符设备中读取该事件并将其缓存到内部缓冲区中，直到接收到带有 SYN_REPORT 的 EV_SYN input 事件。后端驱动程序再将所有缓存的输入事件逐个复制到事件 virtqueue，然后注入中断到 User VM。

对于与状态更改有关的输入事件，前端驱动程序为输入事件分配一个缓冲区，并将其添加到状态 virtqueue 中，然后进行 kick 操作。后端驱动程序从状态 virtqueue 读取输入事件，并将其写入 evdev 字符设备。

前端和后端之间传输的数据被定义为如下输入事件：

📄 **acrn-hypervisor/devicemodel/hw/pci/virtio/virtio_input.c**
```
1 struct virtio_input_event {
2     uint16_t type;
3     uint16_t code;
4     uint32_t value;
5 };
```

virtio_input_config 用于定义配置信息，前端驱动可以设置 select 和 subsel 来查询配置信息。

📄 **acrn-hypervisor/devicemodel/hw/pci/virtio/virtio_input.c**
```
1  struct virtio_input_config {
2      uint8_t select;
3      uint8_t subsel;
4      uint8_t size;
5      uint8_t reserved[5];
6      union {
7          char string[128];
8          uint8_t bitmap[128];
9          struct virtio_input_absinfo abs;
10         struct virtio_input_devids ids;
11     } u;
12 };
```

前端驱动对上述配置的读写会造成 VM Exit，后端程序根据 select 和 subsel 查询真实的硬件信息并将其发送给前端。所有这些配置都是在探测阶段由前端驱动 probe 阶段获得的。基于这些信息，前端驱动将该 input 设备注册到内核 input 子系统。

本节参考代码详见相关链接⊖。

5.3.5 virtio-console

virtio-console 是用于数据输入和输出的简单设备。控制台的 virtio 设备 ID 为 3，可以有 1～16 个端口。每个端口都有一对输入和输出虚拟队列，用于在前端驱动和后端驱动驱动程序之间传递信息。默认情况下，每个虚拟队列的大小为 64 条消息（可在源代码中配置）。前端驱动程序将空的缓冲区用于输入数据到接收虚拟机上，并将传出的字符排队到发送虚拟机上。

virtio-console 设备拥有一对控制 I/O 虚拟队列。控制状态用于在设备和驱动程序之间

⊖ virtio-input 相关源码：https://github.com/projectacrn/acrn-hypervisor/blob/v3.0/devicemodel/hw/pci/virtio/virtio_input.c。

传递信息，包括：在连接的任一侧打开和关闭的端口，来自主机的有关特定端口是否为控制台端口的指示，添加新端口，插入或拔出，来自客户机的有关端口或设备是否已成功添加。

ACRN virtio-console 模拟原理如图 5-23 所示。

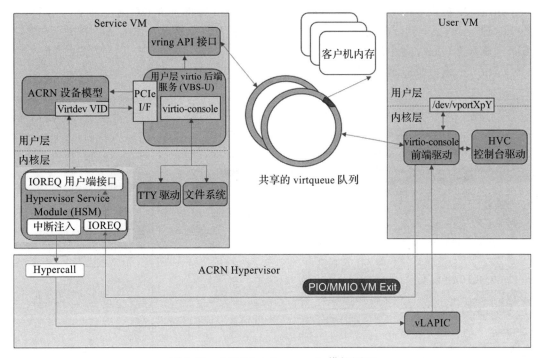

图 5-23　ACRN virtio-console 模拟原理

virtio-console 在 ACRN 设备模型中被实现为 virtio 旧式设备，并已作为 User VM 的 PCI virtio 设备注册。前端 Linux virtio-console 不需要进行任何更改。使用 CONFIG_VIRTIO_ CONSOLE = y 来添加驱动。

如果端口配置为控制台，则 virtio-console 前端驱动程序会将 HVC 控制台注册到内核；否则，它将向内核注册一个名为 / dev / vportXpY 的字符设备，并且可以从用户空间进行读写。一个端口有两个虚拟队列，一个用于发送数据，另一个用于接收数据。前端驱动程序将空缓冲区放置在接收数据的虚拟队列中，并将传出字符放入发送数据的虚拟队列中。

virtio-console 前端驱动程序将数据复制到虚拟队列并通知后端程序，后端驱动程序再将数据写入后端设备，该后端设备可以是 PTY、TTY、STDIO 和常规文件。后端驱动程序使用 mevent 事件从后端文件描述符中轮询可用数据。当有新数据可用时，后端驱动程序将其读取到虚拟队列，然后通过给客户机注入中断来通知前端驱动。

virtio-console 支持如下比特特性。

- VTCON_F_SIZE（bit 0）：行 / 列配置有效。
- VTCON_F_MULTIPORT（bit 1）：设备支持多个端口，支持控制虚拟队列。

- VTCON_F_EMERG_WRITE（bit 2）：设备支持紧急写入。

本节参考代码详见相关链接[⊖]。

5.3.6 virtio-i2c

virtio-i2c 提供了一个虚拟 I2C 适配器，该适配器支持将主机 I2C 适配器下的多个从设备映射到一个 virtio I2C 适配器。virtio-i2c 还提供了为客户端设备添加 ACPI 节点的接口，因此无须更改 User VM 中的客户端设备驱动程序。

virtio-i2c 模拟原理如图 5-24 所示。

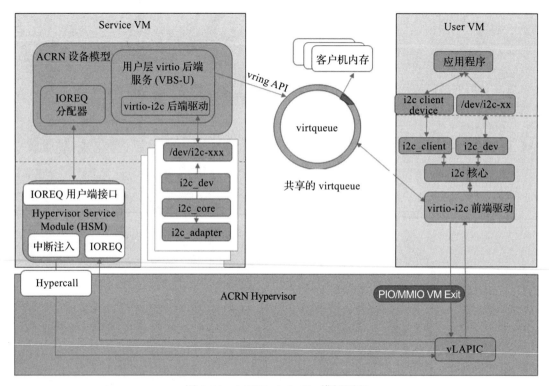

图 5-24　ACRN virtio-i2c 模拟原理

virtio-i2c 在 ACRN 设备模型中被实现为 virtio 旧式设备，并已作为 User VM 的 PCI virtio 设备注册。 virtio-i2c 的设备 ID 为 0x860A，子设备 ID 为 0xFFF6。

virtio-i2c 使用一个虚拟队列来传输从 I2C 核心层接收到的 I2C 消息。 每个 I2C 消息都被翻译成以下三个部分。

- 标头：包括地址、标志比特位和消息长度。
- 数据缓冲区：包括指向数据的指针。

⊖　virtio-console 相关源码：https://github.com/projectacrn/acrn-hypervisor/blob/v3.0/devicemodel/hw/pci/virtio/virtio_console.c。

● 状态：包括后端的处理结果。

后端处理程序从虚拟队列中获取数据，该虚拟队列将数据重新格式化为标准 I2C 消息，然后将其发送到后端驱动维护的消息队列。在启动阶段会创建一个工作线程，该线程从队列中接收 I2C 消息，然后调用 I2C API 将其发送到主机 I2C 适配器。

请求完成后，后端驱动程序将更新结果并通知前端驱动程序。virtio-i2c 消息处理流程如图 5-25 所示。

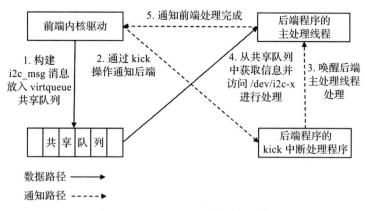

图 5-25　virtio-i2c 消息处理流程

虚拟 I2C 适配器将出现在 User VM 中，可通过如下命令查看。

```
$ ./i2cdetect -y -l
i2c-3   i2c          DPDDC-A                 I2C adapter
i2c-1   i2c          i915 gmbus dpc          I2C adapter
i2c-6   i2c          i2c-virtio              I2C adapter   <------
i2c-4   i2c          DPDDC-B                 I2C adapter
i2c-2   i2c          i915 gmbus misc         I2C adapter
i2c-0   i2c          i915 gmbus dpb          I2C adapter
i2c-5   i2c          DPDDC-C                 I2C adapter
```

可以在 virtio I2C 适配器 i2c-6 下找到客户端设备 0x1C。

```
$ ./i2cdetect -y -r 6
     0 1 2 3 4 5 6 7 8 9 a b c d e f
00:          -- -- -- -- -- -- -- -- -- -- -- -- --
10: -- -- -- -- -- -- -- -- -- -- -- -- 1c -- -- --      <--------
20: -- -- -- -- -- -- -- -- -- -- -- -- -- -- -- --
30: -- -- -- -- -- -- -- -- -- -- -- -- -- -- -- --
40: -- -- -- -- -- -- -- -- -- -- -- -- -- -- -- --
50: -- -- -- -- -- -- -- -- -- -- -- -- -- -- -- --
60: -- -- -- -- -- -- -- -- -- -- -- -- -- -- -- --
70: -- -- -- -- -- -- -- --
```

（如果设备支持）可以导出 I2C 设备信息。

```
$ ./i2cdump -f -y 6 0x1C
No size specified (using byte-data access)
     0  1  2  3  4  5  6  7  8  9  a  b  c  d  e  f    0123456789abcdef
10: ff ff 00 22 b2 05 00 00 00 00 00 00 00 00 00 00    ..."??..........
20: 00 00 00 ff ff ff ff ff 00 00 00 ff ff ff ff ff    ................
30: ff ff ff ff ff ff ff ff ff ff ff ff ff ff ff 00    ................
40: 00 00 00 ff ff ff ff ff ff ff ff ff ff ff ff ff    ................
50: ff ff ff ff ff ff ff ff ff ff ff ff ff ff ff ff    ................
60: 00 10 00 00 00 00 00 00 00 00 00 00 00 00 00 00    .?..............
70: ff ff 00 ff 10 10 ff ff ff ff ff ff ff ff ff ff    ....??..........
80: ff ff ff ff ff ff ff ff ff ff ff ff ff ff ff ff    ................
90: ff ff ff ff ff ff ff ff ff ff ff ff ff ff ff ff    ................
a0: ff ff ff ff ff f8 00 00 00 ff 00 00 ff ff ff ff    .....?..........
b0: ff ff ff ff ff ff ff ff ff ff ff ff ff ff ff ff    ................
c0: 00 ff 00 00 ff ff ff 00 00 00 ff ff ff ff ff ff    ................
d0: ff ff ff ff ff ff ff ff ff ff ff ff ff ff ff ff    ................
e0: 00 ff 06 00 03 fa 00 ff ff ff ff ff ff ff ff ff    ..?.??..........
f0: ff ff ff ff ff ff ff ff ff ff ff ff ff ff ff ff    ................
```

virtio-i2c 是一个 ACRN 项目原创的新设备，社区已有基于 Rust 语言编写的后端模拟程序[⊖]。

本节参考代码详见相关链接[⊖]。

5.3.7   virtio-gpio

virtio-gpio 提供了一个虚拟 GPIO 控制器，它将本地 GPIO 的一部分映射到客户机虚拟机，客户机虚拟机可以通过它执行 GPIO 操作，包括设置／获取值、设置／获取方向和配置。GPIO 作为中断，通常用于唤醒事件，virtio-gpio 支持电平和边沿中断触发模式。

ACRN virtio-gpio 模拟原理如图 5-26 所示。

virtio-gpio 在 ACRN 设备模型中被实现为 virtio 旧式设备，并已作为 User VM 的 PCI virtio 设备注册。前端 Linux virtio-gpio 不需要进行任何更改，使用 CONFIG_VIRTIO_ GPIO = y 构建内核即可。

在前端驱动和后端驱动之间有三个虚拟队列，一个用于 gpio 操作，一个用于中断请求，一个用于中断事件通知。

当探测到 virtio-gpio 前端驱动程序时，它将注册一个 gpiochip 和 irqchip，gpio 的基地址和数目由后端程序生成。每个 gpiochip 或 irqchip 操作（例如 gpiochip 的 get_direction 或 irqchip 的 irq_set_type）都会在其自身的虚拟队列上触发 virtqueue_kick。如果某些 gpio 已被设置为中断模式，则中断事件将在 IRQ virtqueue 回调中处理。

⊖ Linaro 基于 Rust 的虚拟机上 I2C 后端驱动：https://www.linaro.org/blog/linaro-s-rust-based-hypervisor-agnostic-vhost-user-i2c-backend。

⊖ virtio-i2c 相关源码：https://github.com/projectacrn/acrn-hypervisor/blob/v3.0/devicemodel/hw/pci/virtio/virtio_i2c.c。

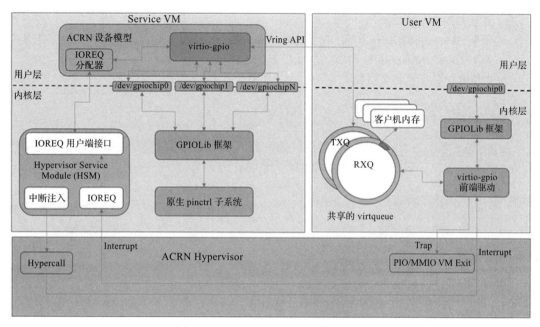

图 5-26　ACRN virtio-gpio 模拟原理

主机与客户机之间的 GPIO 引脚映射如图 5-27 所示。

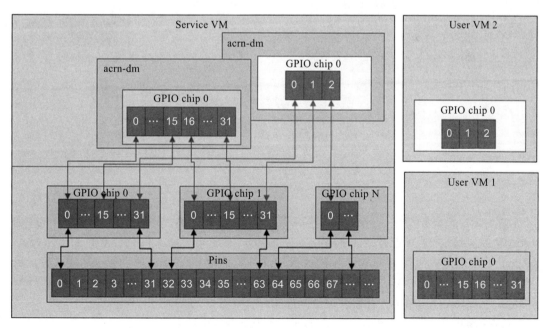

图 5-27　主机与客户机之间的 GPIO 引脚映射

- 每个 User VM 仅具有一个 GPIO 芯片实例，其 GPIO 数量由 acrn-dm 命令行指定，并且 GPIO 基数始终从 0 开始。
- 每个 GPIO 引脚都是互斥的，这意味着各个 User VM 无法映射相同的主机 GPIO 引脚。
- 每个 User VM 的 GPIO 引脚的最大数量为 64。

本节参考代码详见相关链接[⊖]。

5.3.8   virtio-rnd

virtio-rnd 为 User VM 提供了虚拟硬件随机源。 该设备模拟遵循 virtio 规范，ACRN 在其设备模型中实现了 virtio-rnd 设备，如图 5-28 所示。

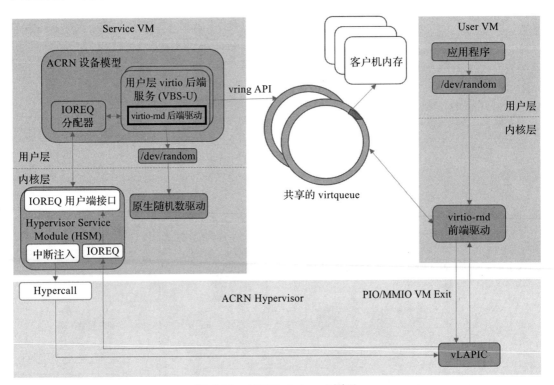

图 5-28   ACRN virtio-rnd 原理

在 ACRN 设备模型中，virtio-rnd 被实现为 virtio 旧式设备，并已作为 User VM 的 PCI virtio 设备注册。 可以使用诸如 od（以八进制或其他格式转储文件）之类的工具从 /dev/random 中读取随机值。 User VM 中的此设备文件与前端 virtio-rng 驱动程序绑定（客户机内核必须使用 CONFIG_HW_RANDOM_VIRTIO = y 构建）。 后端 virtio-rnd 从主机的 /dev/random 中读取硬件随机值，并将其发送到前端。

检查前端的 virtio-rng 驱动程序在 User VM 中是否可用：

⊖   virtio-gpio 相关源码：https://github.com/projectacrn/acrn-hypervisor/blob/v3.0/devicemodel/hw/pci/virtio/virtio_gpio.c。

```
$ cat /sys/class/misc/hw_random/rng_available
virtio_rng.0
```

检查前端 virtio-rng 是否已经绑定到 /dev/random：

```
$ cat /sys/class/misc/hw_random/rng_current
virtio_rng.0
```

从 User VM 中获取随机值：

```
$ od /dev/random
0000000 007265 175751 147323 164223 060601 057377 027072 106352
0000020 040765 045645 155773 111724 037572 152033 036001 056073
0000040 057164 065021 024005 031500 156630 026635 022440 000127
0000060 115071 046756 071656 106721 161340 106726 175275 072403
0000100 011265 000420 061137 103723 001107 006430 061151 132766
0000120 166216 015074 100505 015473 057324 102727 005126 051731
0000140 003727 071115 167622 071407 120301 002616 047451 120733
0000160 174117 133164 161231 035076 013700 164114 031627 001202
0000200 011467 055650 016365 140074 060277 150601 043610 006403
0000220 016170 071666 065540 026615 055073 162363 012002 112371
0000240 000767 157121 125007 141671 000327 173741 056415 155463
0000260 105504 066453 152754 136314 175213 063541 001420 053025
0000300 047631 167425 044125 063176 171334 177234 050063 031640
...
```

本节参考代码详见相关链接[⊖]。

5.3.9　virtio-gpu

ACRN v3.0 支持 virtio-gpu 显示虚拟化，ACRN virtio-gpu 原理如图 5-29 所示。

virtio-gpu 是一个基于 virtio 的图形适配器，支持 2D 模式。它可以将 User VM 的帧缓冲区传输到 Service VM 的缓冲区，用于显示。可与 Intel GPU VF（SRIOV）协同工作并为图形功能提供加速。利用 virtio-gpu，User VM 可以受益于 Intel GPU 硬件来加速媒体编码、3D 渲染和计算。

ACRN 虚拟监视器是一个 Service VM 的图形界面窗口，它可以显示 User VM 利用 virtio-gpu 存储在 Service VM 缓存区的图形。virtio-gpu 通过 SDL（OpenGL ES 2.0 后端）与 Service VM（HOST）上的显示服务连接，为 User VM 提供了一种通用的显示解决方案。当 ACRN virtio-gpu 后端启动时，它会首先尝试与 Service VM 的图形子系统连接，然后在 Service VM 上以图形窗口的形式显示 User VM 的图形界面。

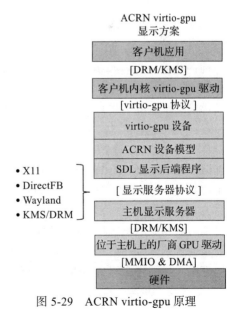

图 5-29　ACRN virtio-gpu 原理

　　⊖　virtio-rnd 相关源码：https://github.com/projectacrn/acrn-hypervisor/blob/v3.0/devicemodel/hw/pci/virtio/virtio_rnd.c。

许多操作系统利用 VGA 来显示系统安装界面、安全模式，以及系统蓝屏。此外，像 Windows 这样的系统默认不带 virtio-gpu 前端驱动。为了解决这些显示需求，ACRN 的 virtio-gpu 后端方案支持传统 VGA 模式。为了兼容 VGA 与现代型 virtio-gpu 设备，ACRN virtio-gpu 设备的 PCI bar 空间定义如下。

- BAR0：VGA 帧内存缓冲区，大小为 16 MB。
- BAR2：MMIO 空间。
- [0x0000～0x03ff] 延伸显示能力识别数据。
- [0x0400～0x041f]VGA 端口寄存器。
- [0x0500～0x0516]Bochs 显示接口寄存器。
- [0x1000～0x17ff]virtio 通用配置寄存器。
- [0x1800～0x1fff]virtio 中断状态寄存器。
- [0x2000～0x2fff]virtio 设备配置寄存器。
- [0x3000～0x3fff]virtio 通知寄存器。
- BAR4：MSI/MSI-X 信息。
- BAR5：virtio 端口 I/O。

本节参考代码详见相关链接⊖。

5.4　本章小结

本章介绍了 ACRN 中的设备虚拟化，主要包括设备直通和设备模拟。其中，设备模拟又分为全虚拟化设备和半虚拟化设备。设备直通是直接将物理设备直通给客户机使用，客户机使用和物理机相同的驱动。设备直通具有更好的性能，但缺乏在设备共享和系统扩展方面的优势。设备模拟在性能上一般不如设备直通，但却具有更好的共享与灵活性。就设备模拟而言，一般半虚拟化设备与同类型的全虚拟化设备相比具有更好的性能，这是通过软件定义设备的方式减少 VM Exit 来实现的。5.2 节介绍了 PS/2 控制器、UART 串口、USB 设备、AHCI 控制器、系统时钟、看门狗设备、Ivshmem、显卡设备的原理与实现；5.3 节介绍了 ACRN 支持的 virtio-net、virtio-blk、virtio-input、virtio-console、virtio-i2c、virtio-gpio、virtio-rnd、virtio-gpu 等设备的原理与实现。通过学习本章，希望读者能对 ACRN 设备虚拟化有大致的了解，对设备虚拟化研发感兴趣的读者可以结合本章各节列出的 ACRN 官方源代码进行更加深入的探索；对 ACRN 应用感兴趣的读者，可以结合本章内容根据自身项目需要灵活配置相应的虚拟设备。

通过第 4 章和第 5 章的学习，相信读者已经对 ACRN 虚拟化的各方面都有了大致了解。接下来，我们将介绍 ACRN 的具体使用，通过上机编译运行来实际体验 ACRN。

⊖　virtio-gpu 相关源码：https://github.com/projectacrn/acrn-hypervisor/blob/v3.0/devicemodel/hw/pci/virtio/virtio_gpu.c，https://github.com/projectacrn/acrn-hypervisor/blob/v3.0/devicemodel/hw/vdisplay_sdl.c，https://github.com/projectacrn/acrn-hypervisor/blob/v3.0/devicemodel/hw/vga.c，https://github.com/projectacrn/acrn-hypervisor/blob/v3.0/devicemodel/hw/gc.c。

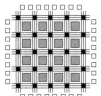

第 6 章
嵌入式虚拟化技术——ACRN 安装使用

经过前几章对虚拟化技术原理及 ACRN 架构和各个子模块的学习后, 你是否迫不及待地想实践如何搭建和使用 ACRN 系统呢? 本章将详细介绍如何搭建、配置、编译 ACRN 环境, 包括系统硬件配置、模式场景规划、目标系统配置以及在目标平台安装部署 ACRN。下面对本章的每节内容进行简单叙述。

- 6.1 节将对运行 ACRN 所需的开发环境和基本硬件配置进行简单的介绍。
- 6.2 节将引入并介绍 ACRN 所支持的三种工作场景。在不同的工作场景中, ACRN 所能运行的虚拟机数量、属性及其所能访问的资源都可能不同, 开发人员可以根据具体应用场景来选择相应的 ACRN 工作场景。
- 6.3 节将详细说明配置、编译和部署 ACRN Hypervisor 的基本流程, 其中包括根据实际需求选择 6.2 节提到的 ACRN 工作场景。
- 6.4 节在 6.3 节的基础上, 将给出 ACRN 安装部署的入门指南, 提供具体的安装和执行命令。根据指引, 开发人员可以在自己的硬件设备上真正运行 ACRN 系统并启动自己的第一个虚拟机。
- 6.5 节对本章内容进行总结。

6.1 系统环境硬件配置

一个标准的嵌入式系统开发环境由以下两部分组成。
- 开发机: 用于开发、编译和生成嵌入式系统软件镜像文件。
- 目标机: 是嵌入式硬件平台本身, 用来运行嵌入式系统软件。ACRN 的系统开发环境也不例外。

6.1.1 开发环境搭建

如图 6-1 所示, ACRN 的开发环境由两台机器组成: 用于配置和编译 ACRN 的开发机, 以及用于安装和运行 ACRN 的目标机。两者之间需要用串口相连, 方便查看目标机的日志输出来进行调试和配置。另外, 还需要一种方法把开发机生成的镜像文件传输并安装到目标机, 比如通过网络链接或者用 USB 盘

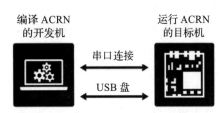

图 6-1　ACRN 开发环境示意图

的方法复制镜像。

6.1.2 目标机硬件配置要求

ACRN 是基于 x86 的 64 位处理器架构开发的。目标机上安装 ACRN 的硬件系统要求如表 6-1 所示。

表 6-1 安装 ACRN 的硬件系统要求

硬件	最低要求	推荐配置
处理器	x86 的 64 位处理器	大于 2 核
内存	4GB RAM	大于 8GB，小于 32GB
硬盘	20GB	大于 120GB

同时 ACRN 对目标系统的 PCI 设备还有如下要求。
- 应该为所有 PCI 设备 BAR 分配资源，包括 SR-IOV VF BAR（如果设备支持）。
- PCI 桥接设备的桥接窗口和根总线的资源应包含所有下游设备的资源。
- PCI 设备之间以及 PCI 设备和其他平台设备之间的资源不应存在冲突。

ACRN 开发团队已经使用指定的 ACRN 发布版本对表 6-2 所列的平台进行了测试。

表 6-2 ACRN 测试平台与发布版本

Intel x86 平台	型号	配置文件	ACRN 版本	显示配置
Alder Lake	ASRock iEP-9010SE	adl-asrock.xml	3.0	SR-IOV
Tiger Lake	Vecow SPC-7100	tgl-vecow-spc-7100-Corei7.xml	3.0	SR-IOV
Tiger Lake	NUC11TNHi5	nuc11tnbi5.xml	2.5	GVT-d
Whiskey Lake	WHL-IPC-I7	whl-ipc-i7.xml	2.0	GVT-g
Kaby Lake	NUC7i7DNH	nuc7i7dnb.xml	1.6.1	GVT-g

6.2 ACRN 支持三种模式的场景

在实际安装部署 ACRN 之前，还需要解释 ACRN 项目中的另一个概念——工作场景，即目标机根据自身的应用需求对硬件资源的不同配置模式。ACRN 支持三种不同的工作场景，即共享模式的场景、分区模式的场景以及混合模式的场景。它们代表了三种对资源不同需求的典型场景，比如，可以运行的虚拟机数量、属性、有权访问的资源，资源是否被虚拟机共享或独占。

我们知道像 Windows 这样的通用操作系统，通常是用一个安装包文件来适配所有的硬件平台。但是在嵌入式系统中，安装镜像都需要根据目标机的不同硬件配置、需要支持的场景等进行单独的定制、编译和安装。

　　ACRN 架构支持的这三种工作场景，是为嵌入式虚拟化领域里典型的应用专门设计的，例如智能驾驶舱、工作负载整合。当然，用户可以根据自己的产品需求扩展到更多的应用场景。

6.2.1　共享模式的场景

　　共享模式场景是指各个虚拟机之间共享计算、内存和设备资源的模式。ACRN 虚拟机启动服务虚拟机后，会由服务虚拟机启动各个用户虚拟机，并通过设备模型在各个虚拟机间提供设备和资源共享服务。

　　各种控制设备的使用寿命以及操作系统的更新换代，使虚拟化技术在工业制造领域的应用显得尤为重要。通过虚拟化技术，制造工厂可以使用虚拟机环境来运行远超过其预定退役日期的旧的控制系统和操作系统，同时对其控制系统硬件进行现代化改造。

　　ACRN 可以使各个用户虚拟机几乎无干扰地运行不同的工作负载应用，保证通用计算应用和实时敏感性任务同时运行，同时增加系统的安全功能，通过任务数据分析进行实时干预，并制定各种预测性维护计划。

　　如图 6-2 所示，服务虚拟机共启动了 5 个用户虚拟机，包括 4 个标准虚拟机，分别提供数据收集、机器学习和人工智能应用、人机交互界面（HMI）和视觉处理、运算和 Kata 容器应用等。实时虚拟机可以支持硬实时操作系统或软实时操作系统，里面分别运行可编程逻辑控制器（PLC）等需要软实时或硬实时的应用。

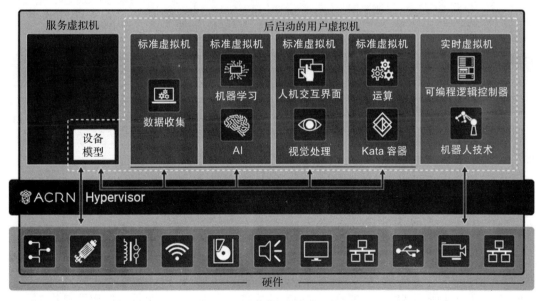

图 6-2　ACRN 共享模式架构图

● 服务虚拟机向其他用户虚拟机提供设备共享功能，例如，磁盘或网络代理等；同时还可以进行调度编排代理，允许使用 Kubernetes 等工具编排管理用户虚拟机。

- 人机交互界面操作系统既可以是 Windows 也可以是 Linux。目前 Windows 在工业领域的 HMI 环境中占据主导地位。
- ACRN 可以支持各种实时操作系统，包括用于软 PLC 控制的 PREEMPT_RT Linux，以及能提供更少时延抖动的硬实时操作系统，如风河公司的 VxWorks。

6.2.2 分区模式的场景

分区模式场景是指一个用户虚拟机与其他用户虚拟机独立和隔离的资源分区模式。被分区的虚拟机的资源是静态配置的，不与其他虚拟机共享。被分区的虚拟机既可以是实时任务虚拟机、安全虚拟机，也可以是标准虚拟机，直接由 ACRN 引导启动，并运行本机设备驱动程序访问配置的设备资源，不需要服务虚拟机和设备模型协助。

图 6-3 所示为一个简化的分区模式场景。两个用户虚拟机都是独立且资源隔离的，它们不共享任何资源，并且都由 ACRN 在引导时自动启动。

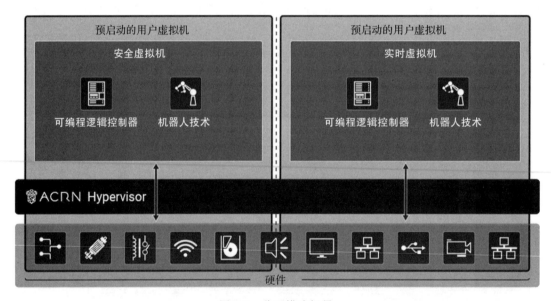

图 6-3 分区模式场景

6.2.3 混合模式的场景

混合模式场景是指同时支持共享和分区两种模式的整合模式。其中预先启动的分区虚拟机会由 ACRN 静态配置不与其他虚拟机共享的特定设备资源，然后 ACRN 会再启动服务虚拟机以及其他共享模式虚拟机，启动后的共享模式虚拟机会由设备模型管理共享设备资源。

图 6-4 所示为一个实时任务虚拟机的混合模式场景。预先启动的实时任务虚拟机由

ACRN 启动后，再启动服务虚拟机和其他共享模式的虚拟机，然后可以运行机器学习、人工智能、人机交互界面、视觉处理，以及运算和 Kata 容器应用等实际程序及服务。

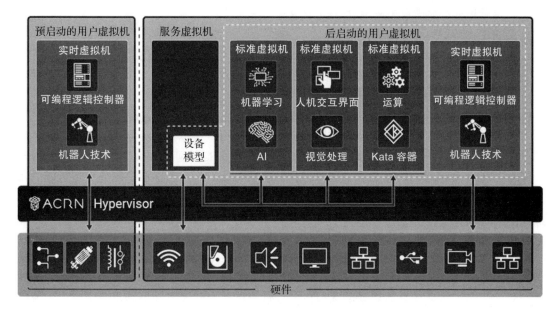

图 6-4　实时任务虚拟机的混合模式场景

6.3　安装部署流程

了解 ACRN 的工作模式后，本节开始介绍 ACRN 的安装部署流程[一]，其中有一个专门的步骤用来选择 ACRN 的工作场景和模式。

图 6-5 说明了配置、编译和部署 ACRN 的基本流程。

图 6-5　配置、编译和部署 ACRN 的基本流程

[一]　ACRN 3.0 官网上的安装部署流程：https://projectacrn.github.io/3.0/getting-started/overview_dev.html。

1. 选择硬件和场景

ACRN 配置是基于特定的硬件平台和场景定义的。首先要了解支持 ACRN 的硬件配置信息，然后根据产品需求来选择对应的 ACRN 工作场景。

ACRN 支持三种类型的工作场景。

- 共享模式场景：此场景是最常见的虚拟化场景，虚拟机之间的计算、内存和设备资源可以互相共享。它由一个服务虚拟机和其他后启动的用户虚拟机构成。此场景中没有预启动的虚拟机。
- 分区模式场景：此场景由两个或者多个预启动的用户虚拟机构成，没有服务虚拟机。用户虚拟机之间采用分区模式隔离资源。各个用户虚拟机是独立和隔离的，并且它们不共享资源。例如，预启动的虚拟机可能不会与任何其他虚拟机共享存储设备，因此每个预启动的虚拟机都需要自己的启动设备。该场景不需要服务虚拟机或设备模型，因为所有的分区都运行本机设备驱动程序并直接访问其配置的资源。
- 混合模式场景：此场景同时支持在一个系统上进行共享和分区。它包含预启动的虚拟机和后启动的虚拟机，以及服务虚拟机。

大多数应用场景直接使用后启动的虚拟机即可满足绝大部分需求，只有当需要将其系统与其余部分完全隔离时才需要考虑配置成预启动的虚拟机。所以即使应用程序有严格的实时性要求，也可以先在后启动的虚拟机上进行测试，当其隔离性不满足要求时，才考虑配置成预启动的虚拟机。

2. 准备开发环境

在配置编译 ACRN 前，需要在开发机上提前准备一些环境：包括 Ubuntu 操作系统（ACRN 目前不支持在 Windows 上进行开发）、编译工具、ACRN 源代码，以及内核源代码。

3. 生成目标平台配置文件

目标平台配置文件是一个 XML 文件，用于存储从目标平台上提取的特定硬件及能力信息。它包含硬件资源（例如处理器和内存）的容量、平台电源状态、可用设备和 BIOS 设置等信息。该文件用于配置和编译 ACRN Hypervisor，因为每个 Hypervisor 实例都会根据目标硬件平台进行定制。

通过平台配置检查器工具 Board Inspector Tool，可以在目标平台上生成对应的平台配置文件。以下是使用此工具的具体步骤。

1）BIOS 设置：在运行 Board Inspector Tool 平台配置检查器工具之前，必须配置目标平台的 BIOS 设置，因为该工具会将当前 BIOS 设置记录到平台配置文件中。

2）使用 Board Inspector Tool 平台配置检查器工具生成平台配置文件：需要在 Ubuntu 操作系统中，打开收集有关目标平台信息的工具和内核命令行选项。

3）设置依赖项后，可以通过命令行运行 Board Inspector Tool 平台配置检查器工具，该工具会自动生成目标平台的特定配置文件。

4. 生成场景配置文件和启动脚本

场景配置文件指选定的 ACRN 模拟配置场景，如共享、分区或者混合模式，以及可以运行的虚拟机数量、属性和可以访问的设备资源等，这些参数同样以 XML 格式保存在场景配置文件中。启动脚本则是用于创建后续启动用户虚拟机的 shell 脚本文件。

ACRN 配置器工具（Configurator Tool），可以通过图形化界面定义、验证、生成场景配置和启动脚本文件，以下是使用此工具的具体步骤。

1）生成场景配置文件：在使用配置器工具生成场景配置文件之前，请确保先完成"**生成目标平台配置文件**"阶段产生的目标平台配置文件，该工具需要目标平台配置文件来验证目标硬件是否支持需要的场景。然后可以使用该工具创建新的场景配置文件或修改现有的场景配置文件，在图形化界面上可以添加虚拟机、修改虚拟机属性或者删除虚拟机等。该工具会根据目标平台配置文件自动验证输入的配置参数，验证成功后，会生成 XML 格式的自定义场景配置文件。

2）生成启动脚本：对于有后续启动用户虚拟机的场景配置，配置器工具会自动生成 shell 启动脚本文件，该启动脚本文件中会包含各个后续启动用户虚拟机的参数信息，如各种共享的虚拟设备信息等。

5. 编译 ACRN

ACRN 源代码提供了一个 Makefile 文件来编译 ACRN Hypervisor 以及相关组件。在 make 命令中，只需要指定目标平台配置文件和场景配置文件，即可进行自动编译，编译过程通常只需要几分钟。

如果定义的配置场景中有服务虚拟机，还需要为服务虚拟机重新编译能支持 ACRN 的内核。ACRN 内核源代码同样提供了一个预定义的配置文件和一个 Makefile 来自动编译 ACRN 内核以及相关组件。编译过程可能需要 15 分钟或者几个小时，具体取决于开发机的性能。

6. 安装并运行 ACRN

最后一步是对目标机配置进行最终更改，然后启动 ACRN。首先将编译的 ACRN Hypervisor 文件、内核文件和启动脚本文件从开发机复制到目标机上，然后在目标机上配置 GRUB 以引导 ACRN Hypervisor，并预先启动虚拟机和服务虚拟机，最后重新启动目标机，自动引导 ACRN 启动。

如果定义的配置场景中有后续启动虚拟机，安装后续启动虚拟机的操作系统镜像文件，通过运行"**生成场景配置文件和启动脚本**"阶段自动创建的启动脚本文件，即可依次启动各个后续启动虚拟机。

6.4　安装部署入门指南

根据 6.3 节的 ACRN 安装部署流程，本节给出具体的安装和执行命令。

6.4.1　选择硬件和场景

本节选择最简单的共享模式场景来描述 ACRN 的安装部署，该场景由一个 ACRN Hypervisor、一个服务虚拟机和一个用户虚拟机组成，如图 6-6 所示。

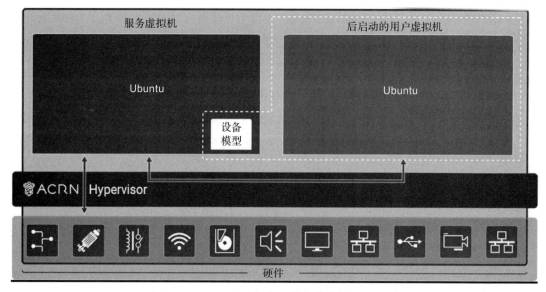

图 6-6　ACRN 安装部署的共享模式场景配置图

6.4.2　准备开发机环境

开发机环境的硬件和软件要求如下。

- 硬件：一台具有互联网访问权限的 PC（具有多核和 16GB 或更多内存的机器会使编译速度更为快速）。
- 软件：Ubuntu Desktop 20.04 LTS（ACRN 暂不支持在 Window 上进行开发、编译）。

更新 Ubuntu 系统版本及补丁。在开发机上设置 ACRN 开发编译环境，运行以下命令以确认其是 Ubuntu Desktop 20.04 或更高版本。如果你的 Ubuntu 版本过低，请参阅 Ubuntu 相关文档，在开发机上升级或者重新安装新的操作系统。

```
$ cat /etc/os-release
$ sudo apt update
```

安装编译 ACRN 的相关必要工具：

```
$ sudo apt install -y gcc \
     git \
     make \
     vim \
     libssl-dev \
```

```
        libpciaccess-dev \
        uuid-dev \
        libsystemd-dev \
        libevent-dev \
        libxml2-dev \
        libxml2-utils \
        libusb-1.0-0-dev \
        python3 \
        python3-pip \
        python3.8-venv \
        libblkid-dev \
        e2fslibs-dev \
        pkg-config \
        libnuma-dev \
        libcjson-dev \
        liblz4-tool \
        flex \
        bison \
        xsltproc \
        clang-format \
        bc \
        libpixman-1-dev \
        libsdl2-dev \
        libegl-dev \
        libgles-dev \
        libdrm-dev
```

安装 Python 依赖包文件：

```
$ sudo pip3 install "elementpath==2.5.0" lxml xmlschema defusedxml tqdm
```

创建工作文件夹目录：

```
$ mkdir ~/acrn-work
```

安装 iASL 依赖包文件：

```
$ cd ~/acrn-work
$ wget
$ https://acpica.org/sites/acpica/files/acpica-unix-20210105.tar.
$ gz
$ tar zxvf acpica-unix-20210105.tar.gz
$ cd acpica-unix-20210105
  make clean && make iasl
  sudo cp ./generate/unix/bin/iasl /usr/sbin
```

获取 ACRN Hypervisor 和内核源代码：

```
$ cd ~/acrn-work
$ git clone https://github.com/projectacrn/acrn-hypervisor
$ cd acrn-hypervisor
$ git checkout v3.0
```

```
$ cd ..
$ git clone https://github.com/projectacrn/acrn-kernel.git
$ cd acrn-kernel
$ git checkout acrn-v3.0
```

6.4.3　准备目标机并生成目标平台配置文件

如图 6-7 所示，将鼠标、键盘、显示器和电源线连接
到目标机，同时连接以太网线到目标机 LAN 口（可选）。
目标机和开发机之间通过串口线进行连接后，可以查看
ACRN 和虚拟机控制台。

1. 安装 Ubuntu 20.04 LTS

在目标系统计算机上安装 Ubuntu Desktop 20.04 LTS，
以运行 Board Inspector Tool 生成目标平台配置文件，步骤
如下。

图 6-7　目标机的硬件连接示意图

1）将 Ubuntu 启动 U 盘插入目标机。

2）启动目标系统，在 UEFI 菜单中选择 U 盘作为启动设备。请注意，引导选项中显示
的 U 盘标签取决于 USB 驱动器的品牌 / 制造商（如果该选项不可用，需要先配置 BIOS 从
USB 设备启动）。

3）选择语言和键盘布局后，在安装 Ubuntu 时选择正常安装并下载最新更新（下载更
新需要目标系统计算机具有 Internet 连接），如图 6-8 所示。

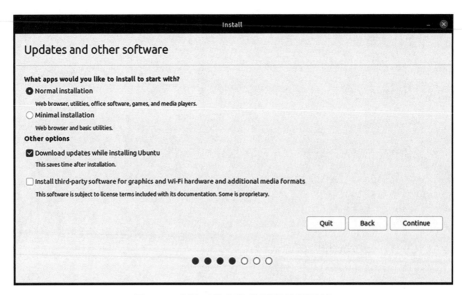

图 6-8　选择正常安装并下载最新更新

4）使用复选框来确定是将 Ubuntu 与另一个操作系统一起安装，还是删除现有的操作系统并将其替换为 Ubuntu，如图 6-9 所示。

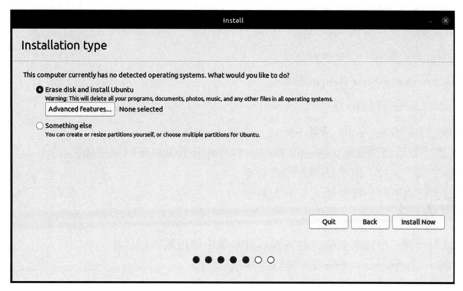

图 6-9　一起安装或者删除现有操作系统

5）完成 Ubuntu 安装，创建一个新的用户账户 acrn，并设置密码。

2. 设置目标机 BIOS

设置目标机 BIOS 的步骤如下。

1）启动目标机并进入 BIOS 配置编辑器。

2）启动目标机时，通常在看到 GRUB 菜单或者 Ubuntu 登录界面之前，快速按下 F2键，即可进入 BIOS 设置界面。

3）设置以下 BIOS 参数。

- 启用 VMX（Virtual Machine eXtension），主要是为 CPU 虚拟化提供硬件辅助。
- 启用 VT-d（Intel Virtualization Technology for Directed I/O），主要是为管理 I/O 虚拟化提供额外支持。
- 禁用 Secure Boot。

4）BIOS 设置参数的名称和位置会因目标机硬件和 BIOS 版本而有所不同。可以在 BIOS 配置编辑器中进行搜索。例如，在 Tiger Lake NUC 上，在目标机启动时快速按下 F2（如果出现 GRUB 菜单或 Ubuntu 登录屏幕，请按下 CTRL + ALT + DEL 组合键再次重新启动并尽快按下 F2），并进行以下设置。

- System Agent Configuration > VT-d 选项，选择 Enabled
- CPU Configuration > VMX 选项，选择 Enabled
- Boot > Secure Boot > Secure Boot 选项，选择 Disabled

3. 生成目标平台配置文件

生成目标平台配置文件的步骤如下。

1) 在开发机上编译 Board Inspector Debian 软件包。

在开发机上进入 acrn-hypervisor 目录：

```
$ cd ~/acrn-work/acrn-hypervisor
```

编译 Board Inspector Debian 软件包：

```
$ make clean && make board_inspector
```

编译完成后会在 ./build 目录下生成一个 Debian 软件包。

2) 通过 U 盘将 Board Inspector Debian 软件包从开发机复制到目标机。

在开发机上，插入用于复制文件的 U 盘。

通过运行以下命令确保插入了一个 U 盘：

```
$ ls /media/$USER
```

确认只出现一个磁盘名称，并将在后续步骤中使用该磁盘名称。

将 Board Inspector Debian 软件包复制到 U 盘上：

```
$ cd ~/acrn-work
$ disk="/media/$USER/"$(ls /media/$USER)
$ cp -r acrn-hypervisor/build/acrn-board-inspector*.deb "$disk"/
$ sync && sudo umount "$disk
```

将该 U 盘插到目标机，并将 U 盘中的 Board Inspector Debian 软件包复制到目标机上：

```
$ mkdir -p ~/acrn-work
$ disk="/media/$USER/"$(ls /media/$USER)
$ cp -r "$disk"/acrn-board-inspector*.deb  ~/acrn-work
```

在目标系统计算机上安装 Board Inspector Debian 软件包，并重启系统：

```
$ cd  ~/acrn-work
$ sudo apt install -y ./acrn-board-inspector*.deb
$ reboot
```

重启后，运行 Board Inspector 以生成目标平台机配置文件。以下使用 my_board 作为文件名：

```
$ cd ~/acrn-work
$ sudo board_inspector.py my_board
```

确认当前目录下成功生成了目标平台配置文件 my_board.xml：

```
$ ls ./my_board.xml
```

下面通过 U 盘将此 my_board.xml 文件复制到开发机上。

在目标机上将 my_board.xml 复制到 U 盘：

```
$ disk="/media/$USER/"$(ls /media/$USER)
$ cp ~/acrn-work/my_board.xml "$disk"/
$ sync && sudo umount "$disk"
```

将 U 盘插到开发机上，并复制 my_board.xml 文件：

```
$ disk="/media/$USER/"$(ls /media/$USER)
$ cp "$disk"/my_board.xml ~/acrn-work
$ sync && sudo umount "$disk"
```

4. 生成场景配置文件和启动脚本

下面将介绍如何下载、安装和使用 ACRN Configurator 工具来生成具体场景配置 XML 文件和后续启动用户虚拟机的 shell 脚本文件。

1）在开发机上，下载并安装 ACRN Configurator Debian 软件包。

```
$ cd ~/acrn-work
$ wget
  https://github.com/projectacrn/acrn-hypervisor/releases/download/
  v3.0/acrn-configurator-3.0.deb
```

注意：如果你已经安装了以前版本的 acrn-configurator，则需要先将其删除，然后再安装新版本：

```
$ sudo apt purge acrn-configurator
$ sudo apt install -y ./acrn-configurator-3.0.deb
```

2）启动 ACRN Configurator 配置器。

```
$ acrn-configurator
```

3）在创建一个新配置前，先确认工作文件夹是 <path to>/acrn-work/MyConfiguration 后，如图 6-10 所示，单击 Use This Folder 按钮。

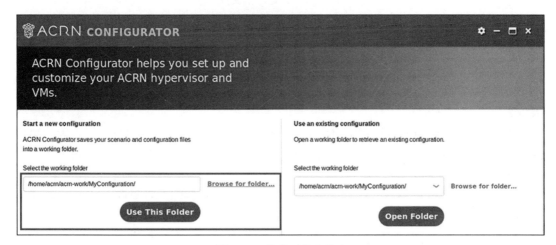

图 6-10　确定工作文件夹

4）导入目标平台配置文件 my_board.xml，如图 6-11 所示。

在 "1. Import a board configuration file" 界面，单击 Browse for file 按钮。找到 ~/acrn-work/my_board.xml 文件，并单击 Open 按钮。单击 Import Board File 按钮。

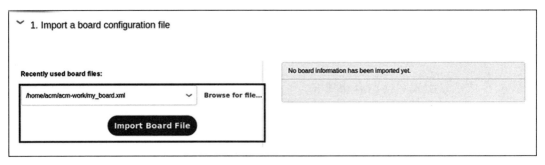

图 6-11　导入目标平台配置文件

5）创建一个新的场景文件。

如图 6-12 所示，在 "2. Create new or import an existing scenario" 界面，单击 Create Scenario 按钮。

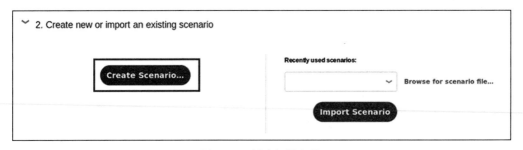

图 6-12　创建场景文件

如图 6-13 所示，在弹出的对话框中，确定 Shared (Post-launched VMs only) 已被选中。保证至少配置了一个服务虚拟机和一个后续启动虚拟机。单击 OK 按钮。

6）如图 6-14 所示，在 "3. Configure settings for scenario and launch scripts" 界面中，会出现场景的各个可配置项及参数，可以随意查看并根据具体场景需要修改各个可配置项及参数。

7）单击 Basic Parameters 选项卡，Build type 选择 Debug 类型，同时选择正确的串口（如图 6-15 中的 /dev/ttyS0）。如果目标设备平台上没有串口，请选择 Release 类型，因为 Debug 类型需要至少有一个可用串口。

8）在如图 6-16 所示的界面中，单击 Basic Parameters 选项卡，更改 VM name，比如 ACRN_Service_VM。

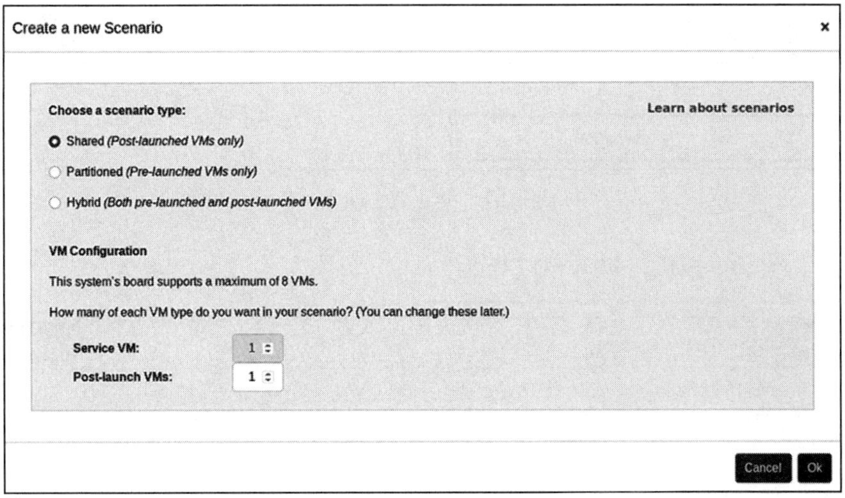

图 6-13　配置场景文件

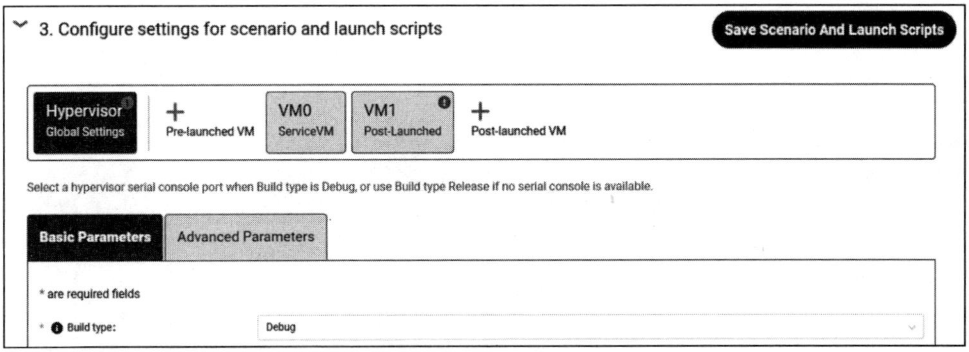

图 6-14　保存场景文件

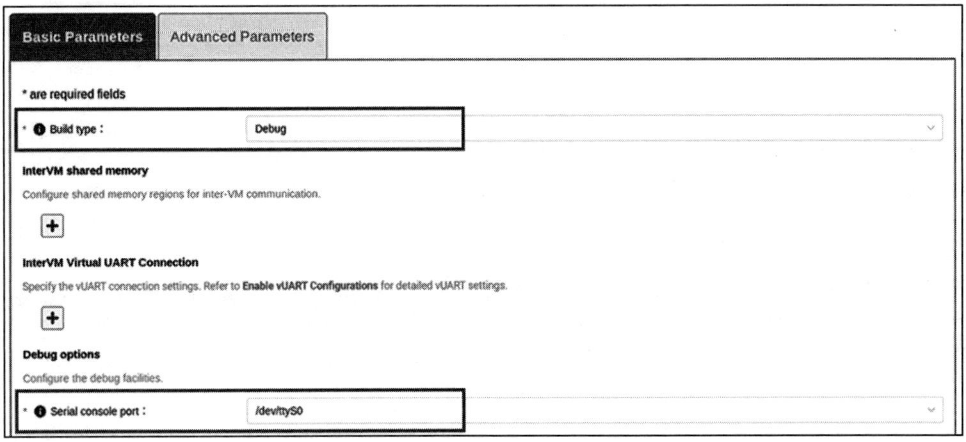

图 6-15　配置串口

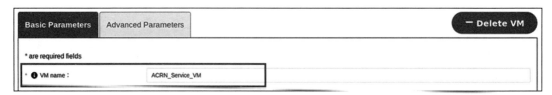

图 6-16   更改 VM name

9）配置后启动虚拟机，如图 6-17 所示。

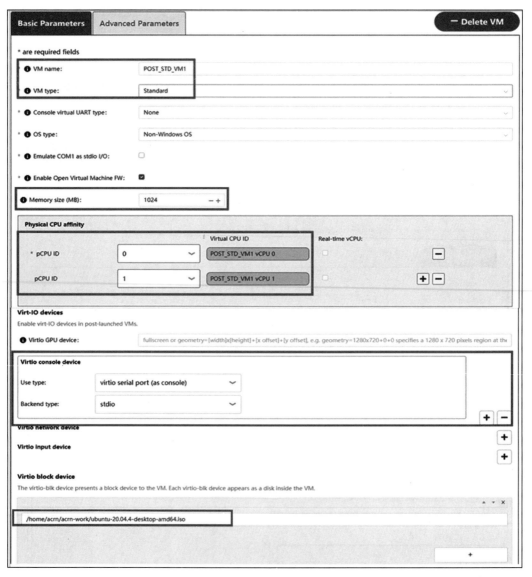

图 6-17   启动 VM

　　单击 Basic Parameters 选项卡，更改 VM name，比如 POST_STD_VM1。确定 VM type
是 Standard 类型，上一步中的 STD 即 Standard 的缩写。向下滚动到 Memory size(MB) 项，
将其修改为 1024。因为使用 Ubuntu 20.04 版本的服务虚拟机启动 Ubuntu 20.04 版本的后续启
动虚拟机，所以至少需要分配 1024MB 的内存。

　　在 Physical CPU affinity 选项中，可以选择 pCPU ID 0，然后单击"+"，选择 pCPU ID
1，从而将 CPU 物理内核 0 和 1 与此虚拟机进行关联分配。

　　在 Virtio console device 选项中，单击"+"以增加设备并保留默认配置参数。

　　在 Virtio block device 选项中，单击"+"，然后输入 /home/acrn/acrn-work/ubuntu-
20.04.4-desktop-amd64.iso。这个参数用于指定此虚拟机的操作系统镜像文件位置。

　　向上滚动到选项面板顶部，单击 Save Scenario And Launch Scripts，从而自动生成场景
配置文件和启动脚本。

　　点击右上角的"×"按钮，可以退出并关闭 ACRN 配置器。

　　确定场景配置文件 scenario.xml 和启动脚本已经成功生成在工作目录下：

```
$ ls ~/acrn-work/MyConfiguration/scenario.xml
$ ls ~/acrn-work/MyConfiguration/launch_user_vm_id1.sh
```

6.4.4　编译 ACRN

　　编译 ACRN 的步骤如下。

　　1）在开发机上，编译 ACRN Hypervisor：

```
$ cd ~/acrn-work/acrn-hypervisor
$ make clean && make
  BOARD=~/acrn-work/MyConfiguration/my_board.board.xml
  SCENARIO=~/acrn-work/MyConfiguration/scenario.xml
```

　　编译通常需要几分钟。默认情况下，编译结果自动生成在 ./build 目录下。

```
$ cd ./build
$ ls *.deb
acrn-my_board-MyConfiguration*.deb
```

　　2）为服务虚拟机编译内核。

　　如果以前编译过内核，需要运行以下命令删除上次编译产生的中间文件，否则新的编
译过程可能会出错，如下所示：

```
$ cd ~/acrn-work/acrn-kernel
$ make distclean
```

　　编译内核，如下所示：

```
$ cd ~/acrn-work/acrn-kernel
$ cp kernel_config_service_vm .config
$ make olddefconfig
```

```
$ make -j $(nproc) deb-pkg
```

内核编译过程可能需要 15 分钟或者几个小时，具体取决于开发机的性能。编译完成后会在当前工作目录下生成四个 Debian 软件包，如下所示：

```
$ cd ..
$ ls *.deb
linux-headers-5.10.115-acrn-service-vm_5.10.115-acrn-service-vm-1_amd64.deb
linux-image-5.10.115-acrn-service-vm_5.10.115-acrn-service-vm-1_amd64.deb
linux-image-5.10.115-acrn-service-vm-dbg_5.10.115-acrn-service-vm-1_amd64.deb
linux-libc-dev_5.10.115-acrn-service-vm-1_amd64.deb
```

将开发机上生成的所有必要文件通过 U 盘复制到目标机中。

● 将 U 盘插入开发机并运行以下命令：

```
$ disk="/media/$USER/"$(ls /media/$USER)
$ cp
  ~/acrn-work/acrn-hypervisor/build/acrn-my_board-MyConfiguration*.
$ deb      "$disk"/
$ cp ~/acrn-work/*acrn-service-vm*.deb "$disk"/
$ cp ~/acrn-work/MyConfiguration/launch_user_vm_id1.sh "$disk"/
$ cp ~/acrn-work/acpica-unix-20210105/generate/unix/bin/iasl "$disk"/
  sync && sudo umount "$disk"
```

● 将此 U 盘插入目标机，运行以下命令复制 tar 包文件：

```
$ disk="/media/$USER/"$(ls /media/$USER)
$ cp "$disk"/acrn-my_board-MyConfiguration*.deb ~/acrn-work
$ cp "$disk"/*acrn-service-vm*.deb ~/acrn-work
$ cp "$disk"/launch_user_vm_id1.sh ~/acrn-work
$ sudo cp "$disk"/iasl /usr/sbin/
$ sudo chmod a+x /usr/sbin/iasl
$ sync && sudo umount "$disk"
```

6.4.5   在目标机上安装 ACRN

1）使用以下命令安装 ACRN Debian 软件包和 ACRN 内核 Debian 包文件。

```
$ cd ~/acrn-work
$ sudo apt install ./acrn-my_board-MyConfiguration*.deb
$ sudo apt install ./*acrn-service-vm*.deb
```

2）重新启动系统。

```
$ reboot
```

3）当看到 GRUB 启动菜单，选择 ACRN multiboot2 并按回车键确认。此选项也可能会默认自动选择，一般 5 秒后会自动使用此选项进入下一步，如图 6-18 所示。

图 6-18　选择 GRUB 启动菜单

6.4.6　启动 ACRN 和服务虚拟机

按照默认配置，ACRN Hypervisor 会自动启动 Ubuntu 服务虚拟机。启动成功后，在目前系统计算机上使用创建好的用户名（如 acrn）及密码登录服务虚拟机。登录成功后可以通过输入 dmesg 命令行，查看并确认 Hypervisor 已经成功运行。如果结果显示 Hypervisor detected: ACRN，则证明 ACRN Hypervisor 已经成功运行。

```
$ dmesg | grep -i hypervisor
[    0.000000] Hypervisor detected: ACRN
```

启动服务虚拟机的系统守护进程和管理网络配置，设备模型管理器（Device Model）会创建一个桥接设备（acrn-br0），并为用户虚拟机提供有线网络连接。

```
$ sudo systemctl enable --now systemd-networkd
```

6.4.7　启动用户虚拟机

1）在 Ubuntu 官方网站下载 Ubuntu Desktop 20.04 LTS IOS 镜像文件 ubuntu-20.04.4-desktop-amd64.iso。此镜像文件与在前序 ACRN Configurator UI 步骤中使用的 Ubuntu 镜像文件一致。

2）将此 ISO 镜像文件复制到目标系统计算机的 ~/acrn-work 目录下。

3）通过输入以下命令，即可启动用户虚拟机：

```
$ sudo chmod +x ~/acrn-work/launch_user_vm_id1.sh
$ sudo ~/acrn-work/launch_user_vm_id1.sh
```

4）从启动用户虚拟机到开始运行 Ubuntu 镜像需要大约 1 分钟，在此过程中会看到很多打印输出信息，最后用户虚拟机的控制台会出现登录提示符，如图 6-19 所示。

```
Ubuntu 20.04.4 LTS ubuntu hvc0

ubuntu login:
```

图 6-19　用户虚拟机登录界面

5）登录用户虚拟机，对于 Ubuntu 20.04 ISO 镜像，默认用户名是 ubuntu，并且没有初始密码，如图 6-20 所示。

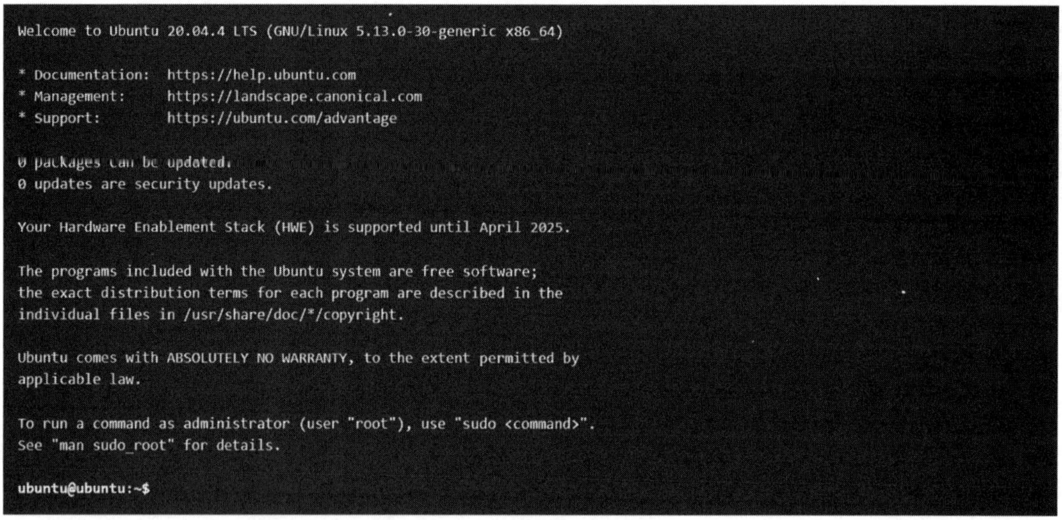

```
Welcome to Ubuntu 20.04.4 LTS (GNU/Linux 5.13.0-30-generic x86_64)

 * Documentation:  https://help.ubuntu.com
 * Management:     https://landscape.canonical.com
 * Support:        https://ubuntu.com/advantage

 0 packages can be updated.
 0 updates are security updates.

 Your Hardware Enablement Stack (HWE) is supported until April 2025.

 The programs included with the Ubuntu system are free software;
 the exact distribution terms for each program are described in the
 individual files in /usr/share/doc/*/copyright.

 Ubuntu comes with ABSOLUTELY NO WARRANTY, to the extent permitted by
 applicable law.

 To run a command as administrator (user "root"), use "sudo <command>".
 See "man sudo_root" for details.

 ubuntu@ubuntu:~$
```

图 6-20　登录用户虚拟机

6）本实例中，用户虚拟机和服务虚拟机使用了不同的 Ubuntu 镜像文件，通过以下命令查看用户虚拟机正在运行的 Ubuntu 版本。

```
ubuntu@ubuntu:~$ uname -r
5.13.0-30-generic
```

7）同时，对比服务虚拟机上正在运行的 Ubuntu acrn-kernel 版本。

```
acrn@vecow:~$ uname -r
5.10.115-acrn-service-vm
```

8）至此，用户虚拟机已经成功启动。在用户虚拟机命令终端也可以通过以下命令关闭用户虚拟机：

```
$ sudo poweroff
```

6.5　本章小结

本章主要介绍了 ACRN 系统的环境搭建和安装部署过程，包括系统硬件选择、工作场景规划、在目标机中进行实际搭建，并配有完整的安装部署入门指南，让大家可以从零开始了解、部署和使用 ACRN。

第 7 章
嵌入式虚拟化技术——实时性能优化

前面几章介绍了嵌入式虚拟化软件 ACRN 的实现、安装和使用。本章将介绍嵌入式虚拟化软件运行在实时场景下必须支持的一个关键特征,即实时性。嵌入式系统的一个重要应用领域就是各种实时场景,如常见的各种通信系统(手机、基站、交换机等)、在各种交通工具(飞机、火车、汽车等)上运行的控制系统,以及工业领域的各种控制系统等。在工业控制领域,实时性则是一项基本要求。虚拟化技术本身是在传统的嵌入式硬件和软件操作系统之间加了一个软件层,因此它增加了程序执行的路径,理论上对实时性是不友好的。本章将探讨嵌入式虚拟化技术如何支持实时性,以及如何在此环境下对实时性进行调优。

本章将以 ACRN 在工业控制领域的应用为例,介绍 ACRN 专门为支持实时性所做的架构工作,通用的实时优化准则和策略,以及 ACRN 的优化实现和一些辅助调优的增强功能 / 工具。

7.1 整体架构设计

如前所述,嵌入式虚拟化技术主要用于满足负载整合的需求,其中一个重要的应用场景就是工业控制领域,需要在一个物理硬件平台同时支持至少一个实时操作系统(RTOS)和一个人机交互界面(Human Machine Interface,HMI)操作系统。在这里,如果一个 VM 里运行的是一个实时操作系统,我们还可以称它为实时虚拟机(Real-Time VM,RTVM)。一个典型的 HMI+RTVM 场景如图 7-1 所示。

其中人机交互界面多为 Windows 系统,RTVM 运行的实时操作系统可以是 Xenomai、PREEMPT_RT Linux、Zephyr 等开源 RTOS 或者其他商用的实时任务操作系统。

实时场景的 ACRN 架构如图 7-2 所示。为支持实时,该架构做了特殊设计,例如:RTVM 会需要独占一些硬件资源,如多个 CPU 核中的一个或两个核、需要实时操作的一些控制设备、实时传输数据的网卡等。这部分独占设备需要直通给 RTVM 进行操作。如果 RTVM 需要使用共享的物理设备,则推荐使用 virtio 轮询模式来实现。

通常情况下推荐 RTVM 独占 CPU 的两个核,其关联的中断控制系统(x86 系统下为 APIC)直通给 RTVM,避免中断陷入 Hypervisor 里面等待处理。直通的外设经过 ACRN 配置后可以直接由 RTVM 进行操作,设备的中断也会直接通知到 RTVM 所属的 CPU 核上。这些对实时性支持的实现会在后面逐一讲述。

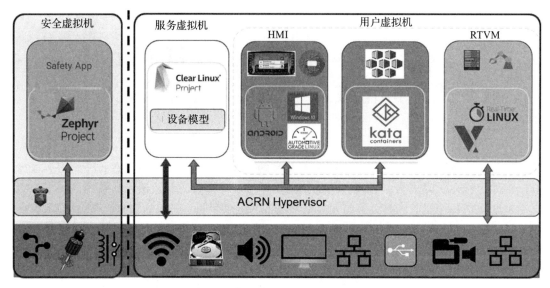

图 7-1 典型的 HMI+RTVM 场景

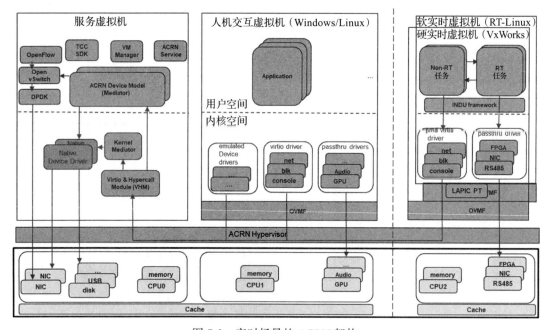

图 7-2 实时场景的 ACRN 架构

对于人机交互系统，其资源可以根据系统需求进行配置，通常并无实时性的需求，但部分场景可能有一定的实时性需求，如视频采集＋视觉分析，然后把处理结果通知 RTVM来处理。这样的需求通常需要平衡硬件资源在两个 VM 之间的分配，同时提供低延时的虚拟机间通信机制。

下面从实时性的分类、实时性的优化准则和具体实现来进行说明。

7.1.1　实时性的分类

实时系统追求的是实时任务执行时间的确定性，即在一定的时间范围内对某一事件或指令进行响应并完成处理。实时性的分类从不同的角度有不同的方法，如软实时或硬实时。表 7-1 所示为目前比较通行的一种分类方法。

表 7-1　实时性的分类

实时性分类	特点	应用场景
软实时	能够容忍一定程度的时间延迟及其引起的服务质量下降	流媒体的播放系统、网络 I/O 等
实时	需要满足较高比率的时限要求（如 95%）	语音通信，数据采集
硬实时	系统需要在固定的时限内完成相关的工作	工厂自动化系统，超时将会造成产品缺陷等
安全性实时	必须 100% 达到时限要求，否则可能会发生重大事故	飞机或者武器控制系统、生命相关医疗设备等

嵌入式虚拟化系统在工业领域的应用通常要满足"硬实时"的要求，即必须在特定时间内完成相关任务。它的目标和传统的工业领域对实时性的要求基本保持一致，并不会因为虚拟化的环境而有较大的改变。

7.1.2　实时性的优化准则

实时性要求的目标随着应用场景的不同而有所不同。在工业领域，有的应用场景可能要求在 50μs 内执行完一个动作，有的应用场景可能要求在 1ms 内执行完一个动作。另外，对 HMI 系统的需求也可能有所不同，有的应用场景只需要 HMI 做基本的配置管理、查看负载状态等简单的工作，有的应用场景对 HMI 要求可能会高一些，需要完成视频图像采集处理、视觉分析之类负载较重的工作，这对实时性也有一定的影响。

实时性还必须具备确定性。实时任务在运行过程中虽然会由于系统资源竞争、软硬件各种状态变化等带来一些不确定性，但是实时任务仍必须在给定的时间内完成。最基本的做法是把任务优先级调高，确保可以优先获得系统资源并保证任务被优先执行。所以实时性优化准则之一是尽可能地排除不确定性并追求确定性。

嵌入式系统的实时性优化是一个系统工程。从硬件到软件、从 OS 层到应用层，具体的场景还会涉及某个硬件设备配置等。对于嵌入式虚拟化技术的实时性的优化，本章主要关注以下两点。

- 硬件平台的相关配置和优化。x86 平台主要通过 BIOS 的配置实现。
- Hypervisor 虚拟化的实现、配置和优化。

其中硬件平台的配置优化是比较通用的，无论是否运行在虚拟化环境下，都会涉及实时性的支持和优化，这里将对一些重点配置项加以说明。另外，实时虚拟机内运行的 RTOS 及相关实时任务的实现和优化在后续章节中详述。

下面以 x86 的 BIOS 的配置为例介绍对系统实时性产生较大影响的配置项，如表 7-2 所示。

表 7-2　x86 下 BIOS 的实时性支持配置项

配置项	状态	说明
Hyper-Threading	Disabled	超线程（Hyper-Threading）可能会因为非实时线程和实时线程在同一个物理核上运行，进行资源竞争而对实时任务带来不确定性，需要关闭 RTVM 的核的超线程
P-States	Disabled	避免 CPU 在运行的过程中由于负载的不同而降压降频，导致执行完成实时任务的时间不确定
C-States	Disabled	避免 CPU 空闲时进入暂停睡眠或者降压降频状态等，避免 CPU 在不同的状态的情况下唤醒的时间不一致，使实时系统的 CPU 处于一个固定的状态
GPU frequency	设置为 MAX 的 1/3 或者 1/4	内置的 GPU 和 CPU 共享了 LLC，过高频率的 GPU 可能会对运行 RTVM 的 CPU 核（CPU Core）产生干扰；另外高频的内置 GPU 如果运行任务过重，可能会导致系统的温度高，从而会触发 CPU 核（CPU Core）硬件降频
Other power control mode	Disabled	需要关掉 power control 功能，保证实时的 CPU 尽量处在一个稳定的状态

除以上配置项之外，还有一些与 ACPI 和总线相关设置需要配置，这里不再一一说明。由于 x86 系统相对复杂，相关的配置原则上要尽量使系统处于一个稳定的状态，排除掉由于软硬件运行时状态的变化对实时性带来的影响。

在嵌入式虚拟化实时系统里面，优化的步骤也很重要。这里以 ACRN 虚拟机为例介绍嵌入式虚拟化系统的实时性能优化步骤，如图 7-3 所示。

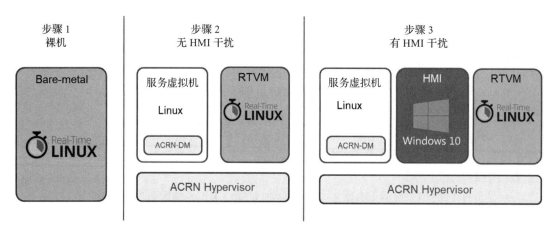

图 7-3　嵌入式虚拟化系统的实时性能优化步骤

　　首先建议先在物理机裸机环境下搭建 RTOS，配置优化实时性能，运行实时任务或者基准测试工具，使其达到实时要求。如果在裸机环境下不能满足实时要求，则在虚拟化环境下肯定也无法满足实时要求。虚拟化的实时性能通常只能接近裸机环境下的实时性，不会超越。

　　在第一步满足实时要求后，第二步搭建虚拟化环境。首先在没有 HMI 虚拟机干扰的情况下配置调试 RTVM 的实时性，使其达到实时要求。第三步增加系统干扰，先增加一个 HMI 系统。在 HMI 处于无负载空闲的情况下，调试 RTVM 的实时性，如满足，再增加 HMI 内部的负载，比如在 HMI 内部运行真正的业务负载，进而调试 RTVM 在此状态下的实时性能。如果在虚拟化环境下，实时性有较大的差距，除了通常的排查调试用辅助调试工具来抓取数据进行分析外，也可以在裸机上模拟干扰，进行对照排查问题。

　　嵌入式虚拟化环境下的实时调优策略总体的原则是"**先易后难，简单到复杂，逐步调试，排查问题**"，通过减少干扰变量，降低调优复杂度。

7.2　ACRN 虚拟机优化

　　嵌入式虚拟化系统在实时系统和硬件之间增加了一层 VMM（即 Hypervisor），因此除硬件相关的配置之外，VMM 层的实现或者配置对于实时系统的影响也比较大。下面结合 ACRN 在 x86 平台的实现来说明一些基本的 VMM 相关实时性能支持和配置优化项，如表 7-3 所示。

表 7-3　VMM 实时性能优化的配置项

配置项	状态	说明
CPU	需要分配专用的 CPU Core 给 RTVM	不能和其他 VM 共享 CPU Core，避免共享 CPU Core 对 RTVM 产生影响
APIC 中断控制器	RTVM 对应的 CPU 的 APIC 要配置为直通；配置 VMX，避免由于中断导致 CPU 从 RTVM 陷入 VMM	中断通过 VMM 直接到达 RTVM
缓存（Cache）	配置特定的 LLC 给 RTVM、GPU 和剩余的 VM	利用 x86 的 CAT 技术对 LLC（可能还有二级缓存）进行分配，避免由于共享缓存而对实时任务产生干扰，详见 7.5.1 节
RTVM 使用的 PCI 设备	需要直通给 RTVM	尽量避免 RTVM 和其他 VM 共享 PCI 设备，特别是对实时任务有影响的设备
大页（Huge Page）	给 RTVM 尽可能分配大页，如 1GB 或者 2MB 的页	减少 TLB 未命中带来的影响

　　以上是一些通用的 VMM 实时性能优化的配置项。下面详细说明为何以上优化项会对实时性有较大的影响。

ACRN VM-Exit-less

什么是 VM Exit？这里以 x86 平台为例来说明。在支持 CPU 硬件虚拟化的 Intel x86 平台上，CPU 有两种模式，正常模式为根模式（Root Mode），有对 CPU 资源的全部控制权，用来运行 Hypervisor；另一种模式为非根模式（Non-Root Mode），是一种受限模式，通常用来运行 VM。两种模式可以互相切换，从 Root Mode 到 Non-Root Mode，通常需要执行特定的指令（VMLAUNCH / VMRESUME）；从 Non-Root Mode 切换到 Root Mode 有多种情况，可以调用 VMCALL，或者由于外部中断调用了特权 / 特定指令，如 CPUID、HALT 等，或者由于访问了特定的敏感资源，如 Port IO / MMIO、特定的一些 MSR 等。

CPU 从 Non-Root Mode 到 Root Mode（CPU 从 VM 陷入 Hypervisor）的事件统称为 VM-Exit，即从 VM Exit（陷入）到 Hypervisor。如果发生了 VM Exit，一个显而易见的影响是 CPU 需要执行 Hypervisor 的代码，对相应的事件进行处理，从而带来额外的时延。另外，Hypervisor 里面可能有一些共享资源带来的互斥问题等，各种原因导致的每个 VM Exit 的处理时间可能不固定，给实时性带来了很大的不确定性。正是由于这些原因，虚拟化系统实时性优化需要关注 VM Exit。图 7-4 是 CPU 在两个模式之间切换造成的 VM Exit 的示意图。

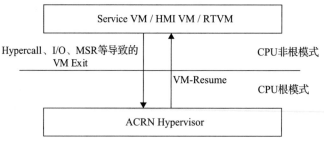

图 7-4　VM Exit 示意图

解释了 VM Exit 后，那么什么是 VM-Exit-less[Θ]？避免 VM Exit 的产生就是 VM-Exit-less。虚拟化系统里面，完全避免 VM Exit 比较困难，也没有必要。

以 ACRN 为例，为了减少虚拟机对于 RTVM 里运行的实时任务带来的影响，应该尽可能减少 VM Exit，即尽可能避免 CPU 从 RTVM 陷入 ACRN Hypervisor 里面，这是优化的原则之一。要使 RTVM 尽量达到 VM-Exit-less，或者至少在运行实时任务时达到这一点。

前面提到的 CPU 的分区（partition）、中断控制器（APIC）的直通即可避免很大一部分的 VM Exit。但由于虚拟化的特殊性，单靠 ACRN Hypervisor 是无法完全避免 VM Exit 的，需要从上层 RTVM 来配合支持 VM-Exit-less。

举例来说，对于 RTVM 而言，至少在执行实时任务的过程中，尽量避免对 CPU 核进行一些特殊 MSR（如 MTTR/PAT）的访问，避免一些特殊指令的执行（如 CPUID），避免访问

Θ　这是 ACRN 项目里"创造"出来的一个术语，意思是非常少的 VM Exit。

模拟的 I/O 设备。这些都会导致 CPU 从 RTVM 陷入 ACRN Hypervisor 里面。这些寄存器或者 I/O 资源，在虚拟化环境下由于设备模拟或者系统安全原因，不能直通给 RTVM，因此需要 RTVM 本身的配合，才能避免实时任务运行过程中产生 VM Exit。

综上所述，嵌入式虚拟化环境下的实时优化会尽量从 Hypervisor 层来避免 VM Exit 的产生，但需要 RTVM 的配合支持，才能达到实时任务运行中的 VM-Exit-less。

7.3　CPU 优化

嵌入式虚拟化为了支持实时性，避免由于共享资源导致非实时系统对实时系统带来干扰，CPU 资源通常会作为分区处理：即分配固定的 CPU 核给 RTVM。如果 RTVM 系统本身比较复杂，如 Preempt-Linux 或 Xenomai，还需要一个专门的核来处理实时任务，从而避免处理非实时任务对实时任务的干扰，如图 7-5 所示。

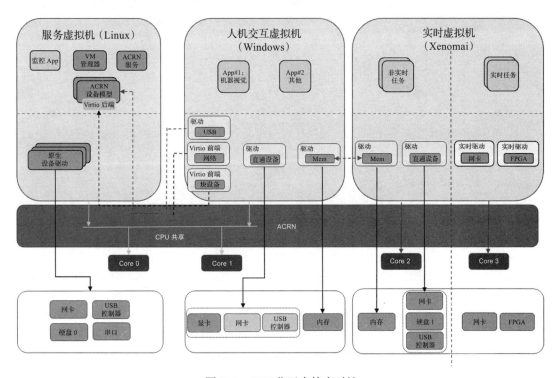

图 7-5　CPU 分区支持实时性

ACRN 支持对 CPU 核资源的共享或者分区配置。图 7-5 所示 ACRN 的实例中，服务虚拟机和 HMI 共享 Core0 和 Core1 两个核，RTVM（Xenomai）独自占用了另外两个核（Core2 和 Core3），其中一个用作实时核负责处理实时任务，另一个用作非实时核负责处理非实时事务。

原则上，在嵌入式虚拟化环境下和裸机环境下实时任务对 CPU 的需求基本一致：运行在其他非实时 CPU 核上的任务尽量避免对实时 CPU 核的干扰，从而保证实时 CPU 核的实时性。

7.4 中断优化

在虚拟化环境下，VMM（即 Hypervisor）通常需要实现对中断虚拟化的支持。Hypervisor 需要接管物理设备或者虚拟设备产生的中断，然后决定分发给哪一个 VM，具体的实现可以参考前面的章节。在虚拟化环境下，中断产生后的处理流程比较复杂，如图 7-6 所示。

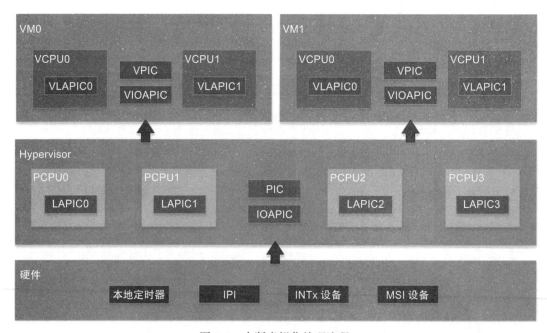

图 7-6　中断虚拟化处理流程

Hypervisor 在处理中断的过程中，不同的 VM 之间、不同 CPU 之间可能会产生干扰。如果嵌入式虚拟化系统要支持实时性，就需要尽量避免这种干扰。其中一种比较直接的中断处理设计思路就是使能中断直通，RTVM 所属的中断信号可以直通给对应的 VCPU 核，不要在 Hypervisor 里面做中断的中转处理。这样 RTVM 系统所属的设备产生中断或者系统内部产生的中断都会由中断控制器直接传送给对应的 VCPU 核，并不会产生 VM Exit，因而不需要陷入 VMM 里面进行处理，避免了在 VMM 中处理中断时对其他 CPU 核的干扰，同时也缩短了中断处理的路径，基本上能做到和非虚拟化环境下的中断处理保持一致。

支持中断控制器直通需要对 RTVM 所使用的外设有一定的限制。首先尽量不要使用共享的设备，即便使用也最好采用轮询模式，避免使用中断模式。对于 RTVM 使用的物理设备，需要在 VMM 里面对其中断向量进行配置做重映射（interrupt remap）。如果外设支持的是 IOAPIC 的中断，则需要配置 IOAPIC 的中断映射表到对应的 RTVM 的 APIC 上；如果外设支持的是 MSI（MSIX）中断，则需要配置设备的 MSI 映射表到对应的 RTVM 的 APIC

上。如果有设备包含 IOMMU 部分，则中断映射的配置可能还需要经过 IOMMU 里面的中断映射表。对于这部分内容，请参考 IOMMU 的相关的资料，这里不做赘述。

目前的外设大部分是 PCI/PCIe 相关的设备，基本都支持 MSI/MSIX 的中断模式，在 ACRN Hypervisor 里对直通的 PCI 设备做了 MSI 中断的重映射，目前不支持 INTx 的重映射。

图 7-7 是 RTVM 所支持的 PCI 设备，其 MSI 或 MSI-X 中断直接在配置空间里做好映射，设备产生中断时，直接回写到对应的中断控制器地址空间，触发 RTVM 的中断处理。

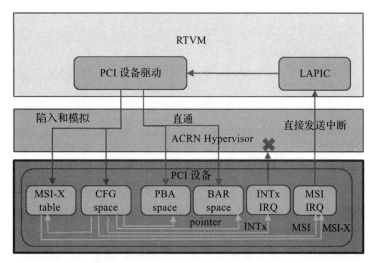

图 7-7　PCI 设备中断直通到 RTVM

综上所述，中断优化的目标是在嵌入式虚拟化环境下，RTVM 中各个物理设备的中断处理流程和在非虚拟化环境下的处理流程保持一致，避免 VMM 的参与，从而减少对其实时性的影响。

7.5　内存优化

现代计算机架构的内存及存储系统越来越细化，越来越复杂，但基本规律一直没有改变：越靠近 CPU 计算单元的存储部分，读写速度越快，但存储容量越小；越远离 CPU 计算单元的存储部分，读写速度会越慢，但存储容量越大。现代 CPU 的基本存储架构如图 7-8 所示。

其中高速缓存（cache）是现代 CPU 存储系统中重要的组成部分，对系统性能有关键的影响。高速缓存也是高性能计算研究的热点领域。在嵌入式虚拟化系统上，各个 VM 共享系统总线和物理内存，RTVM 的实时任务在运行的过程中访问内存的时候，如果高速缓存都不能命中，它会通过系统总线来访问总线上的物理内存，这时不同的 VM 之间可能会由于总线竞争而导致 RTVM 的实时任务有较长的内存访问延时，会对实时任务带来较大的不确定性。当然，如果实时任务的相关外设也较频繁地访问物理内存，同样会带来 I/O 的延时，从而影响实时性。

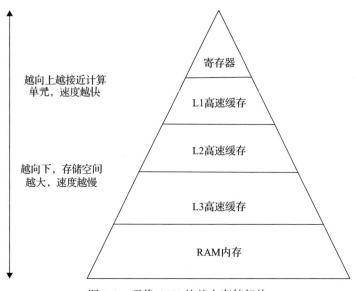

图 7-8　现代 CPU 的基本存储架构

在支持实时性的嵌入式虚拟化系统中，内存部分的优化目前主要集中在高速缓存部分。基本思路是保证实时任务在运行的过程中，内存访问尽可能在高速缓存里完成，尽量避免高速缓存的不命中，从而保证实时性。

下面结合 x86 平台下高速缓存优化技术和 ACRN 的实现来说明如何进行内存优化。

7.5.1　缓存分配技术

首先介绍 x86 上的缓存分配技术（Cache Allocation Technology，CAT），其本身是用来配置分配共享缓存资源的一种技术。在虚拟化环境下，CAT 是可以用来指定某个 VM 或者 VMM 使用某一固定数量的缓存的技术。在 x86 上通过设定 VM 或者 VMM 的各个 CPU 的 CAT 相关的 MSR 来实现。不同的 CPU 型号可能支持 CAT 的级别不一，可能会支持 L2 和 L3。L2 是各个 CPU 核私有的 cache，L3 是各个 CPU 核之间共享的 cache，因此这里以 L3 为例来说明。

从图 7-9 可以看出，L3 的高速缓存是各个 CPU 核共享的，并且其容量相对较大，可以作为资源分配给不同的 CPU 核。英特尔的 x86 部分芯片就支持这种功能。下面结合一个例子进一步说明 CAT 的配置和应用。

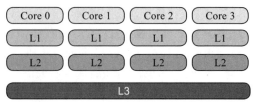

图 7-9　CPU 的 cache 结构及核间共享 L3 cache

参考 x86 的软件开发文档的 L3 cache 使用 CAT 的例子，如图 7-10 所示。

如果没有使能 CAT，由于每个 CPU 核公平地抢占共享的高速缓存，那么在 Core 1 上运行的一个低优先级的应用可能会占用较多的最后一级缓存（Last Level Cache，LLC）（这里 LLC 等同于 L3 缓存），而优先级较高的运行在 Core 0 上的应用可能只能使用较少的 LLC。如果使能了 CAT 配置，则可以给 Core 0 上的高优先级应用分配较多的 LLC，而给 Core 1 上的低优先级应用分配较少的 LLC。这样在运行的过程中互不占用，保证了高优先级的应用能够一直使用较多的 LLC，从而保证它的性能和运行时延。

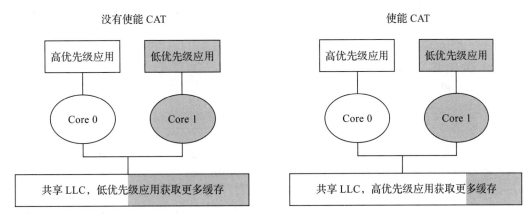

图 7-10　使能 CAT 前后的对比

CAT 是如何实现的呢？受篇幅所限，这里仅介绍其基本原理，更多细节可以参考英特尔 64 位与 IA-32 架构开发人员手册中的 CAT 相关章节。

cache 基本结构可以分为多路（way），如 8way 或者 16way。例如，某型号 CPU 的 LLC 的大小为 4MB，共 8way，则每一个 way 对应的 cache 大小为 0.5MB 即 512KB。英特尔的 CAT 以 way 为单位进行分配。

在 x86 平台，有一组 MSR 名为 COS（Class of Service，也称为 CLOS），可以设置其对应的 mask 值为 CBM（Cache Bit Mask），如图 7-11 所示。

	M7	M6	M5	M4	M3	M2	M1	M0
COS0	A	A	A	A				
COS1					A	A		
COS2							A	
COS3								A

图 7-11　COS 的配置例子

COS0 ～ COS3 对应 4 个 MSR，COS0 的值为 0xF0，如果总的 LLC 为 4MB，则 COS0 对应 LLC 的高 4way，大小为 2MB；COS1 对应 0x0C，大小为 1MB；COS2 为 0x02，COS3 为 0x01，均对应 0.5MB 大小的 LLC。这 4 个 MSR 是全域的，即一个 SMP 的 CPU 的各个核共用这 4 个寄存器。

在 x86 上另有一个 MSR，名称为 IA32_PQR_ASSOC（每个 CPU 核都有一个），可以配置当前 CPU 核使用哪一个 COS 对应的 LLC mask；如果选择了 COS0，则此 CPU 核可以填充的 LLC 为高 4way，共有 2MB 的 LLC 供其使用。

对运行在嵌入式虚拟机上的 RTVM，CAT 是一项重要的优化技术。对运行实时任务的 CPU 核，需要使用单独的 LLC way，不能和其他 CPU 核共享，从而避免 LLC 的资源竞争，造成较多的 cache 不命中，导致较长的延时。从简化配置的角度看，其他 CPU 核叫以共享剩余的 LLC。

另外，在某些 x86 平台上，由于有内置 GPU，该 GPU 也将和 CPU 共享 LLC，因此如果使用了 GPU，还需要配置 GPU 对应的 LLC，如图 7-12 所示。

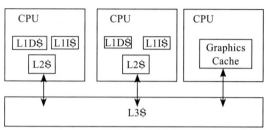

图 7-12　GPU/CPU 共享 L3 cache

因此也需要对 GPU 配置 CAT，通常可能会用对应的 GT CLOS MSR（不同的平台配置方法可能有差异，具体需要查询资料或者咨询厂商）。

ACRN 上 CAT 的一个通用配置示例如图 7-13 所示。因为 RTVM 的 Core 3 运行实时任务，需单独分配 LLC，剩余部分和其他 CPU 核共享。另外，GPU 和其他 CPU 共享低 2way 的 LLC。

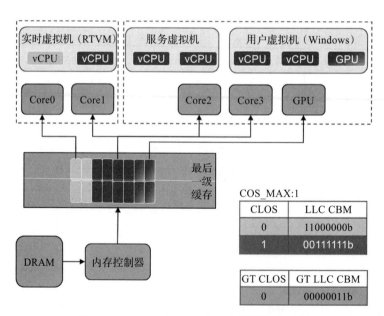

图 7-13　ACRN 上 CAT 的一个通用配置示例

如果有复杂的场景，如 RTVM 的 Core2 和 Core3 之间有较多的交互，可能需要重新配置，可以基于 VM 和 Core 进行配置，如图 7-14 所示。

综上所述，CAT 的配置比较灵活，可以根据实际需要进行调试配置。在 ACRN 项目上，目前推荐通用的配置（如图 7-13 所示），经测试，对 RTVM 的实时性优化有不错的效果。

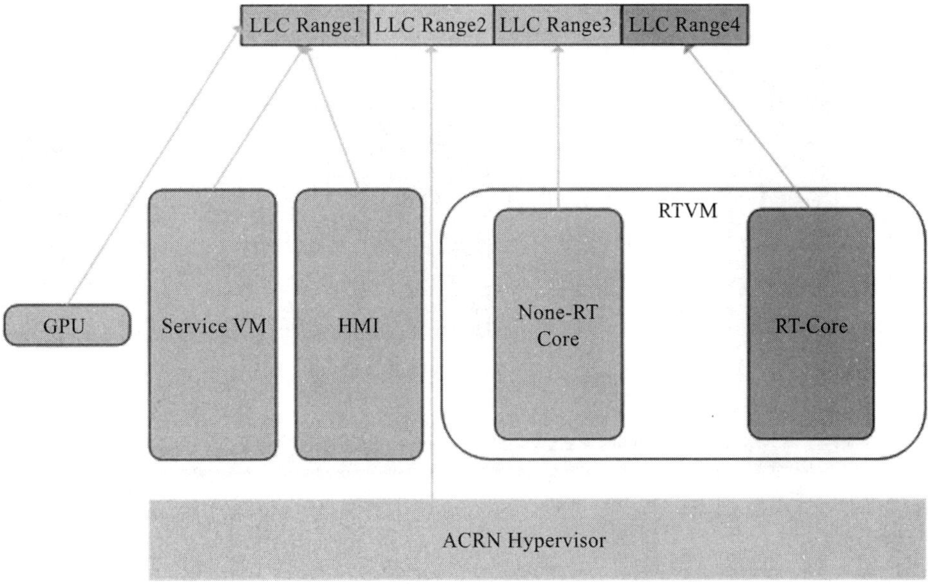

图 7-14　基于不同模块的 CAT 配置

除上面涉及 CPU/GPU 的 CAT 配置之外，这里也提一下 I/O 相关的 CAT 配置。Intel 的一些平台支持 DDIO（Data Direct I/O）技术，设备可以直接从 cache 里读写数据，从而提高 I/O 的效率。这些平台可能也支持设备 I/O 的 CAT 配置，这部分 cache 可以专门用于设备的收据收发，从而提高读写效率，改善实时性。

CAT 可以应用在物理机上，也可以用在虚拟化环境里。在嵌入式虚拟化中使用 CAT，可以很好地支持 RTVM 的实时性。

7.5.2　软件 SRAM

高速缓存可以通过 CAT 来做比较粗粒度的配置，还有一种细粒度地使用高速缓存的方式，这种方式通常被称为软件 SRAM 或者写为 SSRAM，也可以被称为 PSRAM（Pseudo-SRAM）。它也是内存优化的一种方案，下面进行详细介绍。

软件 SRAM 是一种把高速缓存映射到内存地址空间用作普通内存的方式。Intel 支持 CAT 的 CPU 通常能够支持这种功能。它的基本思路就是把共享的 L3（或 L2）cache 的一部分映射到内存空间并锁定这部分 cache，可以将特定的实时任务或者数据加载到这段内存空间运行，从而改进性能，并保证实时性。图 7-15 为软件 SRAM 的示意图。

软件 SRAM 的实现思路是把一部分 LLC 映射到内存地址空间。软件 SRAM 建立时 CPU 会访问这段地址空间，以使这段内存加载到缓存里，同时这部分 LLC 通过 CAT 避免被占用，从而加载到该区域的数据或指令不会产生访存不命中的情况，以提高程序执行的确定性。

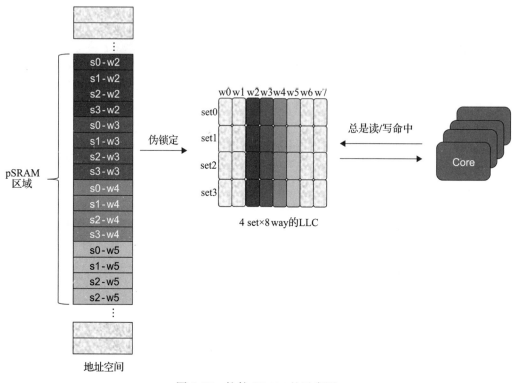

图 7-15　软件 SRAM 的示意图

如果软件 SRAM 只从 OS 层和应用层来支持，需要避免这段软件 SRAM 被刷出去，要做到这一点是比较困难的。因此，在基于 x86 的 ACRN 平台上，软件 SRAM 实现了从底层到应用层的支持，从 BIOS 到 VMM 层（ACRN），到 OS 层（kernel 模块），再到提供应用层相关的库文件和 API 接口函数，在 7.8.5 节会有进一步的说明。

综上所述，在虚拟化环境下，英特尔对软件 SRAM 的内存优化技术提供了很好的技术支持，给 RTVM 的实时优化提供了另一个技术选择。

7.6　I/O 虚拟化

I/O 设备的虚拟化是 VMM 系统中的一项主要功能，这里主要讨论 I/O 设备虚拟化对实时性的影响。常见的设备虚拟化路径比较长，如图 7-16 所示。

由图 7-16 可以看到，对于共享设备而言，通常虚拟化的设备操作路径会从用户虚拟机到 Hypervisor，再到服务虚拟机，最后到物理设备。这种虚拟化除路径比较长之外，由于部分操作是在 Hypervisor 和服务虚拟机里进行的，因此难免会被其中相关的非实时任务影响，带来了很大的不确定性。

因此这种较长路径的 I/O 设备虚拟化对于嵌入式的实时场景不太适用，它会带来较长的延时和不确定性。RTVM 中的实时任务要求实时操作相关 I/O 设备，因此最好的设备模型是直通所属的物理设备。对于非实时的事务可以用轮询模式操作模拟的设备，如串口等。但要保证这部分事务不能影响实时任务，因此如果 RTVM 有两个 CPU Core，则其中非实时的 Core 可以用来操作虚拟的 I/O 设备，避免 I/O 虚拟化对实时任务的影响。

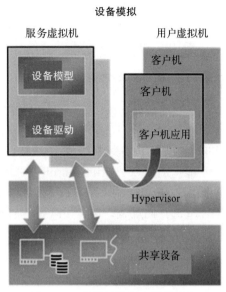

图 7-16　常见的设备虚拟化路径

综上所述，在嵌入式虚拟化场景下，如果对实时性有较高的要求，则实时的 CPU 核最好只操作直通的物理设备，不要处理虚拟的 I/O 设备。下面结合 ACRN 逐一讨论相关设备在虚拟化场景下的处理方法。

7.6.1　GPU 直通

这里讨论的 GPU 主要是 Intel 平台上和 CPU 在一起的集成 GPU，其中某些方法也适用于独立 GPU。在嵌入式虚拟化系统的工业应用场景里，GPU 通常用于 HMI VM 的显示，Intel 平台早期实现了基于 GVT-g 的共享 GPU 虚拟化方案，可以用于支持多 VM、多屏幕的显示。在工业场景中，因为通常只需要 HMI VM 有显示输出，所以可以把 GPU 直通给 HMI，以提高性能并减少 VM 间的干扰，如图 7-17 所示。

GPU 直通是嵌入式虚拟化在工业场景上的常用方法，主要用来满足 HMI 需求，同时尽量减少对实时性的影响。

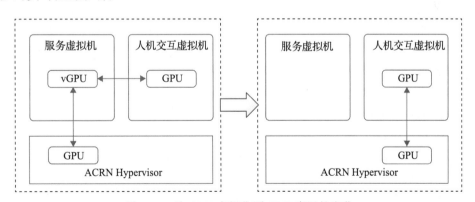

图 7-17　从 GPU 虚拟化到 GPU 直通的变化

由于集成 GPU 和 CPU 共享了一部分硬件资源，如 LLC、系统总线等，GPU 的工作负载很可能会对 RTVM 的实时性有一些影响，即便配置了 CPU CAT 和 GT CAT（GPU 的 CAT），也难以消除这些影响。另外，在调优的过程中如果 GPU 主频较高、负载较重，有可能触发硬件温度控制模块，导致 CPU 出现降频的情况，从而影响系统的实时性。

综上所述，在 Intel 平台上，GPU 直通的好处如下。

- 减少了对服务虚拟机的干扰，GPU 运行时不会占用服务虚拟机的 CPU 使用率。
- 提升了 GPU 的工作效率，用较低的频率完成相应的功能，尽量不影响用户体验。
- GPU 和 CPU 共享 LLC，降低 GPU 的主频可以减少对实时核的干扰。

7.6.2　其他设备虚拟化

除直通的设备外，实时系统 RTVM 中用到的虚拟化设备还可能有虚拟工作台、虚拟网卡、存储设备等。这部分的设备操作通常是由 RTVM 非实时 CPU Core 来完成的，因此对实时任务基本没有影响。

虚拟工作台（virtio-console）可以用来做输入 / 输出的终端交互设备，用来支持在服务器虚拟机上对客户虚拟机（如 RTVM）进行交互操作。虚拟存储（virtio-block）可用作 RTVM 的存储设备，包含存储 RTVM 的 OS 的镜像启动文件。这些虚拟设备的具体实现可参考前面的相关章节。

7.7　客户机优化——实时操作系统

在嵌入式虚拟化环境下运行实时操作系统（即 RTVM）与在物理机上直接运行操作系统还是有区别的。正如前面所述，单靠 Hypervisor 层的支持无法完全避免 VM Exit 的产生。因此在 RTVM 运行实时任务的过程中，其余的 VM 和 VMM 要尽量避免对运行实时任务的 RTVM 产生干扰，避免增加不确定性和额外的延时。另外，RTVM 内部的程序设计也要做好配合和支持。下面以 ACRN 为例，在 RTVM 执行实时任务时需要注意以下优化事项。

- 避免执行某些特殊指令，如 HALT、CPUID 等，这些指令会导致 CPU 陷入 VMM 中去执行 VMM 中的处理流程。
- 也要避免访问一些特殊 MSR，如 MTTR/PAT、TSC 相关的 MSR，也会导致 CPU 陷入 VMM 中。
- 要避免访问 Port I/O。另外，对于 MMIO 除了直通的物理设备外，模拟的设备也要避免访问，同样会导致 CPU 陷入 VMM，甚至还会到 Service VM 的 ACRN 设备模型中进行处理，从而带来更多的不确定性。
- 实时任务要避免对非实时核发送处理器间中断（IPI），避免非实时核的处理延时导致实时核的不确定性。一般来说，发送 IPI 的核会导致发送核产生 VM Exit。如果把 APIC 寄存器都直通给实时核，则有可能导致安全问题，导致实时核可随意向其他物理核发送 IPI。

除上面的注意事项外，还有一些配置优化项也要特别注意。

- 如果 RTVM 有实时的核和非实时的核，则可以把外部中断服务移到非实时核上来处理；如果有模拟的设备，也可以将相关任务移到非实时的核上，如 virtio-block 的访问。

- 要避免共享数据的非对齐访问，如果是 ARM 平台本身会产生异常，在开发测试阶段就会及时发现；因为 x86 平台本身支持非对齐的数据访问，所以不会出错，但是可能会导致内存总线锁（split-lock）的问题，即有一类特殊的非对齐访问，占用了两个高速缓存行（cache line），这种可能会让处理器先读取多个高速缓存行，然后再做真正的加载或存储操作。如果这里的操作是原子操作，处理器需要保证数据的一致性，会首先对系统总线进行锁操作，这部分导致总线竞争问题，从而会带来较长的延时。
- 在目前的 Intel 处理器上，如果发生 split-lock 的情况，会产生一个 #AC（Assign Check）异常，可在 ACRN Hypervisor 中把警告信息打出来，在开发测试阶段就可以发现这种问题，从而进行规避。另外，ACRN 目前也支持对产生 #AC 异常的指令的模拟，避免对内存总线进行锁操作，减轻了 #AC 异常带来的延时。但对实时系统而言，最好避免这种情况的发生。
- 此外还有 Hypervisor 对共享缓存的操作指令 wbinvd 的模拟支持。因为每个 VM 均可以执行 wbinvd 的指令，所以可能对其他 VM 包括 RTVM 有较大的性能影响，因此在 Hypervisor 中会实现对 wbinvd 指令的模拟：使用 clflush 指令操作对应的 VM 用到的物理内存空间。

实时操作系统自身的配置优化，可以参考第 8 章。

7.8　工具辅助优化

在嵌入式虚拟化系统中，除了从理论上对 VMM 和 RTVM 进行分析，结合硬件相关的一些优化外，我们也可以借助一些通用工具来进行性能和实时性优化。

目前有很多工具可以用来对应用程序进行调优，如 VTune[⊖]、Perf[⊜]等，这些工具也可以用于嵌入式虚拟化实时系统的性能调优。因为这些工具并没有为虚拟化环境的运行进行特殊定制，所以如果需要进行虚拟化环境的细粒度调优，需要抓取与虚拟机相关的数据进行分析，则这些工具将无能为力。在虚拟化实时系统中，性能调优需要特别关注的一个性能调试参数就是 VM Exit 的数据。因为如果 RTVM 里的实时 CPU 核上有较多的 VM Exit 产生，就会带来较大的不确定性。因此在 RTVM 里的实时任务运行的过程中，可以在 ACRN 里抓取相关的调试数据来确定该 CPU 核是否有意外的 VM Exit 产生。下面结合 ACRN 虚拟机来举例说明。

7.8.1　ACRNTrace 介绍

ACRN 提供了工具 ACRNTrace[⊜]以抓取每个 CPU 上产生的 VM Exit 的数据。该工具的

⊖　VTune 工具：https://www.intel.com/content/www/us/en/develop/documentation/vtune-help/top.html。
⊜　Perf 工具：https://perf.wiki.kernel.org/index.php/Main_Page。
⊜　ACRNTrace 工具：https://projectacrn.github.io/latest/misc/debug_tools/acrn_trace/README.html。

参数配置和使用方法参考 ACRNTrace 的相关文档，这里不再赘述。当 RTVM 里开始运行实时任务或者基准测试工具时，在 ACRN 里运行该跟踪工具来抓取数据，测试完成后，再用相关的脚本分析 VM Exit 的数据。ACRNTrace 工具抓取的数据如图 7-18 所示。

```
test@ubu dell:./trace/scripts$ ./acrnalyze.py -i ./1 -o ./vmexit --vm exit
VM exits analysis started...
        input file: ./1
        output file: ./vmexit.csv
Total run time: 7975350460 cycles
TSC Freq: 1881.6 MHz
Total run time: 4.238600 sec
Event                          NR_Exit    NR_Exit/Sec    Time Consumed(cycles)    Time percentage
VMEXIT_EXCEPTION_OR_NMI        0          0.00           0                        0.00
VMEXIT_EXTERNAL_INTERRUPT      7641       1802.72        56974932                 0.71
VMEXIT_INTERRUPT_WINDOW        127        29.96          336440                   0.00
VMEXIT_CPUID                   0          0.00           0                        0.00
VMEXIT_RDTSC                   0          0.00           0                        0.00
VMEXIT_VMCALL                  0          0.00           0                        0.00
VMEXIT_CR_ACCESS               0          0.00           0                        0.00
VMEXIT_IO_INSTRUCTION          13         3.07           15021357                 0.19
VMEXIT_RDMSR                   0          0.00           0                        0.00
VMEXIT_WRMSR                   0          0.00           0                        0.00
VMEXIT_EPT_VIOLATION           1          0.24           185588                   0.00
VMEXIT_EPT_MISCONFIGURATION    0          0.00           0                        0.00
VMEXIT_RDTSCP                  0          0.00           0                        0.00
VMEXIT_APICV_WRITE             0          0.00           0                        0.00
VMEXIT_APICV_ACCESS            8802       2076.63        73770005                 0.92
VMEXIT_APICV_VIRT_EOI          0          0.00           0                        0.00
VMEXIT_UNHANDLED               0          0.00           0                        0.00
Total                          36577      8629.50        146288322                1.83
```

图 7-18　ACRNTrace 工具抓取的数据

这些数据包含 VM Exit 的原因、个数、总的时间等。举个例子，如果 RTVM 运行的 CPU 核或者设备有外部中断产生，但是中断控制器没有被配置成直通模式，ACRN 这时候就会从 RTVM 的 CPU 核上抓取到很多中断数据，这些被 ACRN 截获的中断需要 VMM 来处理，并会带来额外的开销，RTVM 的实时性能就会受到显著影响。解决方法是检查 ACRN-DM 的启动脚本，查看中断控制器是否配置正确。

在实时性细颗粒度调优阶段，RTVM 里的实时 CPU 核产生 VM Exit 的原因如表 7-4 所示。

表 7-4　实时 CPU 核产生 VM Exit 的原因

产生 VM Exit 的原因	数值	备注
VMX_EXIT_REASON_CPUID	0x0000000AU	CPUID 指令
VMX_EXIT_REASON_IO_INSTRUCTION	0x0000001EU	Port I/O 操作
VMX_EXIT_REASON_RDMSR	0x0000001FU	访问了特定的 MSR
VMX_EXIT_REASON_WRMSR	0x00000020U	
VMX_EXIT_REASON_EPT_VIOLATION	0x00000030U	可能有虚拟设备的 MMIO 的访问

如果 RTVM 中的实时 CPU 核上有 VM Exit 产生，可以对跟踪数据做进一步的分析，找到 VM Exit 产生的那条记录，再根据提示信息来协助分析，比如访问 MSR，跟踪数据里

会打印具体的 MSR 值。

7.8.2　vmexit 命令

ACRN 控制台也提供了一条专门的命令用来抓取 VM Exit 的信息，vmexit[⊖]命令使用起来比较简单。在实时任务或者基准测试运行之前先运行 vmexit clear，测试结束后再输入 vmexit 查看 VM Exit 的数据即可。该命令及其输出如图 7-19 所示。

```
ACRN:\>vmexit clear
ACRN:\>vmexit
    VMEXIT/0x01     VM0/vCPU0    VM1/vCPU0    VM1/vCPU1    VM2/vCPU0    VM2/vCPU1
      0us -    2us    6862574      2357841       518467            0            0
      2us -    4us     268305       294575        17332            0            0
      4us -    8us      34873        25753            0            0            0
      8us -   16us     560046         3315            0            0            0
     16us -   32us      11016       814435            0            0            0
     32us -   64us       8160      1419428            0            0            0
     64us -  128us       7372       214683            0            0            0
    128us -  256us       9316         1741            0            0            0
    256us -  512us     106323           92            0            0            0
    512us - 1024us     333618           33            0            0            0
   1024us - 2048us         66            0            0            0            0
   2048us - 4096us         42            0            0            0            0
   4096us - 8192us          6            0            0            0            0
    Max Lat(us):        5903          830            3            0            0

    VMEXIT/0x07     VM0/vCPU0    VM1/vCPU0    VM1/vCPU1    VM2/vCPU0    VM2/vCPU1
      0us -    2us   35594479     14225717      8516106            0            0
      2us -    4us      15775       218057           80            0            0
      4us -    8us       1272          736            0            0            0
      8us -   16us      65876          534            0            0            0
     16us -   32us       1002      1380814            0            0            0
     32us -   64us        425       324535            0            0            0
     64us -  128us        398         9720            0            0            0
    128us -  256us        402          149            0            0            0
    256us -  512us       9691           30            0            0            0
    512us - 1024us      32638            7            0            0            0
   1024us - 2048us         10            0            0            0            0
   2048us - 4096us          4            0            0            0            0
   4096us - 8192us          1            0            0            0            0
    Max Lat(us):        5277          651            2            0            0
```

图 7-19　ACRN 控制台 vmexit 命令及其输出

该命令可以显示 VM 中的 CPU 核上产生的 VM Exit 信息，包含每一种 VM Exit 的序号（具体对应的含义可以在代码或者开发文档里中查询）、ACRN 处理这个 VM Exit 的时间（落在不同的区间里），以及 VM Exit 的数量和最长的处理时间。为保证 RTVM 里达到最佳实时性能，RTVM 的 CPU 核应该基本不会产生 VM Exit，如果产生，则需要具体分析原因，并尽量避免这种情况的发生。

　　⊖　vmexit 命令的实现代码集成在 ACRN 3.0 的分支：https://github.com/projectacrn/acrn-hypervisor/tree/release_3.0。

7.8.3　PMU 的数据分析

除了对 VM Exit 的分析之外，也可以利用 CPU 里的性能测试单元（Performance Monitor Unit，PMU）采样来做详细的分析。它可以对 CPU 的计算单元的微架构进行更加精细的数据分析。利用 PMU 采样，可以分析计算单元中的流水线、指令预取、分支预测、TLB 命中及 L1/L2/L3 高速缓存的访问等相关数据。基本思路是从上到下进行采样和分析，先整体后局部地找出性能瓶颈的根本原因。借助于英特尔的 VTune 和 Perf 工具可以很方便地使用此方法。CPU 的计算单元微架构如图 7-20 所示。具体优化分析思路可以参考英特尔 64 位与IA-32 架构优化参考手册。

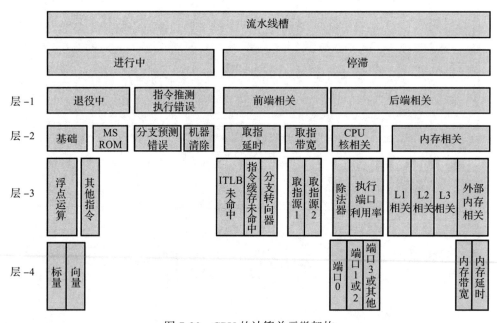

图 7-20　CPU 的计算单元微架构

可以将 PMU 采样的功能嵌入具体的实时基准测试工具或者实时任务中，在测试过程中进行采样，如有异常可以分析相关数据，找到原因。下面以 Cyclictest 为例加以说明。

7.8.4　RTOS 的实时性基准测试工具

RTOS 上有各种实时性能基准测试工具，例如，PREEMPT_RT Linux 上的 Cyclictest[⊖]、Xenomai 上的 Latency[⊜]都是重要的实时基准测试工具。这里以 Cyclictest 为例介绍如何利用基准测试对 RTVM 进行性能调优。

Cyclictest 是可以运行在 PREEMPT_RT Linux 上的一个标准基准测试工具，用来测试系

⊖　Cyclictest 工具：https://man.archlinux.org/man/cyclictest.8。

⊜　Latency 工具：https://www.xenomai.org/documentation/xenomai-3/html/man1/latency/index.html。

统的时间中断到调度响应的时间。如图 7-21 所示，每次测试设固定时间（如 1ms）的系统睡眠，实际返回的时间和预期应该返回的时间差就是它采集的时延，可以用来测定系统的实时响应调度能力，最大时延越小越好。根据不同的客户场景需求，最大时延可能要求在 10μs 或者 20μs 以内，不同的硬件平台以及具体的应用场景可能有不同的要求。

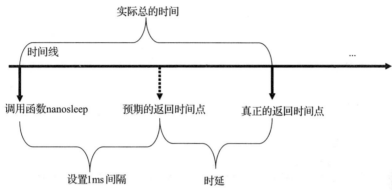

图 7-21　Cyclictest 的时延的计算方式

图 7-22 和图 7-23 是用 Cyclictest 工具采集的时延数据，分别是没有进行性能优化的时延数据和进行性能优化后的时延数据。以图 7-22 为例，横坐标是时间，单位为纳秒（ns），纵坐标是具有相同时延数值的采样点个数。其中实线表示的是采样个数的分界线，其左边为小于某一时间（此处为 14 104ns）的个数占 99.0%，右边为大于 99.0% 的个数。虚线的分界线表示的是其左边小于某一时间（此处为 10 471ns）的点的个数占 95.0%，其右边是大于 95.0% 的个数。

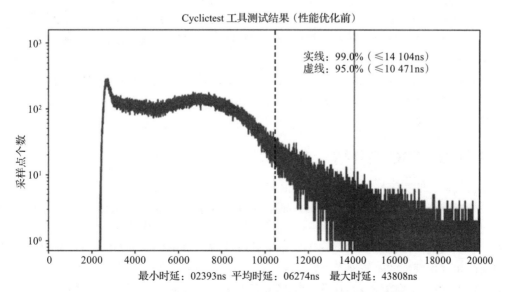

图 7-22　ACRN 没有使能 CAT 优化，Cyclictest 2h 采样

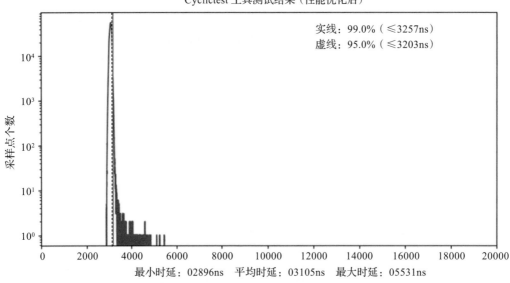

图 7-23   ACRN 使能 CAT 优化，Cyclictest 2h 采样

该测试环境里同时运行了两个虚拟机，一个是基于 PREEMPT_RT Linux 的 RTVM，其中运行 Cyclictest 工具；另一个运行 Windows 的人机交互虚拟机。从图 7-22 中可以看到非常多的很大的时延数据，说明产生异常的情况比较多。从图 7-23 中可以看到，在 ACRN 使能 CAT 优化技术后，RTVM 系统中的数据没有出现较大的时延和异常数据，说明实时性能很好。

另外还可以在测试的过程中对测试进行细粒度的 PMU 采样，例如采集 L2/L3 的缓存未命中次数，以及导致 CPU 停顿的数据（CPU 停顿是指其内部某一执行单元缺少资源，而导致流水线无法执行的间隙），这样对于异常点，可以进行详细的分析，用来确定异常产生的原因。

当然，也可以在基准测试的过程中在非实时的核上进行系统采样，如中断数据、系统温度等用来分析异常干扰等。

总而言之，这些辅助工具采样的方法可以很好地帮助我们分析一些异常数据。但比较有挑战性的是需要对测试工具进行改造。Intel 在实时性调优方面也做了很多工作，提供了很好的支持，下面进行简要介绍。

7.8.5   Intel TCC 的介绍

嵌入式系统的实时性能优化会涉及很多方面，从硬件到固件，从操作系统到应用程序，都会直接影响嵌入式系统的整体实时性能。对嵌入式系统进行实时性能调优，可以遵循从外向内、从宏观到微观的思路，先从对性能瓶颈影响最大的系统软件开始，再深入到微观的硬件总线设计。不同层级的调优工作带来的收益效果也不一样。系统软件的调优对实时性的支持和优化带来的效果最大，比如采用实时操作系统把 CPU 核分为实时核和非实时核分别运行不同优先级的任务，这些工作都可以带来实时性能的显著提升；其次是功耗管理的调优，如 CPU 的主频管理；然后用 Intel TCC（Time Coordinated Computing，时序协调运算）[⊖]工具进行调优；再进一步微调就是硬件总线级别的调优。按照这样的工作顺序进行调优工作，可以事半功倍，获得收益的最大化，如图 7-24 所示。

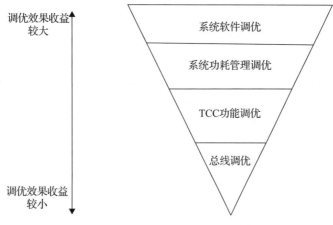

图 7-24　Intel TCC 对应的调优层次

Intel TCC 是 Intel 开发的用来支持优化实时计算性能的软硬件技术。它包含硬件的支持、BIOS 设置、操作系统内核驱动层和库函数的支持，另外提供了一套工具用于采样和调优，及实例代码供开发人员参考。

TCC 工具可以根据需要的时延来进行性能优化，可以综合利用硬件和软件的能力来减少实时任务的最大时延或者最差执行时间。

从硬件角度看，支持 TCC 的 Intel 平台 BIOS 层会有 TCC 的相关配置。如图 7-25 所示，TCC 相关配置里面包含了很多与实时相关的配置项，例如 IO、CLOS 等。

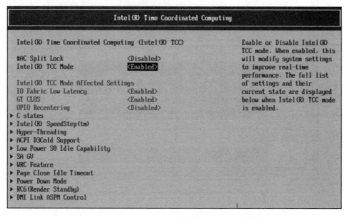

图 7-25　TCC 支持的 BIOS 配置

⊖　Intel TCC 工具：https://www.intel.com/content/www/us/en/developer/tools/time-coordinated-computing-tools/overview.html。

除 BIOS 配置之外，Intel TCC 还包含两个主要功能：其一是软件 SRAM（即 SSRAM），如前文所述，它是把部分高速缓存映射到内存地址空间，用作系统 RAM 的一种机制；另一个是 DSO（Data Stream Optimizer，数据流优化器），用来优化数据流的功能。下面分别进行简单的介绍。

软件 SRAM 是 TCC 上支持的一个重要功能。它把部分高速缓存映射到内存地址空间，应用层的实时任务程序可以把其运行需要的关键数据放到软件 SRAM 里，这样可以有效避免实时任务程序访问这部分数据的缓存未命中情况，从而提供可预测的较短的访问时间。

为了实现软件 SRAM 功能，TCC 需要对全栈进行优化支持，如图 7-26 所示。

- 从 BIOS 预留配置的高速缓存信息映射的物理地址空间信息都会保留在 ACPI 表，即实时配置表（Real-Time Configuration Table，RTCT）中，供上层 RTVM 配置使用。
- 操作系统层实现了支持软件 SRAM 功能的驱动模块。
- 在中间件层，TCC 提供了一套 API 函数接口供上层应用程序操作软件 SRAM。它是类似于 C 语言的库函数，例如以分配函数（malloc）和释放函数（free）方式来使用。

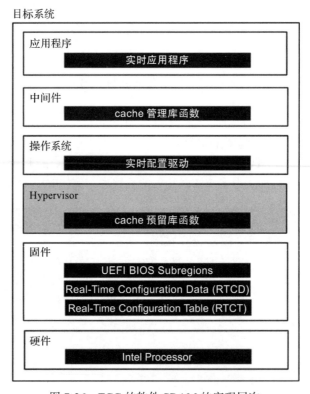

图 7-26   TCC 的软件 SRAM 的实现层次

TCC 的另一个重要功能是用来优化数据流，图 7-27 所示是把 PCI 设备的数据写入内存，或者 CPU 访问 PCI 设备的数据。

在实时环境下，需要尽量避免总线上的竞争，从而获得时间的确定性。这部分和 ACRN 虚拟化没有直接关系，因此这里不再单独介绍。

Intel TCC 是一套完整的用于实时性优化的工具，ACRN 已经提供了很好的支持。

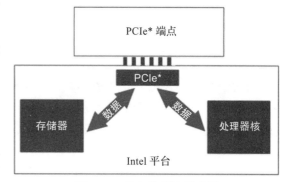

图 7-27　设备数据流示意图

7.9　虚拟机间通信

虚拟机间的通信可以有多种方式。这里以 ACRN 为例进行介绍，ACRN 支持的通信方式通常有三种：网络套接字、虚拟串口和共享内存通信。

- 网络套接字的方式基于以太网接口的实现。每个 VM 都可以配置独立的虚拟网卡和 IP 地址。VM 之间的通信基于 TCP/IP，用 UDP 或者 TCP 的方式来通信即可。
- 基于虚拟串口的通信。ACRN 在自己的 Hypervisor 层实现了对虚拟串口的支持，通过配置工具可以对 VM 进行虚拟串口之间的点对点通信。不过通过串口的通信方式只适用于对带宽要求不高的场景，如图 7-28 所示。
- 基于共享内存的通信则支持 VM 之间大数据的高速通信。Ivshmem 是 ACRN 采用的共享内存通信，它的具体实现可以参考前面章节的介绍。

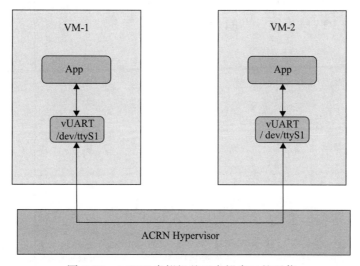

图 7-28　ACRN 虚拟机基于虚拟串口的通信

对于 RTVM 中运行实时任务的 CPU 核，不建议用它运行通信程序和其他 VM 进行通信，可以由非实时的 CPU 核来负责进行 VM 间通信。

虚拟机之间的通信如果对实时性有要求，则还需要对整个路径进行调优。虚拟机之间的通信时延要求需要根据用户场景来具体确定，比如，即时通信需要两个 VM 的操作系统都是实时操作系统。

7.10　本章小结

本章介绍了嵌入式虚拟化实时场景中 ACRN 如何支持实时性及其调优。结合 Intel 硬件平台和 ACRN 列出了可行的基本思路来进行实时性能优化，从而可以使 RTVM 的实时性接近于物理机的实时性。这些思路包括：

- 尽量减少由虚拟化环境带来的实时性能开销。常见的优化方法有 CPU 分区、中断直通、设备直通等。这些方法可以使 RTVM 运行时不需要陷入 Hypervisor 这一层，从而避免 VM Exit 的产生，进而提高 RTVM 的性能。
- 利用 CAT 可以避免多个 VM 系统间的访问缓存干扰。在负载整合的环境下，一个硬件平台要同时支持 RTVM 和非实时 VM（例如 HMI），因此对缓存进行分区可以有效提高 RTVM 的指令读取缓存的命中率，进而提高其确定性和实时性。Intel TCC 工具可以用来辅助优化实时性能。
- 除了从 ACRN Hypervisor 和硬件层次配置优化之外，还需要从 RTVM 中来配合调优。例如，在实时任务运行的过程中避免执行一些特殊指令（如 CPUID）、访问一些特殊 MSR 等，可以用 VM Exit 辅助工具来分析这些场景，从 RTVM 中来避免这种情况的发生。

嵌入式虚拟化系统的性能调优，不仅需要对硬件、BIOS、ACRN Hypervisor 进行实时的优化配置，了解 RTVM 中运行的 RTOS 也很关键。后面的章节将对实时操作系统做进一步的介绍。

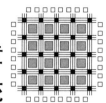

第 8 章
嵌入式实时操作系统

前面的章节主要介绍了在 x86 硬件平台上嵌入式虚拟化系统的设计，并以 ACRN 为例具体描述了一个嵌入式虚拟机的实现。有了虚拟机之后，就可以在虚拟机上同时运行多个操作系统实例及业务应用程序。因为嵌入式硬件平台上大多运行的是实时操作系统，所以本章主要介绍在 x86 平台上常用的几个开源的实时操作系统。

8.1 RTOS 介绍

实时系统是指那些对处理结果的正确性以及处理过程的及时性和确定性都有严格要求的系统。实时系统分为硬实时系统和软实时系统两类。硬实时和软实时的区别在于对处理器过程超时以及由于超时带来的后果的容忍度。对于硬实时系统，在超过允许的时间之后，即使能得到正确的结果，也是不能容忍的。硬实时系统不允许处理过程超时（也指确定性）。在很多系统里，处理过程超时往往会带来严重后果，甚至危及生命。在软实时系统里，处理过程超时的后果就不那么严重了。实时系统有着广泛的应用，很多实时系统是嵌入式的。嵌入式系统通常是专用系统，用于完成特定的功能。

实时操作系统（Real-Time Operating System，RTOS）是指为实时应用程序提供服务的操作系统，通常该应用程序可处理无缓冲区延迟传入的数据。处理时间要求（包括任何 OS 延迟）以十分之一秒或更短的时间增量来衡量。实时操作系统是具有明确定义、有固定时间约束、有时间限制的系统。程序处理必须在定义的时间约束内完成，否则系统将失败。它们要么是事件驱动的，要么是分时共享的。事件驱动系统根据任务的优先级在任务之间切换，而分时系统则根据时钟中断在任务之间切换。大多数 RTOS 使用抢先式调度算法。

8.1.1 常见的 RTOS

表 8-1 所示为目前比较流行的可以支持 x86 硬件平台的 RTOS。

表 8-1 支持 x86 平台的流行 RTOS 系统（按字母顺序）

RTOS	公司名称	收费许可
Deos	Deos	是
FreeRTOS	2017 年被 Amazon 收购	开源

（续）

RTOS	公司名称	收费许可
Integrity	Green Hills Software	是
Neutrino	QNX（Blackberry 的全资子公司）	是
LynxOS	Lynx Software Technologies	是
PikeOS	SYSGO	是
PREEMPT_RT Linux	Linux 基金会下的开源项目	开源
SAFERTOS	WITTENSTEIN High Integrity Systems	开源
ThreadX	Express Logic（2019 年被 Microsoft 收购）	开源
μC/OS	Micrium（2016 年被 Silicon Labs 收购）	开源
VxWorks	Wind River	是
Zephyr	Linux 基金会下的开源项目	开源

8.1.2　从 GPOS 到 RTOS 的转换

Windows 和 Linux 等通用目的操作系统（General Purpose OS，GPOS）与实时操作系统之间的区别是对外部设备的事件响应时间。GPOS 通常会提供不确定性的软实时响应，但是无法保证每项任务在确定的时间内完成。实时操作系统的不同之处在于，它通常会提供严格的实时响应，对外部事件提供快速、高度确定性的反应。

尽管实时系统需要使用专门的 RTOS，例如 Zephyr，但仍可以通过改造 GPOS 来赋予实时功能。例如，Linux 开发人员经常使用 PREEMPT_RT 实时内核补丁包，使原始 Linux 内核具有高实时性。自内核版本 2.6.11 以来，PREEMPT_RT 补丁可用于主线 Linux 内核的每个长期稳定版本，方便用户同步维护和使用。

Xenomai 是另一种开源方案，为基于 Linux 的实时系统开发提供了另一种选择。Xenomai 也可以无缝集成到 Linux 环境中。Xenomai Cobalt Dual Kernel 模式与 Linux 内核一起为用户应用程序提供广泛的与接口无关的硬实时支持。

类似 Xenomai 的方式，Windows 操作系统上也有一些第三方商业解决方案来对Windows 提供实时性的扩展，比如 RTX、INTime、Kithara、On-time 等。

后面将分别介绍 Xenomai、PREEMPT_RT Linux 以及 Zephyr 三个开源实时操作系统的实现，及它们如何运行在 ACRN 虚拟机上。

8.1.3　RTOS 运行在虚拟机上的注意事项

当嵌入式虚拟机上需要运行多个虚拟机时，需要为 RTOS 分配专用资源以改善实时性。RTOS 通常需要在单独的 CPU 核上运行，以防止任务迁移造成的抖动。假如 CPU 支持缓存再分配的话，建议单独分配一些 cache way 给 RTOS 来提高实时性，防止运行非实时任务的 CPU 核或者 GPU 以及 I/O 把实时性指令或实时性数据刷出缓存。此外，中断可能会中断正常操作，较高的中断率会严重降低系统性能，所以仅分配一个或多个中断给所需的 RTOS 即可。另外，也可以通过透传专用的网卡、存储设备或其他与实时性能相关的设备给需要的 RTOS，从而大大提高 I/O 的实时性能。

8.2 Xenomai

Xenomai[⊖]是一个与 Linux 内核合作的实时开发软件框架，为无缝集成到 Linux 环境中的用户空间应用软件提供普遍的、与接口无关的硬实时计算支持。实时的 Xenomai 内核和非实时的 Linux 内核合作，为用户提供一个双内核的环境，既能满足工业级实时系统的要求，又能利用传统 Linux 为用户提供出色的生态环境和丰富的非实时服务。

8.2.1 Xenomai 的起源

创始人 Philippe Gerum 于 2001 年 8 月首先宣布了最初名为 Xenodaptor 项目，其思想来源于 Karim 的操作系统的自适应域环境（Adaptive Domain Environment for Operating System，Adeos[⊖]）理论，该项目不久后更名为 Xenomai。Xenomai 1.0 在 2002 年 3 月正式发布，发布后即被实时应用接口（Real Time Application Interface，RTAI）采用，并一度被合并为 RTAI/Fusion 项目。在 2005 年，Xenomai 项目从 RTAI 项目中独立出来，并于 2005 年 10 月发布了 Xenomai 2.0。从那时起，Xenomai 一直积极维护并支持各种 CPU 架构，吸引了来自工业自动化等行业的广泛用户群。Xenomai 3 于 2015 年正式发布。

目前，Xenomai 已经升级到 3.2 版本，最新稳定版本是 Xenomai 3.2.1。3.2 版本相比 3.1 版本最重要的一个变化是引入了 Dovetail 项目，并且它同时支持 Dovetail 和中断管道（Interrupt Pipeline，I-pipe）。引入 Dovetail 目的是代替从 2.0 版本就开始使用的 I-pipe，在后续的 Xenomai 3.3 中，会完全放弃对 I-pipe 的支持而只支持 Dovetail。支持 Dovetail 的 Xenomai 能支持 Linux 5.10 以及更高版本的内核，而 Xenomai 对 I-pipe 的支持和维护则止步于 Linux 5.4。另外，因为社区的资源和人力有限，从 Xenomai 3.2 开始放弃了对一些 CPU 架构的支持，目前主要支持 Arm、Arm64 和 x86。其中 Arm、Arm64 主要由 Philippe Gerum 维护，x86 主要由 Jan Kiszka 维护。

同时 Xenomai 社区还在为 Xenomai 4 做准备，Xenomai 4 是基于 EVL 项目开发的下一代实时内核。为了保证用户对于 Xenomai 3.x 的投入可以继续，在 Xenomai 3.3 中，一个叫作通用 Xenomai 平台（Common Xenomai Platform，CXP）的规范过程已经开始投入使用。Xenomai 4 也将沿用这套规范。

在软件许可证方面，内核空间中运行的所有 Xenomai 代码遵从同样的 Linux 内核许可证（即 GPL v2）条款。链接到应用程序的 Xenomai 库根据 LGPL v2.1 的条款获得许可。

⊖ Xenomai 项目网站：https://source.denx.de/Xenomai/xenomai/-/wikis/home。

⊖ Adeos 介绍：https://source.denx.de/Xenomai/xenomai/-/wikis/Life_With_Adeos。

8.2.2　Xenomai 的特性

Xenomai 的核心思想是为操作系统提供一个灵活的、可扩展的自适应环境。在这个环境下，实时操作系统和非实时操作系统可以共存，共享硬件资源。Xenomai 是在已有的 Llnux 操作系统底层插入一个软件层，通过该软件层向上层的实时内核和非实时内核提供某些原语和机制而实现硬件共享。

Xenomai 实现的功能主要包括中断管道（Interrupt Pipeline）机制、域管理模块、Cobalt等。其中 Cobalt 又可以分成内核态部分和用户态部分。Xenomai 正是通过这些功能实现硬实时特性的。

1. 实时域和非实时域的管理

Xenomai 允许实时域和非实时域同时存在于同一台机器上。这两个域分别对应 Xenomai 域和 Linux 域，它们都是完整的操作系统。但是，根据系统范围内的优先级，这两个域都对处理外部事件（例如中断）或内部事件（例如陷阱、异常）进行竞争，并且实时域的优先级始终高于非实时域。

在基于 Xenomai 的系统中，两个操作系统都在独立的域内运行，每个域可以有独立的地址空间和类似于进程、虚拟内存等的软件抽象层，而且这些资源也可以由不同的域共享。在基于 Xenomai 的系统中存在四种类型的交互$^{\ominus}$，如图 8-1 所示。

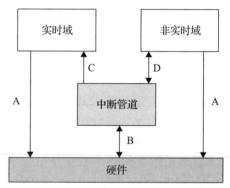

图 8-1　Xenomai 系统四种类型的交互

- A 类交互是各个域对硬件的直接操作。在这种情况下，对内存的访问和对硬件的设置就如 Xenomai 的中断管道不存在一样。
- B 类交互是双向的，一方面 Xenomai 的中断管道接收硬件产生的中断和异常，另一方面，Xenomai 的中断管道也直接控制硬件。
- C 类交互，是指当 Xenomai 的中断管道接收到硬件中断后，会执行相应域的中断服务程序。
- D 类交互，是指当域内的操作系统知道有 Xenomai 存在的时候，它可以主动通过中断管道向 Xenomai 请求某些服务，例如，请求共享其他域中的资源、请求授权域优先级等。通过 D 类交互，可以实现各个域之间的通信。

2. 中断管道

对于一个计算机系统来说，系统对内部或外部事件的响应是由内部或外部的中断或异常所触发的。例如，系统时钟中断对操作系统来说是最重要的，操作系统没有了系统时钟中断，就好像人没有了心跳。如果想要控制操作系统的运行，最直接的方法就是接管操作

$\ominus$　参考 Adeos 架构：https://www.opersys.com/ftp/pub/Adeos/adeos.pdf。

系统的中断处理机制。Xenomai 的主要工作之一就是管理硬件的中断，根据域的优先级依次执行相应域的中断服务程序，从而驱动域内的系统运行；同时，Xenomai 还提供域之间的通信机制、实现域的调度等。为了实现对中断的管理和域之间的优先级控制，Xenomai 使用了中断管道的概念，如图 8-2 所示。

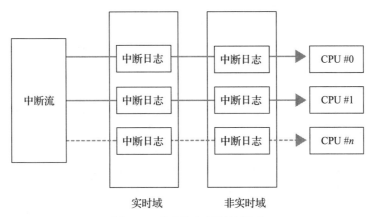

图 8-2　乐观的中断保护模型

Xenomai 通过中断管道在不同的域之间传递中断，而且提供了相应的机制以让域改变自己在中断管道中的优先级，实时域的优先级始终大于非实时域的优先级。

通常，操作系统对中断的处理方式有两种：允许中断和禁止中断。但在基于 Xenomai 的系统中，由于存在中断管道，域内的操作系统对中断的处理方式还有另外两种：抛弃中断和终止中断。

- 如果某个域允许中断，则中断产生后，Xenomai 会调用相应域的中断处理程序，这与不存在 Xenomai 的情况是类似的，只不过在这种情况下，中断服务程序首先由中断管道负责调用。
- 如果某个域禁止中断（实际上并没有真正禁止硬件中断，只是设置了一个软件标志），则硬件中断沿着中断管道进一步向下传播。
- 如果某个域抛弃某个硬件中断，则当中断传播到这个域的时候，中断管道不做任何的处理，直接将这个中断沿着中断管道向后面的低优先级的域传播。
- 如果某个域终止某个中断，则当中断传播到这个域的时候，中断管道根据这个域的设置处理完这个中断之后，不再将这个中断沿着中断管道向后传播，也就是说，后面低优先级的域将不知道有这个硬件中断的产生。

所以，Xenomai 通过控制系统的中断实现对各个域内操作系统的控制，这是它实现硬实时功能中最重要的一环。

3. Cobalt 实时内核和用户态 libcobalt

Cobalt 分为用户态和内核态两部分，是 Xenomai 中除了中断管道外，作为实时操作系统的最重要的两个部分。内核态 Cobalt 就是我们通常所说的 Cobalt 内核。Xenomai 的

Cobalt 内核提供了一般实时操作系统内核该有的功能，包含调度、定时器、同步、线程、锁等负责实时任务的执行。

- 通用的调度优先级机制：保证 Xenomai 线程在所有现有的线程中按其优先级正确执行，并提供一种方法让实时内核和 Linux 内核共享相同的优先级方案。
- 程序执行时间的可预测性：当 Xenomai 线程在实时域上运行时，无论是内核还是应用程序代码，其时序都不应受非实时 Linux 中断活动的干扰。
- 优先倒置管理：Xenomai 实时内核和非实时 Linux 内核都应该处理高优先级线程不能运行的情况，因为低优先级线程在可能无限制的时间内保存竞争资源，这就需要优先级倒置管理。
- 实时驱动框架模型：驱动方面，Xenomai 提供实时驱动框架模型（Real-Time Driver Model，RTDM），专门用于 Cobalt 内核。利用它，可以基于 RTDM 进行实时设备驱动开发，为实时应用提供实时驱动。RTDM 将驱动分为两类：字符设备和协议设备。
- Xenomai 内存池管理：无论是 Xenomai 还是 Linux，在服务或管理应用程序过程中经常需要内存分配，通常 Linux 内存的分配与释放都是时间不确定的，例如，缺页异常和页面换出会导致大且不可预测的延迟，不适用于受严格时间限制的实时应用程序。Xenomai 作为硬实时内核，不能使用 Linux 这样的内存分配释放接口，为此 Xenomai 采取的措施是，初始化从 Linux 分到一片内存后，这片内存由 Xenomai 自己来管理。
- 事件管道：系统中除了传入的外部中断、自动生成的虚拟中断或 Linux 应用程序发出的每个系统调用之外，还有内核代码触发的其他系统事件（例如 Linux 任务切换、信号通知、Linux 任务退出等）。Xenomai 还实现了这些系统事件的管道机制，使这些事件能够及时和可预测地传递给实时内核。

另外，Xenomai 还提供针对实时应用优化的库 libcobalt，这是 Cobalt 用户态部分。libcobalt 提供可移植操作系统接口（Portable Operating System Interface，POSIX）给应用空间的实时任务使用，用户态的实时应用通过使用 libcobalt 使实时内核 Cobalt 为其提供各种服务。

8.2.3　Xenomai 3.1 系统架构

Xenomai 3.1 是目前维护的其中一个大版本，这里着重介绍 Xenomai 3.1 的架构。

Xenomai 3 是支持实时框架的版本，可以像 Xenomai 2 一样与普通 Linux 一起实现双内核架构，和 Linux 内核并行运行，也可以不需要 Cobalt 内核只在主线 Linux 内核上运行。在后一种情况下，可以通过 PREEMPT_RT 补丁集来提高主线内核的实时性，以达到比标准内核更严格的响应时间要求。下面主要介绍 Xenomai 双内核配置方式。

双内核方式是通过运行一个实时的 Cobalt 核且和 Linux 内核并行运行实现的。Cobalt 的实时扩展代码通过安装后就内植于 Linux 内核代码树中，它会和 Linux 代码一起编译，并生成统一的 Linux 镜像文件。该镜像文件的烧录和运行等使用方法与普通 Linux 镜像文件没有什么区别。Cobalt 内核运行在实时域上，Cobalt 内核任务比非实时 Linux 内核任务具有更高的优先级。Xenomai 3 的系统结构如图 8-3 所示。

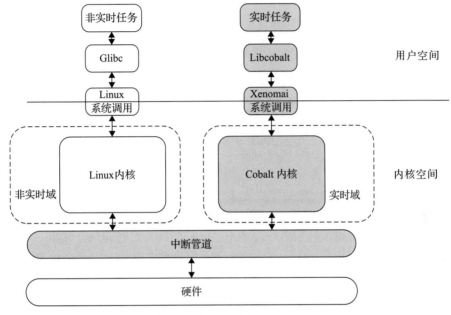

图 8-3　Xenomai 3 系统结构

　　Xenomai 实现的可预测的中断延迟、精确的中断控制（每个域和每个中断处理程序注册、每个域和每个 CPU 中断屏蔽）、根据域的优先级且双内核统一的事件传播方案、Cobalt 的实时调度和内存管理等设计，使 Xenomai 可在最短的微秒延迟范围内提供真正的实时性能。

8.3　PREEMPT_RT Linux

　　不同于 Xenomai 的双内核系统，本节介绍的 PREEMPT_RT Linux 在单内核里实现了实时操作系统。如前文所述，像 Xenomai 那样采用共生内核和 Linux 内核形成双内核的方案一般会有自己的额外系统调用和用户程序接口，增加了用户在应用程序开发方面的难度。而从代码维护的角度看，双内核方案到目前为止还没有被 Linux 内核主线所接受，仍旧处在各自维护之中，在内核升级和版本维护上比较落后。

　　与此同时，采用增加内核可抢占性策略的 PREEMPT_RT Linux 实时方案已经进入Linux 内核主支，成为 Linux 社区官方开发和维护重要功能之一，而且遵循 POSIX 标准。其在软件开发方面让应用程序无须重写，就可以直接在实时环境下运行，可以继续使用原本 Linux 生态环境里的大量的驱动、程序库以及工具集来加快开发进度。从应用层面，随着实时应用程序日益增长的功能性和非功能性需求、混合关键任务计算的出现以及降低成本的需求，导致市场在实时应用中使用商业现货（Commercial Off-The-Shelf，COTS）硬件的兴趣增加。在这种情况下，由于对硬件设备和外围设备的丰富支持以及完善的编程环境，对 Linux 内核进行实时性改造正在成为一个有价值的软件解决方案。

8.3.1 PREEMPT_RT Linux 的起源

有关 Linux 的实时研究可以追溯到 20 世纪，实时研究人员着手将 Linux 转变为实时操作系统，并采用不同的方法或多或少地取得了成功。尽管如此，这些努力中鲜有认真尝试过完全集成到上游内核主线。直到 2004 年，在各方自发而无组织的努力下，一些关键技术得以引入 Linux 内核，在这些内核上构建适当的实时支持，但缺乏一个整体的概念。

与此同时，为 RedHat 工作的 Ingo Molnar 开始对一系列补丁进行整合并重构，为实时抢占补丁集 PREEMPT_RT 奠定了基础。很快 Thomas Gleixner 及 Doug Niehaus 博士与 Ingo 合作，将基于 Linux 2.4 内核的解决方案移植到 2.6 内核并获得了一定的可用性。渐渐地，Steven Rostedt 等人也从其他 Linux 实时研究工作中引入了各自的想法和经验，于是一个由感兴趣的开发人员组成的团队慢慢成形，他们能够在短时间内开发出一个半可用的实时解决方案并把它完全集成到 Linux 内核中。虽然这些方案还远非一个可维护和生产就绪的解决方案，但是他们的工作证明了使 Linux 内核具有实时能力的概念是可行的。自此以后，将 PREEMPT_RT 完全集成到主线 Linux 内核中的想法和意图一直是该技术路线的目标。

2016 年，Linux 基金会启动了 Real-Time Linux 协作项目。该项目旨在协调 Linux 内核的实时环境的开发，并从已经存在的 rt-wiki 开始来创建一个公共知识库⊖。另一个实时 Linux 的合作伙伴是开源自动化开发实验室（OSADL），该组织旨在促进和支持开源 Linux 在嵌入式环境中的使用。

8.3.2 PREEMPT_RT Linux 的发展

如果没有内核级别的任何抢占，则实际上不可能有任何级别的实时 Linux。PREEMPT_RT 的发展一直以 100% 可抢占的内核为目标。

在 Linux 2.4 以及更早的版本中，Linux 的内核调度器只支持用户态抢占。在此种模式下，用户态的某个运行中的进程的时间片可以被一个更高优先级的进程抢占，而内核只在特定时间点检测是否有更高优先级的进程产生。配置选项 CONFIG_PREEMPT_NONE 指的是用户态抢占。用户态抢占在大多数情况下能提供良好的延时，但是无法满足工业需要的确定性的保证，所以用户态抢占往往用于服务器和科学计算系统等。

从 Linux 2.6 开始，Linux 内核调度器开始允许内核态的抢占。其本质是在原有用户态的抢占基础上，增加了更多的内核抢占检查点。根据不同的可抢占度（preemptibility），

⊖ Real-Time Linux Wik 页面：https://rt.wiki.kernel.org/。PREEMPT_RT 补丁包介绍：https://wiki.linuxfoundation.org/realtime/documentation/technical_details/start。实时抢占概念介绍：https://lwn.net/Articles/146861/。

PREEMPT_RT 的实时模式可以细分为以下 4 种。

- 内核态自愿抢占（CONFIG_PREEMPT_VOLUNTARY）：此模式采用白名单机制，内核在关键位置提供了明确的抢占点，通过显式调用 might_resched() 来决定要不要调度更高优先级的进程以减少延迟。由于要进行权衡以减少最大调度延迟并实现对交换事件的最快响应，因此会损失部分吞吐量。一般多用于个人桌面系统。
- 内核态低延迟抢占（CONFIG_PREEMPT）：此模式采用黑名单机制，在中断禁用区以外的任何地方都可以实现抢占，比如在 Spinlock、preempt_disable() 和 preempt_enable() 等包含的区间。内核态低延迟抢占主要用于毫秒级别延迟需求的桌面或者嵌入式系统。
- 基本实时内核（PREEMPT_RT）：这种模型基本上和内核态低延迟抢占相同，但是开启了完全抢占内核的初步修改。
- 内核态实时抢占（CONFIG_PREEMPT_RT）：此模式最重要的新增特性是删除了大部分不可抢占的自旋锁。所有实时功能都可以通过 CONFIG_PREEMPT_RT 配置标志启用。应用并启用实时补丁后，spinlock_t 和 rwlock_t 类型变为可抢占式，而 raw_spinlock_t 就像普通的自旋锁一样。另外所有休眠的互斥体都被替换为实现优先级继承的 rt_mutex 类型，以及信号量。该补丁显著提高了内核的可抢占性，使中断处理程序的上半部分和 raw_spinlock_t 受保护的关键区域成为唯一仍然不可抢占的部分。这提高了系统的响应速度，减少了延迟并提高了可预测性。但是，它会增加上下文切换和资源争用的数量，从而降低吞吐量。这种内核态主要用于延迟要求更低的（100μs 或以下）的实时系统。

8.3.3　PREEMPT_RT 的特性

1. 高精度时钟

时钟是操作系统基本事件的基准，操作系统通过时钟来维护系统的时间更新和监控系统的运行。内核中的大部分任务都是基于时间的，其中有些是周期性的，例如调度程序中的运行队列和屏幕刷新，它们周期性地以固定频率发生。有些是非周期性任务，比如磁盘的 I/O 操作等。Linux 早期的系统时间中断频率在 2.4 内核版本中为 100Hz，即每 10ms 产生一个中断，在 2.6 内核中频率增加到每 1ms 产生一个中断。这意味着早期的 Linux 系统提供的服务是毫秒级的，这显然无法满足工业控制领域等高实时任务需求。

随着时钟源硬件设备精度的提高以及软件高精度计时的需求的增加，Linux 内核增加了对高精度时钟的支持，实现了纳秒级的时钟精度，进而为实时系统提供更细粒度的时间控制。

高分辨率计时器的使用没有特殊的要求。在 Linux 内核中启用高分辨率计时器后，nanosleep、itimers 和 posix 计时器能提供高分辨率模式，无须更改源代码。对高分辨率计时器的动态优先级支持，在实时抢占补丁中已经实现。

图 8-4 展示了 Linux 时钟系统的架构。

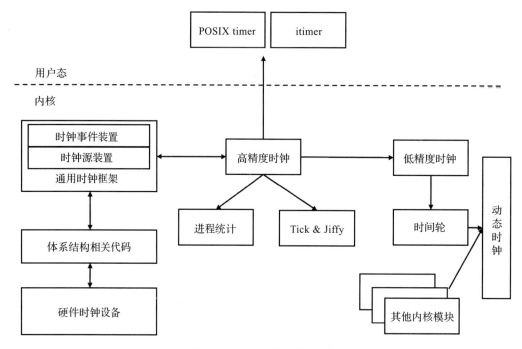

图 8-4　Linux 时钟系统架构

2. 可抢占式临界区

在 PREEMPT_RT 中，普通的自旋锁（spinlock_t 和 rwlock_t），RCU 读取临界区（rcu_read_lock() 和 rcu_read_unlock()）以及信号量临界区都是可抢占的，此特性已经存在于可抢占和非抢占内核中。这里的可抢占性意味着可以在获取自旋锁时被阻塞，因为在 PREEMPT_RT 中，自旋锁是可休眠的；反过来也就意味着在禁用抢占或中断的情况下获取自旋锁是非法的（这个原则的一个例外就是变体 _trylock，只要不是在密集循环中重复调用）。这也意味着当使用 spinlock_t 的时候 spin_lock_irqsave() 不会禁用硬件中断。

如果在禁用中断或抢占时需要获取锁，则需要使用 raw_spinlock_t 而不是 spinlock_t。用 raw_spinlock_t 调用 spin_lock()。PREEMPT_RT 补丁包括一组宏，这些宏使 spin_lock() 像 C++ 重载函数一样。当在 raw_spinlock_t 上调用时，它的作用类似于传统的自旋锁；但在 spinlock_t 上调用时，它的临界区可以被抢占。例如，各种 _irq 基元（例如 spin_lock_irqsave()）在应用于 raw_spinlock_t 时会禁用硬件中断，但在应用于 spinlock_t 时则不会。值得注意的是，使用 raw_spinlock_t（及其对应的 rwlock_t、raw_rwlock_t）应该是例外，而不是常规使用。在一些低级区域（例如调度程序、特定于体系结构的代码和 RCU）之外，不应该需要这些原始锁。

由于临界区现在可以被抢占，因此不能依赖给定的临界区在单个 CPU 上执行——它可能会由于被抢占而移动到不同的 CPU。当在临界区使用 per-CPU 变量时，必须单独处理抢占的可能性，因为 spinlock_t 和 rwlock_t 不再完成这项工作。处理方法包括：

- 通过使用 get_cpu_var()、preempt_disable() 或禁用硬件中断，显式禁用抢占。
- 使用 per-CPU lock 来保护 per-CPU 变量。

由于 spin_lock() 现在可以休眠，因此添加了额外的任务状态。参考如下代码片段：

📄 **sample_code.c**

```
1  {
2      ...
3      spin_lock(&mylock1);
4      current->state = TASK_UNINTERRUPTIBLE;
5      spin_lock(&mylock2);
6      ...
7      spin_unlock(&mylock2);
8      spin_unlock(&mylock1);
9      ...
10 }
```

其中第二个 spin_lock() 调用可以休眠，它可以破坏 current->state 的值，这对 blah() 函数来说可能是一个相当大的意外。在这种情况下，新的 TASK_RUNNING_MUTEX 位用于允许调度程序保留 current->state 的先前值。

尽管以上特性生成的环境可能有点陌生，但它允许以最少的代码更改抢占关键部分，并允许相同的代码在 PREEMPT_RT、PREEMPT 和非 PREEMPT 配置中工作。

3. 中断线程化

中断具有最高的优先级，当有中断产生时，CPU 会暂停当前的执行流程，转而去执行中断处理程序。硬件中断处理过程中会关掉中断，如果此时有其他中断产生，那么这些中断将无法及时得到处理，这也是导致内核延迟的一个重要原因。另外，中断优先级比进程高，一旦有中断产生，无论是普通进程还是实时进程都要给中断让路，如果中断处理耗时过长，则会严重影响系统的实时性。因此内核设计的目标是将中断状态下需要执行的工作量尽量压缩到最低限度。

传统的中断处理流程由两部分处理逻辑协同完成，上半部（top half）负责实际对硬件中断的响应处理，下半部（bottom half）由上半部负责调度并执行额外的处理。上半部在禁用中断的情况下执行，因此必须尽可能地快，从而不会给系统响应造成太大的延迟。比如，网卡驱动在上半部完成一些硬件设置或数据收发，在下半部完成网络数据处理。但是对于这种设计，上半部的运行时长也是不确定的，受各驱动实现的影响。

中断线程化后进一步压缩了上半部的工作量，上半部的工作仅仅需要完成“快速检查”，譬如确保中断的确来自期望的设备；如果检查通过，它将对硬件中断完成确认并通知内核唤醒中断处理线程以便完成中断处理的下半部。

图 8-5 展示了中断线程化对实时任务的影响。

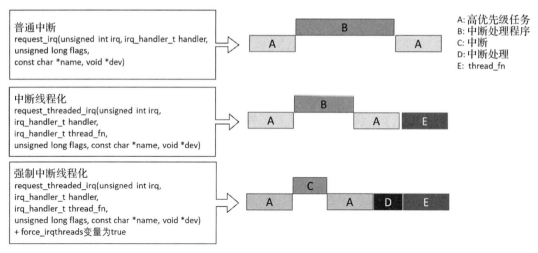

图 8-5　中断线程化对实时任务的影响

4. 可抢占式中断禁用代码序列

可抢占式中断禁用代码序列的概念在术语上似乎是矛盾的，但重要的是要牢记 PREEMPT_RT 理念。这种理念依赖于 Linux 内核的 SMP 功能来处理与中断处理程序的竞争。大多数中断处理程序都在进程上下文中运行。任何与中断处理程序交互的代码都必须准备好处理在其他 CPU 上同时运行的中断处理程序。

因此，spin_lock_irqsave() 和相关原语不需要禁用抢占。原因是，即使中断处理程序在运行时抢占了拥有 spinlock_t 的代码，但是在试图获取 spinlock_t 的时候也会立即阻塞，临界区依旧会被保留。

local_irq_save() 仍然禁用抢占，因为没有相应的锁可以依赖。可以看出使用锁而不是 local_irq_save() 可以帮助减少调度延迟，但是以这种方式替换锁会降低 SMP 性能，所以要小心。

此外，必须与 SA_NODELAY 中断交互的代码不能使用 local_irq_save()，因为这不会禁用硬件中断，应该使用 raw_local_irq_save()。在与 SA_NODELAY 中断处理程序交互时，需要使用原始自旋锁（raw_spinlock_t、raw_rwlock_t 和 raw_seqlock_t）。但是，原始自旋锁和原始中断禁用不应该在一些低级区域之外使用，例如调度程序、体系结构相关的代码和 RCU。

5. 内核自旋锁和信号量的优先级继承

实时程序员通常较关心优先级反转，它可能发生在如下场景：
- 低优先级任务 A 获取资源，例如锁。
- 中优先级任务 B 开始执行 CPU 密集型任务，抢占低优先级任务 A。
- 高优先级任务 C 尝试获取低优先级任务 A 持有的锁，但由于中优先级任务 B 抢占了低优先级任务 A 而阻塞。

这种优先级反转可以无限期地延迟高优先级任务。解决这个问题主要有两种方法：抑制抢占或者优先级继承。在第一种情况下，由于没有抢占，任务 B 不能抢占任务 A，从而防止发生优先级反转。这种方法被 PREEMPT 内核用于自旋锁，但不用于信号量。抑制信号量的抢占是没有意义的，因为在持有信号量的同时阻塞是合法的，即使在没有抢占的情况下也可能导致优先级反转。对于某些实时工作负载，由于对调度延迟的影响，即使对于自旋锁也无法抑制抢占。

在抑制抢占没有意义的情况下，可以使用优先级继承。这里的想法是高优先级任务暂时将其高优先级捐赠给持有关键锁的低优先级任务，如图 8-6 所示。

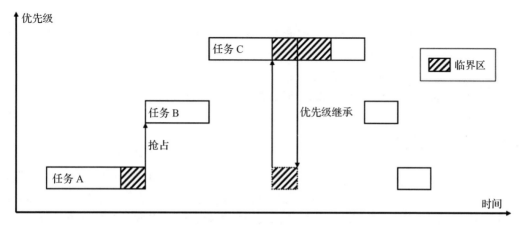

图 8-6　优先级继承

这种优先级继承是传递性的：在上面的例子中，如果一个更高优先级的任务 D 试图获取高优先级任务 C 已经持有的第二个锁，那么任务 C 和 A 都会被暂时提升到任务的优先级 D。优先级提升的持续时间也受到严格限制：一旦低优先级任务 A 释放锁，它会立即失去其临时提升的优先级，将锁交给任务 C（并被任务 C 抢占）。

但是，任务 C 可能需要一些时间才能运行，并且另一个更高优先级的任务 E 在此期间很有可能会尝试获取锁。如果发生这种情况，任务 E 将"窃取"任务 C 的锁，这是合法的，因为任务 C 尚未运行，因此实际上并未获得锁。另一方面，如果任务 C 在任务 E 尝试获取锁之前运行，那么任务 E 将无法"窃取"锁，而是必须等待任务 C 释放它，这可能会提高任务 C 的优先级，加快处理。

此外，在某些情况下，锁会被长时间持有。这时可以添加"抢占点"，以便在其他任务需要时，锁持有者放弃锁。JBD 日志层包含几个这样的例子。

事实证明，读写器优先级继承是一个难题，因此 PREEMPT_RT 通过一次只允许一个任务读取持有读写锁或信号量来简化问题，不过允许该任务递归地获取它。这使得优先级继承变得可行，尽管它会限制可伸缩性。

此外，在某些情况下，信号量不希望优先级继承，例如，当信号量被用作事件机制而不是锁时（无法在事前知道谁将发布事件，因此不知道要优先提升哪个任务）。在这种情况下可以使用 compat_semaphore 和 compat_rw_semaphore 变量。在 compat_semaphore 和 semaphore 上使用各种信号量基元（up()、down() 和友元）。类似地，可以在 compat_rw_semaphore 和 rw_semaphore 上使用读写器信号量基元（up_read()、down_write() 和友元）。然而，完成机制（Completion Mechanism）通常是完成这项工作的更好工具。

总而言之，优先级继承防止了优先级反转，允许高优先级任务及时获取锁和信号量，即使锁和信号量被低优先级任务持有。PREEMPT_RT 的优先级继承提供传递性、及时移除继承以及处理高优先级任务突然需要为低优先级任务指定锁的情况所需的灵活性。compat_semaphore 和 compat_rw_semaphore 声明可用于避免事件机制使用的信号量的优先级继承。

6. 延期操作

由于 spin_lock() 现在可以休眠，因此在禁用抢占（或中断）时调用它不再合法。在某些情况下，通过将需要 spin_lock() 的操作推迟到重新启用抢占可以解决：

- put_task_struct_delayed() 将 put_task_struct() 排队，以便稍后在可以合法获取（例如）task_struct 中的 spinlock_t alloc_lock 时执行。
- mmdrop_delayed() 将一个 mmdrop() 排队等待稍后执行，类似于上面的 put_task_struct_delayed()。

TIF_NEED_RESCHED_DELAYED 会重新调度，但会等到进程准备好返回用户空间，或者直到下一个 preempt_check_resched_delayed()，以先到者为准。无论哪种方式，关键是要避免不必要的抢占，以防被唤醒的高优先级任务在当前任务失去锁之前被阻塞。如果没有 TIF_NEED_RESCHED_DELAYED，高优先级任务会立即抢占低优先级任务，这只会造成快速阻塞，等待低优先级任务持有的锁。

解决方案是将紧随 spin_unlock() 之后的 wake_up() 更改为 wake_up_process_sync()。如果被唤醒的进程会抢占当前进程，则唤醒会通过 TIF_NEED_RESCHED_DELAYED 标志延迟。

在以上所有这些情况下，解决方案都是推迟一个动作，直到该动作可以更安全或更方便地执行。

7. 延迟减少措施

PREEMPT_RT 还有一些实现，主要目的是减少调度或中断延迟。

以 x86 MMX/SSE 硬件为例，该硬件在内核空间抢占关闭的情况下进行操作。这意味着直到 MMX/SSE 指令运行完毕，抢占才能开启。一部分 MMX/SSE 指令对实时应用影响有限，但有的 MMX/SSE 指令花费的时间过长，因此 PREEMPT_RT 规避了对此类慢速指令的使用。

另一个例子是针对对称多处理系统中所有 CPU 对内存的平等访问这个特性。共享数据需要互斥，避免并发访问，这意味着会产生锁定和相关的瓶颈。即使没有锁的争用，简单地在 CPU 之间移动缓存行也会破坏实时性能。通过将 per-CPU 变量应用于 slab 分配器，slab 分配器维护每个 CPU 的空闲对象和 / 或页面列表，可以实现在不锁定和排除其他 CPU 的情况下快速分配和释放资源从而减少延迟。

随着硬件性能的提高以及 PREEMPT_RT 的不断发展，PREEMPT_RT 的实时性能已经能满足越来越多的工业应用，而其与通用 Linux 应用的高度兼容性是实现两化融合、软件定义工业的未来的坚实助理。充分理解 PREEMPT_RT 的实时特性，并结合工业应用优化开发，可以为工业软件带来长远的战略竞争优势。

8.4　Zephyr

8.4.1　Zephyr 的起源

Zephyr 开源项目⊖由 Linux 基金会支持，致力于联合世界各地的用户和开发者，为资源受限的设备构建一个世界级的实时操作系统，它能运行于简单的嵌入式传感器、LED 可穿戴设备，以及复杂的智能手表、无线网关、IoT 设备等。Zephyr 为全球嵌入式开发者提供了一个开放、可靠的实时操作系统平台，便于开发者快速开发产品原型以及最终产品，开发者可以专注于产品研发，而不必重复开发诸如线程管理、中断服务等操作系统通用功能。

相对于其他常见的嵌入式实时操作系统，Zephyr 的历史并不悠长，它最初起源于风河（Wind River）公司面向物联网设备的操作系统 Rocket。2016 年 2 月，Intel、Synopsys、NXP 等几家公司发起，创立了面向物联网时代的新一代嵌入式实时操作系统 Zephyr，并由 Linux 基金会管理。Zephyr 的中文意思为"微风"，从名字可以看出，Zephyr 并不打算成为一个像通用 OS（如 Linux）那样的重型平台，而是主打轻量级。Zephyr 旨在成为物联网时代资源受限的中小型设备中最好的开源软件平台，同时十分强调安全设计。Zephyr 和 Linux 同属 Linux 基金会，可以有效地和 Linux 形成互补，可以用于因为 Linux 过大、过重而不适用的场合，例如微控制器。一个比较形象的说法是，Zephyr 希望成为一个针对微控制器的 Linux，而且熟悉 Linux 内核开发流程的开发者可以方便地上手 Zephyr 开发。

在 Zephyr 创建之前，大量实时操作系统已经存在，比如 FreeRTOS、VxWorks、ThreadX 等，但为什么还需要创建新的 Zephyr 呢？随着物联网时代的快速发展和计算机以及网络技术的飞速发展，不断涌现的物联网应用场景对嵌入式软件提出了更高的要求，虽然嵌入式软件的一个特点就是碎片化，但整体上正向平台化的方向发展，这是信息化、数字化不断向底层和终端延伸的结果。单个人或者公司已经无法快速、有效地满足这些需求，必须依赖全球合作、共享来适应这样的趋势。Zephyr 项目希望提供一个开源的、适用于不同应用场景的实时操作系统，同时为实时操作系统领域提供一个合作创新的平台，创建一个大家都可以参与的良好生态。

8.4.2　Zephyr 的特点

1. 开源
开源是形成良好生态的前提，Zephyr 的代码、文档和工具等绝大部分资料都开源托管

⊖　Zephyr 项目官网：https://www.zephyrproject.org。

在 GitHub 上。从 Zephyr 的代码仓库中可以看到详尽的开发活动记录，包括代码提交、问题列表、讨论记录、测试记录与结果、发布计划、路线图等。

2. 跨平台

Zephyr 是一个跨平台的物联网实时操作系统，支持多种处理器架构，包括 x86、Arm、ARC、Xtensa 以及最近发展迅速的 RISC-V（SiFive 公司已经成为 Zephyr 的会员），支持 200 多个不同类型的开发板。Zephyr 在设计上充分考虑了硬件的抽象性，使得其具有良好的可移植性，未来会支持越来越多的处理器架构和开发板。在开发方式上，Zephyr 支持在 Linux/UNIX、Windows 和 macOS 下开发。

3. 宽松的许可证

Zephyr 采用 Apache 2.0 开源许可证。Apache 2.0 许可证是一种商业友好的许可，用户可以把 Zephyr 用于商业目的而无须开放源码。在具体实践中，除 Zephyr 自身代码外，对于外部集成模块，Zephyr 也十分注意，尽可能选择 Apache 2.0 兼容的模块。任何 CPU 厂商、原厂设备制造商（OEM）、原始设计制造商（ODM）、独立软件开发商（ISV）和个人都能够参与项目的开发、维护和市场推广等。

4. 活跃的社区

Zephyr 项目自创建以来，吸引了大量个人开发者和公司的加入。截至编写本书之时，1359 个开发人员参与了项目开发和维护，70796 个 Git 提交被合并。同时，25 个世界知名公司和非营利组织作为会员加入了 Zephyr 项目，如 Intel、Google、NXP、Facebook、Nordic、Eclipse、Synopsys 等。

5. 支持产品级开发

嵌入式领域，如工业控制、仪器仪表、汽车电子，往往生命周期比较长，对于可靠性、稳定性、可维护性等提出了更高的要求，为此 Zephyr 推出了长期支持版 LTS 以满足此类应用。LTS 的发布周期为 2 年，为保证稳定在一个 LTS 周期之内，不会引入新的特性、API 的变化，但会持续进行安全更新、漏洞修复，另外相对于正常版本，LTS 版会经过更多、更广泛的测试。

8.4.3　Zephyr 的系统架构

与大多数实时操作系统不同，Zephyr 不仅提供操作系统的内核，同时也包含应用开发所需要的其他关键服务，例如 TCP/IP 协议栈、MTQQ 协议栈、CAN 协议栈等。同时，Zephyr 也是一个高度可定制化的系统，所有的组件都可配置化，应用开发者可以根据自己的需求选择组件，避免包含不需要的组件，从而充分优化系统资源、节省硬件资源。

考虑到嵌入式设备以及 IoT 设备的硬件多样性，Zephyr 支持几乎所有主流 CPU 架构，包含：

- ARC EM 和 HS。
- ARMv6-M、ARMv7-M 和 ARMv8-M（Cortex-M）。
- ARMv7-A 和 ARMv8-A（Cortex-A，32 位和 64 位）。
- ARMv7-R（Cortex-R）。
- Intel x86（32 位和 64 位）。
- NIOS II Gen 2。
- RISC-V（32 位和 64 位）。
- SPARC V8。
- Tensilica Xtensa。

如图 8-7 所示，Zephyr 实时操作系统主要由三层组成：内核（kernel）层、操作系统服务（OS Service）层和应用服务（Application Service）层。接下来的章节，我们将基于 Zephyr 2.6 版本讨论每层的细节。

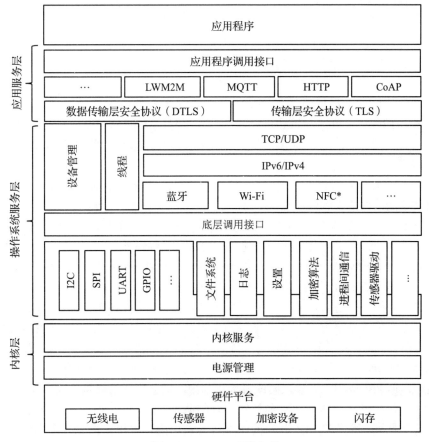

图 8-7　Zephyr 系统架构

1. 内核层

Zephyr 内核是整个系统的核心，它构建了一个低内存占用、高效和多线程的运行环境。Zephyr 系统其他部分，例如驱动程序、网络协议栈、应用程序等，全都依赖于内核提供的服务。内核主要提供以下基础操作系统服务。

- 线程服务：提供线程创建、终止、删除和调度接口。在 Zephyr 里面，每一个线程的所有信息被保存在一个内核对象中。
- 线程调度服务：基于调度算法决定被运行的线程。内核总是选择优先级最高的线程运行，当多个线程的优先级相同时，等待时间最长的线程将被运行。但是，中断服务程序总是能打断线程的运行，除非中断被屏蔽。
- 系统线程：内核启动过程中默认启动两个线程，即内核主线程和空闲（idle）线程。内核主线程负责内核的初始化以及调用应用程序的 main() 函数。空闲线程是一个必须被创建的线程，否则将产生系统异常。当系统没有其他的线程需要运行时，空闲线程将被运行。
- 工作队列线程：内核为工作队列创建一个专门的线程，用于处理工作队列中的任务。用户可以通过内核提供的工作队列机制，方便地创建队列、添加任务。工作队列线程将依据先进先出的原则处理工作队列中的任务。
- 中断处理：为用户提供响应硬件和软件中断的机制。
- 轮询等待服务：提供使线程等待一个或者多个条件被满足的服务。该服务作用于 Zephyr 的内核对象，例如 FIFO 内核对象、信号量内核对象、信号对象等。
- 信号量（Semaphore）：提供内核信号量对象以便于多线程的同步。同时，提供相应的信号量的操作接口。
- 互斥（Mutex）：提供互斥内核对象以及相应的操作接口，使多线程能安全地同时访问共享的硬件或者软件资源。
- 条件变量（Condition Variable）：提供一种同步机制，通常用于控制共享资源的访问，它允许一个线程等待其他线程创建共享资源需要的条件。
- 多处理器架构支持（SMP）：提供对多 CPU 架构的支持。线程能运行在任意处理器上，用户不需要对于某一处理器做特殊的处理。

线程之间的数据传送以及共享是操作系统必须提供的核心功能之一。Zephyr 内核提供了丰富的线程间传输共享方式，能满足不同应用场景的需要。应用程序开发者可以根据自己的需求选择合适的数据传输共享方式。目前，Zephyr 主要支持以下几种数据传输方式。

- 队列（Queue）：一个队列在 Zephyr 中是一个内核对象，内核提供操作该对象的相应接口。队列可以用于线程之间或者线程与中断处理之间的数据传输和共享。
- 先入先出（FIFO）队列：一种特殊形式的队列，同时是一个内核对象。它的实现基于普通队列，最先被加入队列的元素将先被取出，内核提供先入先出队列的操作方法。它可以用于线程之间或者线程与中断处理之间的数据传输和共享。
- 后入先出（LIFO）队列：一种特殊形式的队列，同时是一个内核对象。它的实现基于普通队列，最后被加入队列的元素将先被取出，内核提供后入先出队列的操作方法。它可以用于线程之间或者线程与中断处理之间的数据传输和共享。

- 栈（Stack）：一种特殊形式的队列，同时是一个内核对象。它的实现基于普通队列，最后被加入队列的元素将先被取出，内核提供堆栈的操作方法。它可以用于线程之间或者线程与中断处理之间的数据传输和共享。
- 消息队列（Message Queue）：一个内核对象。内核提供消息队列的操作方法。它可以用于线程之间或者线程与中断处理之间的数据传输和共享。
- 邮箱（Mailbox）：一个内核对象。内核提供邮箱内核对象的操作方法。它主要用于线程间的数据传输和共享，适合于大数据的数据交换，同时它支持同步和异步模式。
- 管道（Pipe）：一个内核对象。内核提供管道对象的操作方法。管道基于流数据的传输，适应于大数据传输，同时它支持同步和异步模式。

内存管理是操作系统的另一个核心功能。Zephyr 主要提供以下两种内存管理方式。

- 堆（Heap）内存管理：内核提供丰富的接口对于堆内存进行管理。堆内存通过两种方式定义：静态定义和动态定义。静态定义使堆的大小在编译时确定，动态定义可以使堆的大小可以在应用程序运行时确定。
- slab 内存管理：主要用于固定大小的内存进行分配和释放。由于内存分配的大小是固定的，内存操作的性能相较于堆内存管理更有优势，同时能避免内存碎片的产生。

时间和定时器直接决定了操作系统的性能和实时性，对于实时操作系统尤为重要。

- 时间：Zephyr 内核为用户提供健壮、可扩展的时间框架。基于此框架，用户可以方便地从硬件时钟获得并计算时间。
- 定时器：定时器在内核中由一个内核对象表示，内核提供丰富的接口便于用户创建、使用、停止定时器。

2. 操作系统服务层

操作系统服务层在内核层之上，它为我们提供一些关键的、应用程序开发过程中需要的服务组件。对于应用程序的构建，仅仅提供内核功能是不够的，应用程序开发者还需要其他的关键服务组件，便于快速开发他们的产品。否则，应用开发者不得不花费大量的时间、精力去从头开发这些组件，而不能将所有的精力放在他们的产品研发上。例如，当基于 Zephyr 研发物联网产品时，通常我们需要 TCP/IP 协议栈，因为需要将数据传到云端，同时需要将数据或者策略从云端传到设备端。在 Zephyr 中，TCP/IP 协议栈是操作系统服务层的一部分，开发者只需要在开发过程中选择它，立刻就可以使用一个功能完整、稳定的 TCP/IP 协议栈去开发他们自己的应用。

Zephyr 主要用于资源受限的设备中，通常在该类型的设备上，只有非常小的内存和存储空间。所以，在 Zephyr 中，所有操作系统服务层的组件都是可以配置的，开发者只需要选择他们所需要的组件，这样有助于减小系统所需要的存储和运行空间。例如，当我们开发蓝牙应用时，如果不需要 TCP/IP 协议栈，在这种情况下，可以在 Zephyr 的配置文件中只选择蓝牙协议栈，这样可以为我们节省大量的存储和运行空间。

在 Zephyr 中，设备驱动也属于操作系统服务层，它提供了一个强大的驱动开发框架，以便于开发者为他们自己的硬件快速开发所需要设备驱动。同时，Zephyr 项目中已经有了丰富的设备驱动程序，在大多数情况下，例如，对于 GPIO、I2C、SPI 设备等，开发者只需要选择他们所需要的驱动程序，而不用自己开发。另外，在 Zephyr 中，它基于设备树（Device tree）来描述硬件设备，为设备驱动提供了一种灵活、强大的获取硬件信息的方式，同时设备驱动能更好地适应硬件的改变。

操作系统服务层提供很多应用程序开发所需要的组件，如果想了解相关细节，请参考 Zephyr 项目官方文档，下面只列出一些重要的操作系统服务层组件。

- 设备驱动：硬件设备驱动程序。
- CAN 协议栈。
- TCP/IP 协议栈。
- 蓝牙协议栈。
- Wi-Fi 支持。
- LoRA 支持。
- 文件系统支持。
- Logging/Tracing 支持。
- 传感器（Sensor）子系统。

3. 应用服务层

在应用服务层，Zephyr 为应用程序开发者提供更高层次的组件，方便应用程序的快速开发。例如，如果一个应用需要和亚马逊 AWS 的 IoT 服务通信，因为 AWS 的 IoT 服务基于 MQTT 协议，所以需要 MQTT 协议栈。而 MTQQ 协议栈支持已经在 Zephyr 应用服务层中，所以开发者不用再自己可发或者移植 MTQQ 协议栈到 Zephyr，这将极大缩短应用开发时间。有人会问为什么 MQTT 协议栈在应用服务层，而且不是在操作系统服务层？因为，MQTT 协议栈依赖于操作系统服务层中的 TCP/IP 协议层，相较于 TCP/IP 协议栈，它是更高层次的组件。

应用服务层中的每一个组件都是一个 Zephyr 模块。Zephyr 模块存在于 Zephyr 代码仓库之外，但是它们是 Zephyr 项目的一部分。Zephyr 模块的优点是它为 Zephyr 核心代码和应用服务层提供一个很好的隔离措施，改进代码质量的同时，使 Zephyr 代码更容易维护。Zephyr 提供了一个强大、灵活的模块机制，使任何人可以通过新的模块去扩展 Zephyr 的功能，如图 8-8 所示。

Zephyr 在应用服务层中提供了丰富的组件，便于快速开发应用。如果想了解详细情况，请参考 Zephyr 官方文档。以下是一些在应用服务层中的重要组件。

- MQTT 协议栈。
- HTTP 支持。
- CoAP 支持。
- TensorFlow lite 支持。

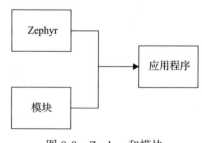

图 8-8　Zephyr 和模块

8.4.4　Zephyr 的实现

本节将介绍 Zephyr 的实现细节。本书并不是一本专门介绍 Zephyr 的书籍，这里只介绍与实时性相关的关键部分，使读者能对 Zephyr 实时性相关的实现有一个详细的了解。如果读者想了解 Zephyr 更多信息，请考虑 Zephyr 官方文档⊖。

1. 线程

线程是用于实现应用程序部分功能的独立可调度指令的集合，主要用于处理由于执行时间太长或者太复杂而不能在中断服务例程（Interrupt Service Routine，ISR）内执行的任务。在 Zephyr 中，应用程序可以定义任意数量的线程，并且可以通过使用创建线程时给该线程分配的线程标识符来引用该线程。

线程包括如下关键属性。

- 栈区域：一段用于线程控制块和线程栈的内存区域。栈空间的大小可以被裁剪，以适应线程处理的实际需求。
- 入口函数：线程启动时调用的函数，该函数最多能接收 3 个参数。
- 调度优先级：指示内核的调度器如何给该线程分配 CPU 时间。
- 线程选项：允许内核在特定场景中对该线程做某种特殊处理。
- 启动延时：指定线程在启动前需要等待的时间。

线程必须先创建再使用。创建线程时，内核将初始化线程栈区域的控制块区域以及栈的尾部，栈区域的其他部分通常都是未初始化的。如果指定的启动延时是 K_NO_WAIT，内核将立即启动线程，也可以指定一个超时时间，让内核延迟启动该线程。例如，让线程需要使用的设备就绪后再启动线程。如果延迟启动的线程还未启动，内核可以取消该线程。如果线程已经启动了，则内核在尝试取消它时不会有任何效果。如果延迟启动的线程被成功地取消了，它必须被再次创建后才能再次使用。

线程一旦被启动，它通常会一直运行下去。不过，线程也可以从入口函数中返回，从而同步结束执行，这种结束方式叫作正常结束。正常结束的线程需要在返回前释放它所拥有的共享资源，例如互斥量、动态分配的内存等，因为内核不会自动回收这些资源。线程也可以通过异常终止异步结束其执行。如果线程触发了一个致命错误（例如引用了空指针），内核将自动终止该线程。其他线程（或线程自己）也可以调用 k_thread_abort() 终止一个线程。不过，更优雅的做法是向线程发送一个信号，让该线程自己结束执行。线程终止时，内核不会自动回收该线程拥有的共享资源。

如果一个线程被挂起，它将在一段不确定的时间内暂停执行。函数 k_thread_suspend() 可以用于挂起包括调用线程在内的所有线程，对已经挂起的线程再次挂起时不会产生任何效果。线程一旦被挂起，它将一直不能被调度，除非另一个线程调用 k_thread_resume() 取消挂起。线程可以使用 k_sleep() 睡眠一段指定的时间。不过，这与挂起不同，睡眠线程在睡眠时间完成后会自动运行。

⊖　Zephyr 项目在线文档：https://docs.zephyrproject.org/latest。

Zephyr 内核支持一系列线程选项，以允许线程在特殊情况下被特殊对待，这些与线程关联的选项在线程创建时就被指定了。不需要任何线程选项的线程的选项值是零。如果线程需要选项，可以通过选项名指定，如果需要多个选项，使用符号"|"作为分隔符，支持的选项如下。

- K_ESSENTIAL：该选项将线程标记为必需线程，表示当该线程正常结束或异常终止时，内核将认为产生了一个致命的系统错误。默认情况下，一般线程都不是必需线程。
- K_FP_REGS 和 K_SSE_REGS：这两个选项是与 x86 相关的选项，分别表示线程使用 CPU 的浮点寄存器和 SSE 寄存器，指示内核在调度线程进行时需要采取额外的步骤来保存 / 恢复这些寄存器的上下文。默认情况下，内核在调度线程时不会保存 / 恢复这些寄存器的上下文。

2. 线程调度

Zephyr 内核的调度器是基于优先级的，它允许应用程序的多个线程共享 CPU。调度器的主要作用是判断将要执行哪个线程，被调度器选定的线程叫作当前线程。无论什么时候，当调度器改变当前线程的标识符或者当前线程被 ISR 运行所替代时，内核都会先保存当前线程的 CPU 寄存器值。当这个线程在之后恢复执行时，这些寄存器的值就会被恢复。

如果一个线程没有阻碍其执行的因子，就被认为是就绪的。就绪的线程可以被选择作为当前线程。如果一个线程有一个或多个阻碍其执行的因子，就被认为是非就绪的。非就绪的线程不能被选择作为当前线程。

下列因素将使线程成为非就绪线程。

- 线程还未被启动。
- 线程正在等待某个内核对象（例如，现在正在获取一个无效的信号量）。
- 线程正在等待超时服务。
- 线程被挂起。
- 线程已经结束或终止。

线程的优先级是一个整数值，可以是负数或者非负数。数字越小，优先级越高。例如，如果线程 A 的优先级是 4，线程 B 的优先级是 7，调度器则认为 A 的优先级比 B 的优先级高；同样地，如果线程 C 的优先级是 –2，则它的优先级比 A 和 B 都高。

调度器基于线程的优先级将线程分为以下两类。

- 协作式线程：优先级为负数的线程。这样的线程一旦成为当前线程，它将一直执行下去，直到它采取的某种动作导致自己变为非就绪线程。
- 抢占式线程：优先级为非负的线程。这样的线程成为当前线程后，它可以在任何时刻被协作式线程或者优先级更高（或相等）的抢占式线程替代。抢占式线程被替代后，它依然是就绪的。

线程的初始优先级值可以在线程启动后动态地增加或减小。因此，通过改变线程的优先级，抢占式线程可以变为协作式线程，或者相反。内核几乎可以支持无数个优先级等级。

配置选项 CONFIG_NUM_COOP_PRIORITIES 和 CONFIG_NUM_PREEMPT_PRIORITIES
指定了这两种线程的优先级的范围。

- 协作式线程：（–CONFIG_NUM_COOP_PRIORITIES）至 –1。
- 抢占式线程：0 至（CONFIG_NUM_PREEMPT_PRIORITIES–1）。

内核的调度器总是选择优先级最高的就绪线程作为当前线程。当多个线程具有相同的
优先级时，调度器选择等待时间最长的线程。ISR 优先于线程，因此当前线程可能会在任何
时刻被非屏蔽中的 ISR 代替，这对协作式线程和抢占式线程都成立。

协作式线程一旦成为当前线程，它将一直执行下去，直到它采取的某种动作导致自己
变为非就绪线程。这种方式其实有一个缺陷，即如果协作式线程需要执行长时间的计算，
将导致包括优先级高于或等于该线程在内的其他所有线程的调度被延迟到一个不可接受的
时间之后。为了解决这个问题，协作式线程可以自身间或性地放弃 CPU，让其他线程得以
执行。线程放弃 CPU 的方法有以下两种。

- 调用 k_yield() 将线程放到调度器维护的按照优先级排列的就绪线程链表中，然后调
用调度器。在该线程被再次调度前，所有优先级高于或等于该线程的就绪线程都将
得以执行。如果不存在优先级更高或相等的线程，调度器将不会进行上下文切换，
立即再次调度该线程。
- 调用 k_sleep() 让该线程在一段指定时间内变为非就绪线程。所有优先级的就绪线程
都可能得以执行；不过，不能保证优先级低于该睡眠线程的其他线程都能在睡眠线
程再次变为就绪线程前执行完。

抢占式线程成为当前线程后，它将一直执行下去，直到有更高优先级的线程变为就绪
线程，或者线程自己执行了某种动作导致其变为非就绪线程。相应地，如果抢占式线程需
要执行长时间的计算，将导致包括优先级等于该线程在内的其他所有线程的调度被延迟到
一个不可接受的时间之后。为了解决这个问题，可抢占式线程可以执行协作式时间片（如上
面所述）或者使用调度器的时间片功能，让优先级等于该线程的其他线程得以执行。调度器
将时间分割为一系列的时间片。时间片的大小是可配置的，并且可以在程序运行期间修改。
在每个时间片结束时，调度器会检查当前线程是否是可抢占的。如果是，它将对该线程隐
式地调用 k_yield()，让其他同优先级的就绪线程在该线程被再次调度前得以执行；否则，
当前线程继续执行。

优先级高于指定极限的线程不用实现抢占式时间片，且不能被同优先级的其他线程抢
占。应用程序只有处理优先级更低且对时间不敏感的线程时才采用抢占式时间片。内核的
时间片算法不确保同等优先级的所有线程占用的 CPU 时间完全相同，因为它不会测量线程
的实际执行时间。例如，某个线程可能在时间片快完的时候才刚刚执行，但是时间片到后
会立即释放 CPU。尽管如此，该算法将确保某个线程的执行时间超过单个时间片的长度后
释放 CPU（当然，也可能释放 CPU 后不进行上下文切换而立即再次执行）。

如果抢占式线程希望在执行某个特殊的操作时不被抢占，它可以调用 k_sched_lock()，
让调度器将其临时当作协作式线程，从而避免被抢占。一旦完成特殊操作，该线程必须调

用 k_sched_unlock()，以恢复其可抢占特性。如果线程调用了 k_sched_lock()，但是随后执行了一个动作导致其非就绪，调度器会将这个锁定的线程切换出去，以允许其他线程得以执行。当锁定的线程再次成为当前线程后，其不可抢占状态依然有效。

线程可以调用 k_sleep() 让其延迟一段指定的时间后再执行。在线程睡眠的这段时间，CPU 被释放给其他线程。到达指定的时间后，线程将变为就绪状态，然后才能够再次被调度。正在睡眠的线程可以被其他线程使用 k_wakeup() 唤醒。这种技术可以让其他线程给该睡眠线程发送信号，而睡眠线程不需要请求某个内核对象（例如信号量）。唤醒一个未睡眠的线程也是允许的，但是不会有任何效果。

线程可以调用 k_busy_wait() 执行一个忙等待操作。所谓的忙等待，指的是线程延迟一段指定的时间后再处理相关任务，但是它并不会将 CPU 释放给其他就绪线程。使用忙等待而不使用线程睡眠的典型情况是：由于所需要的延迟太短，因此调度器来不及从当前线程切换到其他线程再切换回当前线程。

3. 中断

中断服务例程（ISR）是一个异步响应硬件或者软件中断的函数。ISR 通常会抢占当前正在执行的线程，以达到快速响应的目的。只有当所有的 ISR 工作都完成后，线程才能得以恢复执行。理论上，用户可以定义任意数量的 ISR，但是它的实际个数会受到硬件的限制。

ISR 的关键属性如下。

- 中断请求（Interrupt Request，IRQ）信号：触发 ISR 的信号。
- 优先级：与 IRQ 绑定在一起的优先级。
- 中断处理函数：用于处理中断的函数。
- 参数值：传递给函数的参数。

中断描述符表（IDT）或者向量表用于将一个给定的 ISR 与一个给定的中断源关联在一起。在任意时刻，一个 IRQ 只能与一个 ISR 关联。多个 ISR 可以利用同一个函数来处理中断，这样做的好处是允许一个函数可以同时服务于某个设备产生的多种不同类型中断，甚至服务于多个设备（通常是同种类型的）产生的中断。传递给 ISR 的参数值可以用于判断具体是哪一个中断源产生了信号。内核为所有未使用的 IDT 入口提供了一个默认的 ISR。如果发生了意外的中断，该 ISR 将产生一个致命的系统错误。

内核支持中断嵌套，即高优先级的中断可以抢占正在执行的低优先级中断。当高优先级的 ISR 处理完成后，低优先级的 ISR 将恢复执行。ISR 的中断处理函数在内核的中断上下文中执行，这个上下文有自己专用的栈区，如果中断嵌套被使能了，必须保证中断上下文栈的大小能够同时容纳多个 ISR 并发执行。

在某些特殊情况下，例如当前线程正在执行时间敏感的任务或者进行临界区的操作，则可能需要阻止 ISR 运行。线程可以使用 IRQ 锁临时阻止系统处理所有 IRQ。IRQ 锁可以嵌套使用。内核如果要再次正常处理 IRQ，则必须保证 IRQ 解锁的次数等于 IRQ 锁的次数。IRQ 锁是与线程相关的。如果线程 A 锁定了中断，然后执行了某个操作（例如释放了一个信号量或者睡 N 毫秒）导致线程 B 开始运行，则当线程 A 被交换出去后，这个线程锁将（暂时）失效。也就是说，当线程 B 运行后，除非它使用自己的 IRQ 锁锁定了中断，否则它将能正常处理中断。当内核正在使用 IRQ 锁的两个线程间切换时，其是否可以处理中断依赖于具体的架构。当线程 A 再次变为当前线程后，内核会重新建立线程 A 的 IRQ 锁。这意味着，线程 A 在明确解除 IRQ 锁前都不会被中断，或者，线程也可以临时禁止某一个 IRQ，当接收到该 IRQ 的信号时，其关联的 ISR 不会被执行。随后，该 IRQ 必须被使能，以允许其 ISR 能够执行。

ISR 应当快速执行，以确保可预见的系统行为。如果需要执行耗时的处理，ISR 应当将部分或者全部处理都移交给线程，以此恢复内核响应其他中断的功能。内核支持多种将中断相关处理移交给线程的机制。ISR 可以利用内核对象，例如 FIFO、LIFO 或者信号量，帮助线程发送信号，让它们做中断相关的处理；ISR 可以发送一个告警，让系统的工作队列线程执行一个相关的告警处理函数；ISR 也可以指示系统工作队列线程执行一个工作项。当 ISR 将工作移交给线程后，内核通常会在 ISR 完成后切换到该线程，以使中断相关的处理能够立即执行。不过，这依赖于处理移交工作的线程的优先级，即当前正在执行的协作式线程或者其他高优先级线程可能比该线程先执行。

4. 信号量

信号量（semaphore）是一个内核对象，用于控制多个线程对共有资源的访问。用户可以定义任意数量的信号量，每个信号量通过其内存地址进行引用。

信号量的关键属性如下。

- 计数：信号量可以被获取的次数。计数为零表示该信号量不可用。
- 界限：信号量的计数能达到的最大值。

信号量必须先初始化再使用。信号量的计数必须被初始化为非负值，且小于等于其界限。

线程或 ISR 可以释放（give）一个信号量。释放信号量时其计数会递增（除非计数已等于上限）。线程也可以获取（take）信号量。获取信号量时其计数会递减（除非信号量无效，例如为零）。当信号量不可用时，线程可以等待，直到获取到信号量。多个线程可以同时等待某个不可用的信号量。当信号量可用时，它会被优先级最高的、等待时间最长的线程获取到。内核也允许 ISR 获取信号量，不过如果信号量不可用时，ISR 不能等待。

5. 互斥量

互斥量（mutex）是一个内核对象，它实现了一个传统的可重入互斥量。互斥量允许多个线程安全地共享一个关联的软件或者硬件资源。用户可以定义任意数量的互斥量，每个互斥量通过其内存地址进行引用。

互斥量的关键属性如下。

- 锁计数：表示锁定该互斥量的线程对该互斥量锁定的次数。0 表示该互斥量没有被锁定。

● 拥有线程：用来标识当互斥量被锁定时锁定该互斥量的线程。

互斥量必须先初始化再使用，初始化时会将其锁计数设为 0。

当一个线程想使用共享资源时，它必须先通过锁定关联的互斥量以获得专有的访问权限。如果该互斥量已被另一个线程锁定，请求线程可以等待该互斥量被解锁。锁定互斥量后，线程可以长时间安全地使用相关联的资源，不过，尽可能短时间地持有互斥量总是一个好的实践做法，因为它能尽量避免对其他需要使用这些资源的线程造成影响。当线程不再需要使用资源时，它必须将互斥量解锁，以允许其他线程可以使用该资源。多个线程可以同时等待某个被锁定的互斥量，当该互斥量被解锁后，它会被优先级最高的、等待时间最长的线程所使用。

线程可以锁定一个它已经锁定的互斥量，这样做的好处是线程可以在它执行的某个时刻（互斥量可能被锁定，也可能未被锁定）访问该互斥量所关联的资源。互斥量被一个线程多次锁定后，它必须被解锁相同的次数后才能被其他线程所获取到。

已锁定互斥量的线程具有优先级继承的能力。这意味着，如果有一个高优先级的线程开始等待这个互斥量，内核将临时提升该线程的优先级。这样做的好处是，占用互斥量的线程可以以与等待线程相同的优先级继续执行而不会被其抢占，因此可以更快速地执行它的工作并释放互斥量。互斥量一旦被解锁，该线程的优先级就会被恢复至锁定该互斥量前的优先级。内核由于优先级继承而提升线程的优先级时，配置选项 CONFIG_PRIORITY_CEILING 会限制其所能提升的最大优先级。默认值 0 允许内核可以对其进行无限制的提升。

当两个或多个线程等待一个被低优先级锁定的互斥量时，内核会在这些线程每次开始等待（或者放弃等待）时调整互斥量占用线程的优先级。当这个互斥量最终被解锁后，解锁的线程的优先级会被恢复到它原先未被提升时的优先级。当一个线程同时占用了两个或者多个互斥量时，内核不会完全支持优先级继承。这种情形会导致当所有的互斥量被释放后，该线程的优先级不能恢复到它原先未被提升时的优先级。因此，当多个互斥量在不同的优先级的线程之间共享时，建议每个线程在同一时刻只锁定一个互斥量。

8.5　本章小结

虽然本书主要介绍嵌入式虚拟机的设计与实现，但是也需要对运行在虚拟机上的嵌入式操作系统进行介绍，两者需要配合在一起实现才能充分发挥业务应用程序的实时性能。

因为 ACRN 是在 x86 硬件平台上实现的，并且实现的是 x86 的虚拟运行环境，所以本章主要介绍了三个比较流行的 x86 平台上的开源操作系统。

作为为数不多的开源的硬实时系统之一，Xenomai 从诞生开始存续了 20 多年，中间也经历了多次更新换代。它的特殊设计，比如双核（cokernel），使它可以被用作硬实时操作系统。

PREEMPT_RT Linux 也在 Linux 内核加上实时补丁来提高 Linux 的实时性能。PREEMPT_RT 补丁使 Linux 内核绝大多数时间都可以被抢占，高优先级实时进程调度延迟被大大缩短，进而达到实时性目的。这些补丁的改动包括中断线程化、可抢占自旋锁和优先级反转 / 继承等。

　　Zephyr 是 x86 平台上实时操作系统的另一个不错的选择，它旨在成为物联网时代资源受限的中小型设备最好的开源软件平台。Zephyr 和 Linux 同属 Linux 基金会，可以有效地和 Linux 形成互补，可以用于因为 Linux 过大过重而不适用的场合，例如微控制器。Zephyr 希望成为一个针对"微控制器的 Linux"，从而熟悉 Linux 内核开发流程的开发者可以方便地上手 Zephyr 开发。

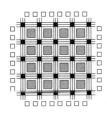

第9章
嵌入式虚拟化技术赋能功能安全

前面的章节讲述了嵌入式虚拟化技术和嵌入式设备所必需的实时操作系统基本原理和实现。本章将重点介绍功能安全的基本概念、典型软件安全设计、主流的支持混合关键性系统（Mixed Criticality System，MCS）的虚拟化产品，以及如何利用嵌入式虚拟化技术支持混合关键性系统。本章还会阐述 ACRN Hypervisor 的安全认证版为支持混合关键性系统所做的相关安全分析、安全设计、安全流程。

9.1 功能安全背景

本节将主要概述嵌入式功能安全领域相关背景、面临的挑战，以及虚拟化技术在保证嵌入式功能安全系统的正确性和实时性方面的相关优势。

随着信息技术的飞速发展，嵌入式系统正在以前所未有的速度渗透到人类生活的方方面面。调查数据表明，目前世界上超过 98% 的微处理器都用于嵌入式系统。随着物联网的蓬勃发展，嵌入式系统的地位将进一步提升。嵌入式系统往往应用于过程控制、环境控制、关键基础设施控制系统等领域。这类系统本质上是复杂实时系统，系统的正确性不仅取决于逻辑计算结果，更取决于结果生成的时间，即系统必须在规定的时间范围内正确地响应外部物理过程的变化。如果系统的功能行为或时间行为不能满足要求，则可能导致灾难性后果。因此，嵌入式功能安全所涉及的安全设计、安全机制和安全流程，对保证系统高可靠性尤为关键。

同时，应用需求的提升导致嵌入式系统日益复杂，集成度不断提高。传统的嵌入式设计方法通常将不同的应用（或功能）部署到不同的独立硬件上执行。而对于高度复杂的嵌入式系统，这一方法学已经无法满足开发效率的需要，同时更难以满足嵌入式系统对性能、体积、重量以及功耗等方面的需求。因此，实时系统将面临实时性约束和高性能集成设计需求的双重压力。多核处理器的出现，使得在同一平台上集成多个应用成为可能。例如，在汽车电子领域中，一台高端汽车上有超过 200 个电子控制单元（Electronic Control Unit，ECU），一个 ECU 负责一个特定的功能（如加速、制动等）。在系统设计中，多个控制功能会被集成在一个多核处理器上，从而降低系统开发和维护成本，减小电子系统的体积与功耗。因此，多核处理器成为各类计算系统的标准硬件，实时系统在多核硬件上的集成也将成为必然趋势。

尽管多核处理器可以为实时系统带来诸多的好处，但是多核处理器在体系结构和系统管理上有不同于单核处理器的固有特性，在多核平台上高效地设计和部署实时系统仍然面临着一些挑战。到目前为止，面向可认证（certifiable）高可信实时系统的软件设计大多仍然停留在单核系统上。例如，当调度安全关键任务时，航空系统设计者往往会关掉其他 CPU 核，只留一个 CPU 核运行安全关键任务，以保证其安全性。这种保守的使用方式往往使多核平台的高性能优势难以得到充分的体现和发挥。如何高效地将多核计算平台应用于实时系统设计中，在国内外工业界和学术界仍然是一个开放性的研究问题。

在实时多核系统设计中，为了避免系统资源的干扰，往往使用物理隔离技术对系统资源进行隔离。虚拟化技术可以将不同安全等级功能的子系统部署、运行在同一硬件平台上，为系统隔离和资源管理提供了一种更加灵活的方法。对于虚拟机而言，虚拟机监控器（Hypervisor）负责管理虚拟机并屏蔽了底层硬件的实现细节，采用灵活的策略将底层硬件资源有效地分配给虚拟机，从而满足各个虚拟机对资源的需求。对于实时多核系统而言，虚拟化技术能够很好地满足实时多核系统设计中的一些迫切需求。

- 可移植性（portability）：能够很容易地将软件部署在硬件上。
- 可隔离性（isolation）：可以实现不同安全等级的系统的安全隔离。
- 可集成性（composition）：能够很容易地将新的应用集成到目前的平台上，易于实现增量化设计（compositional design）。
- 传统软件的兼容性（legacy code compatibility）：芯片厂商在推出一个新的多核芯片时，需要考虑传统软件的兼容性问题。虚拟化技术可以很好地解决这一问题，在新的硬件平台上隔离出一个虚拟环境，用于运行旧的传统软件。

为了保证整个基于虚拟化实时多核系统的功能正确性和实时性，需要虚拟机监控器提供正确的安全隔离、底层硬件管理和虚拟机管理。

9.2　功能安全概述

本节将简要介绍功能安全的发展历史、相关国际标准、定义、基本术语，重点解释风险和安全完整性关键概念，介绍系统功能安全中的随机失效和系统失效，以及通常的应对措施，如何利用软件来应对系统功能安全中的失效，如何保证软件自身的功能安全等。

工业文明在给人类带来利益的同时，也带来了附生灾害。全世界每年死于工伤事故和职业病危害的人数约为 200 万。为了实现安全的生产，各种各样的安全系统应运而生。早期的安全系统基本由继电器组成，随着半导体技术的发展，将 PLC 等控制器应用于安全相关系统的内在驱动力越来越强。但是，由于对安全相关系统的认识局限，直到 20 世纪 90 年代，仍然有许多标准中排斥微控制器的使用，如 IEC 60204 中还要求不要将电子技术用于机械安全相关系统。

在这种背景下，欧洲与美国分别在两个领域开始了相关的研究与标准制定。其中欧洲是在机械安全领域，美国是在过程工业领域。德国在 20 世纪 90 年代发布了标准 DIN V 19250 "控制技术：测量和控制设备的基本安全要求"，随后发布了标准 DIN V VDE 0801

安全相关系统的计算机原理。美国仪表协会在 1996 年发布了 ISA-84.01《过程工业安全仪表系统的应用》，并第一次提出了安全完整性等级（Safety Integrity Level，SIL）的概念。

接下来，国际电工委员会（International Electrotechnical Commission，IEC）于 1998 年发布 IEC 61508-1，并于 2000 年完整发布 IEC 61508，标志着功能安全正式形成共识，成为独立的研究领域。

IEC 61508 发布后，各个行业随之推出行业内的功能安全标准，包括铁路相关标准 EN 50126/128/129、过程工业标准 IEC 61511、机械工业标准 IEC 62601、核工业标准 61513 等。

但是，功能安全一直是隐藏在各个产品与系统背后的一门学科，直到近年来由于汽车自动驾驶的飞速发展，自动驾驶系统安全性的问题才将功能安全带入公众的视线。

图 9-1 所示为各个领域的功能安全相关标准。

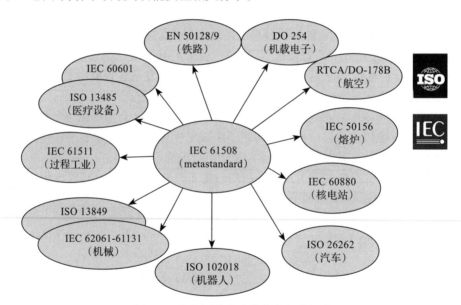

图 9-1　各个领域的功能安全相关标准

什么是功能安全（Functional Safety）？

首先来看标准中的定义，" part of the of overall safety relating to the EUC and the EUC control system that depends on the correct functioning of the E/E/PE safety-related and other risk reduction measures."，中文含义为"整体安全中与受控设备（Equipment Under Control，EUC）和 EUC 控制系统相关的部分，它依赖于电气 / 电子 / 可编程电子（Electrical/Electronic/ Programmable Electronic，E/ E/ PE）安全相关系统和其他风险降低措施功能的正确性。"

标准的描述从来都是严谨而晦涩。简单来说，就是一个产品在使用过程中，如果出现故障了会带来伤害，这个产品就是与功能安全相关的。因此 Functional Safety 翻译为"功能的安全"比"功能安全"更为贴切。

下面是一些功能安全应用实例。

- 机械防护联锁和紧急停车系统：为防止电机漏电，加装绝缘外壳，这就是被动安全保护措施；为防止线圈过热，加装热断路器，测温→判断→断流，这就是主动安全保护措施，属于功能安全。
- 用于限制速度作为保护手段的变速电机驱动系统。
- 服务机器人、物流机器人、工业机器人。
- 起重机安全负载指示器，避免超载导致起重机倒塌。
- 地铁站台屏蔽门：门在关闭时，若感触到有人被夹住，门要自动打开，防止人被夹伤，列车行进中，保证车门关闭，不能随意打开，这就是功能安全应用。
- 汽车指示灯、防抱死制动和发动机管理系统：正常驾驶汽车时，安全气囊不会打开；当发生碰撞时，它会立即打开以保护司机的安全，同时不会继续给发动机供油；其他如防抱死制动系统（Anti-lock Braking System，ABS）、车窗玻璃升降儿童保护系统等。
- 铁路信号系统：保证让列车不会同时走在同一条铁轨，不发生迎面碰撞或追尾的情况。
- 飞机飞行控制面的电传操作：航空业在许多领域应用功能安全，例如自动飞行控制系统。两轴自动驾驶仪系统控制飞机的俯仰和横滚，并控制航向和高度，所有这些都被编程为遵守某些功能安全参数，在违反这些参数时激活警报和其他措施。
- 在医疗领域，如果输液泵出现故障，功能安全协议将确保激活警报，同时泵停止工作，保护患者免受过量给药的伤害。

功能安全是一个复杂而庞大的体系，涉及的内容多而繁杂，而要理解功能安全的端到端、全系统和全生命周期的科学理论与方法，需要先了解和掌握功能安全的一些基本概念。

9.2.1　风险概念

安全，按一般的概念是指没有危险、不受威胁、不出事故。按照这样的概念，安全是不可控制的。因为这是一个绝对安全的概念，而绝对安全是不存在的。在 IEC 61508 中，安全的概念是"不存在不可接受的风险"。这是一个相对安全的概念，通过这个定义，安全问题就转化为风险问题。这样一来，安全就变得可控制了，因为风险是可控的。

实施功能安全本质上就是控制风险。

要使安全相关系统达到安全目标，第一步，要确定受控设备 EUC 的范围以及 EUC 与外部环境的相互影响，然后找到 EUC 内部和 EUC 外部环境的相互作用可能存在的危险点，针对每个危险点计算或评估出其风险，即该点的 EUC 风险。第二步，要明确法律、法规、规章、标准中要求达到的风险目标或社会有关方面可以接受的风险目标。第三步，比较 EUC 风险和允许风险，如果 EUC 风险大于允许风险，则必须使用 E/E/EP 安全相关系统、其他技术安全相关系统、外部风险降低设施等手段将风险降低到允许风险以下。从根本上来讲，这就是功能安全的核心工作。

从图 9-2 中可以看出，当 EUC 风险大于允许风险时，EUC 风险与允许风险之间的差距就是必要的风险降低，也就是各类安全相关系统降低风险的目标值。通过 E/E/PE 安全相关系统、其他技术安全相关系统、外部风险降低设施等手段的实施，最终达到了实际的风险降低。实际的风险降低必须大于或至少等于必要的风险减低。成功实施了各类风险降低措施后仍然存在的风险被称为残余风险，按照现代安全的定义，人们认为已达到了安全。

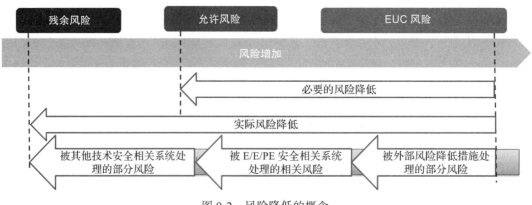

图 9-2   风险降低的概念

9.2.2   功能安全标准的基本术语与定义

为了更好地理解功能安全的基本概念，避免和日常用语混淆，方便理解本章内容。本节列出功能安全标准中的基本术语和定义，如表 9-1 所示。

表 9-1   功能安全标准的基本术语与定义

中文名称	英文名称	定义
电气 / 电子 / 可编程电子（E/E/PE）	Electrical/Electronic/Programmable Electronic（E/E/PE）	基于电气（E）和 / 或电子（E）和 / 或可编程电子（PE）的技术。 注：本术语试图覆盖所有在电原理下运行的装置或系统 举例：电气 / 电子 / 可编程电子装置包括： ● 电 – 机装置（电气） ● 使用电晶体的非可编程电子装置（电子） ● 以计算机技术为基础的电子装置（可编程电子）
受控设备	Equipment Under Control（EUC）	用于制造、加工、运输、制药或其他活动的设备、机器、器械或成套装置。 注：EUC 控制系统与 EUC 是不同的并且是分开的
EUC 控制系统	EUC control system	对来自过程和（或）操作者的输入信号进行处理，产生能使 EUC 按要求的方式工作的输出信号的系统。 注：EUC 控制系统包括输入装置和最终元件
功能安全	functional safety	与 EUC 和 EUC 控制系统相关的整体安全的组成部分，它取决于 E/E/PE 安全相关系统、其他技术安全相关系统和外部风险降低设施功能的正确实施

(续)

中文名称	英文名称	定义
伤害	harm	由于对财产或环境的破坏而导致的直接或间接地对人体健康的损害或对人身的损伤
危险	hazard	伤害的潜在根源 注：该术语包括短时间内发生的对人员的威胁（如着火或爆炸）以及对人体健康长时间有影响的那些威胁（如有毒物质的释放）
必要的风险降低	necessary risk reduction	为保证不超过允许风险，由 E/E/PE 安全相关系统、其他技术安全相关系统和外部风险降低设施达到的风险降低
风险	risk	出现伤害的概率以及该伤害严重性的组合
残余风险	residual risk	采取防护措施以后仍存在的风险
安全	safety	不存在不可接受的风险
安全功能	safety function	针对特定的危险事件，为达到或保持 EUC 的安全状态，由 E/E/PE 安全相关系统、其他技术安全相关系统或外部风险降低设施实现的功能
安全完整性	safety integrity	在规定的条件下、规定时间内，安全相关系统成功实现所要求的安全功能的概率。 注：安全相关系统的安全完整性等级越高，安全相关系统不能实现所要求的安全功能的概率就越低
安全相关系统	safety-related system	所指的系统： ● 必须能实现要求的安全功能以达到或保持 EUC 的安全状态； ● 自身或与其他 E/E/PE 安全相关系统，其他技术安全相关系统或者外部风险降低设施一起，能够达到要求的安全功能所需的安全完整性。 注：安全相关系统是在接受命令时采取适当的动作以防止 EUC 进入危险状态。安全相关系统的失效被包括在导致危险或者危害的事件中。尽管存在可能具备安全功能的其他系统，但已指定的安全相关系统仅是指靠其自身能力达到要求的允许风险的安全相关系统。安全相关系统一般分为安全控制系统和安全防护系统，并且具有两种操作模式。 安全性的一般定义是"避免那些可能引起人员死亡、伤害、疾病，或者设备、财产的破坏或损失，或者环境危害的条件"。 安全相关系统可能包括： a）被用于防止危险事件发生（即安全相关系统一旦执行其安全功能则没有危险事件发生）； b）被用来减轻危险事件的影响，即通过减轻后果的办法来降低风险。 c）同时具有 a）和 b）的组功能
允许风险	tolerable risk	根据当今社会的水准，在给定的范围内能够接受的风险

9.2.3　风险和安全完整性

对于功能安全，正确区分并完全理解风险和安全完整性是非常重要的。

安全完整性（safety integrity）是指在规定的条件、规定的时间内，安全相关系统成功实现所要求功能的概率。安全完整性与风险降低的关系可以用图 9-3 来说明。

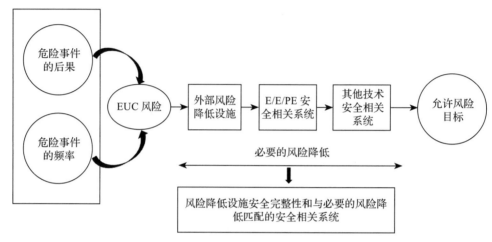

图 9-3　安全完整性与风险降低的关系

风险是对一个特定危险事件出现的概率和结果的估量，可以对不同情况的风险进行评估（EUC 风险，要求满足的允许风险、实际风险）。允许风险根据社会基础及有关社会和政治因素的考虑来确定。安全完整性只应用于 E/E/PE 安全相关系统、其他技术安全相关系统和外部风险降低设施，并作为这些系统 / 功能在规定安全功能方面取得必要的风险降低的概率的措施。一旦确定了允许风险，并估计了必要的风险降低，就可以分配安全相关系统的安全完整性要求。

例如，在车载领域的 ISO 26262 中，汽车安全完整性等级（Automotive Safety Integration Level，ASIL）是危害的风险等级的指标。

依据 ISO 26262 标准进行功能安全设计时，首先对系统的功能进行逐个分析，识别系统所有的危害，然后依据三个因子（S、E、C）来评估危害的风险级别。

严重度（Severity）

严重度是指一旦风险成为现实，对驾驶员、乘员或者行人等涉险人员的伤害程度，比如电子锁故障就比刹车故障的严重程度低。

严重性用 SX 表示，X 取值可以是 0、1、2、3，级别从低到高，级别越高，伤害越严重。S0 表示无伤害；S1 表示轻微或有限伤害；S2 表示严重或危及生命的伤害（可生还）；S3 表示危及生命的伤害（有死亡可能）或致命伤害。

暴露率（Exposure）

暴露率描述风险出现时，人员暴露在系统的失效能够造成危害的场景中的概率。基于目标危险事件的情景，根据道路环境、天气、车辆周围的情况等来判断该指标。比如底盘出现异响比乘员座椅故障暴露率低。

暴露率用 EX 表示，X 取值从 0 至 4，共 5 个等级。E0 表示几乎不可能暴露于危险中，E4 表示暴露于危险中的可能性极高，如表 9-2 所示。

表 9-2　暴露率等级定义

	暴露率等级				
	E0	E1	E2	E3	E4
描述	没有可能	可能性非常低	可能性低	有一半的可能	可能性高

可控性（Controllability）

可控性描述风险出现时，驾驶员或其他涉险人员能够避免事故或伤害的可能性。比如，轮胎缓慢漏气比刹车失灵可控性高。

可控性用 CX 表示，从最低 C0 可控到最高 C3 几乎不可控，共 4 个级别，如表 9-3所示。

表 9-3　可控性等级定义

	可控性等级			
	C0	C1	C2	C3
描述	可控	简单可控	一般可控	几乎不可控

ASIL 的确定基于 S、E、C 这三个影响因子，表 9-4 中给出了 ASIL 的确定方法，其中 D 代表最高等级，A 代表最低等级，QM 表示质量管理（Quality Management），表示按照质量管理体系开发系统就足够了，不用考虑任何安全相关的设计。确定危害的 ASIL 后，为每个危害确定至少一个安全目标，作为功能和技术安全需求的基础。

表 9-4　ASIL 的确定

严重度等级	暴露率等级	可控性等级		
		C1	C2	C3
S1	E1	QM	QM	QM
	E2	QM	QM	QM
	E3	QM	QM	A
	E4	QM	A	B

(续)

严重度等级	暴露率等级	可控性等级		
		C1	C2	C3
S2	E1	QM	QM	QM
	E2	QM	QM	A
	E3	QM	A	B
	E4	A	B	C
S3	E1	QM	QM	A
	E2	QM	A	B
	E3	A	B	C
	E4	B	C	D

根据表 9-4，通过危害分析和风险评估，我们得出系统或功能的安全目标和相应的 ASIL。当 ASIL 确定之后，就需要对每个评定的风险确定安全目标，安全目标是最高级别的安全需求。确定安全目标之后，就需要在系统设计、硬件、软件等方面进行设计、实施和验证。

如图 9-4 所示，对于安全完整性等级越高的系统，按照标准要求，需要采用更加严格的技术措施和流程来检测和控制故障，以便达到更低的失效率[⊖]。

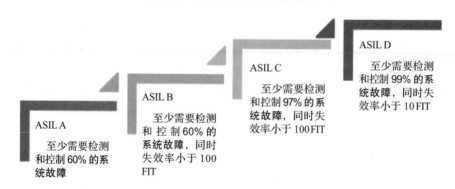

图 9-4 不同安全完整性等级对应的不同故障检测和控制要求

9.2.4 系统功能安全

功能安全的目标是避免一切不可接受风险。这里的风险是指直接或间接地伤害人体或危害人的健康。避免一切不可接受风险意味着安全关键系统只有残留的可接受风险。对一

⊖ 失效率（Failures In Time，FIT）指的是 1 个（单位）的产品在 1*10^9 小时内出现 1 次失效（或故障）的情况。

些涉及安全功能的硬件或软件，需要根据功能安全标准来定义安全完整性等级，按照标准相关要求来避免不可接受风险。

功能安全不是由功能本身来实现，而是通过一个或多个自动防护功能来实现的。根据国际安全标准，可以将这些自动防护功能称为安全功能，通常这些功能被实现来保证预期的功能和以安全的方式来处理失效。

众所周知，功能安全旨在解决电子电器系统失效对人带来的伤害问题，其核心就是对电子电器系统的失效进行合理的分析 / 控制，使失效风险达到可接受的状态。其中失效主要包含随机失效和系统性失效两种。

1. 失效类型

随机失效（Random Fault）指在产品的生命周期内，非预期发生并服从概率分布的失效。它是偶发的且不可避免，其对象一定是硬件（软件不存在随机失效，软件的失效一定是系统性失效）。比如内存数据的位翻转，电阻的开路、短路、阻值漂移等。

系统性失效（Systematic Fault）指以确定的方式与某个原因相关的失效，一旦其触发事件发生就会百分百发生的失效，系统性失效必须通过设计变更才能消除。系统性失效的对象包含硬件和软件。比如软件缺陷、硬件元器件参数设计 / 选择错误等。

系统失效是系统开发和运行过程中人为失误造成的，一般由设计阶段的规范错误、设计失误导致。产品生命周期的任何阶段都可能产生系统故障，包括需求规范、设计、生产、运行、维保和拆解阶段。

2. 失效控制方法

针对随机失效和系统失效，下面将介绍常见的失效控制方法。

（1）随机失效控制

随机硬件故障控制最核心的措施就是增加安全机制，提升对系统单点故障 / 残余故障和潜伏故障的诊断覆盖率，从而降低整体的失效率。

通过安全机制提升诊断覆盖率的方法，涉及很多不同的技术和方法，但总结起来，无非是从以下几个方面来考虑。

- 合理阈值的限定：根据一些特性和需求，分析值的范围，设定合理的阈值范围，出现阈值外的值，认定非法并制定安全响应的措施。
- 冗余：提供另外的一套或多套功能单元，可以实现对安全硬件功能单元的功能替代，在出现失效时，可以通过比较或投票机制，识别失效并采用替代功能单元保证功能正常。
- 测试 / 自检：通过设计一些测试用例并将其内置到系统中，实现对系统硬件功能单元的测试和自检，并及时报出故障并提醒或自动修复。

（2）系统失效控制

系统失效控制最核心的措施是对系统设计和流程进行严格的分析和审查，避免人为引入失误。

通过系统性方法或技术来提升设计和流程的鲁棒性，包括以下几个方面。

- 项目管理，通过采用组织模型以及开发和测试安全相关系统的规则和措施来避免故障。
- 文档，通过将开发过程每一步文档化来避免失效和方便系统安全评审。
- 将系统安全功能和非安全功能隔离，避免系统中非安全部分以不期望的方式影响安全相关部分。
- 结构化规范，通过创建部分需求的层次结构来降低复杂性，以避免需求之间的接口故障。
- 规范的审查，避免规范中的不完整和矛盾。
- 半形式化方法，明确一致地表达规范的各个部分，以便可以检测到一些错误、遗漏和错误行为。

9.2.5　软件功能安全

美国电气和电子工程师协会（IEEE）定义功能安全软件为："用于一个系统中，可能导致不可接受的风险的软件。功能安全软件包括那些其运行或者运行失败能够导致一个危险状态的软件，以及那些用于缓解一个事故严重性的软件。"

从定义可以得出结论，即软件本身既不是安全的也不是不安全的。然而，当它是一个安全关键系统的一部分时，它可能引起或助长不安全的条件。这样的软件被认为是安全关键的。通常作为安全关键系统的重要组成部分，软件组件提供的安全机制和措施可以避免系统级失效，减轻系统级失效，但同时需要避免这些软件组件自身的系统失效。

- **避免系统级失效**（System Failure Avoidance）。
  - 提供系统级安全措施，例如系统初始化检查和周期性检查，初始化内建自测（Built-in Self Test，BITS）与外部安全微控制单元（Micro Controller Unit，MCU）进行交互。
  - 提供不同安全等级组件独立性的安全措施，例如 Hypervisor 提供隔离机制可以保证不同安全等级组件独立性。
- **减轻系统级失效**（System Failure Mitigation）。提供系统级失效检查机制，例如防御性设计、系统级看门狗机制等。
- **避免软件自身的系统失效**。主要方法有失效模式与影响分析（Failure Mode and Effect Analysis，FMEA）、系统化安全流程。

9.3　典型软件安全设计

在 ECU 软件完成的功能和特性中，并非所有的部分都是和安全相关的，只有实现安全需求的那些软件组件被认为是安全相关的。安全标准（例如 ISO 26262、IEC 61508）中提出了两种设计思路，来实现同时包含安全相关和非安全相关组件的软件，如图 9-5 所示。

- 最高安全完整性等级设计。先识别安全相关功能软件组件中的最高安全完整性等级（Safety Integration Level，SIL），然后整个 ECU 软件均按照这一最高的 SIL 来开发。这一方法适用于安全相关功能组件在整个软件中占比较大的软件。
- 混合关键性设计。这一设计允许软件中有多个不同 SIL 的组件，该方法主要适用于安全关键性（Safety-criticality）功能组件在整个软件中占比较小、需要集成第三方或需要集成非安全软件组件的场景。

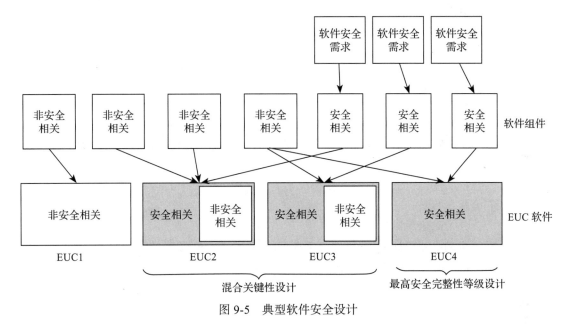

图 9-5 典型软件安全设计

两种设计需要达到的最终目标是一样的，即达到系统软件必要的功能安全完整性。两种设计方法采用的实现方式也是一样的。

- 防止含有错误的软件导致功能失效。
- 采用技术措施来检测和控制失效行为。

下面进一步详细阐述两种设计方法。

1. 最高安全完整性设计

在最高安全完整性设计中，所有软件组件具有同一 SIL。在这一设计中，安全相关和非安全相关功能遵循同样的高 SIL 开发流程。当把这些组件集成在一起时，原则上最终的软件具有同样的 SIL，不需要考虑独立性（Freedom from Interference，FFI）要求。因此，为了达到功能安全要求，软件架构设计层的安全分析发现的脆弱点必须被解决。

最高安全完整性设计在提供安全相关功能的软件组件占比较大的情况下有它的优势，比如：

- 不用考虑分区技术。
- 没有由于确保 FFI 的安全机制引入的性能损失。

- 通过提升非安全相关软件组件的质量，提高了整个系统更高可用性。

但也必须考虑如下的劣势：

- 所有软件组件的开发需要遵循最高 SIL 要求，这将导致开发成本提高。为了保证非安全相关部分不会干扰安全相关部分，需要实现一些额外的安全需求。
- 按照 SIL 要求开发不意味着没有软件错误，设计上一些组件的错误不会被阻断。
- 由于第三方软件（黑盒软件）开发流程是未知的和不受控制的，第三方软件（黑盒软件）的集成会更加困难。

2. 混合关键性设计

混合关键性设计的思路是，系统软件可以由不同 SIL 的组件组成，然后提供一种设计方法，其可以用证据表明低 SIL 的组件不会影响高 SIL 的组件，能够达到 FFI 要求，从而达到整个软件系统的目标 SIL。

这种设计方法的核心是需要在硬件和软件层次实现无干扰（FFI）的安全机制。

- 功能模块必须保持一致性，避免功能模块间不必要的交互（如，谨慎使用全局变量）。
- 该安全机制能确保低 SIL 的软件组件不能干扰同一软件中的高 SIL 的组件。
- 该安全机制保证一个组件的失效不会导致另一个组件失效，或者保证能检测到组件间干扰并及时避免影响。
- 该安全机制必须根据 ECU 软件安全需求的最高 SIL 来开发。

这里再补充介绍一下刚刚用到的两个概念。

- 实现 FFI 的两个原则：
  - 检测已经发生的干扰并降低影响。
  - 阻止干扰发生。
- 功能安全标准中提到的可能的干扰：
  - 内存，包含 RAM 和 CPU 寄存器。
  - 时序和执行，主要指执行阻塞、死锁和活锁或者执行时间的不正确分配。
  - 通信，包含 ECU 内部和跨 ECU 边界的软件元素之间通信中可能发生的所有错误。

将低 SIL 和高 SIL 软件组件隔离有如下优势。

- 只需要对安全相关软件组件（包含保证 FFI 的组件）应用最高 SIL 的开发方法。这可以帮助重用现有的非安全相关的软件（例如，第三方软件）。
- 可以阻止或检测相同 SIL 的软件组件间的故障传播。虽然 FFI 没有强制要求，但在故障 – 运行（fail-operational）架构中，把安全相关部分与其他部分隔离，可以提高系统的可用性。
- 能阻止或检测硬件缺陷导致的一些失效（例如，时序监视将检测到一个时钟源故障）。

9.4　混合关键性系统

混合关键性系统（Mixed Criticality System）是指在同一个硬件上执行多个不同关键性的软件，例如安全关键和非安全关键，或是安全关键相同但 SIL 不同。不同类型的关键性软件被设计为不同的 SIL。SIL 越高，关键性软件的设计和验证成本也越高。

混合关键性本质上意味着一个芯片运行两个需要不同安全级别的软件。一个例子是控制收音机音量和电动转向控制的单芯片。音频控制故障通常只是让人听起来不舒服，而转向控制故障则很危险，甚至可能危及生命。

在嵌入式场景中，虽然 Linux 已经得到了广泛应用，但并不能覆盖所有需求，例如高实时、高可靠、高安全的场合。这些场合往往是实时操作系统的用武之地。如果一个应用场景既需要 Linux 的管理能力、丰富的生态，又需要实时操作系统的高实时、高可靠、高安全，那么一种典型的设计是采用一个性能较强的处理器运行 Linux 以负责富功能，另一个微控制器 /DSP/ 实时处理器运行实时操作系统以负责实时控制或者信号处理，两者之间通过 I/O、网络或片外总线的形式通信。这种方式存在的问题是，硬件上需要两套系统、集成度不高，通信受限于片外物理机制的限制，如速度、时延等。软件上 Linux 和实时操作系统两者之间是割裂的，在灵活性和可维护性上存在改进空间。

受益于硬件技术的快速发展，嵌入式系统的硬件能力越来越强大，单核性能提升、单核到多核、异构多核乃至众核的演进，虚拟化技术和可信执行环境（Trusted Execution Environment，TEE）技术的发展和应用，以及先进封装技术带来的更高集成度等，使得在一个片上系统芯片（System on Chip，SoC）中部署多个 OS 具备了坚实的物理基础。

但是另一方面，受应用需求的推动，如物联网化、智能化、功能安全与信息安全等，整个嵌入式软件系统也越发复杂，全部由单一 OS 承载所有功能所面临的挑战也越来越大。解决方式之一就是"各司其职"，让不同系统负责各自所擅长的功能，如 Windows 的人机交互界面、Linux 的网络通信与管理、实时操作系统的高实时与高可靠等，另外还要易于开发、部署、扩展。

面对上述硬件和应用的变化，结合自身原有的特点，嵌入式系统未来演进的方向之一就是混合关键性系统。

混合关键性系统已经得到了实际应用，例如智能驾驶舱、工作负载整合等，并且也有软件公司推出了自己的虚拟机产品来支持该方案。后面的章节将介绍实际应用场景及一个商用的虚拟机产品。

9.4.1　混合关键性系统典型应用场景

在汽车领域，汽车制造商使用 ISO 26262 作为在车辆内功能安全软件的标准。ISO 26262 标准的一部分是一个风险分类系统，不同汽车安全完整性等级（ASIL）的软件，需要采取的风险降低要求不一样。四个 ASIL（A ～ D）从低风险到高风险分类。质量管理或"QM"代表标准质量流程足够，无须降低风险。

表 9-5 列出了功能和关键级别的示例。混合关键性的示例，其中分类为一个 ASIL 的软件与分类为不同级别的软件在同一处理器上运行，可能包括以下内容：

- 显示转速（ASIL A）和播放音乐（QM）的数字仪表盘。
- 显示导航（QM）和后视摄像头（ASIL B）的信息娱乐系统。
- 提供自适应巡航控制（ASIL B）和半自主模式（ASIL D）的发动机控制器。

表 9-5　ISO 26262 等级描述

安全完整性等级	描述	示例
QM（Quality Management）	没有安全相关性（标准质量流程就足够了）	无线电音量突然增加
ASIL A	低风险，必须降低	刹车灯停止工作
ASIL B	中等风险，必须降低	大灯停止工作
ASIL C	中高风险，必须降低	自适应巡航无意中踩刹车
ASIL D	高风险，必须降低	电动转向故障

1. 为什么软件定义的车辆需要混合关键性系统

混合关键性系统的设计满足汽车设计的未来趋势。

- ECU 整合。需要将更多个发动机 ECU 的功能集成到域控制器或高性能计算（High Performance Computing，HPC）平台中。这种趋势经常将具有不同安全级别的模块组合在一起。
- 减少认证工作。通过将高 ASIL 的软件组件限制在尽可能少的代码中，混合关键性设计减少了工程团队必须进行的认证工作量。
- 功能安全分解。就像飞机上的冗余喷气发动机一样，功能安全分解是一种技术，它允许具有冗余功能的软件组件协同工作以减少故障的发生，并提高整体软件的 ASIL。
- 软件定义车辆。它还可以使软件定义车辆的更新变得灵活。许多功能和选项可以通过软件交付得以实现，但伴随软件定义车辆而来的复杂性也引入了混合要求。这是推动采用混合关键性的最重要因素之一。由于软件定义的车辆旨在通过软件完成所有升级和修复——一旦汽车出厂就无须更改硬件——它们必须经常使用混合关键性来安全地整合新功能。

2. 混合关键性如何简化汽车架构

表面上混合关键性似乎带来的问题多于它解决的问题。为什么不避免复杂性，只在最严格的 ASIL 对每个模块软件进行认证，以保证适当的性能？

这通常是不可能的。对于某些软件，由于它的创建方式、它所依赖的硬件或执行的功能——无法获得更高安全级别的认证。例如，由于多种因素（一个是动态内存分配），Web

　　⊖　https://blogs.blackberry.com/en/2022/09/why-mixed-criticality-is-the-future-of-automotive-architectures。

浏览器技术无法通过安全认证，但可能需要浏览器来显示车载手册。如果用于显示该文档的同一个信息娱乐系统也需要访问备用摄像头，那么如果不采用混合关键性，整个系统将无法通过安全认证。

在更高的 ASIL 上进行认证也可能需要更长的时间和更昂贵的费用。例如，虽然 ASIL A 不需要功能安全审核，但 ASIL B 和更高级别需要。虽然 ASIL C 可以由设计模块的同一公司内的人员进行审核，但 ASIL D 需要使用单独的独立公司来执行审核。ASIL 越高，工程流程、开发时间和承包商协助的成本就越高。

无论是将高级驾驶辅助系统（Advanced Driver Assistance System，ADAS）与便利性相结合，还是将信息娱乐与安全性相结合，混合关键性系统使我们能够将消费级操作系统和应用程序与经过安全认证的操作系统和功能结合起来。

3. 使用 Hypervisor 技术

Hypervisor 虚拟化技术可以用于实现混合关键性系统。Hypervisor 利用硬件 SoC 的多核硬件功能及虚拟化技术本身，把软件划分为不同的隔离空间（称为客户虚拟机）。同一个虚拟机内的软件都处于同一 ASIL，但整个系统可能包含具有多个 ASIL 的虚拟机，每个软件都运行在隔离的、受保护的虚拟机里。Hypervisor 具有时间和空间分区的特性。在时域中，它按照分配给分区的时间片来调度各个分区。在空间域，它用物理分区的方法把资源进行划分，确保不同分区不可以互相访问。

除在汽车领域之外，Hypervisor 虚拟化技术业还应用于包括工业、航空电子、列车自动控制等在内的诸多领域，并有许多商用 Hypervisor 产品可供选择。下面我们选择其中一个产品，从系统架构、虚拟化方式和认证领域方面，介绍其技术特点和时空域隔离的主要方式。

9.4.2　QNX Hypervisor

QNX Hypervisor[○]来自黑莓公司，它是针对汽车电子和工业等领域的，可以把多个不同安全需求的系统整合在同一个硬件平台上的虚拟化技术解决方案。

QNX Hypervisor 是一型虚拟机管理程序，基于硬件虚拟化技术和实时优先级的微内核管理程序来管理虚拟机。QNX 虚拟机管理程序可以更容易地将非安全组件和安全组件隔离在不同的虚拟机中，方便安全认证。QNX Hypervisor 已经通过了 ISO 26262 ASIL D 和 IEC 61508 SIL 3 认证，其系统架构如图 9-6 所示。

1. 安全认证

QNX Hypervisor 可以确定性地将安全关键应用程序和实时操作系统与非关键应用程序和操作系统隔离开来。

对于设备制造商而言，这意味着他们可以更轻松、更经济地获取和维护安全认证，只

○　QNX Hypervisor 介绍：https://www.blackberry.com/us/en/pdfviewer?file=/content/dam/qnx/products/QNX-Hypervisor-for-Safety.pdf。

需要关注自己的系统组件功能安全。当将应用模块被移植到虚拟化平台时，只有受影响的模块需要重新测试和重新认证。

QNX Hypervisor 的开发符合 IEC 61508 SIL-3（用于工业安全）、IEC 62304（用于医疗设备软件）和 ISO 26262 ASIL-D（用于汽车安全）等标准。

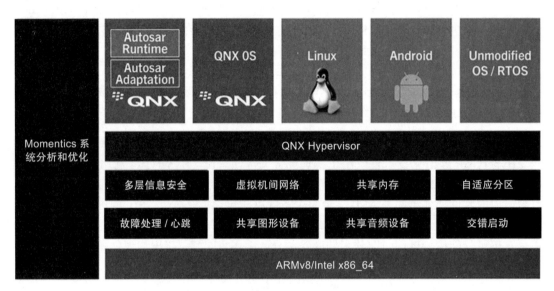

图 9-6　QNX Hypervisor 系统架构

2. 空间隔离

QNX Hypervisor 使用硬件中的配置来保证虚拟机之间的内存和 CPU 核强隔离。这种方法比用软件实现在效率、性能和可靠性上更高。

3. 时域隔离

QNX Hypervisor 实现并给虚拟机分配优先级，当低优先级的虚拟机中负载繁忙时，仍然可以确保在高优先级虚拟机中运行的实时进程的 CPU 计算资源。

这种方法比依赖时间片轮转或先来先服务（First Come First Serve，FCFS）调度算法更有效，并且可以提高性能和可靠性。在多核系统中，不同的要求需要对各个 CPU 核进行不同的分配。QNX Hypervisor 使用优先级驱动的虚拟 CPU（vCPU）概念，允许系统设计人员将虚拟机限制为一个或多个 CPU 核，或者在多个虚拟机之间共享核。这可以在确保安全性和实时行为的同时，仍能实现最高的系统性能，充分利用 CPU 资源。

4. 支持的平台

QNX Hypervisor for Safety 支持的平台包括：任何英特尔 x86_64 VT-x 和 ARMv8-AArch64 硬件，瑞萨电子 R-Car，高通汽车计算平台（如 SA8155），赛灵思、联发科、德州仪器、恩智浦系列产品（i.MX 8 和 S32）。

9.5　ACRN 赋能混合关键性系统

前面介绍了商用嵌入式 QNX Hypervisor，它是闭源方案，用户需要支付高额的授权和维护费用，系统更新、新硬件平台适配以及技术支持都需要在其公司的配合下才能完成。相比闭源的商用嵌入式 Hypervisor，ACRN Hypervisor 是一款开源的、专门为嵌入式系统设计的轻量级虚拟机 Hypervisor，具有灵活、轻量等特性，是以实时性和关键安全性为设计出发点进行构建的嵌入式虚拟机参考方案。用户可以免费获得源代码，参考其设计进行系统开发，以满足自己的产品开发需求。

本节将主要阐述 ACRN Hypervisor 安全认证版本的安全目标、系统级安全措施、独立性安全措施、安全分析、安全开发流程、安全状态设计、安全架构设计、安全需求概述以及使用限制。

ACRN Hypervisor 的安全认证版本是一个基于 ACRN 1.4 开源版本，经过重新架构后面向功能安全认证的版本，其安全完整性等级到达了 IEC 61508：2010 标准中的 SIL3。该版本支持混合关键性虚拟机系统，可以同时运行两个虚拟机操作系统，一个是作为安全虚拟机的 Zephyr 操作系统，一个是作为非安全虚拟机的 Linux 操作系统。两个同时运行的虚拟机的资源和外设是静态配置，进行分区隔离。

ACRN 作为一型虚拟机，如下核心模块经过了功能安全认证。

- 设备虚拟化所需的 VT-d（Virtualization Technology for Direct I/O）。
- 内存虚拟化所需的 EPT（Extended Page Table）。
- CPU 虚拟化所需的 VMX（Virtual Machine eXtension）。
- 外设虚拟化所需的虚拟 PCI 总线和主桥。

ACRN 功能安全认证的范围如图 9-7 所示（ACRN Hypervisor 标注的方框内）。

ACRN Hypervisor 安全认证版本是作为一个软件模块来进行安全认证的，客户在使用它进行产品级别的功能安全认证时需要满足其在安全手册（Safety Manual）里定义的使用条件（Assumption of Use）。

ACRN Hypervisor 功能安全认证充分证明了 ACRN 的架构设计符合功能安全的思想，虚拟机核心代码的实现和流程符合功能安全的流程和质量要求，同时它也可以给使用 ACRN 的客户充分的信心。客户也可以重用 ACRN Hypervisor 安全认证版的流程、设计，并在其基础上进行二次开发和扩展。

具体来讲，ACRN Hypervisor 最基本的功能是为虚拟机提供一个虚拟平台，提供 CPU 隔离、内存隔离、设备隔离、缓存分区、中断重映射等机制，这些隔离机制使实现混合关键性系统成为可能。

要知道 Hypervisor 技术提供的虚拟平台和隔离机制有可能会影响系统安全功能。一类是 Hypervisor 提供的虚拟平台自身存在缺陷，运行在虚拟平台的安全功能将得到非预期结果。具体主要缺陷有被损坏的状态、异常硬件响应、异常阻塞等。另一类是 Hypervisor 引入额外的延时会导致无法满足系统实时性需求。具体延迟有执行时间延迟、中断异常等事件延迟。

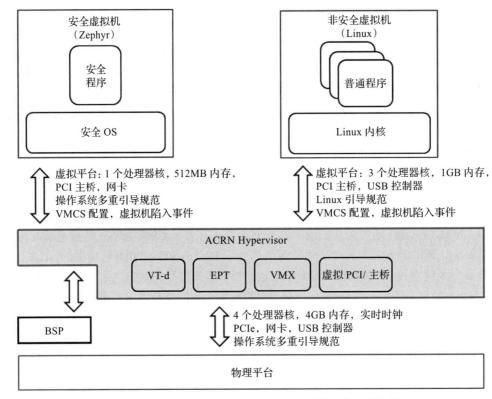

图 9-7   ACRN Hypervisor（安全认证版）系统架构及外部接口

另外，由于安全虚拟机和非安全虚拟机存在硬件资源（例如 L2 缓存、系统总线等）的共享，非安全虚拟机中恶意应用可能损坏安全虚拟机中安全功能的内存或存储，也可能向安全虚拟机引入额外执行延迟。

保证 Hypervisor 功能正确性和应对 Hypervisor 引入风险的措施如下。

- 关于 Hypervisor 自身缺陷。采用系统化的开发方法，即定义 Hypervisor 需求和期望的内部行为，利用测试来验证实现是否满足定义的需求。除此之外，根据需求和架构设计，Hypervisor 还需要能检测和以防御式方法处理硬件失效。
- 关于 Hypervisor 自身引入的额外延迟。系统级能容忍的 Hypervisor 额外延迟不在安全认证考虑范围内，ACRN Hypervisor 认证仅对由其引入在各种最坏情况下延迟进行性能评估和测试，相关结果被记录在安全手册中。此外，安全手册中假设系统中采用硬件看门狗来监视安全功能的执行时间，从而保证安全功能能在设计时间内完成。

对于来自非安全虚拟机的干扰，Hypervisor 需要利用硬件机制来实现内存或存储数据损坏等基本干扰避免措施。如图 9-8 所示，对于执行时间干扰，采用系统性方法将失效模式定义在需求检查清单中。针对每个原子需求，确认是否存在相应失效模式；如果存在，需要对需求进行重新分析、改进需求或者提供系统级建议措施来避免相应失效，改进的需求将被记录在需求规范文档中，系统级建议措施将被记录在安全手册中。

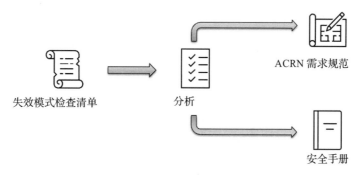

图 9-8　执行时间干扰分析示意图

9.5.1　安全目标

为了保证 ACRN Hypervisor 功能的正确性，减少由 ACRN Hypervisor 引入的系统失效带来的风险，必须对 ACRN Hypervisor 进行安全认证。ACRN Hypervisor 功能安全认证是指按照 IEEE 61508 标准的要求将 ACRN Hypervisor 作为一个独立安全软件单元（Out-of-context）开发，由第三发认证机构（如 TÜV SÜD）对其进行合规性审查。独立安全软件单元是指该软件开发不是针对一个特定的系统，而是基于合理的安全完整性等级和使用假设来进行开发，在遵循安全手册的情况下，该软件单元可以被集成到相关安全攸关系统中。

ACRN Hypervisor 功能安全认证版本主要遵循故障导向安全（fail-safe）原则并采用故障避免措施来减少由系统失效引入的风险，如图 9-9 所示。

- 在故障导向安全方面，主要考虑安全相关软件如何检测故障，以安全的方式来处理故障。
- 在故障避免方面，主要采用系统性管理和系统性开发，这里的系统性是指对管理和开发每个活动先计划，通过检查每个活动是否符合计划。

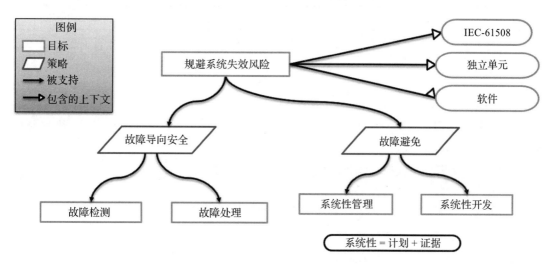

图 9-9　ACRN Hypervisor 功能安全目标结构图

9.5.2　系统级安全措施

1. 设备直通

在 Hypervisor 中，直通设备是客户操作系统可以直接和独占访问的物理设备。因为它是直接和独占的，所以这种对物理设备的访问会比通过虚拟设备访问更快，或者比与其他客户操作系统或 Hypervisor 主机共享访问更快。

要使用直通设备，客户操作系统必须有自己的物理设备驱动程序。Hypervisor 本身不需要驱动程序。

对于直通设备，Hypervisor 根模式只知道它必须将来自物理设备的中断直接路由到客户操作系统，并将来自客户操作系统的信号直接传递给设备。所有交互都在客户操作系统和设备之间，Hypervisor 的唯一职责是使用 VT-d 实现设备隔离。

2. CPU 寄存器和设备访问截获

对影响安全虚拟机行为的 CPU 寄存器和设备配置空间访问截获，使相应物理值不会被非安全虚拟机中的应用恶意篡改。

3. 安全相关设备

ACRN Hypervisor 可以将系统级安全相关设备（如 CPU 或者芯片组里的"安全岛"功能）直接分配给安全虚拟机。

4. Hypervisor 中的错误处理

ACRN Hypervisor 设计不包含任何安全功能，但提供虚拟机隔离相关机制和相关失效模式下对应的处理措施。表 9-6 总结了由 ACRN Hypervisor 实现的虚拟机隔离机制。

表 9-6　由 ACRN Hypervisor 实现的虚拟机隔离机制

编号	失效	检测方法或避免措施	基于检测的处理
1	非安全虚拟机中失效引发的 Hypervisor 或安全虚拟机的内存覆写	使能和配置 EPT 限制非安全虚拟机对机器物理内存地址访问。该失效会触发 EPT 违例（一种虚拟机退出事件）	ACRN Hypervisor 基于 EPT 违例给非安全虚拟机注入 #PF
2	非安全虚拟机中失效引发的直通设备非预期编程，设备通过 DMA 事务覆写 Hypervisor 或安全虚拟机的内存	为直通设备使能和配置 IOMMU DMA 重映射表，从而限制特定设备通过 DMA 事务能访问的机器物理地址	IOMMU 已经阻止 DMA 事务覆写允许访问之外的物理内存，ACRN Hypervisor 无须对该失效采取额外措施
3	非安全虚拟机中的失效引发其虚拟处理器进入无限循环等待，从而使安全虚拟机的虚拟处理器饥饿	ACRN Hypervisor 通过静态分配一个虚拟处理器独占一个物理处理器来避免这一失效。无论非安全虚拟机中的负载如何，分配给安全虚拟机的物理处理器不会受影响	不适用

（续）

编号	失效	检测方法或避免措施	基于检测的处理
4	非安全虚拟机中失效引发的直通设备非预期编程，设备传递中断给对应安全虚拟机的虚拟处理器的物理处理器。这会引起安全虚拟机消耗额外计算资源来处理这些中断，从而影响安全负载时延	为直通设备使能 IOMMU 中断重映射机制和配置中断重映射表，这样设备的中断只会传递到该设备所在虚拟机的虚拟机处理器	不适用

9.5.3　独立性相关安全措施

ACRN Hypervisor 自身不实现完整的安全回路（包含传感器、控制逻辑和执行器），其设计保证虚拟机可以运行安全功能（例如与传感器 / 执行器交互、控制逻辑）。

ACRN Hypervisor 最关键的安全需求是对虚拟机的隔离，也就避免和减轻虚拟机之间的时空干扰。下面的表 9-7 主要概述了 ACRN Hypervisor 设计中可以避免和减轻的干扰模式，表 9-8 概述了残留的时间干扰模式，这些干扰需要系统层额外的措施来缓解。

表 9-7　ACRN Hypervisor 中的干扰缓解

共享资源	干扰模式	避免或缓解措施
处理器	并发应用的竞争	处理器隔离：ACRN Hypervisor 将一个物理处理核静态分配给最多一个虚拟机
本地缓存	• 由于缓存项失效导致的读延迟 • 一致性机制导致的读竞争	缓存分区：ACRN Hypervisor 给不同虚拟机静态分配不同内存区域。这意味着一个虚拟机不能读另一个虚拟机的本地缓存或使其失效
内存	内存崩溃	内存隔离：ACRN Hypervisor 使能 EPT 和 IOMMU 来限制虚拟机直接或通过 DMA 间接访问内存
可寻址设备	• 外部存储崩溃 • 其他线程或应用篡改 I/O 设备状态 • 可寻址设备竞争（例如 DMA 竞争，中断控制器竞争）	中断重映射：ACRN Hypervisor 仅允许一个设备被一个虚拟机独占访问
系统总线	恶意中断	ACRN Hypervisor 使用中断重映射机制保证非安全虚拟机的中断只能被传递给本虚拟机的处理器

表 9-8　残留的时间干扰模式

共享资源	干扰模式	系统级干扰缓解措施建议
共享缓存	• 缓存行驱逐 • 并发访问导致的竞争	• 缓存隔离：使能缓存分配技术，让安全相关任务独占某几路缓存。 • 使用外部看门狗
内存	• 并发访问 • 多处理器核交替访问引起寻址延迟 • 内存刷新延迟	使用外部看门狗

（续）

共享资源	干扰模式	系统级干扰缓解措施建议
系统总线	● 多处理器核竞争 ● 其他设备竞争（例如 I/O、DMA 等） ● 一致性机制产生的总线带宽竞争	使用外部看门狗
可寻址设备	● 访问内存中锁机制开销 ● 中断路由开销	使用外部看门狗

9.5.4　安全分析

安全模式与影响分析的目的是识别软件功能的可能失效及任何必要措施。安全模式与影响分析提供了以系统性方法局部或全局地识别软件失效模式和失效影响，并识别失效的原因，如图 9-10 所示。

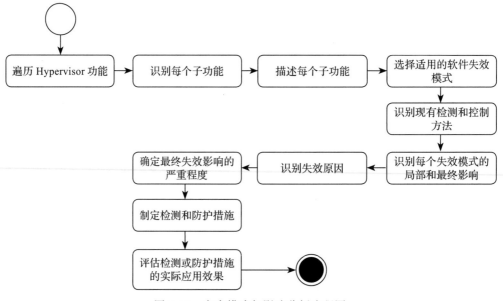

图 9-10　安全模式与影响分析流程图

在软件安全需求阶段和软件架构设计阶段执行如下分析步骤。

1）识别虚拟机监视器的子功能或模块。

2）描述软件需求规范或软件架构设计规范中子功能或模块的功能和性能（如有）。

3）选择适用的系统性软件失效模式。

4）识别失效检查方法和现有失效控制。

5）识别失效模式的局部或最终影响。

6）识别失效的原因。

7）识别预防或检测方法。

8）评估失效预防或检测方法实际效果。

在软件安全需求阶段，根据检查表中列举的失效模式采用如图 9-11 所示的步骤进行干扰分析。

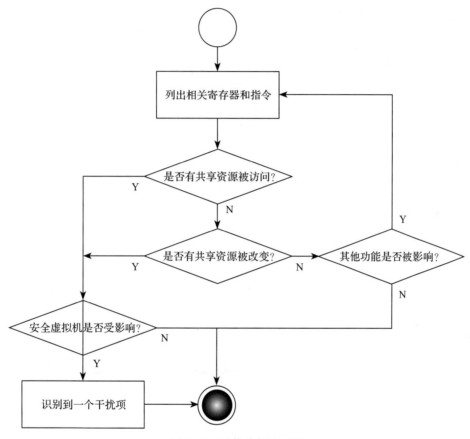

图 9-11　干扰分析流程图

9.5.5　系统化开发流程

功能安全标准要求软件开发需要符合 V 模型（瀑布模型）。如图 9-12 所示，在 V 模型中，软件开发被划分为多个阶段。首先定义如何采用系统方法来组织软件需求，如何采用半形式化方法来定义需求，从而确保需求的正确性、一致性和完备性。然后，从需求导出架构设计，相关验证和测试来保证架构设计和需求的一致性。最后，从架构设计导出详细设计和实现，相关验证和测试来保证详细设计和架构设计的一致性。通过相关工具软件为每个软件产品、文档技术项赋予唯一标识，为相关文档技术项建立链接关系，从而保证每个软件产品文档的可追踪性。

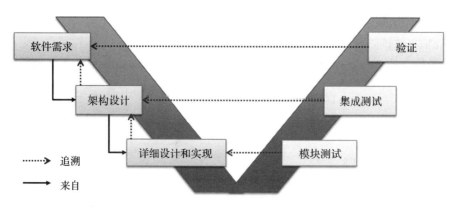

图 9-12　功能安全开发的 V 模型

1. 安全开发流程

在进行软件开发前，还需要在计划阶段明确定义和建立相关辅助流程，并在具体执行过程中将相关流程产出进行存档，作为流程被实施的证据。辅助流程主要有开发人员能力管理流程、需求管理流程、文档管理流程、工具分类和质检流程、配置管理流程、变更管理流程、验证流程、质量保证流程等。

如果是商用或现有软件模块符合 IEC 61508-3 中的 7.4.2.12 条款（方法 3s——非标准开发评估），IEC 61508 标准允许这些软件模块被应用于安全攸关系统。

图 9-13 是 ACRN 所采用的基于 V 模型的开发流程和作为 SIL 3 软件开发项目所需要的工作项及产出。

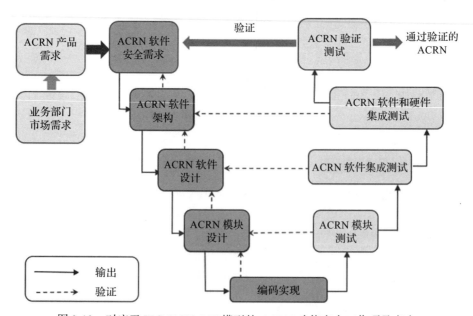

图 9-13　对应于 IEC 61508-3 V 模型的 ACRN 功能安全工作项及产出

表 9-9 描述了 ACRN Hypervisor 在各个开发阶段需要完成的具体工作项。每个工作项都是一个迭代开发的过程。这些工作项均需通过内部审查,在正式版本发布后,还要被提交给第三方认证机构审查。如果后继的开发阶段需要对正式版本的开发项进行修改,则需要经历变更管理流程才能进行升级,并重新进行内部审查、提交第三方认证机构审查,直至通过。

表 9-9　ACRN Hypervisor 安全生命周期和工作项

V 模型阶段	各阶段需要完成的工作项
公司事业部市场需求	需求管理计划
ACRN 产品需求	需求管理计划
ACRN 软件安全需求	1. 需求管理计划 2. ACRN 软件安全需求规范
ACRN 软件架构	1. ACRN 架构与设计规范
ACRN 软件设计	2. 软件失效模式与影响分析
ACRN 模块设计	ACRN 模块设计规范
编码	1. 源代码 2. 编码规范
ACRN 模块测试	1. 评审与验证计划 2. 软件模块测试计划 3. 软件模块测试规范 4. 软件模块测试报告 5. 源代码审查报告 6. 编码规范符合性报告 7. 软件故障注入测试报告(模块层) 8. 静态测试报告 9. 动态测试报告
ACRN 软件集成测试	1. 评审与验证计划 2. 软件集成测试计划 3. 软件集成测试规范 4. 软件集成测试报告 5. 软件故障注入测试报告(架构设计层)
ACRN 软件和硬件集成测试	1. 评审与验证计划 2. 软件集成测试计划 3. 软件集成测试规范 4. 软件集成测试报告
ACRN 验证测试	1. 评审与验证计划 2. 软件验证测试计划 3. 软件验证测试规范 4. 软件验证测试报告 5. 可追溯报告

软件质量管理、功能安全管理和支持流程的相关工作项，如表 9-10 所示。

表 9-10　软件质量管理、功能安全管理和支持流程的工作项

软件质量管理、功能安全管理和支持流程	需要完成的工作项
软件质量管理	1. 软件开发流程文档 2. 可持续软件质量改进计划和路线图 3. 软件用户手册
功能安全管理	1. 功能安全审查计划 2. 安全计划 3. 能力管理计划 4. 组织安全文化证据 5. 安全用例
支持流程	1. 软件工具评估和质量报告 2. 安全手册 3. 文档管理计划 4. 软件配置与变更管理计划 5. 软件项目管理计划

2. 精确需求定义流程

在 ACRN Hypervisor 认证过程，大多安全流程和一般的软件安全流程类似。考虑到 Hypervisor 功能的特殊性，在需求定义流程中，ACRN 项目采用状态机这一半形式化方法来分析和描述需求，半形式化方法能有效保证 Hypervisor 这类复杂系统软件需求的正确性和完备性，对其他系统软件需求的正确性和完备性保证具有借鉴意义。

通常可以通过描述 API 来定义操作系统需求，但 Hypervisor 并不向虚拟机直接提供 API，而是对其提供一个虚拟平台，这个虚拟平台包含虚拟处理器、虚拟内存、虚拟寄存器、虚拟外设、支持指令执行、支持中断异常等，如何精确描述 Hypervisor 提供的虚拟平台功能是一个巨大挑战，本节概述如何利用状态机描述虚拟平台功能。

精确需求是软件设计、开发、测试的基础，如果把 Hypervisor 功能粗略地定义为多个虚拟机划分硬件资源，这个需求就太模糊了，基于这样模糊的需求，无法导出架构设计，也无法设计和验证测试用例。

基于粗略的需求，很明显会有以下问题：

- 哪些硬件资源需要被划分？对于外部设备，哪些外部设备需要被分配给哪个虚拟机？哪些外部设备需要对哪个虚拟机隐藏？
- 最多能支持多少虚拟机？通常 Hypervisor 支持的虚拟机数量不是无限的，会受到硬件资源的限制，也可能受其他因素的限制。系统集成过程，需要考虑相关 Hypervisor 能力限制来设计系统安全功能。
- 为虚拟机提供哪些硬件功能（例如 CPU 功能）？系统集成过程中，需要知道哪些硬件功能是可用的以及这些硬件功能的使用限制（如果有），同时需要对安全功能使用的相关硬件功能进行集成验证。

如何启动虚拟机？需要在需求中精确定义虚拟机启动协议，以及在执行虚拟机前，相关软硬件的初始状态。

面对上面的挑战，ACRN Hypervisor 使用如下系统化方法来分析和组织软件需求，如图 9-14 所示。

- 将虚拟处理器抽象成状态转换系统。系统中的状态包含寄存器值、内存状态和设备状态，触发条件包含指令执行、中断异常事件。
- 为了使虚拟处理器状态转换系统需求定义成为可能，ACRN Hypervisor 参考现有技术文档（英特尔软件开发手册、PCI 总线基本规范、多启动规范等）来定义相关硬件功能，当虚拟处理器的相关功能和物理处理器功能精确一致时，就在需求文档中引用相关技术文档的对应技术条款。

系统包含大量的状态转换，从工程角度，如果每一个行为都用半形式化方法来定义，这将是一个巨大的工程。因此，只有在虚拟处理器的相关功能和物理处理器功能不一致时，才会使用半形式化方法来定义虚拟处理器相关行为。

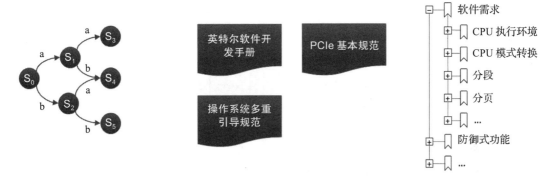

图 9-14　ACRN Hypervisor 需求定义过程示意图

9.5.6　安全状态设计

ACRN Hypervisor 触发安全状态转换是调用板级支持包（Board Support Package，BSP）提供的错误处理接口。一旦检测到不可恢复的错误，ACRN Hypervisor 即调用 BSP 错误处理接口，这里假定在用户提供的处理接口中进行相应处理并让系统转入安全状态。ACRN Hypervisor 可检测的不可恢复错误包括：

- Bootloader 提供的启动信息错误；
- Hypervisor 中非预期的异常或中断；
- 硬件信息错误；
- 硬件操作等待超时（例如，处理器核启动、IOMMU 操作、RTC 操作）。

虚拟机触发的异常行为一般不认为是不可恢复的。具体来说，下列错误不会引起 ACRN Hypervisor 触发安全状态转换。

- 某个虚拟机访问了不允许访问的内存。当虚拟机直接访问不允许访问的内存区域时，ACRN Hypervisor 会给访存的虚拟处理器注入一个页故障异常。虚拟机中的客户操作系统决定如何处理页故障异常。当虚拟机通过 DMA 间接访问不允许访问的内存区域时，虚拟机会收到和真实物理硬件操作一样的异常。
- 虚拟机直接触发的异常会被注回到虚拟机，虚拟机接收异常后做进一步处理。

9.5.7 安全架构设计

本节从以下几个方面来阐述 ACRN Hypervisor 的安全架构设计。

- 与硬件平台交互。
- 与板级支持包交互。
- 与安全虚拟机交互。
- 与非安全虚拟机交互。

图 9-15 中列出了 ACRN Hypervisor 与硬件及其他软件系统的接口，下面具体进行介绍。

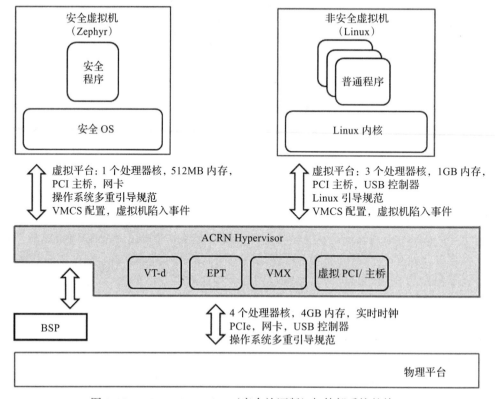

图 9-15 ACRN Hypervisor（安全认证版）与外部系统的接口

1. 与硬件平台交互

硬件平台启动后，引导程序（Bootloader）将控制权交给 ACRN Hypervisor，在这之后 Hypervisor 接管所有的物理资源。这些物理资源包括所有物理处理器核、内存和设备。ACRN Hypervisor 可能会使用一部分硬件资源。

除此之外，ACRN Hypervisor 被编译成 Multiboot 兼容的镜像，需要引导程序提供 Multiboot 兼容的启动信息。启动信息包括 Multiboot 兼容格式的内存映射信息，以及两个虚拟机的内核镜像信息。

2. 与板级支持包交互

ACRN Hypervisor 调用板级支持包进行与目标板相关的初始化和错误检测。

ACRN Hypervisor 从引导程序获得物理引导处理器（Bootstrap Processor，BP）控制权或启动物理应用处理器（Application Processor，AP），建立好 C 语言环境后⊖调用板级支持包的初始化例程（如 bsp_init）。当且仅当初始化成功后，bsp_init 返回。ACRN Hypervisor 保证 bsp_init 不会同时在多个处理器上同时运行，如果任何物理处理器核上 bsp_init 失败，它将不会启动任何虚拟机。

当 ACRN Hypervisor 在一个物理处理器核上检测到任何不可恢复的错误时，它将在该处理器核上调用板级支持包的错误处理接口（如 bsp_fatal_error）。错误处理接口将系统平台转到安全状态，不再返回。运行在处理器核上的虚拟 CPU 也不再被恢复。这里需要注意的是，bsp_fatal_error 需要在多个处理器核上同时运行，以防在 Hypervisor 多个处理器核上同时检测到不可恢复错误。

3. 与安全虚拟机交互

ACRN Hypervisor 与安全虚拟机交互，启动虚拟 CPU，并处理虚拟机退出（VM Exit）事件。

在启动一个虚拟机前，ACRN Hypervisor 为每个虚拟 CPU 准备一个 VMCS，VMCS 包含客户寄存器值、虚拟机中的一些指令行为或者事件设置。VMCS 也包括一个控制虚拟机中可访问内存区域的 EPT。ACRN Hypervisor 将安全虚拟机的虚拟 CPU 的 IP 设置为客户物理地址（100000H）并启动该虚拟 CPU。

启动一个虚拟机之后，ACRN Hypervisor 采用事件驱动机制，仅根据虚拟机退出事件为虚拟机模拟一些指令的设计行为和事件。当没有虚拟机退出事件时，如果虚拟 CPU 对应的物理处理核是激活的，ACRN Hypervisor 不会被执行，或者一个虚拟 CPU 等待被虚拟机中其他虚拟 CPU 启动。

4. 与非安全虚拟机交互

ACRN Hypervisor 与非安全虚拟机交互，启动虚拟 CPU，并处理虚拟机退出（VM Exit）事件，和 ACRN Hypervisor 与安全虚拟机交互的方式一样。

⊖ 由于 ACRN Hypervisor 的启动代码采用汇编语言编写，板级支持包采用 C 语言编写，故在调用 bsp_init 前必须建立 C 语言环境。

此外，ACRN Hypervisor 期望非安全虚拟机的客户操作系统内核是 Linux bzimage 格式，按照 Linux/x86 启动协议兼容格式为非安全虚拟机提供启动信息。ACRN Hypervisor 也创建描述虚拟 CPU 和 LAPIC 的虚拟 ACPI 表。该虚拟 ACPI 表被存放在从 F2400H 开始的客户物理内存区域。

图 9-16 所示为 ACRN Hypervisor 启动时序图。物埋平台上电后，启动程序引导物理平台启动，然后将控制权交给 ACRN Hypervisor。ACRN Hypervisor 在每个物理核上调用板级支持包的初始化例程，之后创建并启动两个虚拟机。

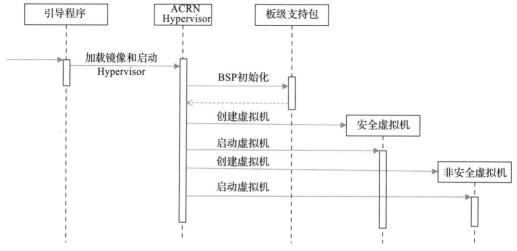

图 9-16　ACRN Hypervisor 启动时序图

9.5.8　安全需求概述

ACRN Hypervisor 管理分配给虚拟机的资源。表 9-11 和表 9-12 分别总结了为安全虚拟机和非安全虚拟机提供的资源。

表 9-11　提供给安全虚拟机的资源

编号	资源	能力和分配
1	虚拟机	1 个虚拟机实例
2	虚拟 CPU	1 个虚拟 CPU，绑定到物理 CPU 0，具体处理器功能参考功能概述
3	虚拟机内存	512MB，客户物理地址从 0H 开始。分配的物理内存地址空间范围是从 100000000H（包含）到 120000000H（不包含）
4	虚拟 PCI 主桥	1 个虚拟主桥。模拟的 BDF 是 00:00.0
5	PCI 设备	1 个虚拟网络控制器，其虚拟 BDF 是 00:01.0，通过透传方式访问 BDF 为 00:1F.6 的物理 PCI 设备
6	虚拟 RTC	1 个虚拟 RTC 设备

表 9-12　提供给非安全虚拟机的资源

编号	资源	能力和分配
1	虚拟机	1 个虚拟机实例
2	虚拟 CPU	3 个虚拟 CPU。绑定到物理 CPU 1、2 和 3，具体处理器功能参考功能概述
3	虚拟机内存	1GB，客户物理地址从 0H 开始。分配的物理内存地址空间范围是从 120000000H（包含）到 160000000H（不包含）
4	虚拟 PCI 主桥	1 个虚拟主桥。模拟的 BDF 是 00:00.0
5	PCI 设备	1 个虚拟 USB 控制器，其虚拟 BDF 是 00:01.0，通过透传方式访问 BDF 为 00:14.0 的物理 PCI 设备
6	虚拟 RTC	1 个虚拟 RTC 设备

ACRN Hypervisor 主要功能是为每个虚拟机提供一个虚拟机器平台。虚拟机（Guest）通常通过指令来使用虚拟机器平台（Hypervisor）的功能。实现这些功能遵循如下策略。

- Hypervisor 截获和模拟指令。在这类场景下，试图执行的指令将触发一次虚拟机退出事件，物理处理器的控制流被切换回 Hypervisor，由 Hypervisor 处理这一虚拟机退出事件。
- 通过 VMX 改变行为。在这类场景下没有虚拟机退出事件发生，由于 Hypervisor 对 VMCS 域的配置，因此从虚拟机角度来看，指令执行行为不同于非 VMX 操作模式。
- Hypervisor 不截获，VMX 也不改变行为。在这类场景下，没有虚拟机退出事件发生，从虚拟机角度来看，指令执行行为和非 VMX 操作模式一样。

表 9-13 为虚拟机中的处理器和外设功能概览以及 ACRN Hypervisor 实现策略概述。如无特别说明，表 9-13 是从虚拟机角度描述指令和寄存器的。

表 9-13　虚拟平台功能和实现策略概述

编号	虚拟机（Guest）中的模拟处理器和外设功能	物理处理器和外设的参考引用	ACRN 是否支持	ACRN 的实现方法
1	通用指令	Chapter 7, Vol. 1, SDM	支持	大多算术和逻辑指令、随机数生成指令等通用指令被执行。这些指令不会被 Hypervisor 截获，其行为不会被 VMX 改变。I/O 和处理器标识指令被 Hypervisor 截获和模拟
2	x87 FPU	Chapter 8, Vol. 1, SDM	支持	x87 FPU 相关的处理器标识指令被 Hypervisor 截获和模拟。x87 FPU 指令和访问 x87 FPU 执行环境（包括控制寄存器位）的指令不会被 Hypervisor 截获，其行为也不会被 VMX 改变
3	MMX	Chapter 9, Vol. 1, SDM	支持	MMX 相关的处理器标识指令被 Hypervisor 截获和模拟。MMX 指令和访问 MMX 寄存器（包含控制寄存器位）的指令不会被 Hypervisor 截获，其行为也不会被 VMX 改变

（续）

编号	虚拟机（Guest）中的模拟处理器和外设功能	物理处理器和外设的参考引用	ACRN 是否支持	ACRN 的实现方法
4	SSE1 - SSE4、AESNI	Chapter 10, 11 & 12, Vol. 1, SDM	支持	SSE 相关的处理器标识指令被 Hypervisor 截获和模拟。SSE 指令和访问 SSE 寄存器（包含控制寄存器位）的指令不会被 Hypervisor 截获，其行为也不会被 VMX 改变
5	XSAVE	Chapter 13, Vol. 1, SDM	部分支持	XSAVE 相关的处理器标识指令，XCR 和 XSAVE 相关 MSR 的访问被 Hypervisor 截获和模拟。不操作特权状态部分的 XSAVE 指令的指令不会被 Hypervisor 截获，其行为也不会被 VMX 改变。操作特权状态部分的 XSAVE 指令受 VMX 控制
6	AVX、FMA 和 AVX2	Chapter 14, Vol. 1, SDM	支持	AVX 相关的处理器标识指令被 Hypervisor 截获和模拟。AVX 指令和访问 AVX 寄存器（包含控制寄存器位）的指令不会被 Hypervisor 截获，其行为也不会被 VMX 改变
7	AVX512	Chapter 15, Vol. 1, SDM	不支持	AVX 512 相关的处理器标识指令被 Hypervisor 截获和模拟。目标板上不支持 AVX2 指令，也没有相关需求。AVX 512 指令不会被 Hypervisor 截获，其行为也不会被 VMX 改变
8	TSX	Chapter 16, Vol. 1, SDM	支持	TSX 相关的处理器标识指令被 Hypervisor 截获和模拟。TSX 指令执行不会被 Hypervisor 截获，其行为也不会被 VMX 改变。Hypervisor 将不会截获一个事务区间内的任何指令。Hypervisor 截获事务区间外的指令，触发事务终止
9	MPX	Chapter 17, Vol. 1, SDM	不支持	MPX 相关的处理器标识指令和 MPX 相关 MSR 访问会被 Hypervisor 截获和模拟。MPX 指令不会被 Hypervisor 截获，其行为也不会被 VMX 改变。ACRN Hypervisor 在物理机上关闭 MPX，这样 MPX 指令实际上是空指令
10	SMX	Chapter 6, Vol. 2, SDM	不支持	SMX 相关的处理器标识指令和 SMX 相关 CR 位访问会被 Hypervisor 截获和模拟。具体来讲，CR4.SMXE 在物理机和虚拟机中都被设置为 0H。SMX 指令执行不会被 Hypervisor 截获，其行为也不会被 VMX 改变，由于 CR4.SMXE bit 一直是 0H，因此执行 SMX 指令总是触发 #UD 异常
11	CPU 运行模式	Chapter 2.2 & 20, Vol. 3, SDM	支持	Hypervisor 将截获并模拟虚拟机对 CPU 运行模式管理相关控制寄存器（CR）比特位和 MSR 的访问。不同 CPU 模式下指令执行不会被 Hypervisor 截获，其行为也不会被 VMX 改变

（续）

编号	虚拟机（Guest）中的模拟处理器和外设功能	物理处理器和外设的参考引用	ACRN 是否支持	ACRN 的实现方法
12	段	Chapter 3 & 5, Vol. 3, SDM	支持	Hypervisor 截获并模拟虚拟机对段相关控制寄存器（CR）比特位访问。段相关指令执行和用于客户内存访问的段机制不会被 Hypervisor 截获，其行为也不会被 VMX 改变
13	分页	Chapter 4 & 5, Vol. 3, SDM	支持	Hypervisor 截获并模拟控制分页模式 / 特定页功能的控制寄存器比特位（CR3 除外）。CR3 的访问不会被 Hypervisor 截获，其行为也不会被 VMX 改变。TLB 刷新指令（INVPCID）不会被 Hypervisor 截获，其行为也不会被 VMX 改变。VMX 控制 INVPCID 的行为
14	中断和异常处理	Chapter 6, Vol. 3, SDM	支持	Hypervisor 不会截获指令执行触发的异常。Hypervisor 通过 VMX 事件注入机制注入它截获的指令触发的异常。操作 IDT 的指令执行不会被 Hypervisor 截获，其行为也不会被 VMX 改变。VMX 控制 INVPCID 的行为。调用双重故障异常处理时产生的页故障异常或贡献类异常会被 Hypervisor 截获
15	任务管理	Chapter 7, Vol. 3, SDM	部分支持	操作 TSS 的指令执行不会被 Hypervisor 截获，其行为也不会被 VMX 改变。任务切换被 Hypervisor 截获。中断处理中 TSS 使用和 I/O 特权控制不会被 Hypervisor 截获，其行为也不会被 VMX 改变
16	带锁原子操作	Chapter 8.1, Vol. 3, SDM	支持	带锁原子操作不会被 Hypervisor 截获，其行为也不会被 VMX 改变
17	访存排序和访存序列化指令	Chapter 8.2 & 8.3, Vol. 3, SDM	支持	指令的内存序列化属性不会被 Hypervisor 截获，其行为也不会被 VMX 改变。非特权访存排序指令执行不会被 Hypervisor 截获，其行为也不会被 VMX 改变
18	多处理器初始化	Chapter 8.4, Vol. 3, SDM	支持	Hypervisor 模拟多处理器初始化协议。对表示 BP/AP 的 MSR 访问会被 Hypervisor 截获并模拟
19	空闲和阻塞条件的管理	Chapter 8.10, Vol. 3, SDM	部分支持	PAUSE 和 HLT 指令执行不会被 Hypervisor 截获，其行为也不会被 VMX 改变。MONITOR 和 MWAIT 指令执行被 Hypervisor 截获。对 MONITOR 和 MWAIT 相关 MSR 的访问被 Hypervisor 截获并模拟
20	缓存控制	Chapter 11, Vol. 3, SDM	部分支持	INVD 和 WBINVD 指令执行被 Hypervisor 截获并模拟。CLFLUSH 和 CLFLUSHOPT 指令执行不会被 Hypervisor 截获，其行为也不会被 VMX 改变。对 MTRR 或 PAT 相关 MSR 的访问会被 Hypervisor 截获并模拟

（续）

编号	虚拟机（Guest）中的模拟处理器和外设功能	物理处理器和外设的参考引用	ACRN 是否支持	ACRN 的实现方法
21	能耗和散热管理	Chapter 14, Vol. 3, SDM	不支持	对能耗和散热管理 MSR 的访问被 Hypervisor 截获
22	机器检测框架	Chapter 15 & 16, Vol. 3, SDM	仅对安全虚拟机支持	对机器检测控制寄存器比特位和 MSR 的访问被 Hypervisor 截获并模拟
23	调试寄存器和异常	Chapter 17.2 & 17.3, Vol. 3, SDM	不支持	对 DR 和调试相关 MSR 的访问被 Hypervisor 截获
24	分支追踪	Chapter 17.4 to 17.16, Vol. 3, SDM	不支持	对分支追踪 MSR 的访问被 Hypervisor 截获
25	时间戳计数器	Chapter 17.17, Vol. 3, SDM	支持	对 TSC MSR 的访问被 Hypervisor 截获并模拟。RDTSC 和 RDTSCP 指令执行不会被 Hypervisor 截获，其行为也不会被 VMX 改变
26	资源控制器技术（RDT）	Chapter 17.18 & 17.19, Vol. 3, SDM	不支持	对 RDT MSR 的访问被 Hypervisor 截获
27	性能监视	Chapter 18 & 19, Vol. 3, SDM	不支持	对性能监视 MSR 的访问和 RDPMC 指令执行被 Hypervisor 截获
28	VMX	Chapter 23 to 33, Vol. 3, SDM	不支持	对 VMX 控制寄存器比特位和 MSR 的访问，VMX 指令执行被 Hypervisor 截获
29	SMM	Chapter 34, Vol. 3, SDM	不支持	对 SMM MSR 的访问被 Hypervisor 截获并模拟。RSM 指令执行不会被 Hypervisor 截获，其行为也不会被 VMX 改变
30	SGX	Chapter 35 to 42, Vol. 3, SDM	不支持	对 SGX MSR 的访问被 Hypervisor 截获并模拟。SGX 指令执行不会被 Hypervisor 截获，其行为也不会被 VMX 改变
31	本地 APIC	Chapter 10, Vol. 3, SDM	支持	对 LAPIC 寄存器（ICR 和 APIC ID 寄存器除外）的访问不会被 Hypervisor 截获。对 ICR 和 APIC ID 寄存器的访问被 Hypervisor 截获并模拟。对 IA32_APIC_BASE MSR 的访问被 Hypervisor 截获并模拟。中断传递不会被 Hypervisor 截获，其行为也不会被 VMX 改变
32	内存	N/A	支持	Hypervisor 配置 EPT 将 VM 的客户内存访问转换为对物理机内存访问。这一转换不仅适用月内存地址，还适用于内存类型和权
33	8259 PIC	N/A	不支持	对 8259 PIC 的传统 I/O 端口访问被 Hypervisor 截获并模拟
34	IOAPIC	N/A	不支持	对 IOAPIC 的传统地址空间访问被 Hypervisor 截获并模拟

（续）

编号	虚拟机（Guest）中的模拟处理器和外设功能	物理处理器和外设的参考引用	ACRN 是否支持	ACRN 的实现方法
35	RTC	N/A	支持	对 RTC 的 I/O 端口访问被 Hypervisor 截获并模拟
36	PCI 配置空间	N/A	支持	对 PCI 配置空间的 I/O 端口访问被 Hypervisor 截获并模拟。对 PCI 配置空间的地址区域访问不会被 Hypervisor 截获，其行为也不会被 VMX 改变

9.5.9　使用限制

本节描述的使用限制是保证基于 ACRN Hypervisor 系统级安全的重要组成部分，用户使用 ACRN Hypervisor 过程中必须考虑这些限制。这些限制条件来自需求分析、架构设计分析和安全分析过程，由于 Hypervisor 的基本功能类似（例如提供一个虚拟平台），对其他 Hypervisor 设计也具有参考意义。

本节描述的使用限制来源于如下活动。

- 需求分析：主要包括 ACRN 虚拟机监视器要提供软件需求规范中的功能需要遵循的限制。这些限制通常是针对通用用例中外部硬件或软件模块的限制。
- 架构设计分析：主要包括 ACRN 虚拟机监视器架构设计过程中为保证设计决定正确性需要遵循的限制。这些限制通常是针对通用用例中外部硬件和相关固件或启动程序的限制。
- 安全分析：主要包括避免虚拟机中非确定性或非预期行为需要遵循的限制。这些限制通常是针对通用用例中外部硬件或软件模块的限制。

下面定义的推荐等级是为了表明这些限制对安全的整体影响。

- 高度推荐（Highly Recommended，HR）：表示该限制和虚拟机隔离或 ACRN 虚拟机监视器错误处理直接相关。
- 推荐（Recommended，R）：表示该限制的违反不直接影响虚拟机隔离或 ACRN 虚拟机监视器错误处理，但影响部分虚拟机监视器功能的需求符合性。这些影响是否有安全隐患取决于安全相关虚拟机如何使用受影响的功能。

1. 针对物理平台的限制

物理平台中的安全相关限制主要针对硬件功能，ACRN 虚拟机监视器利用这些功能实现虚拟机隔离。这些硬件功能中任何一项缺失将导致 ACRN 无法启动虚拟机，如表 9-14 和表 9-15 所示。

表 9-14 针对物理平台的安全相关限制

编号	描述	类型
AoU_HW_01	在物理平台上 VMX 操作和相关指令必须是可用的	HR
AoU_HW_02	在物理平台上 EPT 页结构内存类型 WB 必须是可用的 在物理平台上 EPT 页结构内存类型 UC 必须是可用的 在物理平台上 EPT 2M 字节页必须是可用的	HR
AoU_HW_03	在物理平台上下列 MMIO 范围必须是可用的： 0FED90000H to 0FED92000H (for IOMMU)	HR
AoU_HW_04	在物理平台上 INVEPT 指令必须是可用的 在物理平台上单上下文 INVEPT 类型必须是可用的	HR
AoU_HW_05	在物理平台上 INVVPID 指令必须是可用的 在物理平台上 all-context INVVPID 类型必须是可用的	HR
AoU_HW_06	物理平台必须保证对于所有设备（GPU 除外）从 DMAR 单元的能力寄存器取数据是 d2008c40660462H。参考 Intel 直通 I/O 虚拟化技术规范 10.4.2	HR
AoU_HW_07	物理平台必须保证对于所有设备（GPU 除外）从 DMAR 单元的扩展能力寄存器取数据是 f050daH。参考 Intel 直通 I/O 虚拟化技术规范 10.4.3	HR
AoU_HW_08	物理平台必须支持 IA32_VMX_EPT_VPID_CAP	HR
AoU_HW_09	物理平台必须支持缓存分配技术（CAT）	HR

表 9-15 针对物理平台的功能相关限制

编号	描述	类型
AoU_HW_51	物理平台必须是 Intel KBL NUC i7。如果选择不用平台，必须检查相关限制条件是否符合	R

2. 针对启动程序的限制

启功程序中的限制主要针对 ACRN 虚拟机监视器需要的启动协议。这些使用限制的违反将导致虚拟机监视器无法被启动，如表 9-16 所示。

表 9-16 针对启动程序的限制

编号	描述	类型
AoU_BOOT_01	物理平台必须提供符合 Multiboot 规范 0.6.96 中 3.3 节要求的物理内存映射信息	R
AoU_BOOT_02	物理平台必须提供符合 Multiboot 规范 0.6.96 中 3.3 节要求的两个启动模块信息	R
AoU_BOOT_03	物理平台必须提供符合 Multiboot 规范 0.6.96 中 3.2 节要求的机器状态信息	R
AoU_BOOT_04	物理平台必须根据启动模块信息将每个虚拟机的内核镜像加载到内存	R

（续）

编号	描述	类型
AoU_BOOT_05	物理平台必须保证 ACRN Hypervisor 镜像和安全虚拟机镜像的完整性	R
AoU_BOOT_06	物理平台必须保证 Multiboot 信息结构体中 flags 域的第 3 个比特和第 6 个比特是 1	R
AoU_BOOT_07	物理平台必须提供第一个启动模块，即安全虚拟机镜像	R
AoU_BOOT_08	物理平台必须提供第二个启动模块，即非安全虚拟机内核镜像	R
AoU_BOOT_09	物理平台必须将安全虚拟机的内核镜像关联的字符串设置为 ASCII 编码格式的"zephyr"	R
AoU_BOOT_10	物理平台必须将非安全虚拟机的内核镜像关联的字符串设置为 ASCII 编码格式的"linux"	R
AoU_BOOT_11	物理平台必须保证每个模块物理加载地址高于 100000H	R
AoU_BOOT_12	物理平台必须保证 Hypervisor 镜像和启动模块镜像的加载地址没有重叠	R
AoU_BOOT_13	物理 Multiboot 的内存映射 buffer 必须位于物理 Multiboot 信息结构体中 mmap_addr 域中的机器物理地址。 物理 Multiboot 的内存映射 buffer 中的 size 域必须是 20	R
AoU_BOOT_14	物理平台必须保证 ACRN Hypervisor 的第一条指令执行在物理 BP 上	R

3. 针对板级支持包的限制

板级支持包中的限制主要针对板级支持包提供的接口，参见表 9-17。任一需要的接口缺失将导致构建虚拟机监视器时链接失败。

表 9-17　针对板级支持包的限制

编号	描述	类型
AoU_BSP_01	BSP 必须提供一个 bsp_fatal_error 接口	HR
AoU_BSP_02	bsp_fatal_error 的原型必须如下： 参数：void 返回值：void	HR
AoU_BSP_03	bsp_fatal_error 必须将整个系统切换到安全状态	HR
AoU_BSP_04	bsp_fatal_error 必须不返回	HR
AoU_BSP_05	BSP 必须提供一个 bsp_init 接口	HR
AoU_BSP_06	接口 bsp_init 的原型必须如下： 参数：void 返回值：void	HR
AoU_BSP_07	bsp_init 必须配置物理平台上的缓存分区机制	HR
AoU_BSP_08	bsp_init 必须检查物理平台是否提供 BSP 和 Hypervisor 所需要的硬件功能	HR

（续）

编号	描述	类型
AoU_BSP_09	如果满足下列条件之一，bsp_init 必须切换整个系统到安全状态，不返回： • 无法配置缓存分区机制 • 物理平台无法提供需要的硬件功能	HR

4. 针对安全虚拟机中软件的限制

安全虚拟机中软件的限制主要是为了避免非确定性硬件行为和容忍硬件操作的抖动，参见表 9-18。

表 9-18　针对安全虚拟机中软件的限制

编号	描述	类型
AoU_SAFETY_VM_01	对于不同字长的可寻址的任一客户寄存器，当一个 vCPU 访问客户寄存器的部分字节时，安全虚拟机必须假设客户寄存器其他部分字节的值是未定义的	R
AoU_SAFETY_VM_02	安全虚拟机必须防止修改自己的代码和只读数据	R
AoU_SAFETY_VM_03	安全虚拟机必须将客户 LVT CMCI 寄存器的传递模式设置为固定或者 NMI	R
AoU_SAFETY_VM_04	安全虚拟机内核镜像入口物理地址必须为 100000H	R
AoU_SAFETY_VM_05	安全虚拟机或物理平台必须监视安全虚拟机中在线诊断的执行时间	HR
AoU_SAFETY_VM_06	安全虚拟机中的在线诊断必须容忍最坏情况下外围设备访问时间	HR
AoU_SAFETY_VM_07	当访问未映射的客户物理地址页故障异常时，安全虚拟机中的客户软件必须负责使 TLB 和页结构缓存失效	R
AoU_SAFETY_VM_08	安全虚拟机必须在加载任何段寄存器之前设置全局描述符表（GDT）	R
AoU_SAFETY_VM_09	安全虚拟机的 vCPU 必须在修改页结构项之后立即刷新 TLB	R
AoU_SAFETY_VM_10	安全虚拟机必须在设置 CR0.CD 之后立即显式刷新缓存	R
AoU_SAFETY_VM_11	指令 prefetch 的执行时间随着各种 CPU 内部缓存状态变化而变化。指令 prefetch 不进行任何权限检查。这两个属性可以被用于 prefetch 侧信道攻击。系统集成人员必须使用内核页表隔离来缓解这一问题	R
AoU_SAFETY_VM_12	安全虚拟机的 vCPU 必须在客户 GDT 被修改后立即重新加载段寄存器	R

5. 针对编译器和集成流程的限制

编译器和集成流程的限制是为了支持缓解侧信道漏洞的信息安全功能，参见表 9-19。

表 9-19　针对编译器和集成流程的限制

编号	描述	类型
AoU_COMPILER_01	用于构建 ACRN Hypervisor 的编译器必须支持 Retpoline⊖	R
AoU_COMPILER_02	在边界检查和可能引发投机侧信道攻击的后续操作之间必须插入一个停止投机屏障	R
AoU_COMPILER_03	系统集成人员必须在产品中使用 ACRN Hypervisor 的发行版本	HR
AoU_COMPILER_04	编译器必须支持栈保护功能	HR

9.6　嵌入式虚拟化技术的功能安全价值

ACRN Hypervisor 安全认证版本充分证明了 ACRN 的架构设计符合功能安全的思想，虚拟机核心代码的实现和流程符合功能安全的流程和质量要求，使基于开源软件的安全关键性系统认证和应用成为可能。客户可以基于 ACRN Hypervisor 认证版本进行系统开发，这样会大大缩短系统推向市场的时间并减少开发成本，还可以基于 ACRN Hypervisor 开源版本开发系统，并参考 ACRN Hypervisor 认证相关技术和流程进行系统级认证。

ACRN Hypervisor 安全认证版本还使得在一个硬件平台同时运行安全任务和非安全任务成为可能，为混合关键性系统架构设计提供新的架构。

ACRN Hypervisor 安全认证实践中采用的关键技术，对其他系统软件认证有一定的借鉴意义，例如过程软件失效分析方法（失效模式、分区之间干扰分析、失效检查、失效处理等）、需求分析方法和流程（虚拟处理器状态转换抽象、系统化需求组织和管理等）。

9.7　本章小结

本章阐述了功能安全的基本概念、典型功能安全系统架构、现有混合关键性系统方案，重点介绍了面向混合关键性场景的 ACRN Hypervisor 功能认证实践。

在 ACRN Hypervisor 功能认证实践部分，首先概述了安全目标，其次详细阐述了系统级安全措施、独立性安全措施、安全分析等，最后详细阐述了 ACRN Hypervisor 安全开发流程、安全架构设计，以及使用限制。

ACRN Hypervisor 安全认证版本的设计遵循故障导向安全原则，详细考虑了 ACRN Hypervisor 的失效模式、失效检测方法，以及相关失效处理。ACRN Hypervisor 安全认证的软件管理和开发遵循系统化，例如 V 瀑布模型、相关计划和实施证据的收集。

⊖　一种防止"幽灵"安全漏洞的方法：https://www.intel.com/content/www/us/en/developer/articles/technical/software-security-guidance/technical-documentation/retpoline-branch-target-injection-mitigation.html。

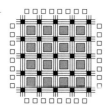

第 10 章
应用案例——智能数控系统和数字孪生

在了解嵌入式虚拟化技术原理和实现以后，下面将通过若干个实际应用案例来介绍嵌入式虚拟化技术如何能够帮助用户实现具体的产品功能。第一个提到的实际应用案例是智能数控系统和数字孪生。本章将详细介绍嵌入式虚拟化技术如何实现信息技术（IT）和运营技术（OT）的系统整合。

10.1 行业概述

数字孪生最早起源于 2000 年美国密歇根大学的 Michael Grieves 教授提出的"信息镜像模型"。2010 年，数字孪生在 NASA 的未来飞行器数字孪生范例技术报告中被正式提出。在工业界，数字孪生技术正在蓬勃发展，得益于物联网技术、云技术和大数据技术的助力，数字孪生技术正在工业设备上落地并产生各类应用。通过对复杂的物理实体进行综合建模，把一系列的物理量（如位置、电流、电压、气体压力等）转化为多层级的综合模型，从而把原先难以捕捉的洞见（比如预测性维护、自动排程优化、机床精度调整等）通过大数据的形式展现出来，最终为工程应用提供智能分析和自主决策的能力。

国家工业信息安全发展研究中心和山东大学在 2021 年 10 月联合发布了《工业设备数字孪生白皮书》，集合了业界 30 余家行业领军企业的多年行业积累和洞见，其中一个数字孪生的应用场景，就是和数控机床的结合。

10.2 行业挑战与需求

经典数控机床至少需要两台控制设备，一般通俗地称为上位机和下位机。上位机通常基于 Windows 系统，用于运行 CAD/CAM 软件，负责按照零件几何造型制订工艺规划，生成刀具路径文件，然后传输给下位机执行。下位机主要负责数控机床的加工程序，一般由 PLC 或者带运动控制卡的工业控制 PC 作为主控，驱动数控机床的机械部件完成加工。

高端制造业的发展对数控机床加工的稳定性和安全性的要求也越来越高，因此衍生出了新的功能，如碰撞保护、预测性维护。

- 带碰撞保护功能的数控机床：在经典数控机床之外，机床厂商或者第三方系统集成商可以通过额外加装限位装置和控制器的形式，增加碰撞保护功能。当限位装置检测到即将发生碰撞时，碰撞保护控制器会给下位机发送停机信号，以避免工件和机床之间发生不必要的碰撞和损失。这样，碰撞保护控制器就成为第三台控制器。

- 带预测性维护的数控机床：除了碰撞以外，由于机床老化所产生的计划外停机是影响生产的最主要因素之一。这样的需求就要求能够构建数控机床的机理模型，通过建立高性能数字孪生模型仿真平台及数据存储、分析和挖掘平台，通过对机床额外加装振动、应变、电气、液压等工况传感器进行数据获取，而后融合成为场景感知数据，建立历史数据库和故障特征数据库，最终能够拟合工况曲线，有效预测铣削刀具、主轴系统和进给系统的剩余寿命。这样，预测性维护控制器就成为第四台控制器。

随着增加的控制器数量上升，数控机床系统变得越来越复杂，机床厂商所安装的原厂系统和第三方系统集成商加装的后装系统的关联，需要依靠复杂的二次开发来完成。各个控制器系统之间的依赖关系也决定了一旦有未知的错误发生或者未来有其他的新的功能要加入，数控机床控制系统的维护成本将直线上升，而数控机床的最终用户将无法依靠自身的能力完成维保任务。

10.3　解决方案

工业数字孪生是多类数字化技术集成融合和创新应用，基于建模工具在数字空间构建起精准物理对象模型，再利用实时 IoT 数据驱动模型运转，进而通过数据与模型集成融合构建起综合决策能力，推动工业全业务流程闭环优化。数字孪生功能架构如图 10-1 所示。

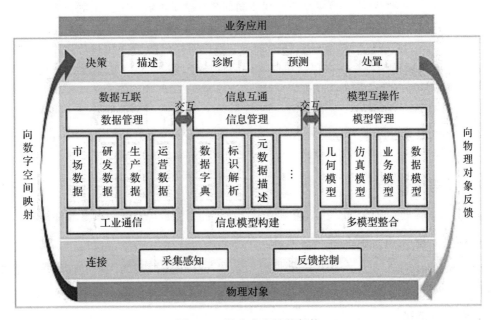

图 10-1　数字孪生功能架构

第一层是连接层，具备采集感知和反馈控制两类功能，是数字孪生闭环优化的起始和终止环节。通过深层次地采集感知获取物理对象全方位数据，利用高质量反馈控制完成物理对象最终执行。

第二层是映射层，具备数据互联、信息互通、模型互操作三类功能，同时数据、信息、模型三者间能够实时融合。其中，数据互联指通过工业通信实现物理对象市场数据、研发数据、生产数据、运营数据等全生命周期数据集成；信息互通指利用数据字典、标识解析、元数据描述等功能，构建统一信息模型，实现物理对象信息的统一描述；模型互操作指能够通过多模型融合技术将几何模型、仿真模型、业务模型、数据模型等多类模型进行关联和集成融合。

第三层是决策层，在连接层和映射层的基础上，通过综合决策实现描述、诊断、预测、处置等不同深度应用，并将最终决策指令反馈给物理对象，支撑实现闭环控制。

全生命周期实时映射、综合决策、闭环优化是数字孪生发展的三大典型特征。全生命周期实时映射是指孪生对象与物理对象能够在全生命周期实时映射，并持续通过实时数据修正完善孪生模型；综合决策是指通过数据、信息、模型的综合集成，构建起智能分析的决策能力；闭环优化是指数字孪生能够实现对物理对象从采集感知、决策分析到反馈控制的全流程闭环应用。本质是设备可识别指令、工程师知识经验与管理者决策信息在操作流程中的闭环传递，最终实现智慧的累加和传承。

目前，有不少国内的主流数控机床厂商都开始了数字孪生的探索工作。面对多个控制器并存的现状，一个有效的解决方案便是利用虚拟机技术，将传统上分散在上位机（CAD/CAM）、下位机（数控系统）、碰撞保护控制器和预测性维护控制器上的不同负载，统一到一台高性能多核工控机系统，该系统通常被称为智能数控系统。在智能数控系统的上层，通常还会建有一个云服务器，将多台数控机床的工控机所提供的历史数据以及故障特征数据汇总，通过多领域模型耦合，在更新机制和一致性验证通过之后，更精准地迭代出新的历史数据曲线，并且下发给各个独立机床系统。

10.4 具体实现

10.4.1 架构设计

如图 10-2 所示，典型的基于 ACRN 虚拟化技术的智能数控系统由以下部件构成。

1. ACRN Hypervisor

ACRN Hypervisor 把一台物理机硬件模拟抽象出多个虚拟实例，并负责为每台单独的虚拟机分配资源，例如 CPU、存储和 I/O 设备。

2. 服务虚拟机

服务虚拟机主要负责客户虚拟机的管理，一般会先于其他的用户虚拟机启动，为用户虚拟机提供后台服务，如用户虚拟机生命周期管理、共享设备模拟等。服务虚拟机也可以作为应用的载体，用户可以在此虚拟机上配置系统的管理软件，如监控客户虚拟机和应用程序的状态、网络环境的配置、管理人员的控制台程序等。

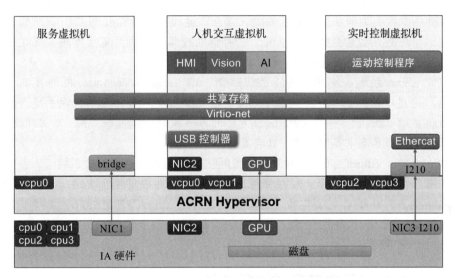

图 10-2　基于 ACRN 虚拟化技术的智能数控系统

3. 人机交互虚拟机（Windows VM）

该人机交互虚拟机可以作为传统方案中上位机的替代，通常是一个 Windows 操作系统。可以通过人机交互界面程序（HMI）方便一线操作人员录入工件信息，且为 CAD/CAM 软件提供运行环境。该场景下此虚拟机对硬件资源性能要求比较高，特别是用于 CAD/CAM 计算使用的 CPU 资源和 GPU 资源。针对这些要求，ACRN 通过以下技术来提高 Windows VM 的性能。

- CPU 共享技术：Windows 虚拟机除了使用单独分配给自己的 CPU 核之外，还可以同时使用其他虚拟机的 CPU，如服务虚拟机的 CPU（一般来讲，服务虚拟机的应用负载不重）。
- GPU 虚拟化技术：Intel 平台的集成显卡支持多种 GPU 虚拟机技术，例如，GPU 的受控共享（GVT-g）、GPU 的直通（GVT-d），以及 GPU 的 SR-IOV（仅限于 Intel 高端平台，需要 GPU 硬件设备的支持）。在工业控制器场景下，用于控制的实时虚拟机通常不需要显示功能，因而采用 GVT-d 的直通模式就可以为该 Windows 虚拟机提供强大的图形处理能力。
- I/O 设备的直通：当应用程序需要更强的 I/O 设备性能时，建议使用直通的虚拟机技术来独占该 I/O 设备，例如，网卡、磁盘等。如果人机交互虚拟机里的 CAD/CAM 需要较大的磁盘读写操作（加载文件或存储数据），可以选择添加独立的硬盘，并把它单独分配给 Windows 虚拟机。

- 超线程技术：ACRN 支持系统开启超线程以实现更好的并行处理能力。不过开启超线程会对实时性造成一些负面影响，需要小心平衡。

4. 实时控制虚拟机

通常使用加载实时补丁的 Linux 系统，结合软运动控制（Soft PLC），实现微米级别的运动控制，可以用在数控机床的下位机上的控制机械部件。因为需要实现高精度的运动控制，该实时虚拟机需要能够支持以下硬实时技术。

- 实时 Linux 系统：ACRN 支持 PREEMPT_RT Linux 和 Xenomai 两种实时 Linux 系统。通过一系列技术来保证系统的实时性（参见第 7 章）。通常会为系统分配两个单独的物理 CPU 核，一个 CPU 核作为实时内核承载控制任务，另一个 CPU 核心作为非实时内核承载非实时任务（如与其他系统的通信）。
- EtherCAT：EtherCAT 是一种工业以太网技术，具有高速和高效的特点，支持多种设备拓扑结构。其从站节点使用专用的控制芯片，主站使用标准的以太网控制器。多数情况下用以驱动伺服电机，运动控制器通过 EtherCAT 总线来驱动伺服电机。为保证 EtherCAT 总线的性能，通过 I/O 设备直通的方法为该虚拟机单独分配一张 EtherCAT 网卡。

10.4.2　虚拟机与云端应用的协同机制

1. AI 应用（数字孪生）

数字孪生的人工智能（Artificial Intelligence，AI）应用程序可以运行在 Windows 或者 Linux 操作系统中，主要用于收集本地工况传感器的各种数据，在本地拟合出历史曲线和故障特征曲线。并且该虚拟机会向云服务器发送数据，确保单个数控机床的历史数据和故障特征数据上传。

虚拟机还会汇集其他系统的数据进行汇总处理，根据预定义的数据模板填充信息，该数据模板是完整系统的数字化呈现，再通过数据模板与云端进行信息同步交互，以便实现本地和云端的数据同步。这样，系统就实现了物理世界的功能和数字世界的信息化，为后续的处理提供了更好的平台。

通过使用深度学习技术还可以实现预测性维护，由于深度学习需要用到更大规模的并行计算能力，因此一般通过云服务来作为计算平台。此虚拟机会作为云服务的端侧进行双向的数据交互，同时此虚拟机也作为端侧的执行侧（在深度学习中又称为推理端），通过 Intel OpenVINO[⊖]软件实现更好的推理性能。

2. 多虚拟机之间的通信

图 10-2 所示的系统中同时运行着多个虚拟机，虚拟机之间的数据交互需求是复杂和多

⊖　一个英特尔公司 AI 开发软件：https://www.intel.com/content/www/us/en/developer/tools/openvino-toolkit/overview.html。

样的。ACRN 提供多种虚拟机交互方式来满足不同需求。

- 虚拟网络：这是最为常见的数据通信方式。服务虚拟机先创建虚拟网桥，然后创建对应于虚拟机数量的端点（tap），并为每个虚拟机分配单独的端点，此时各虚拟机就可以基于此网桥进行数据通信了。另外，在服务虚拟机里，还需要配置系统的防火墙软件或者跳板机（Jumpbox）来提供整机安全保障。
- 虚拟串口：在数据流量要求不高而且是点对点通信的情况下，可采用虚拟串口的方式。
- 内存共享：ACRN 提供 Ivshmem 的方法来实现虚拟机之间的内存共享和通信。它创建一段内存供多个虚拟机共享使用，如提供运动控制的虚拟机需要和人机交互的 Windows 虚拟机进行数据共享以实现控制和人机界面的闭环逻辑。

3. 访问外部环境的网络配置

对网络性能要求高的虚拟机建议采用直通的方法来设置网卡，比如，人机交互虚拟机里的 AI 应用程序。如果虚拟机对网络访问的性能要求不高，而且多个虚拟机需要同时访问网络，则可以采用 virtio-net 虚拟机网络的方法，通过服务虚拟机里的物理网卡对外通信。

4. 多虚拟机之间的时间同步机制

在 ACRN 中虚拟机的时间都基于 CPU 的实时时钟（Real Time Clock，RTC），为保证虚拟机之间的时间同步，需要确保所涉及虚拟机全部运行在一个统一的时区中。ACRN 提供在服务虚拟机中对 RTC 的操作权限，使用者可以在管理者权限下对系统时间信息进行更改。

5. 隔离

ACRN 为单独的虚拟机提供安全隔离。利用虚拟化技术的隔离功能，当某个用户虚拟机出现故障时，不会影响其他虚拟机的正常运行。各用户虚拟机之前保持松耦合性。同时服务虚拟机还可以实时监控用户虚拟机的状态。

6. 云服务

利用远程连接的云服务器来完成机床数据的存储和分析。

- 存储：云服务器通过时间序列数据库存储大规模的历史数据。时间序列数据库主要用于处理带时间标签（按照时间的顺序变化，即时间序列化）的数据，带时间标签的数据也被称为时间序列数据。
- 分析：通过已部署在云服务器上的深度学习算法对数据进行训练，将得到的推理模型下发到端侧（这里指数控机床）。同时提供开发侧 API 供应用开发者不断优化和更新算法。

10.4.3　编译及安装

本节将介绍如何编译并安装部署一个基于 ACRN 的智能数控系统。我们将首先介绍如何在开发机上准备构建环境，然后介绍在目标机上进行 ACRN 配置的详细步骤。该配置架构图使用 ACRN 所支持的共享模式场景，它由一个 ACRN Hypervisor、一个服务虚拟机、一个实时控制虚拟机（用于运动控制）和一个人机交互虚拟机（运行 Windows 操作系统）组成，如图 10-2 所示。

1. 安装 ACRN 和服务虚拟机

请参考 6.4 节"安装部署入门指南"来编译 ACRN Hypervisor、安装服务虚拟机和 ACRN Hypervisor，这里不再赘述。

2. 编译及安装实时控制虚拟机

请参考附录 A "Xenomai 及应用程序的编译安装"来完成此步骤。

3. 编译及安装 Windows 虚拟机

Windows 虚拟机镜像的制作方法请参考以下链接：https://projectacrn.github.io/latest/tutorials/using_windows_as_user_vm.html。

4. 虚拟机之间的通信

这里以 virtio-net 为例，通过代码构建虚拟机之间的通信。

1）在服务虚拟机中创建网桥并绑定物理网卡。

```
$ brctl addbr acrn-br0
$ brctl addif acrn-br0 enp4s0
```

2）创建 tap 设备并将其关联到 acrn-br0。

```
$ ip tuntap add dev tap0 mod tap
$ ip link set dev tap0 master acrn-br0
```

3）修改用户虚拟机的启动脚本 ~/acrn-work/launch_user_vm_idx.sh，用 acrn-dm 命令把网卡添加到用户虚拟机中，其中 mac 地址是可选参数。

📄 **launch_user_vm_idx.sh**
```
1 acrn-dm -s 4, virtio-net, tap=<name>, [mac=<xx:xx:xx:xx:xx:xx>]
```

4）执行虚拟机启动脚本。

```
$ sudo ~/acrn-work/launch_user_vm_idx.sh
```

10.5 方案优势

此方案提升了设备资源的使用效率，使工厂可以降低安装、使用、维护和管理成本，从而降低运营支出。由于基础设施的减少意味着需要采购和维护的专用系统更少，因此工厂可以降低资本支出并避免随着新功能的增加而产生未来成本。同时将许多功能单一的专有设备整合到一个集成系统中可以释放占地面积并优化物理空间。可以将多项功能整合到一个控制台中，以获得更好的用户体验。通过与云端相连实现的数字孪生，带来远程管理功能以简化维护、升级等任务，提升了运营效率。通过从设备收集实时数据，工厂操作员可以预测维护问题并最大限度地延长正常运行时间。

10.6　本章小结

本书阐述了一个数字孪生工业应用的 ACRN 实现。借助于虚拟化技术来实现智能数控系统，不仅可以把传统数控系统在设备端侧的各个分离的单独控制器整合到一个计算机平台设备上，还可以通过数字孪生技术和云技术在云中构建此设备的数字化实例。

在物理世界中，此系统可以高效地完成传统的精密控制加工任务。通过负载整合的方式将控制 PLC 和人机界面 HMI 集成在一起，降低了系统成本，优化了运营体验。

在数字世界中，此系统将自己的信息抽象汇总提交到工厂的信息中心，为系统的改造升级留好了接口。特别是使用人工智能技术实现的预测性维护功能，此技术的应用大幅降低了系统的运维风险。

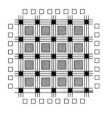

第 11 章
应用案例——基于机器视觉和机器控制的工作负载整合

本章介绍嵌入式虚拟化技术在工业领域的典型案例——**工作负载整合**。它充分利用 ACRN 虚拟化技术的优势，可以把多个不同种类（机器视觉与机器控制、Linux 与 Windows）、不同类型（实时的与非实时的）的负载同时运行在一个通用的物理平台上，实现工作负载整合。本章介绍的两个工作负载是机器视觉和机器控制，把它们无缝整合在同一物理平台上后，就可以使工业设备既有了"眼睛"（机器视觉），又有了"手臂"（机器控制）。本章先介绍工业自动化数字转型的趋势，以及把不同种类的工作负载整合在一起要满足哪些需求，再用 ACRN 提供一套可行的具体实施方案。

11.1　行业概述

11.1.1　迈向工业 4.0

从历史上看，工厂运营商一直采用孤立的方法来管理机械技术。工业机器通常拥有内置的专有数字系统，这些系统在机器上与逻辑上是相互隔离的。它们通过数字协议（通常也是专有的协议）相互通信。这意味着可编程逻辑控制器（PLC）、可编程自动控制器（PAC）、人机界面（HMI）和工业 PC（IPC）各自运行固定功能的应用程序，调用其他子系统来进行控制移动物料、与操作员交互、连接到服务器、保护员工并执行功能。由于这种孤立且不同的架构会导致高维护成本、复杂性、难以扩展，这些单独安装和管理的程序不适应未来的增长。从长远来看，这可能会导致互操作性问题和生产效率低下⊖。

由边缘计算、云技术和人工智能推动的数字化转型正在推动工业领域获得新能力，实现向工业 4.0 的转变。比如一些新的典型工业场景，机器视觉可以检查缺陷、读取条码并确认产品上的正确标签定位，装配线上的传感器可以联网以跟踪从边缘到云端的设备性能并通知预防性维护，支持人工智能的机器人技术可以实现制造和物流的自动化，以提高效率。

⊖　最大化 IT 和 OT 融合的价值：https://www.intel.com/content/www/us/en/internet-of-things/industrial-iot/it-ot-convergence.html。

11.1.2　物联网中的工作负载整合

工作负载整合（Workload Consolidation）是指将多个独立设备的功能集成到一个多功能的通用硬件平台上，用通用计算平台来取代单独的专用硬件，可以减少硬件基础设施数量并利用更多现有计算机技术优化系统运营管理。这种把信息技术（处理数据的硬件和软件）与运营技术相结合，构建工业控制与运营的系统集成也被称为 IT 和 OT 融合技术。它不仅可以有效地降低资金投入成本（CapEx），还可以提高工作效率、简化运营管理并降低运营成本（OpEx）。下面是一个典型应用，如图 11-1 所示。

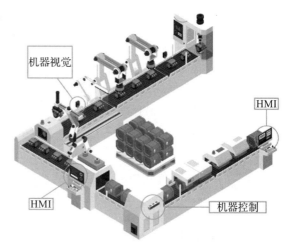

图 11-1　用一个多功能平台来整合工作负载

11.1.3　现代工业物联网模型

现代化的工业物联网（Industrial Internet of Things，IIoT）基础设施是由软件定义和驱动的[注]。它利用工作负载整合将硬件与软件分离，并将运营管理功能放到应用程序里来实现，而不是由专用硬件来实现。每个软件定义的环境都作为独立的、隔离的子系统运行，应用程序运行其上。而通用的底层硬件为所有操作提供所需的资源。应用程序可以通过标准化接口（如 USB 或以太网）与专用硬件（如伺服系统和传感器）进行通信。

为了支持系统的灵活性和互操作性，这种类型的基础设施需要建立在一个基于开放标准的通用化平台上，该平台能够整合、运行和管理任何类型的工业或计算密集型的工作负载，如图 11-2 所示。

图 11-2　工作负载整合

㊀　Intel 公司白皮书，工业 IoT 中的负载整合：https://software.intel.com/content/www/us/en/develop/articles/workload-consolidation-in-industrial-iot.html。

该平台的底层架构建立在一个统一的、类似云的平台上，可以运行单独的功能，也可以扩展，从而简化了 IT 技术和 OT 技术的融合，其特点如下。

- 底层硬件不再是专用的、厂商定制的硬件，而是具有高扩展性、计算性能较强的通用芯片。例如英特尔公司的 x86 架构的物联网高性能芯片，可以满足苛刻的工业应用场景，其处理器也非常适合融合需要多个 CPU、GPU 和加速器的边缘应用程序，无须重新配置即可满足未来几年内的功能需求。
- 底层硬件接口也不再是专用的、厂商定制的物理接口，而是通用的、基于开放工业标准的接口，例如以太网、TSN 网络、串口、USB 等，方便兼容不同厂商的硬件设备。
- 建立在开放架构上的工业计算平台，可以运行虚拟化软件，进行操作系统级别的工作负载整合。

11.2 行业挑战与需求

11.2.1 工业自动化需要数字化转型

传统的工业自动化系统是为执行单一任务而设计的，缺乏快速适应不断变化市场的灵活性。工厂和制造商需要付出高昂的成本或更长的时间进行新功能的升级。这些专有解决方案缺乏与其他系统的互操作性，因此工业用户不得不绑定在原有的硬件或者软件的供应商上，缺少了升级选择时的自主性、灵活性和多样性。

与单个工业自动化供应商合作有时可能会带来好处，但随着技术的进步和客户对灵活性的需求和期望，缺点也变得显而易见，如表 11-1 所示。专有系统购买成本高（资本支出高），维护成本也高（运营支出高）。由于是小批量定制开发并使用高度专业化的组件构建的，因此它们不具有商业现货（COTS）解决方案所带来的规模化经济带来的好处，即标准化、扩展性好、单价低和总维护成本低。

表 11-1 专有解决方案的缺点

缺点	原因
高资本 / 运营支出	孤立的专有硬件增加总成本
缺乏灵活性	缺乏互操作性，限制了部件的选择
安全缺陷	私有的固定式的安全解决方案存在漏洞
创新约束	创新受限于单个供应商的能力

尽管 20 世纪 90 年代制定的开放平台通信（Open Platform Communication，OPC）标准支持专有系统之间的通信，但互操作性仍然是一个问题。随着系统变得越来越互联，设备和数据安全成为首要问题。安全不能事后考虑，需要从头开始设计，但自动化解决方案供应商通常缺乏利用多种技术实施分层安全基础设施的经验。此外，最大的问题还是增加功能和升级系统既昂贵又困难，而且通常要按照供应商的节奏进行，大大限制了工业用户利用最新技术的进步和创新。

11.2.2　软件定义的基础设施帮助工业数字化转型

软件定义的基础设施可以帮助工业自动化进行数字化转型，可以提供一种更灵活、适应性更强且更具成本效益的方案。

- 软件定义的基础设施可以使自动化系统中的大多数操作和控制功能整合到能够满足工业环境实时性能要求的标准、大批量的商业现货的工控机或边缘服务器上。它可以通过用一小组大批量商业现货工控机或服务器替代小批量的专有硬件来降低硬件资本支出。
- 软件定义的基础设施可以显著减少专用设备的数量，这些标准工控机或边缘服务器比大量独特的专有设备更易于管理，便于员工培训，能够节省员工相关成本，从而降低运营支出，并进一步降低资本支出。
- 软件定义的基础设施方法可以更方便地进行扩展。因为需要处理的电线、电缆和系统更少，从而最大限度地降低与连接相关的成本。软件定义的基础设施解决方案在其控制的工业设备附近占用的物理空间也更少。
- 基于软件定义的基础设施的系统比传统系统需要更少的现场服务支持。在工业物联网环境中，工厂可以远程实时监控、诊断和更新软件定义的基础设施系统，无须部署工程师，从而进一步降低运营成本。
- 拥有软件定义的基础设施可以降低避免系统过时的成本。软件中实现的功能与底层硬件分离使得在整个服务生命周期内更新系统变得更加容易。与专有解决方案相比，由于软件和硬件是分离的，因此可以轻松迁移和复用软件。
- 软件定义的基础设施方法允许用户、软件供应商和系统集成商更轻松地开发可互操作的组件。由于软件定义的基础设施基于开放平台，因此工厂可以自由地选择与采用最新技术和创新流程的任何供应商进行合作。
- 由于主要硬件平台是工控机或者边缘服务器，因此与专有平台相比，它更成熟更安全，可以将各种 IT 技术应用到软件定义的基础设施中来保护硬件和软件的安全，创建强大的分层安全性。

总之，开放的软件定义的基础设施平台利用开放标准和开放平台，为原来的专有工业解决方案创造了一种开放、高效、灵活且占地面积小的替代方案，可以显著降低运营支出和资本支出。更好的软硬件互操作性为工业用户提供更多选择和更高的灵活性，使升级系统和添加功能更容易，从而满足不断变化的市场需求。

11.2.3　将软件定义的基础设施应用于工业自动化

国际自动化协会定义的 ISA-95 模型是集成企业和生产控制系统的标准，由 4 个级别组成，如图 11-3 所示。级别 0 代表传感器和执行器，级别 1～3 代表运营和控制功能，而级别 4 是企业级业务规划和物流层。自动化中软件定义的基础设施的前提是，级别 1～3 中的大部分功能可以在能够满足工业环境实时性能要求的工控机或者服务器上运行⊖。

⊖　工业 IoT 的软件定义基础架构：https://www.electronicspecifier.com/news/blog/software-defined-infrastructure-in-industrial-iot-how-it-works。

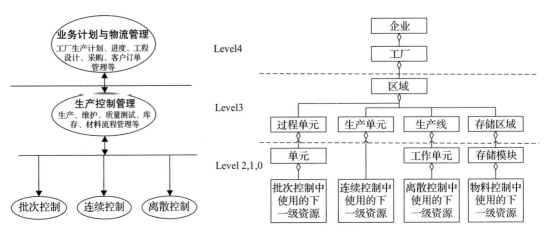

图 11-3   ISA-95 标准的层级结构

如图 11-4 所示，基于软件的数字控制器、PLC/DCS、SCADA 软件、HMI、流程历史数据库和级别 1～3 中的应用程序可以在软件定义的基础设施中运行。通过虚拟化技术，可以把这些不同类型的工作负载整合在一台或多台标准工控机或者服务器上，该机器再通过分布式控制节点连接到传感器、执行器和其他物理工业设备。

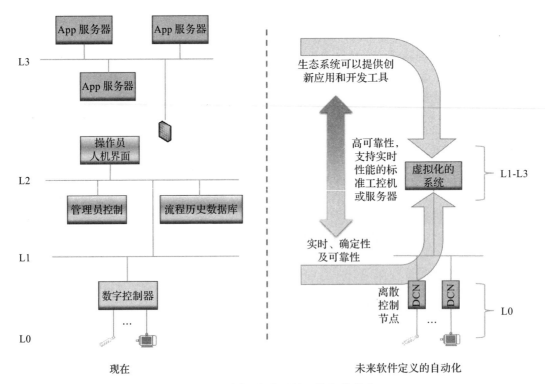

图 11-4   不同业务类型的工作负载整合

11.2.4　在工业领域进行工作负载整合的需求

在进行工作负载整合时，工程师必须考虑多个因素来设计一个有助于确保运营成功的平台。

1. 最坏情况执行时间

最坏情况执行时间（Worst-Case Execution Time，WCET）定义了工作负载成功运行可接受的最长执行时间。不同功能的进程有不同的 WCET，这里需要注意如下几点。

- 对于交互式工作负载（例如人机交互），WCET 只是观察到的应用程序响应的可容忍等待时间。
- 控制程序通常具有严格的时间确定性规范，并且要求 WCET 不超过可能仅跨越几微秒的非常严格的窗口（例如功能安全）。在规划和测试工作负载整合时，需要格外注意此类控制应用程序。

2. 带宽能力

单个工作负载在其生命周期内具有峰值带宽要求。带宽要求在整个生命周期内上升和下降，但绝不会超过指定的峰值带宽。一些带宽注意事项包括：
- 平台的带宽能力由平台提供商指定。
- 如果工作负载不是时分复用（TDM），带宽需求可能会同时达到峰值。平台需要支持整合的所有工作负载的峰值带宽总和。
- 如果工作负载是时分复用，平台可能能够支持所有工作负载，即使它们的峰值带宽总和超过其带宽能力。

3. 逻辑隔离

工作负载可能需要彼此完全逻辑隔离（分区），这保证了系统上的其他工作负载不会干扰其执行和地址空间。分区要求在确定给定平台上可以进行多少整合方面发挥着重要作用。虚拟化技术给平台增加了一定的开销。逻辑隔离还限制了每个工作负载可以访问的底层资源，以确保一个工作负载不会侵犯另一个工作负载的某些边界。

通过采用硬件辅助虚拟化技术来实现虚拟机管理程序，成为支持分区的关键。

4. 确定性

具有确定性功能（例如实时控制、功能安全）的工作负载必须有严格的执行要求。

此类工作负载需要进行时间隔离，以便其他工作负载不会干扰其执行周期。这通常是通过一个或多个功能的组合来实现的，例如底层平台的时间确定性、VT 支持等。如果工作负载在执行时间上错开，平台能够通过时分复用实现更好的整合。必须特别注意单个工作负载的时间要求才能整合成功。

5. 平台要求

该平台必须满足整合的所有工作负载的存储和电源要求。对于智能管理功耗的平台，工程师应保证此类功能不会干扰单个工作负载的 WCET。

以上只是工程师在硬件设计时应该考虑的一些特性。所有设计都需要全面的测试和验证覆盖，以确保符合上述工作负载整合的要求。

11.2.5　工业控制领域的工作负载整合案例——机器视觉和机器控制

机器视觉和机器控制结合在一起，使工业设备同时装上了"眼睛"和"手臂"，它能"看到"需要识别的物品，根据所看到的做出快速决策，并"执行"相应的操作。其典型应用场景有缺陷检测及识别、零件的定位测量及抓取、分类跟踪产品、流通行业的货物堆叠、机械手臂的位置引导等。机器视觉和机器控制的整合有如下优势。

- 可以集成定位、测量、识别、缺陷、颜色等多行业视觉分析算法，把视觉分析的数据与机器实时控制进行快速数据交互，提高控制灵敏度和精度，降低整体系统部署成本。
- 减少了物理设备数量，高性能的工控机 / 服务器可以实现一机多用，综合性价比高。
- 支持多种内部或外部连接方式，多种总线协议，多厂家设备互联，灵活适应不同应用场景。

下面分别对机器视觉、机器控制以及两者的工作负载整合进行简单介绍。

1. 机器视觉

简而言之，机器视觉技术使工业设备能够"看到"它正在做什么，并根据它所看到的做出快速决策。

机器视觉是工业自动化的基础技术之一。几十年来，人们利用机器视觉技术提高了产品质量、加快了生产速度并优化了制造和物流。现在该技术正在与人工智能相结合，利用越来越强大的计算能力（网络边缘及嵌入式物联网设备），人们正在从根本上扩展机器视觉的能力，引领其向工业 4.0 的过渡[⊖]。

2. 机器控制

机器控制技术通常运行在实时操作系统上，执行简单的控制命令，可以对伺服电机、马达等进行控制。机器控制系统接收控制指令来操控机械手臂、传送带的运动或者对其他设备的控制。

3. 机器视觉 + 机器控制工作负载整合

把两种不同类型的工作负载整合到同一台工控机或者服务器上，需要考虑如下几点。

- 实时和非实时系统的整合。机器控制上运行的是典型实时任务，它需要在固定的运行周期不受干扰地完成其规划好的实时任务。实时任务是最高优先级的任务且执行过程中不能被打断。而机器视觉则是非实时任务，它对工业相机进行取样，然后执

⊖ Intel 公司白皮书，工业 4.0 的机器视觉：https://www.intel.com/content/www/us/en/manufacturing/machine-vision.html。

行视觉算法，有较为宽容的时间要求。

- 确定性和非确定性。机器控制上运行的实时任务通常有明确的确定性要求，所有的实时任务必须能在一个确定的时间内完成，而机器视觉的任务则对此无强制要求。

- 对计算能力的需求不同。机器视觉需要更高的计算能力，特别是在执行人工智能 AI 算法时，除了对 CPU 计算能力的需求，可能还需要 GPU 或者 FPGA、VPU（Video Processor Unit）加速卡的硬件计算能力。而机器控制则对 CPU 的算力没有太高要求。

- 隔离性。虽然运行在一台物理平台上，但这两种工作负载之间不能互相干扰，它们之间必须相互隔离，包括空间隔离和时间隔离。例如隔离 CPU 核、内存、I/O 外设、网卡等。即使机器视觉系统出现异常也不能影响机器控制系统的正常工作。

- 互通性。机器视觉系统和机器控制系统需要有一种通信机制，而不需要再通过外接设备进行通信互联，这样机器视觉可以把处理好的决策命令发送给机器控制系统，机器控制系统也可以把执行结果反馈给机器视觉系统。

在同一平台上，两个独立的工作负载既要能够完成原来的负载任务，又要保证不互相干扰，平衡好对硬件平台资源的要求，这些都是进行负载整合的前提条件。

11.3　解决方案

11.3.1　负载整合技术方案——虚拟化和容器化

虚拟化技术和容器化技术是 IT 数据中心中的成熟技术。随着物联网行业的发展，虚拟化技术和容器化技术正成为物联网用户和厂商的热门话题。与在单个多任务操作系统上运行多个用户应用程序不同，工作负载整合在单个强大的平台上创建单独的、隔离的环境，每个环境都有自己的操作系统。

支持工作负载整合的两种关键技术是虚拟化技术和容器化技术。如图 11-5 所示，虚拟化（Virtualization）是将物理硬件抽象成一个或多个虚拟实例，整个计算机操作系统运行在虚拟实例上。虚拟化技术创建了一个或多个隔离的虚拟机环境，这样的虚拟机包括操作系统、虚拟化网络和存储资源等。这些虚拟机通过虚拟机管理程序（Hypervisor）来访问底层硬件。容器化（Containerization）是完整机器虚拟化的轻量级替代方案，涉及将应用程序封装在操作系统环境的容器中。容器化在用户空间（在应用程序层）创建隔离进程，这些进程通过中央应用程序（例如 Docker）共享相同的内核和非虚拟化硬件资源。

这两种方法都用于解决工作负载整合问题，每种方法都有自己的优势和适用场景。虽然容器在 IIoT 中越来越受欢迎，但虚拟化技术通常是工业自动化和 IIoT 软件定义基础设施的首选方法。在这些领域，完全隔离通常对运营至关重要。当需要运行具有多个应用程序的多个操作系统时，使用虚拟化技术，这些应用程序的组合可能会随着时间的推移而变化。而容器通常只有一个应用程序。虚拟机管理程序借助于硬件辅助虚拟化技术，可以使运行在它上面的操作系统获得接近原生系统的体验，就好像运行在裸机上一样。

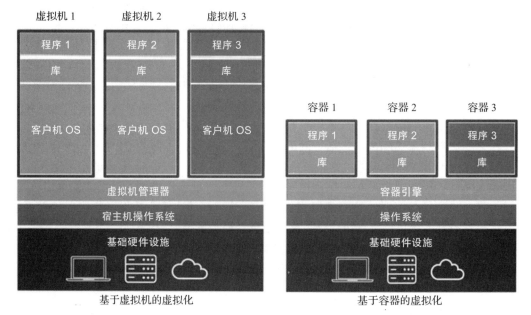

图 11-5　虚拟化技术和容器化技术之间的差异

11.3.2　通过虚拟化技术实现工作负载整合

如上所述，在工业自动化应用领域，工作负载整合通常通过虚拟化技术来完成。国际自动化协会的 ISA-95 模型是推动整合企业和生产控制系统的标准。

1. 虚拟化和虚拟机管理程序

虚拟化技术将主机平台划分为多个软件定义的、隔离的环境，共享资源由虚拟机管理程序管理。市面上有多种虚拟机可用，包括开源的虚拟机和商业的虚拟机。虚拟机管理程序可以分为一型和二型虚拟机。

- 一型虚拟机，也称为裸机虚拟机（Bare-metal Hypervisor），需要另外运行一个独立的操作系统，用于引导、运行硬件和连接到网络。流行的一型虚拟机管理程序有 Wind River Hypervisor、Microsoft Hyper-V、VMware ESXi 和本书介绍的 ACRN 等。
- 二型虚拟机，也称为托管虚拟机（Hosted Hypervisor），直接运行在安装的操作系统之上。一旦操作系统开始运行，托管虚拟机就会启动。流行的二型虚拟机管理程序有 Linux、VMware Workstation、VirtualBox 和 Parallels，后者在基于 macOS 的计算机上运行时模拟 Windows 操作系统。

表 11-2 是两种类型虚拟机管理程序的对比。无论从架构、使用资源的多少还是隔离性上看，在资源受限的嵌入式系统上更适合选用一型虚拟机技术。

表 11-2　一型和二型虚拟机之间的主要区别

	一型虚拟机（裸机虚拟机）	二型虚拟机（托管虚拟机）
安装	直接运行在硬件平台上	应用于移动设备，直接与用户交互，处理并响应来自用户的操作
操作系统	完全独立	依赖于宿主机操作系统
内存占用	占用内存少。它的主要任务是在不同操作系统之间共享和管理硬件资源	占用内存更多。主机操作系统中的任何问题都会影响整个系统，即使运行在基础操作系统上的虚拟机是安全的
优势	任何一个 VM 操作系统中的任何问题都不会影响在 Hypervisor 运行的其他 VM，具有更好的实时性能	一些应用程序可以直接运行在宿主机 OS 中
架构示意图		

2. ACRN Hypervisor

ACRN 是一款灵活、轻量级的、开源的虚拟机，专门为嵌入式平台开发和设计⊖，特别为实时性和安全性进行优化。可以支持硬实时操作系统，丰富的 I/O 设备虚拟化，支持 GPU 的共享或直通，支持主流的操作系统，例如 Windows、Android 以及 RT-Linux、Xenomai、VxWorks 等其他 RTOS，其特点如表 11-3 所示。

表 11-3　专门为工业嵌入式设计的 Hypervisor 的特点

属性	描述
隔离性	能够限制每个应用程序对某些系统资源的访问，以实现安全或性能目标
弹性	通过分配或者不分配硬件资源，可以适应工作负载增加和工作负载减少
实时性能	尽力消除由虚拟化技术而产生的额外开销，接近硬件实时响应的性能
应用程序交付	无须修改，轻松进行应用程序移植，支持跨操作系统和硬件平台
尺寸大小	运行时内存消耗和代码非常少
功能安全	支持功能安全特性

⊖　ACRN 项目网站：https://projectacrn.org/。

11.4　具体实现

　使用 ACRN Hypervisor 可以把机器视觉和机器控制运行在同一台工业机上，实现两种不同类型工作负载的整合。典型参考设计架构如图 11-6 所示。

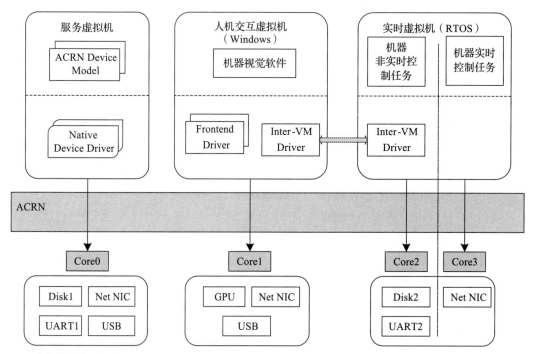

图 11-6　ACRN Hypervisor 实现机器视觉和机器控制工作负载整合的设计架构图

下面分别对系统中通过 ACRN 虚拟化技术实现各个模块进行介绍。

11.4.1　机器视觉——运行在人机交互虚拟机里

机器视觉软件，从图像数据的采集到 AI 算法的计算，都可以运行在 Windows 操作系统的虚拟机里，具体实现参见如下说明。

- Windows 是一个非实时的操作系统。一般工业客户对 Windows 系统的依赖性比较强，而且很多机器视觉软件也是基于 Windows 系统开发的，所以不需要额外将机器视觉软件迁移到其他的操作系统上。
- 高清工业相机可以通过以太网口接入，并且该设备也被 Windows 虚拟机独占。工业相机采集的图像和视频，经过数字化处理变为 IP 数据包，通过以太网口传入 Windows 操作系统。
- 带有 AI 功能的上层软件会进行图像处理、算法分析、特征识别等，或者进行神经网络推理，最后达到定位、测量、文字或颜色辨识、缺陷识别等目的。

- Windows 虚拟机通常需要较强的 CPU 计算能力，需要分配 CPU 中的单核或者多核。
- 通过把 GPU 设备直通给 Windows 虚拟机，并外接显示器，Windows 虚拟机也可以提供人机交互功能，进行设备的参数配置、状态管理等。
- 在某些需要高数据量推理计算的场景，机器视觉可能还需要 GPU 的算力辅助或者独立 AI 加速卡的协助。有了 GPU 或者 AI 加速卡的帮助，可以显著加快 AI 功能的计算，并大幅度降低 CPU 本身的利用率。

11.4.2　机器控制——运行在实时虚拟机里

机器控制通常运行在一个实时操作系统里。这里选用基于 Linux 系统的开源 RTOS，例如 Zephyr、PREEMPT_RT Linux 或者 Xenomai。后两者对 Linux Kernel 进行了修改和增强，通过把实时任务和非实时任务进行优先级分类、单独调度而实现实时任务的实时运行。具体实现参见如下说明。

- 虽然 RTOS 系统中运行的任务简单，不需要很强的 CPU 算力，但是这里给 RTOS 虚拟机分配了两个单独的 CPU 物理核。一个 CPU 核用于专门执行实时任务，另一个 CPU 核用于专门执行非实时任务。
- 执行实时任务的 CPU 核运行 PLC、驱动伺服或步进电机、采集仪表数据等。驱动伺服 / 步进电机可以采用两种方式：采用网络接口通过 EtherCAT 对接 EtherCAT 型伺服 / 步进电机；采用第三方 EtherCAT 远程 I/O，通过脉冲输出驱动脉冲型伺服 / 步进电机。另外也可以用同样的接口采集智能仪表数据，还可以插入标准 PCIe 接口的时间敏感网卡（TSN），RTOS 系统利用 TSN 网络进行远程的 I/O 设备实时控制。
- 执行非实时任务的 CPU 核通常运行文件读写、磁盘访问，以及内存之间通信等非实时任务。
- 外部设备的访问。在 RTOS 虚拟机里，建议采用设备直通的模式让 RTOS 虚拟机独占外部设备，或者采用轮询避免用中断方式访问某些必须共享的外部设备。

11.4.3　服务虚拟机——为整机系统提供后台服务

因为 ACRN 是一型虚拟机管理程序，所以必须有一个服务虚拟机。它的作用类似于 Xen Hypervisor 里的 Dom0[⊖]。硬件平台上电后，引导程序初始化硬件后会引导启动 ACRN，随后 ACRN 启动的第一个虚拟机就是该服务虚拟机。它主要提供以下两个功能。

- 设备的模拟和共享。如果多个虚拟机需要共享访问同一个物理外设，则需要借助服务虚拟机里的设备模型。另外，在服务虚拟机里运行一个硬件设备的后端驱动，在用户虚拟机里实现一个设备前端驱动，两者互相配合实现设备的共享。当用户虚拟机需要访问真正的物理外部设备时，前端驱动就会把请求发送到后端驱动，后端驱动再调用安装在服务虚拟机上的真正的物理设备驱动，来访问该物理外设。

⊖　Xen 虚拟机项目中的 Dom0 介绍：https://wiki.xenproject.org/wiki/Dom0。

- 用户虚拟机的生命周期管理。包括 Windows 客户机和 RTOS 虚拟机的启动、暂停、恢复、退出等。

11.4.4　嵌入式虚拟机管理程序——ACRN Hypervisor

嵌入式虚拟机管理程序 ACRN Hypervisor 把一台物理机硬件模拟抽象出多个虚拟实例，并将其分配给 Windows 虚拟机和实时虚拟机。利用 Intel 的硬件虚拟化技术为 ACRN 提供硬件辅助技术，有助于降低 ACRN 的代码规模、复杂性，减少虚拟机代码自身运行带来的开销并提高其性能。

- CPU 虚拟化。借助于 CPU 的硬件虚拟化 VT-x 技术，实现 CPU 的虚拟化。
- 内存虚拟化。内存虚拟化功能允许对每个虚拟机的内存进行抽象隔离和监控，例如直接内存访问（DMA）重映射和扩展页表（EPT）进行虚拟地址到物理硬件地址的转换。
- I/O 虚拟化。利用 VT-d 技术可以实现 I/O 设备的直通，或者用设备模型对物理设备进行多虚拟机的共享。

更多的 ACRN 虚拟化技术具体实现细节请参考第 4 章和第 5 章的内容。

11.4.5　硬件资源和 I/O 设备的分配

ACRN 虚拟机在启动后，把某些硬件资源静态分配给相应的 Windows 虚拟机和实时虚拟机，例如：

- CPU。服务虚拟机占用 1 个物理 CPU 核，Windows 客户机占用 1 个物理 CPU 核，为实时虚拟机分配 2 个物理 CPU 核。（假设物理硬件平台总共有 4 个物理 CPU 核。）
- 内存。服务虚拟机、Windows 虚拟机、实时虚拟机根据实际物理内存分配相应的大小。
- I/O 设备的分配，需要仔细考虑不要影响实时虚拟机的实时性能，尽最大可能不要把设备在实时虚拟机和 Windows 虚拟机之间进行复用共享。尽可能采用设备直通的方法，把需要实时任务处理的设备直通给实时虚拟机。

如果是共享 I/O 设备，那么实时虚拟机对这些设备的访问可能会触发中断，进而陷入 ACRN 虚拟机内运行，再交给服务虚拟机内的设备模型进行处理。显然，这样长的调用路径很难保证实时虚拟机的实时确定性。因此这里建议尽可能避免访问设备的中断产生。建议采用以下两种方式在实时虚拟机里访问外设。

- 把外设直通给 RTOS 虚拟机独享。通过 Intel VT-d 虚拟化技术，ACRN 和服务虚拟机就不会对该设备产生任何额外的影响，从而确保了设备访问的实时性。
- 如果某些设备必须由多个虚拟机共享，则建议采用基于 virtio 的轮询模式的驱动来访问设备，虽然增加了 CPU 的利用率，但是可以有效避免中断产生而触发到设备模型里执行的处理时间不确定性。

按照以上原则，I/O 设备的虚拟机间分配建议如下。

- GPU。利用 Intel GVT-d 技术，把 GPU 单独分配给 Windows 虚拟机独占。
- 摄像头。由于 USB 带宽的限制，对于工业高清照相机 / 摄像头，建议使用具有网络接口的 IP 照相机 / 摄像头，通过网口接入工控机，并把该设备独享给 Windows 虚拟机，来完成视觉采集功能。
- 存储设备。通常建议使用两块物理硬盘或者 SSD。可以将一块硬盘分配给服务虚拟机和 Windows 虚拟机共享，可以将另一块硬盘独享给实时虚拟机。在成本受限的情况下，也可以只使用一块硬盘，在三个虚拟机之间进行共享。在这种情况下，必须要求实时虚拟机内部的磁盘驱动（前端驱动）使用轮询模式而不可以采用中断模式的磁盘驱动。
- USB 控制器。通常建议分配给服务虚拟机和 Windows 虚拟机进行共享。
- 网络接口。建议把不同的网络接口分别直通给实时虚拟机和 Windows 虚拟机。不建议进行网络设备共享，特别是实时虚拟机需要采用网络接口通过 EtherCAT 控制 PLC 或者伺服 / 步进电机时，该网口需要给实时虚拟机独享。

11.4.6　虚拟机间通信

把 Windows 虚拟机和 RTOS 虚拟机通过 ACRN 整合在一台工控机上后，该方案的一个明显优势就是机器视觉和机器控制两个系统间的通信，变成了两个虚拟机之间的通信，不再需要外接的专用的网络和电缆连接。

ACRN 支持虚拟机间的三种通信方式。

- 共享内存。利用开源的 Ivshmem 实现方法，ACRN 在内部实现了一块共享内存，在 Windows 虚拟机和实时虚拟机里各安装一个 PCIe 的设备驱动，就可以同时访问这块共享内存。因为是共享内存的读写，所以其虚拟机之间通信性能最好。
- 虚拟网络。这是一种在虚拟化领域通用的方法。只需要在两个虚拟机内安装虚拟网卡驱动，再分配好 IP 地址，虚拟机间就可以进行正常的网络通信了。
- 虚拟串口。在服务虚拟机内，实现了多个传统的虚拟 UART 设备，可以将这些串口设备分配给两个虚拟机。通过串口设备，也可完成虚拟机之间低速的通信。

11.4.7　物理硬件平台——基于 x86 的工控机

建议使用 Intel 酷睿系列 CPU 的工控机。CPU 的核数为 4 个及以上，并能支持 Intel CAT 技术的工业 CPU。市面上有多种类似的商用现货工控机可供选择。

11.4.8　性能调优

对系统整体性能进行调优，除了需要考虑全局的架构设计、硬件资源的分配、I/O 设备的预先分配定义之外，还要平衡实时系统的实时性能以及 Windows 系统的视觉计算的性能。

除此之外，ACRN 虚拟机还专门为嵌入式实时性能进行了优化，避免对实时虚拟机的实时性能带来额外的影响，主要表现在如下三个方面。

- RTOS 运行时，ACRN 尽量做到 VM-Exit-less。例如，CPU 的物理核分配给实时虚拟机，LAPIC 需要透传给实时虚拟机，I/O 设备使用直通模式，磁盘驱动采用轮询模式而不是中断模式等。
- 避免 Windows 虚拟机对实时虚拟机的干扰。即使已经将 CPU 的物理核独立分配给了两个不同的虚拟机，但是因为 L3 缓存在 CPU 之间是共享的，因此有可能会造成实时虚拟机的访问缓存内容的失效。这里可以采用 Intel 的 CAT 技术和 SRAM 技术进行专门优化。
- ACRN 自身运行时间的确定性。如果实时虚拟机执行时导致了 VM Exit，进而陷入 ACRN Hypervisor，需要执行 ACRN 的自身代码，这部分代码的执行时间已经做了最大优化，确保在最短的时间内完成执行。

更具体的 ACRN 性能调优，请参考第 7 章的详细介绍。

11.4.9　安装步骤示例

附录 D 中详细介绍了在如何在 ACRN 上同时安装、运行两个不同类型的虚拟机，包括如何配置、创建和启动构建两个示例程序的两个 VM 镜像。考虑到方便下载，建议用桌面版的 Ubuntu 代替图 11-6 中的 Windows VM，而另一个实时操作系统 VM 用 PREEMPT_RT Linux 代替进行演示。

在完成了附录 D 中的安装后，可以演示如下示例场景。

- ACRN 上运行两个 VM。一个运行桌面版的 Ubuntu，作为人机交互操作系统；另一个运行实时操作系统，即基于 Ubuntu 的 PREEMPT_RT Linux。
- 两个虚拟机之间通过 Ivshmem 共享内存的方法进行通信。
- 在实时操作系统中运行一个 Cyclictest 例程，测量实时系统中的延迟，模拟实时应用程序。
- 在人机交互操作系统中运行一个浏览器网页，显示从 Cyclictest 收集来的数据的直方图。

11.5　方案优势

使用 ACRN 虚拟化技术可以把两种不同类型的工作负载整合在一个开放的计算机平台上。首先它节省了硬件投资，可以把两套专用硬件用一台 x86 工业控制机代替。其次，它方便系统的迁移，利用 ACRN 可以把旧的操作系统和旧的应用程序一起迁移到新的通用硬件平台上，而不需要重新进行应用程序的再次开发，省去了操作系统和应用程序升级的工作，实现平滑过渡。与此同时，整体系统的健壮性也得到了提高，因为 ACRN 虚拟化技术带来的隔离性，其中任何一个虚拟机的异常都不会对其他虚拟机带来影响，业务应用还可以正常执行。最后，ACRN 还支持远程控制，可以把一台工业设备变成一个远程节点，不仅可以从设备收集实时数据，还可以远程对虚拟机进行控制、升级和维护，并最大限度地延长整机的正常运行时间。

11.6　本章小结

软件定义的基础架构可以把处于工业自动化标准 ISA-95 不同层次结构的组件、不同类型的工作负载，整合在标准工控机或者边缘服务器上。IT 和 OT 技术的融合、成熟的 IT 技术可以把控制逻辑与传统专用的硬件功能解耦，从而构建灵活可扩展的控制系统。通过软件定义的方式可以实现非实时计算与实时控制在同一系统上运行。

通过把机器视觉和机器控制结合在一起，工业设备拥有了"眼睛"，能"看到"需要识别的物品，通过和 AI 技术结合，可以根据它所看到的做出快速决策，并"执行"相应的操作。这种具有智能机器视觉的机器，可以自动执行简单任务并向自主机器转变，将推动工业创新到新的水平。

ACRN 虚拟机技术专门为嵌入式系统而设计，优化了虚拟化环境中的实时性能。它可以把机器视觉和机器控制、实时的与非实时的、两种不同类型的工作负载，整合到通用的且可扩展性好的商用工控机或边缘服务器上，可以优化运营、降低成本、提高效率，为用户提供更多的创新产品和服务。

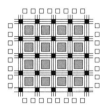

第 12 章
应用案例——自主移动机器人

上一章的案例介绍了如何利用 ACRN 虚拟机技术的优势，把多个不同类型的操作系统、不同需求的应用同时运行在一个通用的物理平台上，达到实现工作负载整合的目的。在本章中，我们会介绍如何利用同样的技术，帮助多负载的自主移动机器人实现高效、紧凑的控制器设计，以满足日益复杂的市场需求。本章先介绍自主移动机器人的行业趋势以及行业挑战，然后介绍使用 ACRN 虚拟机实现多负载整合的移动机器人架构。

12.1　行业概述

早在 20 世纪 40 年代，就已经有人开始研究自主移动机器人，然而由于算力和其他技术条件的限制，直到近十年才陆续出现了商用自主移动机器人，它们主要应用于物流仓库或生产车间。近年来，自主移动机器人出现了爆发性的增长，且发展出在各种服务领域应用的移动机器人，例如在餐厅送餐的送餐机器人、在酒店服务客户的酒店机器人、在办公大楼里负责消毒的消毒机器人等。根据 Strategy Analytics 机构发布的统计数据，服务机器人在 2020 年的销量增长了 24%，其中在清洁和消毒领域出货量猛增 165%，在快递和物流领域出货量同期增长了 84%。

得益于计算平台算力的增强及其他各方面技术的发展，现在的移动机器人在各方面都有很大的功能提升：在导航移动上增加了自主性，能进行自主建图、导航和避障；在工作场景上，能支持各种复杂的业务场景，如送餐、消毒、巡检；在人机交互与多机协作上，能支持更好的人机交互（自然语言、视觉等方式）和多机协作，甚至还能与机械臂协同工作，构成新一代的复合机器人产品。

12.2　行业挑战与需求

移动机器人产品的种类很多，应用也相当广泛：有室内的，有室外的，有用来作业的，有用来服务人的，有只需要移动的，有需要叠加摄像头做巡检的，有需要能和人沟通交流的，甚至有需要带手臂可以直接作业的。经过多年的发展，相关硬件技术日趋成熟，但核心的控制技术以及人工智能的能力依然有较大的提升空间。

移动机器人的功能主要包括（非全部必要）：

● 自主移动底盘：可以自主建图，可以感知自己在地图上的位置，在收到任务之后可以自主导航移动到目的地，且能在移动的过程中检测到障碍物后停下或绕行。

- 机械臂：可以在移动到目的地之后开始手臂作业，例如取放物体；也可以在移动过程中同时开始手臂作业，将底盘作为手臂之外的两轴，例如帮助手臂移动到手臂够不到的地方等。此时，安全性显得格外重要。
- 控制系统：控制系统可以包括运动规划和运动控制。运动规划包括底盘移动轨迹规划、手臂移动轨迹规划、底盘＋手臂一体移动规划等。运动控制包括对移动底盘轮子的控制，以及对手臂各轴的控制。
- 视觉：可通过视觉辅助移动底盘建图、导航、避障；也可通过视觉监控环境；还可通过视觉引导手臂运动，以及手臂避障。
- 末端执行器：如果有手臂，那么便会有末端执行器，配合手臂作业。可能会自带压力或者触感反馈。
- 人机交互界面：对于用于服务客人的机器人，一般需要有人机交互的能力，比如能理解客人的语音指令、观察理解客人的形态表达等；或者需要有人机交互界面，让客户操作、录入所需服务。

即便功能越来越多、系统越来越复杂，对于机器人总体的需求依然是体型轻巧紧凑、作业高效且智能、机体稳定耐用、能保证安全性、成本合理。常见挑战包括如下几个方面。

- 环境感知与机器人定位：传统物流仓库和生产车间环境相对比较封闭且固定，但是对作业准精度要求比较高，需要辅助对准；而新兴的服务场景相对比较开放、复杂且不固定，虽然不一定对作业准精度有很高的要求，但是导航避障的困难很大，需要多传感器融合辅助。
- 手臂的灵活作业控制：因为是搭载在移动底盘上，无论小车静止后工作，还是在移动过程中同时工作，手臂工作环境一直在变化，所以相比传统固定式手臂，移动手臂需要视觉辅助指导作业，还需要考虑在运动过程中可能碰到的障碍物，如果是在移动过程中作业，安全性至关重要。
- 执行与决策：由于环境的多样性、任务的不确定性，需要实时地进行感知→决策→执行的闭环处理，对计算有很大需求，对性能有很高的要求。
- 各功能集成与协同：因为功能很多，包括轮子、手臂、触摸屏，外加各种传感器、摄像头等，从硬件上的走线到软件上的集成与协同都存在着很大的挑战。当然，也可以简单地把所有组件原生态地组合在一起，但是庞大的体积、独立的决策和执行以及整体的安全性，都无法保证其在实际场景中的应用。

12.3　解决方案

采用虚拟化技术的解决方案可以有效简化硬件设计，解决软件移植等方面的挑战。图 12-1 所示是一个基于 ACRN Hypervisor 的自主移动机器人系统架构图。使用 ACRN 虚拟机实现两种不同类型工作负载的整合，使自主移动和机械手臂移动功能在同一台物理机上执行。

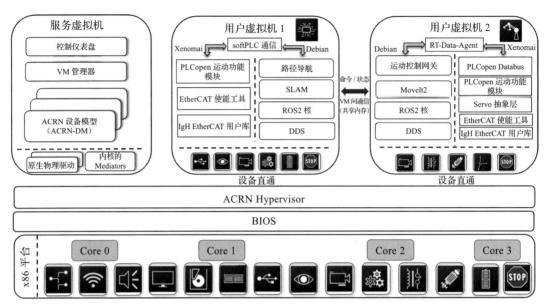

图 12-1 基于 ACRN Hypervisor 的自主移动机器人系统架构图

12.4 具体实现

以自主移动抓取机器人为例，本节介绍如何实现自主移动底盘和机械手臂的功能整合，以及如何按照任务设置执行对目标的移动抓取。如图 12-1 所示，典型的基于 ACRN 虚拟化技术的自主移动机器人由下列部件构成。

本例使用的硬件平台是 Intel 第 11 代酷睿平台（Tiger Lake），有 4 个 CPU 物理核可供使用。

- ACRN 虚拟机：ACRN 嵌入式虚拟机把一台物理机硬件模拟抽象出多份虚拟实例，并负责为每个虚拟机分配资源，例如 CPU、内存、和 I/O 设备。
- 服务虚拟机：主要负责用户虚拟机的管理，一般会在其他虚机（称为用户虚拟机）启动之前启动，为用户虚拟机提供后台服务（例如虚拟机生命周期管理、I/O 设备共享支持）。
- 用户虚拟机：在图 12-1 中有两个独立的实时虚拟机（Real-Time VM）。一个虚拟机用于控制自主移动底盘，另一个虚拟机用于控制机械臂。
  - 用户虚拟机 1（用于控制自主移动底盘）：自主移动底盘实现根据命令向目标位置移动的功能。系统依托于 Xenomai 实时系统来实现。Xenomai 系统中的实时控制部分通过 EtherCAT 总线驱动电机进行位置移动。非实时系统接收到任务目标后通过激光雷达实现导航，将目标分解成可执行的路点坐标信息后送发给实时部分。
  - 用户虚拟机 2（用于控制机械臂）：机械臂执行目标的抓取操作。系统依托于

Xenomai 实时系统来实现。Xenomai 系统中的实时控制部分通过 EtherCAT 总线驱动电机进行手臂的操作。非实时系统接收手臂操作任务，通过计算将任务分解并传送到实时系统。

1. 计算机硬件资源的分配

计算机硬件资源的分配如下。

- CPU 分配：Xenomai 系统由实时系统 Cobalt 和非实时系统组成。为保证系统中实时任务的确定性，给 Xenomai 系统分配两个独立的 CPU 物理核，分别作为实时核和非实时核。图 12-1 中用 Core0 和 Core1 标识，这两个 CPU 也作为服务虚拟机的物理核，使用 ACRN 的 CPU 共享技术可以实现这一点。另外两个物理核心 Core2、Core3 供机械臂的虚拟机使用。相对而言，非共享的 CPU 可以使系统获得更好的实时性能，因为这里机械臂对实时性的要求更高，所以为这个机械臂虚拟机提供独立的 CPU 物理核。
- 设备直通：为虚拟机提供接近于原生系统的硬件支持，这里为自主移动底盘虚拟机分配激光雷达设备，为机械手臂虚拟机分配伺服控制器。
- 实时与非实时进程数据通信：系统中实时和非实时进程的数据通信使用 RT-Data-Agent。在实时虚拟机内部，任务由非实时系统获取，执行则依靠实时系统，因此建立合适的通信机制尤为重要，这里使用 RT-Data-Agent 方式实现，它是一种基于 ROS 的通信方法。

2. 机器人软件系统的组件

一般来讲，机器人的软件系统由很多不同的软件功能模块构成。这些功能模块在机器人系统中各司其职，来实现现代机器人复杂的功能应用。下面介绍机器人软件系统的组件构成，及每个组件在机器人系统中的功能与作用。

- ROS[一]：是指机器人操作系统（Robot Operating System）。ROS 是开源机器人基金会（Open Source Robotics Foundation）推动的开源项目，旨在为机器人产品开发者提供一套通用灵活的软件框架，包含丰富的软件开发库和开发工具，以及完善的文档，能够更好地支持各种机器人开发和产品化用途。作为开源的项目，ROS 还具备如下的优势：完善的开发者社区和软件生态；完整的工具链，缩短产品开发周期；丰富软件库和功能模块，解决大部分基础的软件工作；多产品形态支持；核心组件 100% 开源，且采纳商业化友好的开源许可；通过社区 ROS-industrial 组织和 ROS 技术指导委员会（ROS Technical Steering Committee）推动产品质量提升及对工业产品支持。
- DDS（Data Distribution Service）：是 OMG[二]制定的，适用于实时系统的数据通信（publish-subscribe）中间件规范。DDS 引入了虚拟的全局数据空间的概念，同时也

　　○ ROS 开源项目官网：https://www.ros.org/。

　　○ OMG 组织官网：https://www.omg.org/。

支持创建本地的数据模型。不同的应用程序可以通过预先定义的名字（topic，key）来对数据空间的读写实现数据交换。在 ROS 开源项目中，主流应用的 DDS 方案包括 eProsima fastDDS、ADLink cycloneDDS 和 RTI ConnectDDS。

- SLAM：同时定位与建图（Simultaneous Localization and Mapping），是指运动物体根据传感器（如激光雷达、里程计等）的信息，一边计算自身位置，一边构建坏境地图的过程。目前，SLAM 的应用领域主要有机器人、虚拟现实和增强现实。其用途包括传感器自身的定位，以及后续的路径规划、场景理解。

- Navigation：导航是移动机器人的核心功能之一，主要通过机器人传感器收集的信息及导航的目标设置，完成导航的路径规划及执行。首先，导航软件采集机器人的传感器信息，包括 ROS 发布 sensor_msgs/LaserScan 或者是三维点云的信息；其次，导航功能包发布 nav_msgs/Odometry 格式的里程计信息，同时发布相应的坐标变换；最后，导航功能包的输出是 geometry_msgs/Twist 格式的控制命令，机器人通过这些指令完成任务。目前 ROS 社区广泛采用的 navigation2 软件项目由 Intel 最初发起，并且针对原来的导航软件框架做了如下的改进：引入了行为树（Behavior Tree）和任务管理；实现了更好的接口隔离，对世界模型和机器人模型有了更完善的抽象；重新设计了导航过程的主模块；移植并重构了全局规划模块（NavFn Global Planner）和局部控制模块（DWB Local Planner），并重新模块化设计了 Recovery 模块。

- PLCOpen[一]：是被工业控制领域广泛采用的一套规范，包括基于 PLCOpen 的逻辑控制、运动控制、功能安全、OPC UA 等，适用于 CNC 数控机床、机器人、运动控制等不同产品。在该解决方案中，Intel 基于 PLCOpen 运动控制开发了一套实时运动控制组件，实现 x86 平台对于工业机器人及移动机器人的实时运动控制。同时通过 Motion Control Gateway 打通与上层的 ROS 软件（SLAM、Navigation、MoveIt 等）的协作。

- Motion Control Gateway：是 Intel 开发的一个用于数据通信的组件，主要用于非实时域的 ROS 软件与实时域的 PLCOpen 运行控制组件之间的数据通信。它订阅（subscribe）ROS 软件发布的 velocity（Navigation2）和 joint trajectories（MoveIt2），并通过共享内存的方式传送给实时域 PLCOpen 运动控制组件执行。同时收集 PLCOpen 运动控制软件反馈的机器人状态（odometry、joint status）并发布给上层 ROS 软件。

- MoveIt[二]：是 ROS 社区广泛使用的开源的多自由度工业机器人运动规划（motion planning）软件，适用于工业机器人概念验证、商业产品开发、算法性能测试等不同应用场景。MoveIt 整合了最新的运动路径规划、机械臂抓取、3D 感知、运动学等功能，同时能支持 Rviz[三]可视化显示、Gazebo[四]的仿真功能、ROS Control[五]接口，以及不同机械臂硬件的安装配置工具，已经成为 ROS 社区最常用的运动规划软件框架。

[一]　PLCOpen 组织官网：https://plcopen.org/。

[二]　MoveIt 开源项目官网：https://moveit.ros.org/。

[三]　Rviz 开源项目官网：http://wiki.ros.org/rviz。

[四]　Gazebo 开源项目官网：https://gazebosim.org/home。

[五]　ROS Control 开源项目官网：https://control.ros.org/master/index.html。

3. 虚拟机之间的通信

此系统中移动底盘虚拟机和机械臂虚拟机需要进行数据通信。这里使用虚拟网络和内存共享来实现数据的交互。

- 虚拟网络：这是最为常见的数据通信方式。服务虚拟机先创建虚拟网桥，然后创建对应于虚拟机数量的端点（tap），并为每个虚拟机分配单独的端点，此时各虚拟机就可以基于此网桥进行数据通信了。另外，在服务虚拟机里，还需要配置系统的防火墙软件或者跳板机（Jumpbox）来提供整机安全保障。
- 内存共享：ACRN 提供 Ivshmem 的方法来实现虚拟机之间的内存共享和通信。它创建一段内存供多个虚拟机共享使用，如提供运动控制的虚拟机需要和人机交互的 Windows 虚拟机进行数据共享，以实现控制和人机界面的闭环逻辑。移动底盘虚拟机和机械手臂虚拟机都具有对此段内存的访问权限。

4. 人机交互方式

本例中使用 Web 方式实现人机交互，在机械臂虚拟机中设置对外可见的网络，用户通过网络可访问部署在虚拟机中的 Web 服务器。设定目标后，系统会将相关的任务分发给移动底盘和机械臂。对用户而言，各用户虚拟机是不可见的，这实现了更好的用户体验和更健壮的系统稳定性。

5. 虚拟机之间的时间同步机制

在 ACRN 中，虚拟机的时间都是基于 CPU 的 RTC 的，为保证虚拟机之间的时间同步，需要确保所涉及的虚拟机全部运行在一个统一的时区中。ACRN 提供在服务虚拟机中对 RTC 操作权限，使用者可以在管理者权限下对时间信息进行更改。

12.5　安装步骤示例

附录 E 中详细介绍了如何在 Linux 环境下安装机器人操作系统软件框架（基于 ROS 2 Foxy Fitzroy 版本），包括：配置系统需求，设置系统环境变量，添加 ROS 2 apt 源和开发工具，获取 ROS 2 开源代码，使用 rosdep 工具安装依赖包，从 workspace 编译源代码。

编译安装完成以后，开发者可以使用 ROS 2 自带的 talker 和 listener 工具来验证 ROS 2 安装的正确性，并体验 ROS 2 的消息发布（publish）与订阅（subscribe）机制。

12.6　方案优势

通过虚拟化技术的支持，诸如自主移动抓取机器人这类复合机器人得以拥有体积更小、线路设计更简单、总功率更小的控制器，可以将各个功能集合于一体，不论是需要实时性的移动底盘控制、手臂控制、云台控制等，还是需要更高性能以及快速响应的智能化计算，例如底盘移动的导航避障、手臂以及云台的视觉引导，或者是需要人机交互所需的智能化屏幕，以及整体系统所需的安全性，各种需求都能在 ACRN 虚拟化的支持下在同一硬件平台上得以满足。

12.7   本章小结

随着移动机器人应用的日新月异，应用环境越来越复杂，机器人开发对硬件和软件的要求都在变得越来越高，本章主要阐述了如何通过虚拟化技术方案，让移动机器人的设计变得更从容；同时，还可以从控制器的体积、成本、功耗、性能、安全等各个角度满足机器人开发的需求，为多样化的上层应用打好基础。

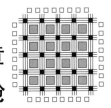

第 13 章
应用案例——软件定义汽车驾驶舱

前面几章介绍了嵌入式虚拟化技术的实现和具体应用场景。本章将阐述另一个嵌入式虚拟化技术的实际应用场景——软件定义汽车驾驶舱。汽车为人类带来了便利，同时它自身的高速发展也遇到了一些挑战，本章就汽车驾驶舱的发展挑战和解决方案展开讨论，探讨采用嵌入式虚拟化技术的软件定义汽车驾驶舱将如何助力下一代汽车的发展。

13.1　行业概述

汽车的发明，改变了世界，造福了人类。人类在享受汽车带来便利的同时，也在不断地改造汽车，使其能够更好地为人类服务。汽车驾驶舱也本着"以用户为中心"的理念，正在经历着巨大的挑战和变革。

汽车驾驶舱广义上是指驾驶员和乘客的乘坐空间。汽车驾驶舱的发展方向是给驾驶员和乘客提供更加便利、更加舒适的驾驶和娱乐体验，而这可以分为汽车仪表系统的发展和乘客娱乐系统的发展。

汽车仪表盘随着汽车行业的高速发展经历了几次变革，不管是从形态还是功能上都发生了巨大的变化。它已不再仅仅是一个提供转速、车速的简单元件，而开始展示更多重要的汽车信息，甚至发出警告。集成电路和数字控制技术的普及，让汽车仪表盘的功能前所未有地丰富，视觉效果也更加赏心悦目。

汽车仪表盘的发展大概经历了以下几个时期：

- 机械指针式仪表盘。
- 电磁脉冲式仪表盘。
- 全数字液晶仪表盘。

而当今在全数字液晶仪表盘时代，更多的功能被赋予仪表盘，譬如抬头显示（Head-Up Display，HUD）、3D 显示等。

在人们改造汽车仪表盘的同时，也不忘驾驶员和乘客的娱乐升级。20 世纪 30 年代，汽车内开始安装收音机；20 世纪 50 年代，Blaupunkt 公司推出了 FM 调频收音机，而后车载唱片机、磁带播放器和 CD 播放器也陆续被安装在汽车上来丰富车内人员的娱乐体验。随着时代和技术的发展，车载娱乐中央控制屏开始出现，由最初的点阵屏发展到液晶屏，由按键控制发展到触摸屏，而中控触摸液晶屏的尺寸也从 6.5in（1in = 0.0254m）发展到 17in。中控屏的功能也越来越多，不但可以实现地图导航、音乐播放，还可以实现和手机互联、蓝牙电话等功能。除了满足驾驶员和前排乘客的需求之外，高级汽车还要考虑后排乘客的需求，因而还会额外增加两个后排液晶触摸屏来丰富后排乘客的乘坐体验。

为满足汽车仪表盘和车载信息娱乐系统的需求，目前的技术路线正在从多个独立电子控制单元（Electronic Control Unit，ECU）的实现向软件定义驾驶舱（Software Defined Cockpit，SDC）进行演变。

13.1.1 多个独立 ECU 的实现

当前，驾驶舱由几十个独立的电子控制单元组成，每个 ECU 都有着各自的分工，譬如用来感知车速、控制空调温度、道路预警、控制显示等。

随着驾驶舱的功能越来越丰富，ECU 的数量也在增加，而且需要多种不同的通信总线，车内通信线缆长度已经高达数千米，导致驾驶舱的研发和维护成本都在增加，这和汽车的轻量化和成本控制方向背道而驰。当前车辆组件构成图如图 13-1 所示。

图 13-1　当前车辆组件构成图

下面两个例子说明了独立 ECU 面临的挑战。

- 在使用多个显示器的新车设计中，如果每个显示器系统都是孤立的，而不是互联的，驾驶员就无法及时便利地获取需要的信息。譬如在中央控制屏幕上有详细的地图导航，但是也需要在数字仪表盘上显示主要的地图方向信息，让驾驶员更加轻松，而不是总是转向中控屏，影响驾驶安全。这就需要一个高度集成的系统，能够把导航应用信息实时映射到包括数字仪表盘在内的其他显示屏幕。
- 汽车紧急预警系统，如防撞系统，提醒驾驶员即将遇到障碍物，为了确保驾驶员能及时方便地看到警告信息，应该把其显示在正确的位置——仪表盘或抬头显示上。

对于上述挑战，目前车企会在现有车辆体系结构中采用间接通信方法，即仪表盘 ECU 从中央控制系统 ECU 或预警系统 ECU 输入视频流或警告信息，并在仪表盘显示屏的专用固定位置来呈现简要地图信息或警告信息。这种方法需要额外的处理能力来进行编码、解码，也需要额外的网络带宽进行数据传输，从而导致信息延时和复杂的集成挑战。

13.1.2　软件定义驾驶舱

用一颗功能强大的片上系统芯片（SoC）来整合独立的多个 ECU，并采用软件定义驾驶舱方案把驾驶舱设计得更贴近用户的需求，让用户享受丰富的信息娱乐、增强的安全特性等新功能。而车企在研发中非常重视的成本、空间、重量、功能和能耗都能在 SoC 和软件定义驾驶舱的联合应用中给予很好的解决，并且逐渐成为未来驾驶舱的趋势。

1. 更强大的 SoC 芯片

当前芯片厂商可以提供性能强大和功能丰富的 SoC，集成了前所未有的计算能力来构建驾驶舱中央控制器。这些 SoC 可以运行信息娱乐系统、驾驶舱仪表系统、预警碰撞系统等不同领域的许多应用，并包含了强大的协处理器，如图形处理单元、人工智能处理单元等，可以驱动多个显示屏幕，并可对道路行人进行识别。

现在，一个 SoC 上集成了之前多个 ECU 才能实现的功能，这有助于降低总的计算能力，减少通信损耗，并且可以通过负载均衡来更合理地最大限度利用 SoC 的计算能力。例如，泊车助手可以与导航系统共享图形处理能力，将三维地图渲染为两种功能同时使用。如果之前使用单独的专用 ECU 硬件，那么这种共享是不可实现的。ECU 集成带来了更高效的通信，之前如果中央控制娱乐 ECU 需要向仪表盘 ECU 发送地图视频流，则需要在两端进行复杂的编码和解码，以便通过以太网或特定总线进行数据传输。而使用集成 SoC 构建的软件定义驾驶舱，可以更高效地通过共享内存来实时分享视频流或者预警信息等数据。与多个单独 ECU 系统相比，该系统具有更低的 BOM 成本、更少的占用空间、更小的重量、更低的能耗，以及更丰富的附加功能。

2. 更灵活的软件

软件定义的驾驶舱集成了更丰富的车载功能，重新定义了人机交互方式，把互联（Connectivity）、云（Cloud）、融合（Combination）与驾驶舱（Cockpit）进行结合，实现了 4C。

当前汽车的功能越来越多，而人们期待把尽量多的功能都集成到中控屏，取消按键控制；人们也希望将更多先进的技术融入中控屏，譬如地图导航、手机互联、蓝牙电话、网络浏览，甚至视频播放等娱乐功能，这些都需要软件定义的驾驶舱。

软件定义驾驶舱将使人机交互更加便利，只需语音，就可以开关空调、接打电话、行路导航，甚至微信语音；软件定义驾驶舱也将提升驾驶体验，抬头显示、语音控制空调、语音导航都将使驾驶更加便利。

如图 13-2 所示，软件定义驾驶舱主要包括以下 4 个子系统。

- 数字仪表盘（IC）系统：为驾驶员提供驾驶信息，如速度、燃油油位、行驶里程等。它还可以在风窗玻璃上投射图像，并发出低燃油或轮胎压力警报。
- 车载信息娱乐（IVI）系统：提供导航系统、收音机和娱乐系统等功能。它可以扩展到允许通过语音识别连接到移动设备，以便进行通话、播放音乐和执行应用程序。在最新的汽车上，还包括倒车 / 环视摄像头的显示、泊车辅助功能和手势识别 / 触摸。

- 后座娱乐（RSE）系统：为后座人士提供豪华的娱乐系统。它还可以允许进一步的功能，如虚拟办公室访问或连接到 IVI 前端系统和移动设备（云连接）。

- 高级驾驶辅助系统（ADAS）：提供驾驶辅助功能，从盲点监控、自适应巡航控制、车道偏离警告到更先进的辅助功能，如制动辅助、防撞、自动驻车系统和驾驶员监控。

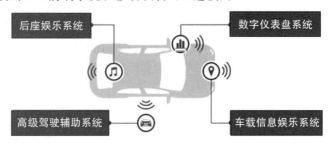

图 13-2　软件定义驾驶舱框图

软件定义驾驶舱更加助力驾驶舱的发展，赋予了汽车仪表、中控屏和后排娱乐屏更多的功能，让车内人员通过触摸屏甚至语音来进行人机交互，减少了车内按键，简化了驾驶舱的布局。

软件定义驾驶舱丰富了驾驶舱的功能，无论驾驶感受还是娱乐体验，都是前所未有的，但是同时也带来了挑战。驾驶舱赋予了越来越多的功能，也需要越来越多的硬件系统来实现这些功能，譬如：仪表盘需要一个硬件系统，中控娱乐需要一个硬件系统，后排娱乐系统需要一个硬件系统。软件定义驾驶舱急需一个硬件简化、软件统一的一体化方案。

13.2　行业挑战与需求

为了便于讨论，我们将驾驶舱控制器的功能划分为对其运行平台有不同期望的功能部分。

- 信息娱乐系统：提供信息娱乐功能，包括娱乐（播放媒体）和导航。此部分通常通过中央控制娱乐显示屏上的触摸屏或语音与驾驶员交互。
- 仪表盘系统：仪表盘显示并向驾驶员提供有关车辆的信息。
- 安全信息系统：功能安全控制并提供关键信息。

一些 OEM 可能还会添加第四或第五部分，例如驾驶员辅助功能或泊车助手。

这些不同的功能部分具有不同的需求和挑战[⊖]。

1. 不同的软件框架

不同功能部分上的应用程序需要不同的应用程序编程接口和开发环境。

在信息娱乐系统中，我们看到两个主要的选择：基于 Android 或 Linux 的系统。Android 作为应用软件框架发挥着越来越重要的作用，在智能手机上运行的应用程序与在车载信息娱乐系统上运行的应用程序之间有许多相似之处，这为开发和集成车载信息娱乐应用程序提供了便利。一些 OEM 甚至可能希望允许用户从选定的应用程序商店下载他们喜欢的应用程序，并在车内运行在信息娱乐系统上，以提供更开放的用户体验。与此同时，Android 并不是为运行特定于汽车的应用程序而设计的，例如渲染仪表盘或与汽车总线通

⊖　OpenSynergy 公司安全驾驶舱白皮书：https://www.opensynergy.com/automotive-cockpit/。

信。谈到安全性，极其复杂的 Android 框架并不完全合适。

在底层硬件驱动程序部分，一些 OEM 将使用 Linux，其他 OEM 希望使用特定的嵌入式或实时操作系统，如 QNX。

此外，为了与车辆总线和其他 ECU 进行交互，许多 OEM 想要使用经典的 AUTOSAR。如果仪表舱系统需要执行本地驾驶员辅助应用程序，自适应 AUTOSAR 是一个不错的选择。

2. 不同的启动时间

驾驶舱系统等设备的冷启动是一个特殊的挑战。

一般来说，冷启动 10 ～ 20s 后应可使用信息娱乐域的全部功能。驾驶员也不想在导航系统中输入目的地之前等待 1min。关闭系统时，冷启动可以转换为待机模式，在很短的时间内也可以唤醒它；如果汽车闲置较长时间，系统将进一步关闭状态以节省更多电力，这需要冷启动才能重新启动。

驾驶舱控制器应支持待机模式，以唤醒车辆，改善用户体验。

3. 更灵活的多显示器功能

当今的车辆驾驶舱需要在多个显示器上显示不同的内容，以服务于乘车人员的不同需求。OEM 通常要求以最高优先级在仪表盘显示屏上显示驾驶相关信息，并且确保 60fps[○] 的稳定帧速率。其他功能域可以使用剩余的 GPU 功能以更灵活的方式渲染可能复杂的场景，例如来自导航系统的三维地图，而不会影响仪表盘的渲染。

同时，人机交互设计者希望根据车辆情况和驾驶员偏好灵活改变仪表盘显示屏的布局。在某些情况下，显示车速的刻度盘必须移到一侧，才能从导航系统融合到三维渲染地图中。在其他情况下，仪表盘处于全焦点状态，只有一小部分空间用于转弯导航。这对驾驶舱控制器提出了技术挑战，因为两个功能领域都使用相同的图形显示硬件。

4. 功能安全要求

从安全角度来看，驾驶舱控制器各功能部分有如下安全要求。

- 信息娱乐系统的功能不需要满足任何安全要求。
- 仪表盘显示屏上显示的大部分信息对可用性、服务质量和启动时间的要求更高，但仍不构成任何正式安全要求的基础。
- 在某些显示器上显示的一小部分信息需要符合功能安全要求（根据 ISO 26262）：通常是警告标志或"信号装置"。

ISO 26262 是国际上通用的道路车辆安全标准，规定了车辆制造商必须评估的车辆功能的关键级别，按照安全等级由低至高分为 5 个安全级别：QM（无安全相关性）、ASIL-A（最低临界性）、ASIL-B、ASIL-C 和 ASIL-D（最高临界性）。有人驾驶的车辆要通过 ASIL-B，而无人驾驶车辆要通过 ASIL-D。该标准定义了安全认证需要采取的技术措施和验证措施，以便在系统级或分解后在硬件或软件级实现这些功能。

○　fps 即帧 / 秒，指画面每秒传递的帧数。

让我们回到需要由仪表舱呈现的"信号装置"。信号装置是警告标志，用于提醒驾驶员车辆出现故障（例如，制动中检测到的问题）或危险驾驶情况（例如，来自驾驶员辅助系统）。大多数 OEM 将为该功能提供 QM、ASIL-A 或 ASIL-B 的安全级别。在某些情况下，可能影响车辆安全的驾驶建议（如推荐档位）也被分配了 ASIL。其安全要求如下：如果仪表盘功能被通知必须提供信号装置，相关显示器必须显示一定范围内的警告标志。

不安全的情况是，应该显示警告但仪表盘没有显示任何警告信息。不安全情况的一个例子是，在应该显示警告的驾驶情况下，仪表盘显示屏冻结或者非安全相关功能的重叠信息隐藏了信号装置。

软件定义驾驶舱的安全不容忽视，特别是仪表盘系统的安全尤为重要。而基于虚拟化技术的软件定义驾驶舱能够很好地实现安全隔离各个子系统。采用具有安全认证的 Hypervisor 和硬件平台，譬如 ACRN Hypervisor、QNX Hypervisor，可以加速安全软件定义驾驶舱的开发，加速国际安全认证，加速产品的上市。

5. 模块化软件更新

软件更新可以修复与功能相关的错误，并在车辆寿命期内添加新功能。

如果将 Android 用作信息娱乐域框架，则应该可以更新单个应用程序或频繁添加和删除应用程序，降低重新测试和重新认证的成本，并使客户能够定制他们的系统，此类更新不应影响驾驶舱系统，如核心信息娱乐功能、仪表盘域功能或任何安全相关功能。

此外，必须能够更新整个信息娱乐域，修复框架中的错误，更改核心功能或升级到更新版本的 Android，但此类升级不应干扰仪表盘功能或安全相关功能。还必须能够更新影响安全关键功能的软件或任何底层软件，如驱动程序。

必须实现可以模块化地更新软件的功能，这样频繁更新的非关键功能不会影响核心功能或安全关键行为。

13.3 解决方案

基于虚拟化技术的软件定义驾驶舱方案可以把不同的功能整合到一个功能丰富的 SoC 上，并降低系统复杂性，降低成本，还可以分离各个子系统以提高各系统的安全性。

基于虚拟化技术的软件定义驾驶舱解决方案框图如图 13-3 所示。

仪表盘系统运行关键的安全操作系统，中控娱乐系统和后排娱乐系统可以运行非安全的操作系统，譬如 Android 或 Linux。每个子系统都彼此独立，但是又同时使用同一颗功能强大的 SoC。

虚拟化技术方案的关键之处是软硬件之间的 Hypervisor。Hypervisor 可以让多个操作系统同时使用一套硬件，以此来简化硬件系统、降低成本。当前，有基于 QNX、Xen 和 ACRN 等多款 Hypervisor 的虚拟化方案被应用于量产汽车的软件定义驾驶舱。

基于虚拟化方案的软件定义驾驶舱通常采用一型 Hypervisor。这主要是基于安全角度的考虑，因为该类型 Hypervisor 会对 VM 进行很好的隔离，保证仪表盘 VM 的高安全性。

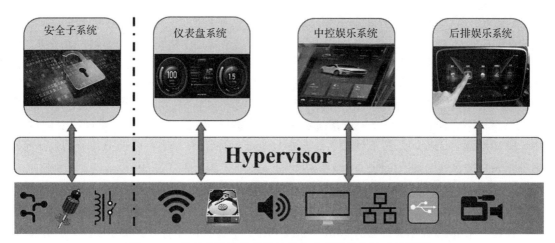

图 13-3　基于虚拟化技术的软件定义驾驶舱解决方案框图

在软件定义的驾驶舱体系结构中,需要用到如下几个 VM。

- 第一个 VM 运行仪表盘系统:我们认为 Linux 是适合运行大多数仪表盘功能的操作系统。SoC 供应商非常支持 Linux,有一个很大的开发人员和工具生态系统。Linux 可以满足仪表盘的可靠性和引导要求。
- 第二个及第三个 VM 运行中控娱乐系统或后排娱乐系统:可使用 Android 或 Linux。
- 第四个 VM 运行功能安全子系统。

13.4　具体实现

下面介绍一个基于 ACRN Hypervisor 虚拟化技术的软件定义驾驶舱解决方案[⊖],该方案已经成功在实际车型落地并量产。该方案的架构如图 13-4 所示。

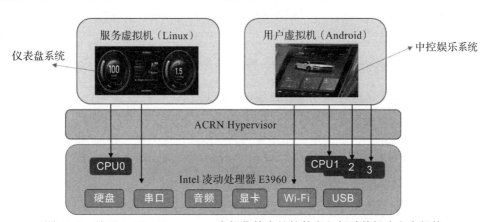

图 13-4　基于 ACRN Hypervisor 虚拟化技术的软件定义驾驶舱解决方案架构

⊖　基于 ACRN 的软件定义驾驶舱案例分析白皮书,详见 https://projectacrn.org/。

　　该系统中从下至上由 4 个部分组成：基于 Intel x86 架构的 SoC CPU、ACRN Hypervisor、用来作为仪表盘系统的服务虚拟机，以及采用 Android 来实现中控娱乐系统的用户虚拟机。

　　这套软件定义的驾驶舱方案采用了两个 VM，服务虚拟机采用 Linux 操作系统来作为仪表盘，而从人机交互的角度考虑，用户虚拟机（中控娱乐系统）采用了 Android 操作系统。通过 ACRN Hypervisor 的隔离，仪表盘系统的安全性得到保障，而 ACRN Hypervisor 所提供的共享机制，使仪表盘的 Linux 系统和中控娱乐的 Android 系统可以共享同一套硬件资源，譬如硬盘、USB 口、音频输出等，从而降低了成本；两者还可以独享各自的显示屏。可以根据各个系统负载的不同，灵活地分配 CPU 数量到不同的 VM 中。

13.4.1　基于 x86 架构的 SoC

　　这里选用 Intel 凌动处理器 Apollo Lake E3960，它是专门为嵌入式市场设计的，有 4 个物理 CPU 核。通过 ACRN Hypervisor，该 SoC 上可以支持两个或更多的操作系统。

13.4.2　ACRN Hypervisor

　　ACRN Hypervisor 是一个灵活、轻量级的开源 Hypervisor，其对实时性和安全性加以优化，专门为嵌入式开发进行定制和优化。

- ACRN Hypervisor 可以同时支持多个操作系统，同时确保每个操作系统的安全隔离，而不会影响其他操作系统。
- ACRN 在底层硬件处理器上构建了一个虚拟层，实现了多操作系统工作负载整合，以确保仪表盘系统和信息娱乐系统之间的隔离和互不干扰。
- ACRN 支持快速启动，并可在启动时快速显示仪表盘。
- ACRN 还支持底层硬件资源共享，其中单个物理图形卡可以同时显示仪表盘仪表板和车载中控系统的用户界面。它还支持共享存储设备、共享网络接口控制器和声卡。
- ACRN Hypervisor 也可以实现 CPU 核的共享功能，即一个 CPU 核可以被服务虚拟机和用户虚拟机共享使用。

13.4.3　仪表盘系统——服务虚拟机

　　服务虚拟机采用 Linux 操作系统，作为中央控制中心，通过 ACRN 实现 VM 之间严格的隔离，保证了仪表盘系统的安全性。

　　由于仪表盘系统的负荷比较低，ACRN 为其分配了 1 个 CPU 核。而用户虚拟机作为中控娱乐系统，负荷比较大，ACRN 为其分配了 3 个 CPU 核。ACRN 也可以实现 CPU 核共享功能，即一个 CPU 核可以被服务虚拟机和用户虚拟机共享使用。

13.4.4　中控娱乐系统——用户虚拟机

　　中控娱乐系统采用 Android 9.0 系统。Android 9.0 是谷歌公司第一款专门为汽车智能座舱设计的操作系统版本，其操作界面更符合汽车使用场景，一系列设计确保了从硬件到内核再到应用程序框架的安全性。改进的汽车硬件抽象层（HAL）和汽车服务允许用户更轻松地控制汽车的空调、照明、音量和其他设置，使"第二生活空间"更加个性化。这些特性使开发人员可以轻松地利用他们的想象力构建更多的应用程序。

作为中控娱乐系统，用户虚拟机集成了多种智能驾驶舱应用程序，包括增强式导航、地图导航、语音控制和 AI 辅助驾驶。由于中控娱乐系统算力要求比较高，ACRN 为其分配了 3 个 CPU 核。

因为 USB 和 Wi-Fi 只被中控娱乐系统所需要，所以 USB 和 Wi-Fi 被设计为直通给该VM 独享。其他设备，譬如硬盘、音频、调试串口和显卡，由于仪表盘系统和中控娱乐系统都需要它们，所以这些设备通过 ACRN 设备模型供两个虚拟机共享使用。

13.4.5　Intel GVT-g 图形显卡共享

软件定义驾驶舱还需要用到另一个不可或缺的功能，即显卡共享。因为 SoC 硬件只有一个物理显卡硬件，需要该 GPU 同时支持仪表盘系统 VM 和中控娱乐系统 VM 的显示和渲染。

Intel GVT-g 是一种 GPU 虚拟机技术，它采用受控直通（Mediated Pass-Through，MPT）技术实现两个及两个以上 VM 的 GPU 共享，每个 VM 可以获得接近于物理显卡的图形性能。

1. Intel GVT-g 技术架构

Intel GVT-g 的架构图如图 13-5 所示。GPU 受控直通技术有如下三个特点。

- 直通，对于影响 GPU 性能的关键 I/O 资源，用分区的方法分给每个 VM。VM 中的显卡驱动可以直接访问 GPU 硬件资源（例如显存），在大多数情况下无须 ACRN Hypervisor 进行干预。
- 受控，来自 VM 的特权操作指令则被 ACRN Hypervisor 捕获，然后在服务虚拟机里进行模拟，保证 VM 之间的安全隔离。GVT-g 技术会在服务虚拟机中模拟出一个 vGPU 来模拟用户 VM 的虚拟 GPU，并通过宿主机中的显卡驱动操作 GPU硬件。
- 显卡驱动，不需要对 VM 中的显卡驱动进行修改，可以继续使用本机驱动。

2. 输出显示虚拟化

GVT-g 使用服务虚拟机中的显卡驱动来初始化显示引擎，然后通过显示引擎把不同VM 各自对应的帧缓存器中的内容显示到不同的物理显示端口上。图 13-6 是显示引擎的平面（plane）、管道（pipe）、端口（port）和各个子系统及显示器之间的连线图。

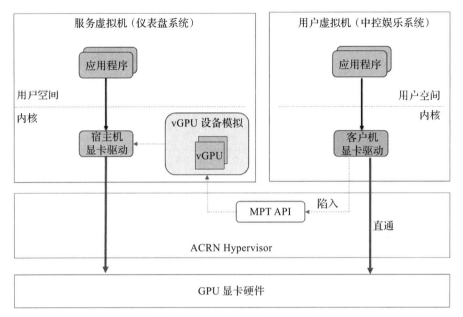

图 13-5　Intel GVT-g 架构图

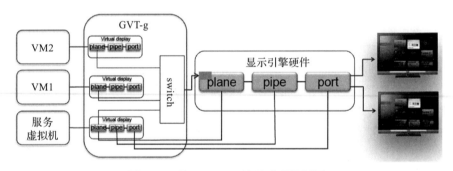

图 13-6　基于 GVT-g 的显示引擎框图

13.5　编译及安装

本节将展示如何编译并安装部署一个基于 ACRN 的车载负载整合系统。我们将首先介绍如何在开发机上准备构建环境，然后逐步介绍在目标机上进行 ACRN 配置的详细步骤。该配置是基于 ACRN 预定义的模拟场景，由一个 ACRN Hypervisor、一个服务虚拟机和一个 Android 用户虚拟机组成。

1. 安装 ACRN 和服务虚拟机

请参考 6.4 节 "安装部署入门指南" 来编译 ACRN Hypervisor、安装服务虚拟机和 ACRN

Hypervisor，这里不再赘述。

2. 编译及安装 Android 用户虚拟机

1）下载 Android 源代码。

```
$ mkdir android
$ cd android
$ repo init -u https://android.googlesource.com/platform/manifest
$ repo sync
```

2）编译 Android。

```
$ source build/envsetup.sh
$ lunch gordon_peak_acrn-userdebug          # 由目标编译平台确定
$ make -j16                                 # 由开发机的CPU个数决定
```

3）将生成的 Android 镜像文件复制到目标机的 ~/acrn-work 目录下。

4）通过以下命令即可启动 Android VM。

```
$ sudo chmod +x ~/acrn-work/launch_user_vm_id1.sh
$ sudo ~/acrn-work/launch_user_vm_id1.sh
```

13.6　方案优势

采用虚拟化技术方案的软件定义驾驶舱方案，在硬件上从多块板卡简化成一块板卡，节省了硬件成本，降低了系统复杂性，总开发成本和维护成本也随之降低。

而采用开源的 ACRN 也会进一步降低软件成本。通过负载整合，把之前独立的仪表盘系统、娱乐系统等多个车载系统整合到一块板卡上，通过 ACRN 统一调度，提高了稳定性，减少了系统间的通信时延。

当娱乐系统从前排中控娱乐系统扩展到后排娱乐系统时，在原来硬件算力富余的情况下，可以增加一个 VM 以实现系统扩展，而无须增加板卡。

13.7　软件定义驾驶舱的未来展望

未来的软件定义驾驶舱将会把汽车变成一台"行驶中的计算平台"，图 13-7 是其实现思路。它由一个通用的板卡底板和若干个可插拔的板卡构成。底板上主要是规范定义的各种接口以及通用外设，而可插拔的板卡则是实现各种功能的 CPU 板卡，比如：娱乐 CPU 板卡负责实现数字仪表盘系统、车载信息娱乐系统等功能；计算 CPU 板卡负责实现汽车的控制功能；备用 CPU 板卡用于紧急情况下的热切换，当某个 CPU 板卡出现问题时，系统可以将其对应的工作负载转移到备用 CPU 板卡。该方案的另一个好处是，由于 CPU 板卡是采用通用插卡设计的，因此方便使用下一代的 CPU 板卡进行升级替换。

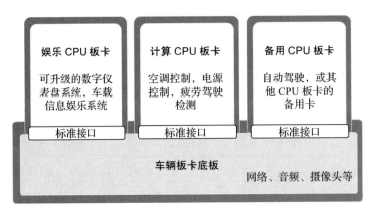

图 13-7   未来的软件定义驾驶舱框图

13.8   本章小结

本章主要讲述了当前汽车驾驶舱的局限性，并通过 SoC 和软件定义驾驶舱来整合多个独立 ECU，降低成本，增加功能，降低复杂性和成本。通过虚拟化技术方案，让软件定义驾驶舱更加智能、更加简洁、更加安全，更加考虑成本，更加考虑司乘体验。

随着更强计算能力的 SoC 的出现，软件定义驾驶舱会越来越满足车企和司乘的各种需求，做到简洁而不简单！

软件定义驾驶舱已经在某些车型落地，新一代的软件定义驾驶舱将进一步整合 ADAS、功能安全等更多的 ECU 等功能模块，来简化汽车系统。

附　　录

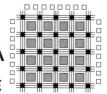

附录 A
Xenomai 及其应用程序的编译和安装

A.1　Xenomai v3.1 编译和安装

本章主要介绍如何构建和安装 Xenomai 内核、库和工具集。

Xenomai 解耦了内核空间和用户空间库。内核空间和用户空间的 Xenomai 组件分别在源码的 kernel 和 lib 子目录下。其他根目录，例如 scripts、testsuite 和 utils，提供了用于编译主机或者目标机上使用的其他脚本和程序。

实现核内支持代码的 kernel 子目录被视为 Linux 内核的内置扩展，因此应该使用标准的 Linux 内核配置过程来定义 Xenomai 内核组件的各种设置。Xenomai 当前引入的内核代码实现了 Cobalt 内核（即双内核配置）。Mercury 内核（即单内核配置）在内核空间中不需要 Xenomai 特定的代码。Mercury 内核的内容不是本书的重点，我们这里不做深入介绍。

lib 子目录包含各种用户空间库。这些库是由 Xenomai 框架导出到应用程序的。这个子目录的创建与内核是分开的。它支持选定的内核配置：Cobalt 或 Mercury。

A.1.1　安装 Cobalt 内核

1. 准备 Cobalt 内核

Xenomai/Cobalt 提供一个可以无缝集成到 Linux 的实时扩展内核，因此第一步是将其构建为目标内核的一部分。scripts/prepare-kernel.sh 是一个正确设置目标内核的 shell 脚本，语法如下：

```
scripts/prepare-kernel.sh [--linux=<linux-srctree>]
                          [--ipipe=<ipipe-patch>]
                          [--arch=<target-arch>]
```

- --linux：指定目标内核源代码树的路径。该路径默认为 $PWD。
- --ipipe：指定要应用于内核树的中断管道（I-pipe）补丁的路径。如果 I-pipe 已经被打上补丁，这个参数可以省略，或者脚本会建议一个合适的。该脚本将检测 I-pipe 代码是否已经存在于内核树中，如果存在则跳过此操作。
- --arch：告诉脚本有关目标架构的信息。如果未指定，则将构建主机架构作为默认值。

注意：该脚本将根据其在 Xenomai 源代码树中的位置推断 Xenomai 内核代码的位置。例如，如果 ~/xenomai-3/scripts/prepare-kernel.sh 正在执行，那么 ~/xenomai-3/kernel/cobalt 中可用的 Xenomai 内核代码将被补丁到在目标 Linux 内核中。

2. 配置和编译 Cobalt 内核

准备好后可以照常配置目标内核。Xenomai 配置选项可从 Kconfig 顶级菜单 "Xenomai" 获得。有几个重要的内核配置选项应该禁用：

- CONFIG_CPU_FREQ
- CONFIG_CPU_IDLE
- CONFIG_KGDB
- CONFIG_CONTEXT_TRACKING_FORCE

一旦配置好，就可以像往常一样编译内核。如果想要几个不同的配置 / 构建，可以通过将 O=../build-<target> 添加到每个 make 来获得相同的源调用。为了交叉编译 Linux 内核，可以在 make 命令行上传递一个 ARCH 和 CROSS_COMPILE 变量。

Cobalt 内核接受参数集如表 A-1 所示，由引导加载程序在内核启动命令行上进行传递。

表 A-1　Cobalt 内核接受参数集

名称	默认值	描述
xenomai.allowed_group=<gid>	None	使能用户态对 Xenomai 服务访问的非 root 权限。<gid> 是 Linux 用户组的 ID，Cobalt 内核应允许其成员进行此类访问
xenomai.sysheap_size=<kbytes>	256	设置 Cobalt 内核内部分配运行对象所使用的内存堆大小。这个值以千字节为单位
xenomai.state=<state>	enabled	将 Cobalt 内核的初始状态设置为启用，可以启用（enabled）、停止（stopped）或禁用（disabled）Cobalt 内核
xenomai.clockfreq=<hz-freq>	0（=calibrated）	用给定值覆盖用于测量时间间隔的实时时钟频率。最准确的值通常由 Cobalt 内核在初始化时自动确定。强烈建议不要使用这个选项。该值以赫兹为单位
xenomai.timerfreq=<hz-freq>	0（=calibrated）	用给定值覆盖实时定时器频率。强烈建议不要使用这个选项。该值以赫兹为单位
xenomai.smi=<state>	detect	x86 平台特有。设置系统管理中断（System Management Interrupt，SMI）的状态解决方法。可能的值是禁用（disabled）、检测（detect）和启用（enabled）
xenomai.smi_mask=<source-mask>	1（=global disable）	x86 平台特有。设置在 SMI 控制寄存器中要屏蔽的位集，进而屏蔽对应的 SMI 中断源

3. 构建 Cobalt/x86 内核的例子

为 x86 构建 Xenomai/Cobalt 内核的过程对于 32 位平台和 64 位平台几乎完全一样。但应该注意的是，在为 x86_64 编译的内核上无法运行为 x86_32 编译的 Xenomai 库，反之亦然。假设要为 x86_64 系统（x86_64 的 x86_32 交叉构建选项出现在括号之间）构建，首先配置内核通常运行：

```
$ cd $linux_tree
$ $xenomai_root/scripts/prepare-kernel.sh --arch=x86 \
    --ipipe=ipipe-core-X.Y.Z-x86-NN.patch
$ make [ARCH=i386] xconfig/gconfig/menuconfig
```

其中示例使用以下约定：

- $linux_tree：目标内核源的路径。
- $xenomai_root：通往 Xenomai 源的路径。

在配置内核使能 Xenomai 选项后，创建需要运行：

```
$ make [ARCH=i386] bzImage modules
```

（1）x86_32 系统

假设需要为某个项目构建基于奔腾的 x86 的 32 位平台的 Xenomai，创建的典型配置内核步骤如下：

```
$ cd $linux_tree
$ $xenomai_root/scripts/prepare-kernel.sh --arch=i386 \
    --ipipe=ipipe-core-X.Y.Z-x86-NN.patch
$ make xconfig/gconfig/menuconfig
```

使能 Xenomai 选项后，创建需要运行：

```
$ make bzImage modules
```

（2）x86_64 系统

同样，要专门针对 x86 的 64 位平台，使用：

```
$ cd $linux_tree
$ $xenomai_root/scripts/prepare-kernel.sh --arch=x86_64 \
    --ipipe=ipipe-core-X.Y.Z-x86-NN.patch
$ make xconfig/gconfig/menuconfig
```

配置内核，使能 Xenomai 选项，然后创建需要运行：

```
$ make bzImage modules
```

A.1.2　安装 Xenomai 库和工具集

1. 前提条件

（1）一般要求

GCC 必须支持传统的原子内置函数（__sync 形式）。尽管 GCC 对使用 --disable-tls 构建并不是强制性的，但是最好对 TLS 有健全和有效的支持。如果打算启用用户空间注册表支持（即 --enable-registry），则运行实时应用程序的目标内核必须启用 CONFIG_FUSE_FS。此外，FUSE 开发库必须在工具链中可用。

如果打算从 Xenomai GIT 树的可用资源进行构建，autoconf（≥2.62）、automake 和 libtool 包必须可用。如果是从发布的 tarball 解压然后再构建，则这个步骤是不需要的。

（2）Cobalt 的特定要求

内核版本必须是 3.10 或更高。中断管道（I-pipe）补丁必须可用于目标内核。在 x86_32 上运行需要时间戳计数器（TSC）硬件。使用 PIT 的 TSC 仿真寄存器是不可用的。

2. 配置

如果构建从 Xenomai GIT 树获得的源代码，配置脚本和 Makefiles 必须在 Xenomai 源代码树中生成。推荐的方法是运行自动重配脚本：

```
$ ./scripts/bootstrap
```

如果从发布的 tarball 构建，不需要重新配置。

运行时，生成的 configure 脚本用来准备构建库和程序。表 A-2 列出的选项可以传递给这个脚本。

表 A-2　通用配置选项

选项	描述
--with=core=\<type\>	指示要构建支持的实时内核库，即 cobalt 或 mercury。这个选项默认为 cobalt
--prefix=\<dir\>	指定库的根安装路径，包括文件、脚本和可执行文件。运行 $ make install 为这些文件安装 $DESTDIR/\<dir\>。这个目录默认为 /usr/xenomai
--enable-debug[=partial]	此开关控制调试级别，共有 symbols、partial、full 三个级别可用，每一个级别具有不同的开销： ● symbols 使调试符号能够在库和可执行文件中编译，同时打开了优化器（-O2）。此选项没有开销，对于在运行应用程序时使用 gdb 进行有意义的回溯很有帮助 ● partial 包括符号，也打开 Xenomai 代码中的内部一致性检查（主要存在于 Copperplate 层）。CONFIG_XENO_DEBUG 宏是为 Xenomai 库和应用程序定义从 xeno-config 获取它们的 C 编译标志脚本（即 xeno-config --cflags）。部分调试模式隐式打开 --enable-assert。这个模式引入了一定的可衡量的开销，也是 --enable-debug 的默认模式 ● full 包括 partial 设置，但优化器是禁用的（-O0），甚至可能会进行更多的一致性检查。除了 __XENO_DEBUG__ 之外，还定义了宏 CONFIG_XENO_DEBUG_FULL。该模式引入了最大的开销，这可能使最坏情况延迟的时间增加三倍甚至更多
--disable-debug	完全关闭所有一致性检查和断言，打开优化器并禁用调试符号表生成
--enable-assert	许多调试断言语句出现在 Xenomai 库，动态检查运行系统内部一致性。通过将 --disable-assert 添加到配置脚本中可以无条件禁用内置断言。默认情况下，断言是在 partial 或 full 调试模式下使能的，否则禁用
--enable-pshared	启用共享多处理。启用后，此选项允许多个进程共享实时对象（例如任务、信号量）
--enable-smp	打开 Xenomai 库的 SMP 支持

更多的可用选项可以通过 --help 查阅。

3. 交叉编译

为了交叉编译 Xenomai 库和程序，需要将 --host 和 --build 选项传递给配置脚本。--host 选项允许选择构建库和程序的架构。--build 选项允许选择运行编译工具的架构，即运行配置脚本的系统。

由于交叉编译需要特定的工具，因此这些工具通常以主机架构名称为前缀；例如，一个 PowerPC 架构的编译器可以被命名为 powerpc-linux-gcc。

传递 --host=powerpc-linux 进行配置时，会自动使用 powerpc-linux- 作为所有编译工具名称的前缀并由此推断主机架构名称字首。如果 configure 无法从交叉编译工具前缀推断架构名称，必须至少使用 CC 和 LD 去手动用配置命令行上的变量传递所有编译工具的名称。

构建 GNU 交叉编译器的最简单方法可能涉及使用 crosstool-ng。

如果想避免构建自己的交叉编译器，可以使用更容易的嵌入式 Linux 开发工具套件（Embedded Linux Development Kit）。它包括 GNU 交叉开发工具，例如编译器、binutils、gdb 等，以及一些目标所需的预构建目标工具和库系统。也可以考虑使用其他一些预构建的工具链：Mentor Sourcery CodeBench 精简版、Linaro 工具链（用于 Arm 架构）等。

如下是构建 Xenomai x86（32/64 位）库和工具的示例。

假设想使用 x86_64 交叉构建与 Cobalt 库相同的功能集，用于在 x86_32 上运行：

```
$ mkdir $build_root && cd $build_root
$ $xenomai_root/configure --with-core=cobalt --enable-smp --enable-pshared
$   --host=i686-linux CFLAGS="-m32 -O2" LDFLAGS="-m32"
  make install
```

其中示例使用以下约定：

- $xenomai_root：Xenomai 源的路径。
- $build_root：构建目录的路径。
- $staging_dir：暂时保存已安装文件的目录的路径。

安装后（即使用 make install），安装根目录应填充库、程序和头文件，该目录可用于构建基于 Xenomai 的实时应用程序。此目录路径默认为 /usr/xenomai。

A.1.3　安装测试

1. 启动 Cobalt 内核

为了测试 Xenomai Cobalt 内核安装，应该首先尝试引导打过补丁的内核。检查内核引导日志消息及输出结果如下所示。

```
$ dmesg | grep -i xenomai
I-pipe: head domain Xenomai registered.
[Xenomai] Cobalt vX.Y.Z enabled
```

2. 测试实时系统

首先，运行延迟测试：

```
$ /usr/xenomai/bin/latency
```

latency 测试程序应该每秒显示一条消息，包括最小、最大和平均延迟值。

如果延迟测试成功，应该尝试下一步运行 xeno-test 测试以评估系统最坏情况下的延迟：

```
$ xeno-test -help
```

3. 校准 Cobalt 核心计时器

Cobalt 计时服务的准确性取决于是否正确地校准其内核定时器。合理的出厂默认校准值是为 Xenomai 支持的每个平台定义的，但还是建议专门为目标机校准内核计时器系统。可能使用 autotune 应用程序完成。

A.1.4　运行 Xenomai 作为 ACRN 的客户虚拟机

要运行 Xenomai 作为 ACRN 客户虚拟机（Real-Time VM），需要针对性地配置 Xenomai 目标内核。表 A-3 列出了 x86_64 架构 Linux 几个重要的内核配置选项。

表 A-3　x86_64 内核配置选项

选项	数值	描述文件
CONFIG_HYPERVISOR_GUEST	Y	arch/x86/Kconfig
CONFIG_ACRN	Y	arch/x86/Kconfig。Linux 内核版本小于 5.3
CONFIG_ACRN_GUEST	Y	arch/x86/Kconfig。Linux 内核版本大于 5.3
CONFIG_PARAVIRT	N	arch/x86/Kconfig
CONFIG_X86_X2APIC	Y	arch/x86/Kconfig
CONFIG_ACRN_VIRTIO_DEVICES	Y	drivers/virtio/Kconfig
CONFIG_VIRTIO_PMD	Y	drivers/virtio/Kconfig

其中 CONFIG_PARAVIRT 与 CONFIG_IPIPE 即中断管理通道代码冲突，所以不能使能。在 Linux 4 版本内核代码 arch/x86/acrn/Kconfig 中也要去掉 CONFIG_ACRN 对 CONFIG_PARAVIRT 的依赖关系。

此外由于设计上 ACRN Real-Time VM 没有 IOAPIC/PIC，SCI/GL 处理程序初始化失败，进而禁用 ACPI，最终导致 Real-Time VM 关机时故障。所以修改 acpi_bus_init() 中的示例代码如下：

📄 **drivers/acpi/bus.c**
```
1 #if defined(CONFIG_ACRN_GUEST) && \
2    (defined(CONFIG_PREEMPT_RT) || defined(CONFIG_IPIPE))
```

```
3      status = acpi_enable_subsystem(ACPI_NO_ACPI_ENABLE | \
4                                    ACPI_NO_HANDLER_INIT);
5 #else
6      status = acpi_enable_subsystem(ACPI_NO_ACPI_ENABLE);
```

A.2　Xenomai 3.1 上的应用程序编译

为 Cobalt 内核构建应用程序时推荐使用 xeno-config 脚本来获取与 Xenomai 相关的正确编译参数和链接器标志（linker flag）。可以在 Xenomai 3.1 官网[⊖]上找到 xeno-config 脚本的完整用法。一个简单的 Makefile 参考代码片段如下，该片段通过 Cobalt API 检索了用于构建单文件应用程序 app.c 的编译参数和标志。

📄 **Makefile**
```
1 XENO_CONFIG := /usr/xenomai/bin/xeno-config
2 CFLAGS := $(shell $(XENO_CONFIG) --cobalt --cflags)
3 LDFLAGS := $(shell $(XENO_CONFIG) --cobalt --ldflags)
4 CC := $(shell $(XENO_CONFIG) --cc)
5
6 EXECUTABLE := app
7
8 all: $(EXECUTABLE)
9
10 %: %.c
11    $(CC) -o $@ $< $(CFLAGS) $(LDFLAGS)
```

另外，要编译基于 RTDM 的模块时，构建常规内核模块 / 驱动程序的规则也适用于基于 RTDM 的驱动程序，例如，假设用于构建 some_driver.ko 的 Makefile 是基于 RTDM API 的，该配置由两个文件 foo.c 和 bar.c 组成，则参考代码如下：

📄 **Makefile**
```
obj-y += some_driver.o
some_driver-y := foo.o bar.o
```

构建此模块应在包含模块源代码的目录下完成，同时在为双内核配置构建驱动程序模块之前，必须已准备并构建了目标内核，如下所示：

```
$ make -C /path/to/kernel/tree M=$PWD modules
```

以上就是编译和构建 Xenomai 及其应用程序的主要内容。

⊖ Xenomai 3.1 官网：https://xenomai.org/documentation/xenomai-3/html/man1/xeno-config/index.html。

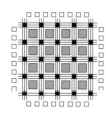

附录 B
PREEMPT_RT Linux 的编译和安装

B.1 PREEMPT_RT Linux 内核源代码

PREEMPT_RT Linux 内核与普通 Linux 内核类似，都包含长期支持的稳定版本，以及最新的开发版本。比如长期稳定版本包括 v4.9-rt、v4.19-rt、v5.4-rt、v5.10-rt 等，它们与开源社区长期支持版本（LTS）一一对应。最新开发版本则随着 Linux 内核的升级而升级，开发版本一般稍微滞后于最新 Linux 内核版本。开发版本 PREEMPT_RT Linux 中内核在很多版本的 Linux 中都有，比如 v4.8-rt、v4.18-rt、v5.19 rt、v6.0-rt 等。

稳定版本及开发版本的 PREEMPT_RT Linux 内核源码在不同的代码仓库中。目前最新的稳定版本内核是 v5.15-rt[一]，最新的开发版本内核是 v6.1-rt[二]。英特尔公司也有对应增强版本的 PREEMPT_RT 稳定版本[三]，该增强版本包含了更好的英特尔硬件的支持，比如 TSN 网卡以及其他英特尔最新硬件驱动等。如果调试目标硬件是英特尔产品，推荐使用英特尔的 PREEMPT_RT 发行版本。

用户可以根据自身需求克隆相应的 PREEMPT_RT Linux 内核代码。

B.2 配置 PREEMPT_RT Linux 内核

为了使 PREEMPT_RT Linux 内核发挥出最好的实时性能，获得更短的响应时间，用户需要根据硬件和需要支持的功能对 PREEMPT_RT Linux 内核进行配置。内核配置包含编译安装内核前的内核选项配置，以及内核启动时的命令行参数配置。

B.2.1 编译安装前的内核参数配置

在编译安装内核之前对 PREEMPT_RT Linux 内核进行配置，内核选项配置与普通 Linux 内核一样，都是对内核源代码根目录的 ".config" 文件进行配置（注意前面有个点 "."）。用户可以先选择一个内核配置文件作为内核配置基础文件，例如从 Ubuntu 的 /boot 目录下选择一个 config-< 版本号 >-generic。

[一] PREEMPT_RT Linux 最新稳定版本代码：https://git.kernel.org/pub/scm/linux/kernel/git/rt/linux-stable-rt.git。
[二] PREEMPT_RT Linux 最新开发版本代码：https://git.kernel.org/pub/scm/linux/kernel/git/rt/linux-rt-devel.git。
[三] PREEMPT_RT Linux 的英特尔公司增强版本代码：https://github.com/intel/linux-intel-lts/。

运行 make menuconfig，该命令会启动一个图形化内核配置选项工具。首先在 General Setup 里找到"Preempt Model"选项，勾选 Fully Preemptible Kernel (Real-Time)，也就是 CONFIG_PREEMPT_RT，这是 PREEMPT_RT Linux 内核最重要的内核选项，它可以大大提高内核的响应时间。

除了勾选 CONFIG_PREEMPT_RT 之外，用户还可以根据实际应用环境使能或禁用某些内核选项，如表 B-1 所示。

表 B-1　内核编译选项

内核编译选项	推荐值	描述
CONFIG_SMP	Y	使能多处理器 SMP（Symmetric Multi-Processing）支持
CONFIG_RCU_NOCB_CPU	Y	可以把特定 CPU 上面的 RCU callback 禁止
CONFIG_GENERIC_IRQ_MIGRATION	Y	可以把系统中断迁移到比较空闲的 CPU 上
CONFIG_NO_HZ_FULL	Y	尽可能减少因为调度需要的时钟中断
CONFIG_CPU_ISOLATION	Y	可以把某些 CPU 隔离出来专供高优先级实时进程运行
CONFIG_HIGH_RES_TIMERS	Y	使能高精度内核时钟，可以让系统唤醒等操作更加准时

注意：在 v4.18-rt 或更早的内核版本里，没有 CONFIG_PREEMPT_RT，对应的内核选项是 CONFIG_PREEMPT_RT_FULL，菜单入口也有所不同：Processor type and features -> Preemption Model。

B.2.2　内核启动命令行参数配置

除了内核编译选项之外，一些内核命令行参数也可以提高系统实时响应性能。与内核选项静态编译不同，命令行参数是在内核启动时根据场景选择使能或禁止，一般可以在 grub 菜单里修改。表 B-2 列出了一些对实时性能有影响的内核启动参数。

表 B-2　对实时性能有影响的内核命令行参数

内核命令行参数	推荐值	描述
idle	poll	禁止 CPU idle 驱动，系统在空闲时一直死循环，有事件时则响应较快
clocksource	tsc	将系统时钟源设置为 tsc
intel_pstate	disable	禁止 pstate 驱动，CPU 自动运行在较高频率，可以加快系统响应
isolcpus	1～3	把 CPU1～3 隔离出来单独让高优先级实时进程运行。1～3 应该根据实际 CPU 数量进行优化
irqaffinity	0	把大多数中断都设在 CPU 0 上处理，其他 CPU 受中断干扰较少

B.3　编译和安装 PREEMPT_RT Linux 内核

配置完 PREEMPT_RT Linux 内核，就可以编译了。编译前要确保内核根目录有正确的内核配置文件 .config。根据目标系统不同，编译命令有些差异。

如果目标系统是 Debian/Ubuntu，则内核编译命令是：

```
$ make bindeb-pkg
```

编译完成后，deb 内核包在内核源代码上级目录中产生。安装 deb 内核包的命令是：

```
$ dpkg -i <内核deb包>
```

如果目标系统是 Redhat，则内核编译命令是：

```
$ make binrpm-pkg
```

编译完成后，rpm 内核包默认在 ~/rpmbuild/RPMS/x86_64/ 目录中产生。安装 rpm 内核包的命令是：

```
$ rpm -ivh <内核rpm包>
```

至此，就已经编译和安装好了带有 PREEMPT_RT 的实时内核 Linux。

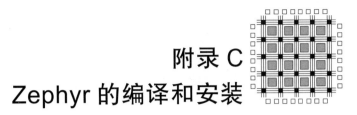

附录 C
Zephyr 的编译和安装

本章将介绍如何进行 Zephyr 开发环境的搭建以及如何在 ACRN 上运行 Zephyr。Zephyr 支持 Linux、Windows、macOS 等多种 OS 作为开发环境，下文将以 Ubuntu 为例，一步一步搭建 Zephyr 编译环境，获取源代码以及构建、刷写和运行示例应用程序。在 Windows、macOS 或其他 Linux 发行版上安装 Zephyr 开发环境，请参考 Zephyr 官方文档[一]和安装文档[二]。

C.1　Zephyr 开发环境安装

如果使用的操作系统是 Ubuntu 发行版，请确认版本至少是 18.04 LTS 或是更新的版本。更新并升级发行版包管理器中的软件包：

```
$ sudo apt update
$ sudo apt upgrade
```

C.1.1　安装依赖软件包

使用包管理器安装一些依赖软件包。当前主要依赖的软件包以及所需的最低版本如表 C-1 所示。

由于 Zephyr 使用的 CMake 版本比较新，Linux 发行版所提供的版本很可能无法满足要求，可以通过以下方式来进行更新。

下载、检查并执行 Kitware 存档脚本，将 Kitware APT 存储库添加到源列表中。

表 C-1　Zephyr 依赖软件包及所需的最低版本

工具	最低支持版本
CMake[三]	3.20.0
Python[四]	3.6
DeviceTree compiler[五]	1.4.6

```
$ wget https://apt.kitware.com/kitware-archive.sh
$ sudo bash kitware-archive.sh
```

使用 apt 安装所需的依赖软件包：

　　㊀　Zephyr 官方文档：https://docs.zephyrproject.org/latest。
　　㊁　Zephyr 环境安装：https://docs.zephyrproject.org/latest/getting_started/index.html。
　　㊂　参见 CMake 官方网站：https://cmake.org。
　　㊃　参见 Python 官方网站：https://www.python.org。
　　㊄　参见 Device Tree 官方网站：https://www.devicetree.org。

```
$ sudo apt install --no-install-recommends git cmake ninja-build gperf \
    ccache dfu-util device-tree-compiler wget \
    python3-dev python3-pip python3-setuptools python3-tk python3-wheel \
    xz-utils file make gcc gcc-multilib g++-multilib libsdl2-dev
```

输入以下命令来验证系统上安装的依赖软件包的版本。

```
$ cmake -version
$ python3 -version
$ dtc -version
```

根据表 C-1 中的版本检查这些内容。有关手动更新依赖包的更多信息，请参阅 Zephyr 的安装依赖软件包页面⊖。

C.1.2　克隆 Zephyr 代码仓库

Zephyr 的代码主要通过 west 工具进行管理，所以我们可以简单地通过 west 命令克隆 Zephyr 的所有代码。

安装 west：

```
$ pip3 install --user -U west
$ echo 'export PATH=~/.local/bin:"$PATH"' >> ~/.bashrc
$ source ~/.bashrc
```

获取 Zephyr 源代码：

```
$ west init ~/zephyrproject
$ cd ~/zephyrproject
$ west update
```

安装所需的 python 依赖包：

```
$ pip3 install --user -r
  ~/zephyrproject/zephyr/scripts/requirements.txt
```

C.1.3　安装 Zephyr SDK

Zephyr 软件开发工具包（SDK）提供了构建 Zephyr 应用程序所需的所有工具链，包括编译器、汇编器、链接器等。

下载最新的 SDK 安装程序：

```
$ cd ~
$ wget
  https://github.com/zephyrproject-rtos/sdk-ng/releases/download/
  v0.13.0/zephyr-sdk-0.13.0-linux-x86_64-setup.run
```

⊖ Zephyr 安装依赖包页面：https://docs.zephyrproject.org/latest/getting_started/installation_linux.html# installation-linux。

运行安装程序：

```
$ chmod +x zephyr-sdk-0.13.0-linux-x86_64-setup.run
$ ./zephyr-sdk-0.13.0-linux-x86_64-setup.run -- -d
  ~/zephyr-sdk-0.13.0
```

C.2　编译 Zephyr

Zephyr 本身提供了一些供参考的示例应用程序，下面将以"hello world"程序为例，介绍如何编译一个运行在 qemu_x86 上的 Zephyr 应用程序。

首先进入 zephyr 主目录：

```
$ cd ~/zephyrproject/zephyr
```

使用 west 编译"hello world"程序：

```
$ west build -b qemu_x86 -p auto samples/hello_world
```

在 qemu_x86 上运行"hello world"程序：

```
$ west build -t run
```

如果能在控制台上看到"Hello World"字样打印出来，则代表运行成功。

C.3　在 ACRN 上运行 Zephyr

Zephyr 可以作为 VM 客户机运行在 ACRN Hypervisor 上，下面将以 x86 的 ehl_crb 开发板为例，讲解如何在 ACRN 上运行一个简单的 Zephyr 应用程序。

C.3.1　编译 Zephyr 应用程序

ACRN 已经被添加到 Zephyr 支持的平台中，所以可以直接通过运行以下命令生成一个运行在 ACRN 上的 Zephyr 应用程序：

```
$ west build -b acrn_ehl_crb samples/hello_world
```

C.3.2　编译 ACRN Hypervisor

为了使 Zephyr 运行在 ACRN Hypervisor 上，我们需要在编译 ACRN Hypervisor 时对 ACRN 编译的 XML 配置文件进行一些修改，以编译一个适用于 Zephyr 的 Hypervisor，具体改动如下：

📄 **ehl-crb-b.xml**
```
1  <os_config>
2    <name>Zephyr</name>
3    <kern_type>KERNEL_ZEPHYR</kern_type>
```

```
4     <kern_mod>Zephyr_RawImage</kern_mod>
5     <ramdisk_mod/>
6     <bootargs></bootargs>
7     <kern_load_addr>0x1000</kern_load_addr>
8     <kern_entry_addr>0x1000</kern_entry_addr>
9  </os_config>
10 <cpu_affinity>
11     <pcpu_id>0</pcpu_id>
12 <pcpu_id>1</pcpu_id>
13 </cpu_affinity>
```

XML 配置完成后，运行如下命令生成一个适用于 Zephyr 的 ACRN Hypervisor：

```
$ make -j BOARD=ehl-crb-b SCENARIO=hybrid
```

C.3.3 制作 EFI Boot image

1. 制作一个使用 GNU GRUB 的系统启动盘

将一张 U 盘挂载到 Linux 系统上并构建如下目录结构。

```
$ mount /dev/sdb1 /mnt/acrn
$ mkdir -p /mnt/acrn/efi/boot
$ cp $PATH_TO_GRUB_BINARY /mnt/acrn/efi/boot/bootx64.efi
$ cp $ZEPHYR_BASE/build/zephyr/zephyr.bin /mnt/acrn/efi/boot/
$ cp $PATH_TO_ACRN/build/hypervisor/acrn.bin /mnt/acrn/efi/boot/
$ cp grub.cfg /mnt/acrn/efi/boot/
```

其中，bootx64.efi 为一个 GRUB EFI 二进制文件，通常情况下，我们可以通过来自源代码的简单上游构建或来自友好 Linux 发行版的副本；zephyr.bin 为我们之前编译的"hello world"应用程序的二进制文件；acrn.bin 为我们编译的适用于 Zephyr 的 ACRN Hypervisor 的二进制文件。

grub.cfg 为我们配置的 GRUB 引导文件，内容如下：

📄 **grub.cfg**
```
1 set root='hd0,msdos1'
2 multiboot2 /efi/boot/acrn.bin
3 module2 /efi/boot/zephyr.bin Zephyr_RawImageboot
```

2. 用 U 盘启动应用程序

将制作好的 U 盘插在目标机上，然后开机，此时目标机会自动运行 ACRN 和 Zephyr 应用程序，可以使用 vm_console 命令查看控制台输出：

```
ACRN:\> vm_console 0
----- Entering VM 0 Shell -----*** Booting Zephyr OS build
v2.6.0-rc1-324-g1a03783861ad  ***Hello World! Acrn
```

如果出现"Hello World"字样，则代表 Zephyr 已经成功运行在 ACRN Hypervisor 上了。

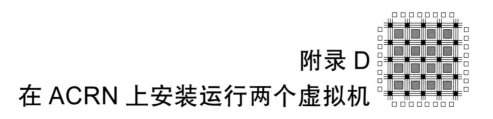

附录 D
在 ACRN 上安装运行两个虚拟机

本附录将介绍如何在 ACRN 上运行两类不同类型的虚拟机,即实时虚拟机和非实时虚拟机,进而可以运行两种不同类型的工作负载。安装步骤包括配置、创建和启动,构成有两个示例程序的两个 VM 镜像[⊖]。

图 D-1 是作为示例演示的架构图。ACRN 上运行两个 VM。一个运行桌面版的 Ubuntu,作为人机交互系统;另一个运行实时操作系统,是基于 Ubuntu 的 PREEMPT_RT Linux。两台虚拟机之间通过一个叫作 Ivshmem 的 VM 共享内存程序进行通信。在实时操作系统中运行一个叫作 Cyclictest 的例程,它是一个开源应用程序,通常用于测量实时系统中的延迟。在人机交互系统中运行一个浏览器网页,显示从 Cyclictest 收集来的数据直方图。

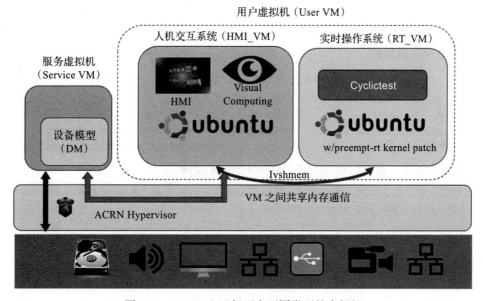

图 D-1 ACRN 上运行两个不同类型的虚拟机

安装步骤如下。先使用 ACRN 源代码中的脚本在开发机上构建这两个 VM 镜像。得到两个 VM 镜像后,按照入门指南中所述的类似步骤再定义一个新的 ACRN 场景,其中包含两个具有 Ivshmem 连接的用户 VM。然后根据场景配置来构建服务虚拟机镜像和 ACRN

⊖ 本附录示例的 ACRN 官方文档:https://projectacrn.github.io/latest/getting-started/sample-app.html。

Hypervisor 镜像（参考入门指南中的步骤）。最后将所有这些镜像复制到目标机上。从目标机上先启动 ACRN，然后从服务虚拟机里启动两个 VM 及其里面的程序，Cyclictest 程序进行实时性能数据收集，而人机交互系统中运行浏览器来显示数据的直方图结果。

虽然此示例应用程序使用 Cyclictest 生成有关实时操作系统中的性能延迟的数据，但这里并没有进行任何配置优化以获得最佳实时性能。

D.1 前提条件和镜像包

开始之前，需要先在开发机上使用 df 命令并确认至少有 30GB 的可用磁盘空间来构建 ACRN 示例应用程序。具体命令和输出结果如下。

```
$ df -h /
Filesystem     Size   Used  Avail  Use%   Mounted on          /dev/sad5
109G           42G    63G   41%    /
```

D.2 准备 ACRN 的开发机环境和目标机环境

按照入门指南⊖的说明获取安装在开发机和目标机上的所有工具和包，我们也将使用它们来构建和运行此示例应用程序。

1. 准备开发机环境

按照入门指南的步骤，将在开发机上创建一个目录 ~/acrn-work，其中包含 acrn-hypervisor 和 acrn-kernel 源代码。还将拥有 ACRN 配置器所需的目标机硬件的 XML 文件，以配置 ACRN 管理程序并为此示例应用程序设置 VM 启动脚本。

2. 准备目标机环境

在目标系统上，重新启动并选择常规的 Ubuntu 镜像。

以 acrn 用户身份登录。由于我们稍后需要与目标机建立 ssh 连接，因此需要用以下命令在目标机上安装 ssh 服务器：

```
$ sudo apt install -y openssh-server
```

还需要知道目标机的 IP 地址。使用 hostname -I 命令并查看第一个 IP 地址。

```
$ hostname -I | cut -d '' -f 1
10.0.0.200
```

D.3 准备示例程序

在开发机上构建示例的应用程序。

⊖ ACRN 的入门指南：https://projectacrn.github.io/3.0/getting-started/getting-started.html。

- rtApp 应用程序。它运行在实时操作系统 VM 中，用来读取 Cyclictest 程序的输出，并通过 VM 间共享内存（Ivshmem）将其发送到另一个人机交互 VM。
- userApp 应用程序。它运行在人机交互 VM 中，用来接收数据并使用 histapp.py Python 应用程序演示数据直方图。

普通（例如 acrn）用户按照以下步骤操作。

1）在用于构建示例应用程序的开发机中安装一些额外的包：

```
$ sudo apt install -y cloud-guest-utils schroot kpartx qemu-kvm
```

2）查看 acrn-hypervisor 源代码分支（如果遵循入门指南，此时已经从 acrn-hypervisor 的代码库中克隆了）。

```
$ cd ~/acrn-work/acrn-hypervisor
$ git fetch --all
$ git checkout master
```

3）构建 ACRN 示例应用程序：

```
$ cd misc/sample_application
$ make all
```

这将构建示例应用程序 userApp、rtApp 和 histapp.py。

D.4　制作人机交互 VM 的镜像

制作人机交互 VM 的镜像。此脚本共运行约 10 分钟，并会提示输入 HMI_VM 镜像中的 acrn 和 root 用户的密码：

```
$ cd
$ ~/acrn-work/acrn-hypervisor/misc/sample_application/image_builder
  ./create_image.sh hmi-vm
```

脚本运行完成后，在构建目录中会创建 hmi_vm.img 镜像文件。脚本输出如下所示：

```
[ Info ]VM image created at /home/acrn/acrn-work/acrn-hypervisor/misc/sample_
application/image_builder/build/hmi_vm.img.
```

HMI_VM.img 镜像是一个已配置好的 Ubuntu 桌面镜像，可以用作人机交互 VM 使用。

D.5　制作实时操作系统 VM 的镜像

查看 acrn-kernel 源代码分支（如果遵循入门指南，此时已经从 acrn-kernel 代码库中克隆了）。以下为示例应用程序的实时操作系统 VM 使用 acrn-kernel 的 PREEMPT_RT 分支：

```
$ cd ~/acrn-work/acrn-kernel
$ git fetch --all
$ git checkout -b sample_rt origin/5.15/preempt-rt
```

构建实时操作系统 VM 使用的 PREEMPT_RT 补丁内核：

```
$ make mrproper
$ cp kernel_config .config
$ make olddefconfig
$ make -j $(nproc) deb-pkg
```

在开发机上构建内核可能需要 15 分钟，但也可能需要 2～3 个小时，具体取决于开发机的性能。完成后，在构建根目录上方的目录中会生成四个 Debian 软件包，运行以下命令，这时会看到给 rtvm 用的 Debian 软件包：linux-headers、linux-image（运行版和调试版）和 linux-libc-dev。

```
$ ls ../*rtvm*.deb
linux-headers-5.15.44-rt46-acrn-kernel-rtvm+_5.15.44-rt46-acrn-kernel-rtvm+-1_
    amd64.deb
linux-image-5.15.44-rt46-acrn-kernel-rtvm+-dbg_5.15.44-rt46-acrn-kernel-rtvm+-1_
    amd64.deb
linux-image-5.15.44-rt46-acrn-kernel-rtvm+_5.15.44-rt46-acrn-kernel-
rtvm+-1_amd64.deb
linux-libc-dev_5.15.44-rt46-acrn-kernel-rtvm+-1_amd64.deb
```

制作实时操作系统 VM 的镜像：

```
$ cd
$ ~/acrn-work/acrn-hypervisor/misc/sample_application/image_builder
  ./create_image.sh rt-vm
```

脚本完成后，在 build 目录下创建了 rt_vm.img 镜像文件。RT-VM 镜像是一个已配置好的 Ubuntu 镜像，带有用于实时操作系统 VM 的 PREEMPT_RT 补丁内核。

D.6 创建和配置 ACRN 的场景

现在需要基于示例应用程序的场景配置来构建 ACRN Hypervisor。如果遵循入门指南，此时开发机上已有了目标机的 XML 文件和 ACRN 配置器。

使用 ACRN 配置器为两台虚拟机（实时操作系统 VM 和人机交互 VM）定义一个新场景，并为这个示例应用程序生成新的启动脚本。

随后，可以根据图形化的配置界面进行逐步设置，为 ACRN、服务虚拟机、实时操作系统 VM、人机交互 VM 分别配置 UART 串口、虚拟 CPU 数目、虚拟内存大小、USB 控制器、virtio 虚拟网卡等参数。具体操作界面和步骤请参考 ACRN 官网[⊖]。

D.7 创建 ACRN 和服务虚拟机的镜像

在开发机上，使用目标机的 XML 和刚刚生成的场景 XML 文件构建 ACRN 管理程序：

⊖ ACRN 场景配置步骤：https://projectacrn.github.io/latest/getting-started/sample-app.html。

```
$ cd ~/acrn-work/acrn-hypervisor
$ make clean
$ make BOARD=~/acrn-work/MyConfiguration/my_board.board.xml \
      SCENARIO=~/acrn-work/MyConfiguration/scenario.xml
```

构建通常需要大约一分钟。完成后，会在构建目录中生成一个 Debian 包，其中包含开发机和工作文件夹名称。

这个 Debian 软件包包含 ACRN 管理程序和用于在目标机安装 ACRN 的工具。

使用 acrn-kernel 为服务虚拟机构建 ACRN 内核：

```
$ cd ~/acrn-work/acrn-kernel
$ git fetch --all
$ git checkout acrn-v3.0
$ make distclean
$ cp kernel_config_service_vm .config
$ make olddefconfig
$ make -j $(nproc) deb-pkg
```

内核的构建可能需要 15 分钟，但也可能需要 1～2 个小时，具体取决于开发机的性能。完成后，会在构建根目录上方的目录中生成四个 Debian 软件包，如下所示。

```
$ ls ../*acrn-service*.deb
linux-headers-5.15.44-acrn-service-vm_5.15.44-acrn-service-vm-1_amd64.deb
linux-image-5.15.44-acrn-service-vm_5.15.44-acrn-service-vm-1_amd64.deb
linux-image-5.15.44-acrn-service-vm-dbg_5.15.44-acrn-service-vm-1_amd64.deb
linux-libc-dev_5.15.44-acrn-service-vm-1_amd64.deb
```

D.8 把镜像从开发机环境复制到目标机

将开发机上生成的所有文件复制到目标机上，包括示例应用程序可执行文件、HMI_VM 和 RT_VM 镜像、用于服务虚拟机和虚拟机管理程序的 Debian 包、启动脚本以及根据入门指南构建的 iasl 工具。可以使用 scp 通过本地网络进行复制。

使用 scp 将文件从开发机复制到目标机上的 ~/acrn-work 目录（将此示例中使用的 IP 地址替换为实际的目标系统的 IP 地址）：

```
$ cd ~/acrn-work
$ scp
acrn-hypervisor/misc/sample_application/image_builder/build/*_vm.img
acrn-hypervisor/build/acrn-my_board-MyConfiguration*.deb \
*acrn-service-vm*.deb MyConfiguration/launch_user_vm_id*.sh \
acpica-unix-20210105/generate/unix/bin/iasl \
acrn@10.0.0.200:~/acrn-work
```

然后在目标系统上运行如下命令：

```
$ sudo cp ~/acrn-work/iasl /usr/sbin
$ sudo ln -s /usr/sbin/iasl /usr/bin/iasl
```

D.9 在目标机上安装运行 ACRN

1）在目标机上，使用以下命令安装 ACRN Debian 软件包和 ACRN 内核 Debian 软件包：

```
$ cd ~/acrn-work
$ sudo apt purge acrn-hypervisor
$ sudo apt install ./acrn-my_board-MyConfiguration*.deb
$ sudo apt install ./*acrn-service-vm*.deb
```

2）启用和人机交互 VM 共享的网络服务：

```
$ sudo systemctl enable --now systemd-networkd
```

3）重启系统：

```
$ reboot
```

4）在看到带有 "ACRN multiboot2" 条目的 GRUB 菜单后，选择它继续启动 ACRN。它将启动 ACRN Hypervisor 并启动服务虚拟机。

5）使用 acrn 用户名登录到服务虚拟机。

6）查找服务虚拟机的 IP 地址（此命令显示的第一个 IP 地址）：

```
$ hostname -I | cut -d '' -f 1
10.0.0.200
```

7）在开发机上使用该 IP 地址通过 ssh 连接到目标机上的服务虚拟机：

```
$ ssh acrn@10.0.0.200
```

8）在该 ssh 会话中，使用 launch_user_vm_id1.sh 启动脚本启动 HMI_VM：

```
$ sudo chmod +x ~/acrn-work/launch_user_vm_id1.sh
$ sudo ~/acrn-work/launch_user_vm_id1.sh
```

9）启动脚本将启动 HMI_VM 并在 ssh 会话中显示 Ubuntu 登录提示。使用开发机上的 ssh 会话以 root 用户（不是 acrn）登录 HMI_VM。

```
ubuntu login: root
Password:
Welcome to Ubuntu 22.04.1 LTS (GNU/Linux 5.15.0-52-generic x86_64)

. . .

(acrn-guest)root@ubuntu:~#
```

10）找到 HMI_VM 的 IP 地址，如下所示。

(acrn-guest)root@ubuntu:~# hostname -I | cut -d '' -f 1
10.0.0.100

11）运行 HM_VM 示例应用程序 userApp（在后台）：

$ sudo /root/userApp &

然后运行 histapp.py 应用程序：

$ sudo python3 /root/histapp.py

到现在为止，HMI_VM 已经开始运行并启动了示例应用程序的 HMI 部分。接下来，我们将启动 RT_VM 及其示例应用程序的其他部分。

12）在开发机上，打开一个新的终端窗口并启动一个新的 ssh 连接到目标机的服务虚拟机：

$ ssh acrn@10.0.0.200

13）在此 ssh 会话中，使用 vm_id2 启动脚本启动 RT_VM：

$ sudo chmod +x ~/acrn-work/launch_user_vm_id2.sh
$ sudo ~/acrn-work/launch_user_vm_id2.sh

14）该脚本将启动 RT_VM。
在此 ssh 会话中以 root 用户（不是 acrn）身份登录到 RT_VM。

```
ubuntu login: root
Password:
Welcome to Ubuntu 22.04.1 LTS (GNU/Linux 5.15.44-rt46-acrn-kernel-rtvm+ x86_64)

. . .

(acrn-guest)root@ubuntu:~#
```

15）在此 RT_VM 中运行 Cyclictest 循环测试（在后台）：

$ cyclictest -p 80 --fifo="./data_pipe" -q &

然后运行 RT_VM 中的 rtApp：

$ sudo /root/rtApp

现在示例应用程序的两个部分都在运行：

- RT_VM 正在运行 Cyclictest，生成延迟数据，rtApp 通过 Ivshmem 将此数据发送到 HMI_VM。
- 在 HMI_VM 中，userApp 接收 Cyclictest 数据并将其提供给运行 Web 服务器的 histapp.py Python 应用程序。

16）我们可以查看显示为直方图的数据，如图 D-2 所示。在目标机的控制台上登录到 HMI_VM，打开 Web 浏览器并访问 http://localhost。

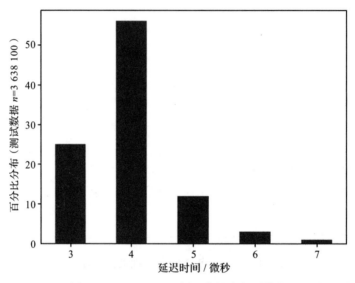

图 D-2　Cyclictest 示例程序的直方图输出

D.10　安装成功

至此就完成了本附录示例应用程序的构建和运行。

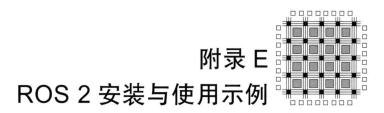

附录 E
ROS 2 安装与使用示例

本附录将详细介绍如何在 Linux 环境下安装机器人操作系统软件框架（ROS 2 Foxy Fitzroy 版本），包括系统配置需求、设置系统环境变量、添加 ROS 2 apt 源和开发工具、获取 ROS 2 开源代码、使用 rosdep 工具安装依赖包、从 workspace 编译源代码。

编译安装完成后，开发者可以使用 ROS 2 自带的 talker 和 listener 工具来验证 ROS 2 安装的正确性，并体验 ROS 2 的消息发布（publish）与订阅（subscribe）机制。

E.1 系统要求

目前开源社区的 ROS 2 发布（以 Foxy Fitzroy 版本为例）主要支持如下的两个 Linux 发布版本。

- Ubuntu Linux – Focal Fossa (20.04) 64-bit。
- Debian Linux – Buster (10) 64-bit。

其他的 Linux 版本可以参照 ROS 2 文档网站⊖安装。

E.2 设置系统 locale

安装 ROS 2 需要确保系统 locale 支持 UTF-8。如果你使用一个简化的系统（例如 docker 容器），那么 locale 环境变量可能是 POSIX。我们可以按照如下的步骤验证 UTF-8 设置。

```
$ locale  # check for UTF-8
$ sudo apt update && sudo apt install locales
$ sudo locale-gen en_US en_US.UTF-8
$ sudo update-locale LC_ALL=en_US.UTF-8 LANG=en_US.UTF-8
$ export LANG=en_US.UTF-8
$ locale  # verify settings
```

E.3 添加 ROS 2 apt 代码仓库

在安装 ROS 2 前，还需要把 ROS 2 apt repository 添加到你的系统里。

首先，确保系统里启用了 Ubuntu Universe repository。

⊖ ROS 2 文档网站：https://docs.ros.org/en/foxy/Installation/Alternatives/Ubuntu-Development-Setup.html。

```
$ sudo apt install software-properties-common
$ sudo add-apt-repository universe
```

然后通过 apt 安装 ROS 2 GPG 密钥：

```
$ sudo apt update && sudo apt install curl
$ sudo curl -sSL
  https://raw.githubusercontent.com/ros/rosdistro/master/ros.key
  -o /usr/share/keyrings/ros-archive-keyring.gpg
```

再运行如下命令把代码库地址添加到系统环境配置文件（ros2.list）中：

```
$ echo "deb [arch=$(dpkg --print-architecture)
  signed-by=/usr/share/keyrings/ros-archive-keyring.gpg]
  http://packages.ros.org/ros2/ubuntu $(. /etc/os-release && echo
  $UBUNTU_CODENAME) main" | sudo tee
  /etc/apt/sources.list.d/ros2.list > /dev/null
```

E.4　安装 ROS 开发工具包

按照如下的步骤安装相关的 ROS 开发工具包：

```
$ sudo apt update && sudo apt install -y libbullet-dev python3-pip
$ # install some pip packages needed for testing
$ python3 -m pip install -U \
    argcomplete \
    flake8-blind-except \
    flake8-builtins \
    flake8-class-newline \
    flake8-comprehensions \
    flake8-deprecated \
    flake8-docstrings \
    flake8-import-order \
    flake8-quotes \
    pytest-repeat \
    pytest-rerunfailures \
    pytest
$ # install Fast-RTPS dependencies
$ sudo apt install --no-install-recommends -y \
    libasio-dev \
    libtinyxml2-dev
$ # install Cyclone DDS dependencies
$ sudo apt install --no-install-recommends -y \
    libcunit1-dev
```

E.5　安装 ROS 2

完成所有上述的环境配置及开发工具的安装以后，就可以开始安装 ROS 2 了。

首先创建一个 workspace，把所有 ROS 2 核心代码下载到本地：

```
$ mkdir -p ~/ros2_foxy/src
$ cd ~/ros2_foxy
$ vcs import -input
  https://raw.githubusercontent.com/ros2/ros2/foxy/ros2.repos src
```

接下来使用 rosdep 工具安装所有的依赖包：

```
$ sudo apt upgrade
$ sudo rosdep init
$ rosdep update
$ rosdep install --from-paths src --ignore-src -y --skip-keys
  "fastcdr rti-connext-dds-5.3.1 urdfdom_headers"
```

请注意：如果你使用一个基于 Ubuntu 的 Linux 发行版（例如 Linux Mint），你有可能会得到一条错误信息"Unsupported OS [mint]"。如果出现这种情况，请在上述命令行中添加如下的参数：os=ubuntu:focal。

然后就可以开始在 workspace 里编译 ROS 2 源代码了。在开始编译之前，如果你的系统里已经通过其他方式安装过 ROS 2（例如通过 Debian 的发行版安装了 binary），请确保你是在一个干净的环境（没有 source 其他安装版本的环境变量）下运行如下的命令。另外请确保你的 .bashrc 文件中没有 source/opt/ros/${ROS_DISTRO}/setup.bash 的命令。可以通过命令行 printenv|grep-iROS 来查看。如果该命令行的输出为空，则当前的环境是满足要求的干净的环境。

```
$ cd ~/ros2_foxy
$ colcon build --symlink-install
```

请注意：如果你在编译所有的示例应用的步骤中碰到问题无法进行，你可以使用 COLCON_IGNORE 来从整个 workspace 里忽略掉某些子目录的编译，从而完成整个 ROS 2 的编译。例如，如果你不想安装 OpenCV 库，可以在 cam2image 示例目录里 touch COLCON_IGNORE，从而忽略 OpenCV 的编译。

编译完成后，我们还需要运行如下的命令来设置运行环境：

```
$ # Replace ".bash" with your shell if you're not using bash
$ # Possible values are: setup.bash, setup.sh, setup.zsh
$ . ~/ros2_foxy/install/local_setup.bash
```

E.6　运行 talker/listener 示例程序

执行到这一步，ROS 2 所有的安装编译及设置的工作都已完成。接下来我们可以使用 ROS 2 提供的 talker/listener 示例程序，了解 ROS 2 的消息发布（publish）与订阅（subscribe）机制。

打开一个新的 Terminal，运行如下命令启动 talker 程序：

```
$ . ~/ros2_foxy/install/local_setup.bash
$ ros2 run demo_nodes_cpp talker
```

然后打开另外一个 Terminal，运行如下命令启动 listener 程序：

```
$ . ~/ros2_foxy/install/local_setup.bash
$ ros2 run demo_nodes_py listener
```

运行成功后，将会在两个 Terminal 里看到如下的输出。

发送侧（talker）：

```
$. ~/ros2_foxy/install/local_setup.bash
$ros2 run demo_nodes_cpp talker
[INFO] [1672890251.355100678] [talker]: Publishing: 'Hello World: 1'
[INFO] [1672890252.355114728] [talker]: Publishing: 'Hello World: 2'
[INFO] [1672890253.355109274] [talker]: Publishing: 'Hello World: 3'
[INFO] [1672890254.355111545] [talker]: Publishing: 'Hello World: 4'
[INFO] [1672890255.355016113] [talker]: Publishing: 'Hello World: 5'
```

接收侧（listener）：

```
$. ~/ros2_foxy/install/local_setup.bash
$ros2 run demo_nodes_py listener
[INFO] [1672890254.372443413] [listener]: I heard: [Hello World: 4]
[INFO] [1672890255.356156783] [listener]: I heard: [Hello World: 5]
[INFO] [1672890256.356414209] [listener]: I heard: [Hello World: 6]
[INFO] [1672890257.356011039] [listener]: I heard: [Hello World: 7]
[INFO] [1672890258.356129775] [listener]: I heard: [Hello World: 8]
```

至此，ROS 2 的安装工作已经完成，DDS 的消息传递机制工作正常。

技术术语表

英文全称	英文缩略语	中文说明
Advanced Driving Assistance System	ADAS	高级驾驶辅助系统
Adaptive Domain Environment for Operating System	ADEOS	操作系统的自适应域环境
Advanced Host Controller Interface	AHCI	高级主机控制器接口
Artificial Intelligence	AI	人工智能
Application Processor	AP	应用处理器
Application Programming Interface	API	应用编程接口
Advanced Programmable Interrupt Controller	APIC	高级可编程中断控制器
Automotive Safety Integration Level	ASIL	汽车安全完整性等级
Bare Metal Hypervisor		原生虚拟机或裸机虚拟机（属于一型虚拟机）
Back-End	BE	后端（设备驱动）
Built-in Self Test	BITS	内建自测
Berkeley Software Distribution	BSD	一种开源的许可证
Bootstrap Processor	BP	主启动处理器（第 4 章）
Board Support Package	BSP	板级支持包（第 9 章）
Controller Area Network	CAN	一种工业控制总线
Capital Expenditure	CapEx	资本成本
Cache Allocation Technology	CAT	高速缓存分配技术
Commercial Off-The-Shelf	COTS	商业现货
Central Processing Unit	CPU	中央处理器
Control Register	CR	控制寄存器
Common Xenomai Platform	CXP	通用 Xenomai 平台
Device Controller Interface	DCI	设备控制界面
Data Distribution Service	DDS	数据分发服务
Device Passthrough		设备直通或设备透传
Device Model	DM	设备模型（在 ACRN 中称为 DM 或 ACRN-DM）
Dual Role Device	DRD	双角色设备（用于 USB）

（续）

英文全称	英文缩略语	中文说明
Electronic Control Unit	ECU	电子控制单元
Extended Page Table	EPT	（硬件辅助的）扩展页表
Extended Page Table Pointer	EPTP	扩展页表指针
EPT Validation		扩展页表违例
Event Injection		事件注入
External-Interrupt Existing		外部中断退出
Equipment Under Control	EUC	受控设备
Function as a Service	FaaS	函数即服务
Front-End	FE	前端（设备驱动）
Failure Mode and Effect Analysis	FMEA	失效模式与影响分析
First In First Out	FIFO	先入先出队列
Full Virtualization		完全虚拟化
Guest Address Width	GAW	客户机地址宽度
GNU Compiler Collection	GCC	GNU 编译器
Guest Frame Number	GFN	客户机页帧号
Guest Physical Address	GPA	客户机物理地址
General-purpose input/output	GPIO	通用输入输出
GNU General Public License	GPL	通用公共许可证
General Purpose Operating System	GPOS	通用操作系统
Guest Page Table	GPT	客户机页表
Graphics Processing Unit	GPU	图形处理器
Guest		客户（机）
Guest OS		客户机操作系统
Guest Machine		客户机
Guest VM		客户 VM，或客户虚拟机
Guest Virtual Address	GVA	客户机虚拟地址
Graphics Virtualization Technology	GVT	Intel GPU 虚拟化技术
Graphics Virtualization Technology -s	GVT-s	Intel GPU 虚拟化技术的方法之一，通过 API 转发来实现
Graphics Virtualization Technology -d	GVT-d	Intel GPU 虚拟化技术的方法之一，通过 GPU 直通来实现

（续）

英文全称	英文缩略语	中文说明
Graphics Virtualization Technology -g	GVT-g	Intel GPU 虚拟化技术的方法之一，通过受控直通来实现
Hardware Accelerated Execution Manager	HAXM	硬件加速执行管理器
Host Controller Interface	HCI	主机控制接口（用于 USB）
Human Machine Interface	HMI	人机交互界面
Host		宿主（机）
Host OS		宿主机操作系统
Host Virtual Machine		宿主机 VM
Hosted Hypervisor		托管虚拟机，或寄居虚拟机（属于二型虚拟机）
Host Physical Address	HPA	宿主机物理地址
High Precision Event Timer	HPET	高精度事件时钟
Host Page Table	HPT	宿主机页表
Hypervisor Service Model	HSM	虚拟机监控器服务模块（ACRN 术语）
Host Virtual Address	HVA	宿主机虚拟地址
HeadUp Display	HUD	抬头显示
Hypervisor		超级管理者，或虚拟机管理程序，等同于 VMM
Infrastructure as a Service	IaaS	基础设施即服务
International Electrotechnical Commission	IEC	国际电工委员会
In-Vehicle Cluster	IC	数字仪表盘
Interrupt-Descriptor Table	IDT	中断描述符表
Industrial Internet of Things	IIoT	工业物联网
Interrupt Mask Register	IMR	中断屏蔽寄存器
Interruption-Information Field		中断信息域
Input/Output APIC	I/O APIC	输入 / 输出的中断控制器
Input-Output MMU	IOMMU	输入输出内存管理单元
Internet of Thing	IoT	物联网
Industrial PC	IPC	工业 PC
Inter-Processor Interrupt	IPI	处理器间中断
Interrupt Request Register	IRR	中断请求寄存器
Interrupt Request	IRQ	中断请求

（续）

英文全称	英文缩略语	中文说明
Interrupt Request Chip		中断请求芯片
Instruction Set Architecture	ISA	指令体系，或指令集架构
The International Society of Automation		国际自动化协会
In-Service Register		中断在服寄存器（CPU 内的寄存器）
Interrupt Service Routine	ISR	中断服务例程（用于操作系统中的术语）
Information Technology	IT	信息技术
In-Vehicle Infotainment	IVI	车载娱乐信息系统
Inter-VM shared memory (device)	Ivshmem	虚拟机内存间共享（设备）
Kernel-based Virtual Machine	KVM	基于 Linux 内核的虚拟机管理器
Local APIC	LAPIC	本地中断控制器
GNU Lesser General Public License	LGPL	GNU 宽通用公共许可证
Last In First Out	LIFO	后入先出队列
Last Level Cache	LLC	最后一级缓存 （通常指第三级高速缓存）
Long Mode		长模式，IA-32e 模式
Multiple APIC Description Table	MADT	多中断控制器表
minimum charging unit		最小时间计算单元（第 4 章，BVT 调度器算法里的术语）
Micro Controller Unit	MCU	微控制单元（第 9 章）
Memory Mapping		内存映射
Memory Region		内存区域
Memory Slot		内存槽
Memory-mapped I/O	MMIO	内存映射 I/O
Memory Management Unit	MMU	内存管理单元
Mixed Criticality System	MCS	混合关键性系统
Multiple Processor	MP	多处理器
Mediated pass-through	MPT	受控直通（用于 GVT-g）
Model-Specific Register	MSR	型号特有寄存器
Native Hypervisor		原生型虚拟机监控器
Nested Hypervisor		嵌套虚拟机

（续）

英文全称	英文缩略语	中文说明
Native POSIX Thread Library	NPTL	本地可移植操作系统接口线程库
Operating Expenses	OpEx	运营成本
Operation Technology	OT	运营技术
Programmable Automation Controller	PAC	可编程自动控制器
Paravirtualization		半虚拟化或类虚拟化
Passthrough		直通或透传
Peripheral Component Interconnect	PCI	外设组件互连
PCI Express	PCIe	高速外设组件互连
Physical CPU	pCPU	物理 CPU
Page Directory Base Register	PDBR	页目录基址寄存器
Page Fault	PF	页面错误
Physical Frame Number	PFN	物理页帧号
Programmable Interrupt Controller	PIC	可编程中断控制器
Programmable interval timer	PIT	可编程时钟
Programmable Logic Controllers	PLC	可编程逻辑控制器
Portable Operating System Interface	POSIX	可移植操作系统接口
Preempt Linux		抢占式 Linux
Privileged Instruction		特权指令
Protected Mode		保护模式
Page Global Directory	PGD	页全局目录
Page Middle Directory	PMD	页中级目录（内存里的概念）
Polling Mode Device	PMD	轮询模式设备（第 4 章）
Performance Monitor Unit	PMU	性能测试单元
Precision Time Measurement	PTM	精确时间测量
Page Upper Directory	PUD	页上级目录
Read-Copy Update	RCU	读取－复制更新
Real Mode		实模式
Robert Operating System	ROS	机器人操作系统
Real Time Application Interface	RTAI	实时应用接口

（续）

英文全称	英文缩略语	中文说明
Real-time clock	RTC	实时时钟
Real-Time Driver Model	RTDM	实时驱动模型
Real-Time Operating System	RTOS	实时操作系统
Real-Time Virtual Machine	RTVM	运行实时操作系统的虚拟机（ACRN 术语）
Rear Seat Entertainment System	RSE	后座娱乐系统
Safety-criticality		安全关键性
Software-Defined Cockpit	SDC	软件定义驾驶舱
Intel Software Developer's Manual	SDM	英特尔软件开发人员手册
Sensitive Instruction		敏感指令
Service VM		服务虚拟机（ACRN 术语）
Shadow Page		影子页面
Safety Integrity Level	SIL	安全完整性等级
Simultaneous Localization and Mapping	SLAM	同时定位与制图
System Management Interrupt	SMI	系统管理中断
System Management Mode	SMM	系统管理模式
Symmetric Multiprocessing	SMP	对称多处理
System on Chip	SoC	系统级芯片
Super Page	SP	超级页
Shadow Page Table	SPT	影子页表
Shadow Page Table Entry	SPTE	影子页表项
Single Root Input/Output Virtualization	SR-IOV	单根输入 / 输出虚拟化
Software SRAM	SSRAM	软件 SRAM 或 "伪" SRAM（Pseudo-SRAM）
Secure Virtual Machine	SVM	安全虚拟机
Time-division multiplexing	TDM	时分复用
Two-Dimensional Paging	TDP	两级页映射
Translation Lookaside Buffer	TLB	旁路转址缓冲区
Time Stamp Counter	TSC	时间戳计数器
Time-sensitive Networking	TSN	时间敏感网络
Trusted Execution Environment	TEE	可信执行环境

（续）

英文全称	英文缩略语	中文说明
Type-1 Hypervisor		一型虚拟机监控器
Type-2 Hypervisor		二型虚拟机监控器
Universal Serial Bus	USB	通用串行总线
User Mode VMM		用户态 VMM
User VM		用户虚拟机（ACRN 术语），等同于客户虚拟机
Virtual CPU	vCPU	虚拟 CPU
Virtual Function I/O	VFIO	虚拟功能 I/O
Virtual Interrupt Flag	VIF	虚拟中断标志位
Virtual Interrupt Pending	VIP	虚拟中断待决标志位
Virtual I/O	virtio	虚拟 I/O
Virtualization		虚拟化
Virtualizable Architecture		可虚拟化架构
Virtual Processor ID	VPID	虚拟处理器标识符
Video Processor Unit	VPU	视频处理加速器
Virtual Machine	VM	虚拟机
Virtual Machine Control Structure	VMCS	虚拟机控制结构
VM Entry		虚拟机进入
VM Exit		虚拟机退出
Virtual Machine Monitor	VMM	虚拟机监控器，同 Hypervisor
Virtual Machine eXtension	VMX	虚拟机扩展
VMX Non-Root Operation		非根操作模式，非根模式
VMX Root Operation		根操作模式，根模式
Intel Virtualization for Directed I/O	VT-d	英特尔直接输入 / 输出虚拟化技术（用于设备虚拟化）
Intel Virtualization Technology for x86	VT-x	英特尔虚拟化技术 -x86 架构（用于 CPU 虚拟化）
Worst-Case Execution Time	WCET	最坏情况执行时间
Workload Consolidation	WLC	工作负载整合
Xenomai		一种开源实时操作系统
Zephyr		一种开源实时操作系统

参考文献

[1] SEAWRIGHT L, MACKINNON R. VM/370--a study of multiplicity and usefulness[J]. IBM Systems Journal, 1979, 18(1): 4-17.

[2] GUM P H. System/370 extended architecture: facilities for virtual machines[J].IBM Journal of Research and Development, 1983，27(6): 530-544.

[3] BARHAM P, DRAGOVI B, FRASER C K, et al. Xen and the art of virtualization [C] //Proceedings of the 19th ACM symposium on Operating Systems Principles, Bolton Landing, NY, 2003: 164-177.

[4] BELLARD F. QEMU, a fast and portable dynamic translator[C] //Proceedings of the Annual Conference on USENIX Annual Technical Conference, Anaheim, CA, 2005: 40-41.

[5] DONG Y, LI S, MALLICK A. Extending Xen with Intel virtualization technology [J]. Intel Technology Journal, 2006,10(3): 193-203.

[6] SUGERMAN J, VENKITACHALAM G, LIM B. Virtualizing I/O devices on VMware Workstation's hosted virtual machine monitor[C] // Proceedings of the General Track: 2002 USENIX Annual Technical Conference, Boston, MA, 2001: 1-14.

[7] UHLIG R, NEIGER G, RODGERS D, et al. Intel Virtualization Technology [J]. IEEE Computer Society Press, 2005, 38(5): 48-56.

[8] WALDSPURGER C A.Memory resource management in VMware ESX server [C] //Proceedings of the 5th Symposium on Operating Systems Design and Implementation,Boston, 2002: 181-194.

[9] 英特尔开源软件技术中心 . 系统虚拟化：原理与实现 [M]. 北京：清华大学出版社，2009.

[10] LABROSSE J J. 嵌入式实时操作系统：μC/OS-III [M]. 宫辉，曾鸣，龚光华，等译 . 北京：北京航空航天大学出版社，2012.

[11] 国家工业信息安全发展研究中心，山东大学 . 工业设备数字孪生白皮书 [R/OL]. (2021-10-21) [2021-11-24]. http://aii-alliance.org/uploads/1/20211203/3d9ac547e2c966c 345c456e887b11bbf.pdf.

[12]　周旭 . 数控机床实用技术 [M]. 北京：国防工业出版社，2006.

[13]　PATEL P, VANGA M, BRANDENBURG B B. TimerShield: protecting high-priority tasks from low-priority timer interference (outstanding paper)[J]. 2017 IEEE Real-Time and Embedded Technology and Applications Symposium (RTAS), 2017: 3-12.

[14]　DUDA K J, CHERITON D R. Borrowed-virtual-time (bvt) scheduling: supporting latency-sensitive threads in a general-purpose scheduler[J]. ACM SIGOPS Operating Systems Review, 1999, 33(5): 261-276.

[15]　陈刚，关楠，吕鸣松，等 . 实时多核嵌入式系统研究综述 [J]. 软件学报，2018, 29(7): 2152-2176.

[16]　冯晓升 . 功能安全技术讲座第一讲功能安全基本概念的建立 [J]. 仪器仪表标准化与计量，2007(1): 7-9.

[17]　Road vehicles-Functional safety-Part3: Concept Phase: ISO 26262-3: 2018 [S/OL]. [2018-12-01].https://www.iso.org/standard/68385.html.

[18]　Intel Corporation. Intel 64 and IA-32 Architectures Software Developer's Manual [Z]. 2016.

[19]　Intel Corporation. Intel 64 and IA-32 Architectures Optimization Reference Manual [Z]. 2016.

[20]　YE D F, ZHOU F F,MIN L L. Design and implementation of high-precision timer in Linux[C] //2009 WRI World Congress on Computer Science and Information Engineering, California, Los Angeles, 2009:4828-4832.

推荐阅读

计算机体系结构基础 第3版

作者：胡伟武 等 书号：978-7-111-69162-4 定价：79.00元

我国学者在如何用计算机的某些领域的研究已走到世界前列，例如最近很红火的机器学习领域，中国学者发表的论文数和引用数都已超过美国，位居世界第一。但在如何造计算机的领域，参与研究的科研人员较少，科研水平与国际上还有较大差距。

摆在读者面前的这本《计算机体系结构基础》就是为满足本科教育而编著的……希望经过几年的完善修改，本书能真正成为受到众多大学普遍欢迎的精品教材。

—— 李国杰　中国工程院院士

· 采用龙芯团队推出的LoongArch指令系统，全面展现指令系统设计的发展趋势。
· 从硬件工程师的角度理解软件，从软件工程师的角度理解硬件。
· 优化篇章结构与教学体验，全书开源且配有丰富的教学资源 。

推荐阅读

数字逻辑与计算机组成

作者：袁春风 等 书号：978-7-111-66555-7 定价：79.00元

　　本书内容涵盖计算机系统层次结构中从数字逻辑电路到指令集体系结构（ISA）之间的抽象层，重点是数字逻辑电路设计、ISA设计和微体系结构设计，包括数字逻辑电路、整数和浮点数运算、指令系统、中央处理器、存储器和输入/输出等方面的设计思路和具体结构。

　　本书与时俱进地选择开放的RISC-V指令集架构作为模型机，顺应国际一流大学在计算机组成相关课程教学与CPU实验设计方面的发展趋势，丰富了国内教材在指令集架构方面的多样性，并且有助于读者进行对比学习。

· 数字逻辑电路与计算机组成融会贯通之作。
· 从门电路、基本元件、功能部件到微架构循序渐进阐述硬件设计原理。
· 以新兴开放指令集架构RISC-V为模型机。
· 通过大量图示并结合Verilog语言清晰阐述电路设计思路。

推荐阅读

人工智能：计算Agent基础（原书第2版）

作者：David L. Poole 等 译者：黄智濒 等 ISBN：978-7-111-68435-0 定价：149.00元

　　本书是人工智能领域的经典导论书籍，新版对符号方法和非符号方法进行了广泛讨论，这些知识是理解当前和未来主要人工智能方法的基础。理论结合实践的讲解方式使得本书更易于学习，对于想要了解AI并准备跨入该领域的读者来说，本书将是必不可少的。

——Robert Kowalski，伦敦帝国理工学院

　　本书清晰呈现了AI领域的全貌，从逻辑基础到学习、表示、推理和多智能体系统的新突破均有涵盖。作者将AI看作众多技术的集成，一层一层地讲解构建智能体所需的所有技术。尽管包罗甚广，但本书的选材标准颇高，最终纳入书中的技术都是极具应用前景和发展潜力的，因此读之备感收获满满。

——Guy Van den Broeck，加州大学洛杉矶分校